선형대수학

Linear A

강경태 · 송석준 지음

청문각

머리말

대학교에서 수학은 크게 대수학, 기하학, 해석학으로 분류한다. 그리고 대수학은 선형대수학, 정수론, 현대대수학으로 분류한다. 선형대수학은 가장 단순한 선형(1차)시스템을 다루는 대수학이라는 특성 때문에, 자연스럽게 현대대수학이나 기하학, 해석학의 출발점이 된다. 또한 선형시스템이 거의 모든 과학, 공학의 모델링에서 출현하기 때문에 선형대수학은 과학, 공학에 직접 응용된다. 더욱이 행렬이론과 선형변환은 컴퓨터를 활용하는 각종 수치계산과 응용개발에 적용되어 수학은 물론 이공계 전체와 경제학 등을 전공하는 학생들에게도 필수교과로 학습되고 있다.

이 책은 선형대수학의 내용을 두 학기 과정의 학습 자료로 엮어 놓았다. 이 책을 공부하는 데에는 고등학교 과정의 수학 정도 이외의 별다른 지식을 필요로 하지 않을 것이다.

선형대수학은 원래 추상적인 개념을 대상으로 이론을 전개하기 때문에 처음 공부하는 독자들은 그 개념들을 정확하게 이해하고 응용하는데 어려움이 있으리라 생각된다. 따라서 이 책에서는 다년간의 강의를 경험으로, 기존 교재들의 내용들을 정리하고 요약하면서, 선형대수학의 중심이론들을 제시하되, 이해하기 쉽게, 그리고 체계적으로 용어들을 명확히 정의하고, 원리와 정리들을 제시하고자 노력하였다. 특히 학생들의 학습을 돕기 위하여 중요한 이론들에는 그에 합당한 예제를 넣고, 또 관련 문제들을 풍부하게 수록하였다. 이 문제들을 학생들이 스스로 풀면서 학습할 수 있도록 각 문제의 해답을 요약하여 첨부하였다. 그래서 문제를 푸는 학생들에게는 문제를 풀면서 내용도 파악하고 실력도 쌓을 수 있게 배려하였다.

이 책을 통하여 독자들이 선형대수학의 내용을 잘 이해하고, 나아가 선형대수학은 물론 전체 수학의 아름다움을 즐기게 되기를 간절히 소망한다.

2018년 8월

저자

차례

5장 행렬의 대각화

6장 선형사상

7장 내적공간

8장 내적공간에서의 선형사상

1장

EAR ALGEBRA LINEAR ALGEBRA LINEAR ALGEBRA LINEAR ALGEBRA

집합

1.1 집합과 관계

자연수의 모임 또는 유리수의 모임과 같이 직관이나 사고의 대상으로 명확히 구분될 수 있는 것들의 모임을 **집합**(set)이라 한다. 또한 집합을 구성하는 각각의 대상을 **원소**(element)라 한다. 만약 x가 집합 A의 원소이면 $x \in A$로 나타내고 x가 A의 원소가 아니면 $x \notin A$로 나타낸다.

집합을 표현하는 방법으로 그 집합의 모든 원소를 나열하는 원소나열법과 집합의 모든 원소가 만족하는 성질을 제시하는 조건제시법이 있다. 후자의 경우 어떤 성질 P를 만족하는 원소의 집합을

$$\{x \mid x \in P(x)\}$$

로 나타낸다. 예로, $P(x)$가 "x는 실수이다"이면 $\{x \mid x \in P(x)\} = \{x \mid x \in \mathbb{R}\}$는 실수전체의 집합이다.

정의

두 집합 A, B에 대해 A의 모든 원소가 B의 원소이면 A를 B의 **부분집합**(subset)이라 하고 $A \subseteq B$로 나타낸다. 특히

$$A \subseteq B, \qquad B \subseteq A$$

이면 A, B는 **같다**(equal)고 하여 $A = B$로 나타낸다.

원소를 하나도 갖지 않는 집합을 **공집합**(empty set)이라 하고 $\varnothing$로 나타낸다. 그러면 정의에 의해 $\varnothing$은 모든 집합의 부분집합이다.

정의

A, B가 주어진 집합 X의 부분집합일 때

$$A \cup B = \{x \mid x \in A \text{ 또는 } x \in B\}$$
$$A \cap B = \{x \mid x \in A \text{ 그리고 } x \in B\}$$
$$A - B = \{x \mid x \in A \text{ 그리고 } x \notin B\}$$
$$A \times B = \{(x, y) \mid x \in A \text{ 그리고 } y \in B\}$$

의 각각을 A와 B의 **합집합**(union), **교집합**(intersection), **차집합**(difference) 그리고 **카테시안곱**(cartesian product)이라 한다.

위 정의에서 주어진 X를 **전체집합**(universal set)이라 한다. 특히 차집합 $A-B$에서 $A=X$이면 $X-B$는 B^c으로 나타내고 이를 B의 **여집합**(complement)이라 한다.

정의

두 집합 A, B에 대해 $A\cap B=\varnothing$이면 A, B는 **서로소**(disjoint)라 한다.

|보기| $X=\{a,b,c,d,e,f\}$의 부분집합

$$A=\{a,b,d\},\quad B=\{c,d\},\quad C=\{c,f\}$$

에 대해 다음이 성립한다.

(1) $A\cup B=\{a,b,c,d\}$, $A\cap B=\{d\}$, $A-B=\{a,b\}$

(2) $A\times B=\{(a,c),(a,d),(b,c),(b,d),(d,c),(d,d)\}$

(3) $A\cap C=\varnothing$이다. 따라서 A, C는 서로소이다.

정리 1.1.1 집합 A,B,C에 대해 다음이 성립한다.

(1) 교환법칙(commutative law): $A\cup B=B\cup A$, $A\cap B=B\cap A$

(2) 결합법칙(associative law): $A\cup(B\cup C)=(A\cup B)\cup C$

$A\cap(B\cap C)=(A\cap B)\cap C$

(3) 분배법칙(distributive law): $A\cup(B\cap C)=(A\cup B)\cap(A\cup C)$

$A\cap(B\cup C)=(A\cap B)\cup(A\cap C)$

증명 (1), (2)는 연습문제 5로 남기고 (3)에서 첫째만 보이자.

$$\begin{aligned} x\in A\cup(B\cap C) &\Leftrightarrow x\in A \text{ 또는 } x\in(B\cap C)\\ &\Leftrightarrow x\in A \text{ 또는 } (x\in B \text{ 그리고 } x\in C)\\ &\Leftrightarrow (x\in A \text{ 또는 } x\in B) \text{ 그리고 } (x\in A \text{ 또는 } x\in C)\\ &\Leftrightarrow x\in A\cup B \text{ 그리고 } x\in A\cup C\\ &\Leftrightarrow x\in(A\cup B)\cap(A\cup C)\end{aligned}$$

이다. 따라서 $A\cup(B\cap C)=(A\cup B)\cap(A\cup C)$이다. ■

정리 1.1.2 집합 A, B, C에 대해 다음이 성립한다.

(1) $A \subseteq C$이고 $B \subseteq C$이면 $A \cup B \subseteq C$이다.

(2) $A \subseteq B$이고 $A \subseteq C$이면 $A \subseteq B \cap C$이다.

증명 (1) $x \in A \cup B$이면 $x \in A$ 또는 $x \in B$이다. 만약 $x \in A$이면 $A \subseteq C$이므로 $x \in C$이다. 마찬가지로 $x \in B$이면 $B \subseteq C$이므로 $x \in C$이다. 따라서 $A \cup B \subseteq C$이다.

(2) $x \in A$이면 $A \subseteq B$에서 $x \in B$이고 $A \subseteq C$에서 $x \in C$이다. 따라서 $A \subseteq B \cap C$이다. ■

정리 1.1.3 집합 A, B, C에 대해 다음 분배법칙이 성립한다.

(1) $A \times (B \cup C) = (A \times B) \cup (A \times C)$

(2) $A \times (B \cap C) = (A \times B) \cap (A \times C)$

증명 (1) 먼저

$$A \times B \subseteq A \times (B \cup C), \qquad A \times C \subseteq A \times (B \cup C)$$

이므로 정리 1.1.2(1)에 의해 $(A \times B) \cup (A \times C) \subseteq A \times (B \cup C)$이다. 역을 보이기 위해 $(x, y) \in A \times (B \cup C)$로 두면 $x \in A$ 그리고 $y \in B \cup C$이다. 이는 $x \in A$ 그리고 ($y \in B$ 또는 $y \in C$)와 동치이다. 또한 이는 ($x \in A$ 그리고 $y \in B$) 또는 ($x \in A$ 그리고 $y \in C$)와 동치이므로

$$(x, y) \in A \times B \quad \text{또는} \quad (x, y) \in A \times C$$

이다. 즉 $(x, y) \in (A \times B) \cup (A \times C)$가 되어

$$A \times (B \cup C) \subseteq (A \times B) \cup (A \times C)$$

이다.

(2) 연습문제 10으로 남긴다. ■

정리 1.1.4 A, B가 X의 부분집합이면 다음 드모르간법칙(De Morgan law)이 성립한다.

(1) $(A \cup B)^c = A^c \cap B^c$ (2) $(A \cap B)^c = A^c \cup B^c$

증명 (1)만 보이자.

$$\begin{aligned} x \in (A \cup B)^c &\Leftrightarrow x \notin (A \cup B) \\ &\Leftrightarrow x \notin A \text{ 그리고 } x \notin B \\ &\Leftrightarrow x \in A^c \text{ 그리고 } x \in B^c \\ &\Leftrightarrow x \in A^c \cap B^c \end{aligned}$$

이다. 따라서 $(A \cup B)^c = A^c \cap B^c$이다. ■

A가 집합일 때 카테시안곱 $A \times A$의 부분집합 R을 A에서 **관계**(relation)라 한다. 이러한 부분집합은 여러 개 있을 수 있으므로 관계는 다양하게 나타날 수 있다. R이 관계일 때 $(a,b) \in R$이면 a는 b에 R의 관계가 있다고 하여

$$a \sim b$$

로 나타낸다. 또한 $(a,b) \notin R$이면 a는 b에 R의 관계가 없다고 하여 $a \not\sim b$로 나타낸다.

정의

집합 A에서 관계 $\sim$가

① 모든 $a \in A$에 대해 $a \sim a$ **반사율**(reflexive law)
② $a,b \in A$일 때 $a \sim b$이면 $b \sim a$ **대칭률**(symmetric law)
③ $a,b,c \in A$일 때 $a \sim b$, $b \sim c$이면 $a \sim c$ **추이율**(transitive law)

를 만족하면 $\sim$는 A에서 **동치관계**(equivalence relation)라 한다.

예제 1.1.1_ $A = \{a,b,c,d,e\}$에서 다음 관계가 동치관계인지를 결정하라.

(1) $R_1 = \{(a,a),(b,b),(c,c),(d,d),(e,e)\}$

(2) $R_2 = \{(a,a),(b,b),(c,c),(d,d),(e,e),(a,b),(b,a),(a,c),(c,a)\}$

(3) $R_3 = \{(a,a),(b,b),(c,c),(d,d),(e,e),(a,b),(b,a),(c,d),(d,c)\}$

풀이 (1) R_1은 동치관계이다.

(2) R_2는 반사율과 대칭률을 만족한다. 그러나 R_2는 추이율을 만족하지 않는다. 예로 $b \sim a$, $a \sim c$이지만 $b \not\sim c$이다. 따라서 R_2는 동치관계가 아니다.

(3) R_3는 동치관계이다. ■

> **정의**
>
> $\sim$가 집합 A에서 동치관계일 때 $a \in A$와 관계가 있는 A의 모든 원소들의 집합을 a의 **동치류**(equivalence class)라 하고 $[a]$로 나타낸다. 즉,
>
> $$[a] = \{x \in A \mid x \sim a\}$$
>
> 이다. 특히 $a \sim a$이므로 $a \in [a]$가 되어 $[a]$는 공집합이 아니다.

|보기| $A = \{a,b,c,d,e\}$에서 동치관계

$$R = \{(a,a),(b,b),(c,c),(d,d),(e,e),(a,b),(b,a),(c,d),(d,c)\}$$

에 대해

$$[a] = \{a,b\} = [b], \quad [c] = \{c,d\} = [d], \quad [e] = \{e\}$$

이다. 특히 $A = [a] \cup [c] \cup [e]$이고 $[a],[c],[e]$ 중 어느 두 개도 서로소이다.

정리 1.1.5 $\sim$가 집합 A에서 동치관계일 때 $a,b \in A$에 대해 $a \sim b$일 필요충분조건은 $[a] = [b]$이다.

증명 ($\Rightarrow$) $[a] \subseteq [b]$를 보이기 위해 $x \in [a]$로 두면 $x \sim a$이다. 한편 가정에 의해 $a \sim b$인데 이를 추이율에 적용하면 $x \sim b$이다. 따라서 $x \in [b]$가 되어 $[a] \subseteq [b]$이다. 유사하게 $[b] \subseteq [a]$이므로 $[a] = [b]$이다.

($\Leftarrow$) $a \in [a]$이다. 그런데 가정에 의해 $[a] = [b]$이므로 $a \in [b]$이다. 따라서 $[b]$의 정의에 의해 $a \sim b$이다. ■

따름정리 1.1.6 $\sim$가 집합 A에서 동치관계이고 $a,b \in A$이면

$$[a]=[b], \qquad [a]\cap[b]=\varnothing$$

의 둘 중 하나만 성립한다.

증명 연습문제 14로 남긴다. ■

연습문제 1.1

1 집합 A에 대해 다음을 보여라.

(1) $A\cap\varnothing=\varnothing$ (2) $A\cup\varnothing=A$

(3) $A\cap A=A$ (4) $A\cup A=A$

2 집합 A,B에 대해 다음을 보여라.

(1) $A\cup(A\cap B)=A$ (2) $A\cap(A\cup B)=A$

3 전체집합 X에 대해 다음을 보여라.

(1) $\varnothing^c=X$ (2) $X^c=\varnothing$

4 X의 부분집합 A에 대해 다음을 보여라.

(1) $(A^c)^c=A$ (2) $A\cup A^c=X$

(3) $A\cap A^c=\varnothing$

5 정리 1.1.1에서 (1), (2)를 보여라.

6 집합 A,B에 대해 $A\cup B=A\cap B$일 필요충분조건은 $A=B$를 보여라.

7 X의 부분집합 A,B에 대해 $A\subseteq B$일 필요충분조건은 $B^c\subseteq A^c$을 보여라.

8 A,B가 X의 부분집합일 때 $A-B=B^c-A^c$을 보여라.

9 X의 부분집합 A,B에 대해 다음 세 조건은 동치임을 보여라.

(1) $A \subseteq B$

(2) $A \cap B = A$

(3) $A \cup B = B$

10 집합 A, B, C에 대해 $A \times (B \cap C) = (A \times B) \cap (A \times C)$를 보여라.

11 집합 A, B에 대해 $A \times B = \varnothing$일 필요충분조건은 $A = \varnothing$ 또는 $B = \varnothing$을 보여라.

12 $A = \{1,2,3,4\}$에서의 관계

$$R = \{(1,1),(2,2),(3,3),(4,4),(2,3),(3,2),(4,2)\}$$

에 대해 반사율, 대칭률 그리고 추이율을 각각 만족하는지 결정하라.

13 $A = \{1,2,3,4,5\}$에서의 관계

$$R = \{(1,1),(2,2),(3,3),(4,4),(5,5),(1,5),(2,3),(3,2),(5,1)\}$$

은 동치관계임을 확인하고 모든 동치류를 구하라.

14 따름정리 1.1.6을 보여라.

15 $n \in \mathbb{N}$이 주어질 때 $a, b \in \mathbb{Z}$에 대해 $a - b$가 n의 배수이면 a, b는 법 n으로 **합동**(congruent)이라 하고 $a \equiv b \pmod{n}$로 나타낸다. $\mathbb{Z}$에서 법 n으로 합동 $\equiv$은 동치관계임을 보여라. 즉 임의의 $a, b, c \in \mathbb{Z}$에 대해 다음을 보여라.

(1) $a \equiv a \pmod{n}$

(2) $a \equiv b \pmod{n}$이면 $b \equiv a \pmod{n}$

(3) $a \equiv b \pmod{n}$이고 $b \equiv c \pmod{n}$이면 $a \equiv c \pmod{n}$

1.2 군, 환 그리고 체

집합 $X(\neq\varnothing)$가 "$*$"를 **이항연산**(binary operation) 또는 간단히 **연산**(operation)으로 갖는다는 것은 모든 $a,b\in X$에 대해

$$a*b\in X$$

일 때를 말한다. 쉬운 예로 $\mathbb{N}$에서 덧셈과 곱셈은 연산이지만 뺄셈과 나눗셈은 연산이 아니다.

정의

$*$를 연산으로 갖는 집합 $G(\neq\varnothing)$가 임의의 $a,b,c\in G$에 대해

① $a*(b*c)=(a*b)*c$ [결합법칙]

② $e\in G$가 존재해서 $a*e=a=e*a$ [G의 항등원(identity)]

③ $d\in G$가 존재해서 $a*d=e=d*a$ [a의 역원(inverse)]

를 만족하면 G는 **군**(group)이라 한다. 여기에 덧붙여 모든 $a,b\in G$에 대해

④ $a*b=b*a$ [교환법칙]

이면 G는 **아벨군**(abelian group)이라 한다.

아벨군을 **가환군**이라 부르기도 한다. 그러나 노르웨이 수학자 아벨(Abel)이 군 이론에 끼친 업적을 기리기 위해 가환군보다 아벨군을 더 많이 사용한다.

G가 연산 $*$를 갖는 군일 때 연산을 명확하게 하기 위해 G를 $(G,*)$로 사용하기도 한다. 왜냐하면 G는 여러 개의 연산을 가질 수 있기 때문이다. 예로 $(\mathbb{Z},+)$는 군이지만 $(\mathbb{Z},\cdot)$는 군이 아니다.

덧셈을 연산으로 갖는 군 $(G,+)$를 **덧셈군**(additive group)이라 하고 곱셈을 연산으로 갖는 군 $(G,\cdot)$를 **곱셈군**(multiplicative group)이라 한다.

|보기| $(\mathbb{R},+)$는 덧셈아벨군이 분명하지만 $(\mathbb{R},\cdot)$는 군이 아니다. 왜냐하면 $0x=1$인 $x\in\mathbb{R}$가 존재하지 않기 때문이다. 그러나 $(\mathbb{R}-\{0\},\cdot)$는 곱셈아벨군이다.

|보기| $\mathbb{R}$에서 연산 $*$를

$$a*b=2(a+b)$$

로 정의하면 $(\mathbb{R}, *)$는 군이 아니다. 왜냐하면 결합법칙이 성립하지 않기 때문인데 예로 $1*(2*3) \neq (1*2)*3$이다.

예제 1.2.1_ $\mathbb{R}$에서 연산 $*$를

$$a*b = a+b-2$$

로 정의하면 $(\mathbb{R}, *)$는 아벨군임을 보여라.

증명 먼저 $a,b,c \in \mathbb{R}$에 대해

$$a*(b*c) = a*(b+c-2) = a+(b+c-2)-2 = a+b+c-4,$$
$$(a*b)*c = (a+b-2)*c = (a+b-2)+c-2 = a+b+c-4$$

이므로 $*$는 결합법칙을 만족한다. $a \in \mathbb{R}$에 대해 $a*e=a$로 두면

$$a+e-2=a$$

에서 $e=2$, 즉 2는 $\mathbb{R}$의 항등원이다. 또한 $a*d=2$로 두면

$$a+d-2=2$$

에서 $d=4-a$, 즉 $4-a$는 a의 역원이다. 따라서 $(\mathbb{R}, *)$는 군이다. 또한

$$a*b=b*a$$

는 분명하므로 $(\mathbb{R}, *)$는 아벨군이다. ■

이제부터 $G=(G, *)$가 군일 때 $a,b \in G$의 연산 $a*b$에서 $*$를 생략해서 $a*b$를 단순히 ab로 나타내도록 하자. 그러나 덧셈군에서는 ab를 사용하지 않고 $a+b$로 사용한다.

정리 1.2.1 군 G에 대해 다음이 성립한다.
(1) G는 유일한 항등원을 갖는다.
(2) G의 모든 원소는 유일한 역원을 갖는다.

증명 (1) e,e'이 G의 항등원이면 모든 $a \in G$에 대해

$$a = ea, \quad ae' = a$$

이다. 첫째에서 $a = e'$으로 택하면 $e' = ee'$이고 둘째에서 $a = e$로 택하면 $ee' = e$이다. 따라서 $e' = ee' = e$가 되어 G는 유일한 항등원을 갖는다.

(2) $a \in G$의 역원을 d, d'이라 하면 $ad = e$, $d'a = e$이므로

$$d' = d'e = d'(ad) = (d'a)d = ed = d$$

이다. 따라서 a는 유일한 역원을 갖는다. ■

위 정리에서 $a \in G$의 유일한 역원을 a^{-1}로 나타낸다. 그러나 덧셈군에서는 a의 역원을 a^{-1}가 아닌 $-a$로 사용한다.

따름정리 1.2.2 군 G의 임의의 원소 a, b에 대해 다음이 성립한다.

(1) $(ab)^{-1} = b^{-1}a^{-1}$ (2) $(a^{-1})^{-1} = a$

증명 (1) $(ab)^{-1}$가 ab의 역원인 것은 분명하다. 또한

$$(ab)(b^{-1}a^{-1}) = a(bb^{-1})a^{-1} = aea^{-1} = aa^{-1} = e$$

이고 유사하게 $(b^{-1}a^{-1})(ab) = e$이므로 $b^{-1}a^{-1}$도 ab의 역원이다. 그런데 역원은 유일하므로 $(ab)^{-1} = b^{-1}a^{-1}$이다.

(2) $(a^{-1})^{-1}$가 a^{-1}의 역원인 것은 분명하다. 또한 $a^{-1}a = e = aa^{-1}$이므로 a도 a^{-1}의 역원이다. 그런데 역원은 유일하므로 $(a^{-1})^{-1} = a$이다. ■

정리 1.2.3 군 G의 원소 a, b에 대해 $ax = b$는 G에서 유일해 $a^{-1}b$를 갖는다.

증명 $a(a^{-1}b) = (aa^{-1})b = eb = b$이므로 $a^{-1}b$는 $ax = b$의 해이다. c를 $ax = b$의 또 다른 해라 하면 $ac = b$이므로

$$c = ec = (a^{-1}a)c = a^{-1}(ac) = a^{-1}b$$

이다. 따라서 $ax = b$는 유일해를 갖는다. ■

|보기| 덧셈군 $(\mathbb{R}, +)$에서 $3 + x = 5$의 유일해는 $x = -a + b = -3 + 5 = 2$이다.

|보기| $a * b = a + b - 2$로 정의된 군 $(\mathbb{R}, *)$를 고려하자. 예제 1.2.1에서 a의 역원은 $a^{-1} = 4 - a$이다. 따라서 $3 * x = 5$의 유일해는

$$x = a^{-1} * b = 3^{-1} * 5 = (4-3) * 5 = 1 * 5 = 1 + 5 - 2 = 4$$

이다.

정리 1.2.4 **소거법칙**(cancellation law) 군 G의 원소 a, b, c에 대해

$$ab = ac \quad \text{또는} \quad ba = ca$$

이면 $b = c$이다.

증명 $ab = ac$이면

$$b = eb = (a^{-1}a)b = a^{-1}(ab) = a^{-1}(ac) = (a^{-1}a)c = ec = c$$

이다. 유사하게 $ba = ca$일 때도 $b = c$이다. ■

두 개의 연산을 갖는 대수적 구조에서 가장 많이 쓰이고 기본적인 것이 환이다. 이때 두 연산을 관례상 합 "+"와 곱 "·"으로 사용한다. 그러나 이 합과 곱은 단지 기호에 불과하며 환을 구성하는 대상에 의존해서 정의된다.

정의

합(+)과 곱(·)을 연산으로 갖는 집합 $R(\neq \varnothing)$에 대해 R은 덧셈아벨군이라 하자. 여기에 덧붙여 모든 $a, b, c \in R$에 대해

① $a(bc) = (ab)c$

② $a(b+c) = ab + ac$, $(a+b)c = ac + bc$

를 만족하면 R은 **환**(ring)이라 한다. 특히 모든 $a, b \in R$에 대해 $ab = ba$인 환 R을 **가환환**(commutative ring)이라 한다.

환 R에서 덧셈에 대한 항등원을 0으로 나타낸다. 또한 $a \in R$의 덧셈에 대한 유일한 역원을 $-a$로 나타내고 이를 a의 **음원**(negative element)이라 한다.

보통의 합과 곱에 대해 $\mathbb{Z}$는 환이다. 그러나 $\mathbb{Z}$에서 합과 곱을 다르게 정의해

도 $\mathbb{Z}$는 환이 될 수 있다. 예로 $\mathbb{Z}$에서 합($\oplus$)과 곱($\odot$)을

$$a \oplus b = a + b - 1, \quad a \odot b = a + b - ab$$

로 정의하자. 그러면 $(\mathbb{Z}, \oplus)$는 덧셈아벨군이고 환 정의의 두 조건을 모두 만족한다(연습문제 10). 즉 이 새로운 합과 곱에 대해서도 $\mathbb{Z}$는 환이다. 따라서 이후로 특별한 언급이 없으면 합($+$)과 곱($\cdot$)을 그 집합에서 다루는 보통의 연산으로 다룬다.

정의

환 R에서 모든 원소 $a \in R$에 대해

$$a1 = a = 1a$$

인 $1 \in R$이 존재하면 R은 **단위원을 갖는 환**(ring with identity)이라 한다.

|보기| $\mathbb{Z}$, $\mathbb{Q}$, $\mathbb{R}$, $\mathbb{C}$는 모두 단위원을 갖는 가환환이다. 그러나 $(\mathbb{N}, +)$는 군이 아니므로 $\mathbb{N}$은 환이 아니다.

|보기| $\mathbb{Z}$에서 짝수와 홀수들의 집합을 각각 A, B라 하자. $A = 2\mathbb{Z}$는 단위원을 갖지 않는 가환환이다. 그러나 홀수와 홀수의 합은 짝수이므로 B는 환이 아니다.

정리 1.2.5 환 R의 임의의 원소 a, b에 대해 다음이 성립한다.

(1) $a0 = 0 = 0a$

(2) $a(-b) = -ab = (-a)b$

(3) $-(-a) = a$

(4) $-(a+b) = (-a) + (-b)$

(5) $(-a)(-b) = ab$

(6) R이 단위원을 가지면 $(-1)a = -a$

증명 (1), (2)만 보이고 나머지는 연습문제 11로 남긴다.

(1) $0 + 0 = 0$이므로 분배법칙에 의해

$$a0 + a0 = a(0+0) = a0 = a0 + 0$$

이다. 따라서 소거법칙에 의해 $a0=0$이다. 유사하게 $0a=0$이다.

(2) $-(ab)$는 ab의 음원이다. 또한 (1)에 의해

$$ab+a(-b)=a[b+(-b)]=a0=0$$

이므로 $a(-b)$도 ab의 음원이다. 그런데 음원은 유일하므로 $-(ab)=a(-b)$이다. 유사하게 $-(ab)=(-a)b$이다. ■

R은 단위원을 갖는 환이고 $a\in R$일 때 $ab=1$, $ca=1$인 $b,c\in R$가 존재하면 $b=1b=(ca)b=c(ab)=c1=c$이다. 따라서 b는 $ab=1=ba$인 원소이다. 이 결과로부터 다음을 정의한다.

정의

R이 단위원을 갖는 환일 때 $a\in R$에 대해

$$ab=1=ba$$

인 $b\in R$가 존재하면 a를 **가역원**(invertible element)이라 한다. 이때 b를 a의 (곱에 대한) **역원**(multiplicative inverse)이라 하고 a^{-1}로 나타낸다.

환 R에서 영이 아닌 모든 원소들의 집합을 R^*로 나타낸다. 즉 $R^*=R-\{0\}$이다. 이 기호는 교재 전반에 주로 사용되므로 잘 기억해 두자.

정의

F를 단위원을 갖는 가환환이라 하자. 만약 F^*의 모든 원소가 가역원이면 F를 **체**(field)라 한다.

|보기| $\mathbb{Q}$, $\mathbb{R}$, $\mathbb{C}$는 모두 체이다. 그러나 $\mathbb{Z}$는 단위원을 갖는 가환환이지만 체는 아니다. 예로 $2\in\mathbb{Z}^*$는 $\mathbb{Z}$에서 가역원이 아니다. 실제로 $\mathbb{Z}$에서 가역원은 ±1뿐이다.

예제 1.2.2_ 다음 집합이 체인지를 결정하라.

(1) $\mathbb{Q}[\sqrt{2}]=\{a+b\sqrt{2}\mid a,b\in\mathbb{Q}\}$

(2) $\mathbb{Z}[i]=\{a+bi\mid a,b\in\mathbb{Z}\}$

풀이 (1) $\mathbb{Q}[\sqrt{2}]$가 단위원 $1=1+0\sqrt{2}$를 갖는 가환환인 것은 분명하다. $a+b\sqrt{2}$를 $\mathbb{Q}[\sqrt{2}]^*$의 원소라 하자. 그러면

$$(a+b\sqrt{2})^{-1}=\frac{1}{a+b\sqrt{2}}=\frac{a}{a^2-2b^2}-\frac{b}{a^2-2b^2}\sqrt{2}\in\mathbb{Q}[\sqrt{2}]$$

이므로 $a+b\sqrt{2}$는 $\mathbb{Q}[\sqrt{2}]$에서 가역원이다. 따라서 $\mathbb{Q}[\sqrt{2}]$는 체이다.

(2) $\mathbb{Z}[i]$가 단위원 $1=1+0i$를 갖는 가환환인 것은 분명하다. 그러나 $1+i\in\mathbb{Z}[i]^*$에 대해

$$(1+i)^{-1}=\frac{1}{1+i}=\frac{1}{2}-\frac{1}{2}i\notin\mathbb{Z}[i]$$

이므로 $1+i$는 $\mathbb{Z}[i]$에서 가역원이 아니다. 따라서 $\mathbb{Z}[i]$는 체가 아니다. ■

연습문제 1.2

1 $\mathbb{Q}$에서 $*$를 $a*b=a+b+3$으로 정의하면 $(\mathbb{Q},*)$는 아벨군임을 보여라.

2 $\mathbb{Q}^*$에서 $\diamond$를 $a\diamond b=ab/3$으로 정의하면 $(\mathbb{Q}^*,\diamond)$는 아벨군임을 보여라.

3 $G=\{1,-1,i,-i\}$는 덧셈에 대해 군이 아니지만 곱셈아벨군임을 보여라.

4 $\mathbb{R}^*$에서 $*$를 $a*b=|a|b$로 정의하면 $(\mathbb{R},*)$는 군이 아님을 보여라.

5 $G=(G,*)$가 군일 때 G에 새로운 연산 $\diamond$을

$$a\diamond b=b*a$$

로 정의하면 $(G,\diamond)$도 군임을 보여라.

6 G가 항등원 e를 갖는 군일 때 $a,b,c\in G$에 대해 다음을 보여라.

(1) $c^2=c$이면 $c=e$이다.

(2) $ab = e$이면 $ba = e$이다.

7 군 G의 모든 원소 a에 대해

$$a^2 = e$$

이면 G는 아벨군임을 보여라. 단 e는 G의 항등원이다.

8 G가 아벨군일 필요충분조건은 모든 $a, b \in G$에 대해 $(ab)^{-1} = a^{-1}b^{-1}$를 보여라.

9 자연수 n의 모든 배수들의 집합을 $n\mathbb{Z}$로 나타내면 $n\mathbb{Z}$는 가환환임을 보여라.

10 $\mathbb{Z}$에서 합과 곱을 각각 다음과 같이 정의하자.

$$a \oplus b = a + b - 1, \quad a \odot b = a + b - ab$$

(1) $\oplus$에 대한 항등원과 $\odot$에 대한 단위원을 결정하라.
(2) 이 합과 곱에 대해 $\mathbb{Z}$는 단위원을 갖는 가환환임을 보여라.

11 정리 1.2.5에서 (3), (4), (5), (6)을 보여라.

12 R은 단위원 1을 갖는 환이고 $1 = 0$이면 $R = \{0\}$을 보여라.

13 단위원을 갖는 환 R에서 $a, b \in R$가 모두 가역원이면 ab도 가역원임을 보여라.

14 F가 체일 때 $a, b \in \mathrm{F}$에 대해 $ab = 0$일 필요충분조건은

$$a = 0 \quad \text{또는} \quad b = 0$$

을 보여라.

15 (1) 단위원을 갖는 환 R에서 모든 가역원들의 집합 U는 곱셈군임을 보여라.
(2) F가 체이면 F^*는 곱셈아벨군임을 보여라.

16 (1) $\mathbb{Q}[i] = \{a + bi \mid a, b \in \mathbb{Q}\}$는 체임을 보여라.
(2) $\mathbb{Q}[\pi] = \{a + b\pi \mid a, b \in \mathbb{Q}\}$는 환이 아님을 보여라.

17 단위원을 갖는 환 R에서 $a \in R$가 가역원이면 모든 $c \in R^*$에 대해 $ac \neq 0$을 보여라.

1.3 사상

X, Y가 집합일 때 X의 각 원소 x에 Y의 원소 y가 단 하나씩 대응되는 규칙을 X에서 Y로의 **함수**(function) 또는 **사상**(mapping)이라 하고

$$f: X \to Y, \quad y = f(x)$$

로 나타낸다. 이때 X, Y의 각각을 f의 **정의역**(domain)과 **공역**(codomain)이라 한다. 만약 $A \subseteq X$이면 $f(A)$를 $f(A) = \{f(x) \mid x \in A\}$로 정의한다. 특히 $A = X$일 때

$$f(X) = \{f(x) \mid x \in X\}$$

를 f의 **치역**(range) 또는 **상**(image)이라 한다.

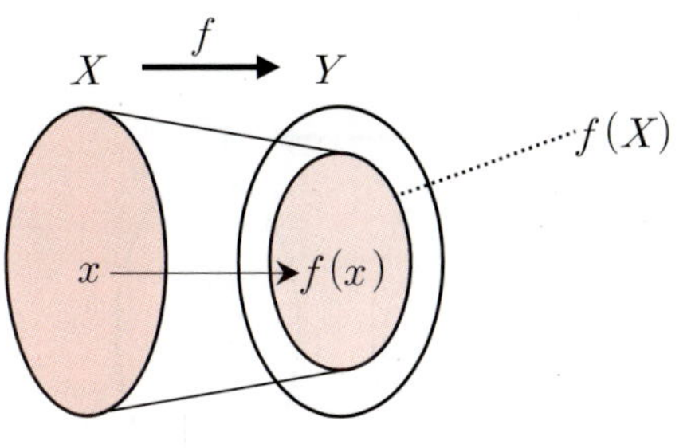

정리 1.3.1 $f: X \to Y$는 사상이고 $A, B \subseteq X$일 때 다음이 성립한다.

(1) $A \subseteq B$이면 $f(A) \subseteq f(B)$

(2) $f(A \cup B) = f(A) \cup f(B)$

(3) $f(A \cap B) \subseteq f(A) \cap f(B)$

증명 (1) $y \in f(A)$이면 $y = f(x)$인 $x \in A$가 존재한다. 그런데 $A \subseteq B$이므로 $x \in B$가 되어 $y = f(x) \in f(B)$이다. 따라서 $f(A) \subseteq f(B)$이다.

(2) 연습문제 1로 남긴다.

(3) $y \in f(A \cap B)$이면 $y = f(x)$인 $x \in A \cap B$가 존재한다. 그러면 $x \in A$이고 $x \in B$이므로 $y = f(x) \in f(A)$이고 $y = f(x) \in f(B)$가 되어

$$y \in f(A) \cap f(B)$$

이다. 따라서 $f(A\cap B)\subseteq f(A)\cap f(B)$이다. ■

|주의| 위 정리의 (3)에서 $f(A\cap B)=f(A)\cap f(B)$는 일반적으로 성립하지 않는다. 예로 다음 사상을 고려하자.

$$f:\{-1,0,1\}\to\{0,1\},\quad f(x)=x^2$$

정의역의 부분집합 $A=\{-1,0\}$, $B=\{0,1\}$에 대해 $A\cap B=\{0\}$이다. 그러면 $f(A\cap B)=\{0\}$, $f(A)=f(B)=\{0,1\}$이므로 $f(A\cap B)\neq f(A)\cap f(B)$이다.

정의

$f:X\to Y$는 사상이고 $B\subseteq Y$이면

$$f^{-1}(B)=\{x\in X\mid f(x)\in B\}$$

를 B의 **역상**(inverse image)이라 한다.

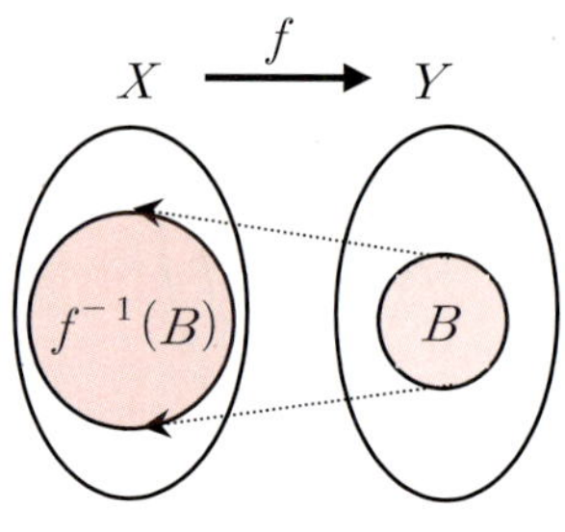

|보기| 사상 $f:\mathbb{R}\to\mathbb{R}$, $f(x)=x^2$에 대해 공역의 부분집합 $B=[0,4]$의 역상은 $f^{-1}(B)=[-2,2]$이다.

|참고| 위 정의에서 B와 $f^{-1}(B)$가 모두 원소 하나를 갖는 집합이면, 즉 $B=\{b\}$이고 $f^{-1}(B)=\{a\}$이면 $f^{-1}(B)=\{x\in X\mid f(x)\in B\}$는 간단히

$$f^{-1}(b)=a$$

로 나타낸다.

정리 1.3.2 $f:X\to Y$는 사상이고 $A,B\subseteq Y$일 때 다음이 성립한다.

(1) $A \subseteq B$이면 $f^{-1}(A) \subseteq f^{-1}(B)$ (2) $f^{-1}(A \cup B) = f^{-1}(A) \cup f^{-1}(B)$

(3) $f^{-1}(A \cap B) = f^{-1}(A) \cap f^{-1}(B)$ (4) $f^{-1}(A - B) = f^{-1}(A) - f^{-1}(B)$

증명 (1) $x \in f^{-1}(A)$이면 역상의 정의에 의해 $f(x) \in A$이다. 그런데 $A \subseteq B$이므로 $f(x) \in B$가 되어 $x \in f^{-1}(B)$이다. 따라서 $f^{-1}(A) \subseteq f^{-1}(B)$이다.

(2)
$$\begin{aligned} x \in f^{-1}(A \cup B) &\Leftrightarrow f(x) \in A \cup B \\ &\Leftrightarrow f(x) \in A \text{ 또는 } f(x) \in B \\ &\Leftrightarrow x \in f^{-1}(A) \text{ 또는 } x \in f^{-1}(B) \\ &\Leftrightarrow x \in f^{-1}(A) \cup f^{-1}(B) \end{aligned}$$

이다. 따라서 $f^{-1}(A \cup B) = f^{-1}(A) \cup f^{-1}(B)$이다.

(3)과 (4)는 연습문제 2로 남긴다. ■

정의

$f: X \to Y$를 사상이라 하자. 만약 f의 공역과 상이 일치하면, 즉

$$Y = f(X)$$

이면 f를 **전사**(surjective)라 한다. 또한 임의의 $x_1, x_2 \in X$에 대해 $f(x_1) = f(x_2)$일 때 $x_1 = x_2$이면 f를 **단사**(injective)라 한다. 특히 f가 전사이고 단사이면 f를 **전단사**(bijective)라 한다.

|보기| X가 집합일 때 모든 $x \in X$에 대해

$$1_X : X \to X, \quad 1_X(x) = x$$

로 정의하면 1_X는 사상이다. 이를 (X상의) **항등사상**(identity mapping)이라 한다. 특히 1_X는 전단사이다.

정의

$f: X \to Y$와 $g: Y \to Z$가 사상일 때 모든 $x \in X$에 대해

$$(g \circ f)(x) = g(f(x))$$

로 정의되는 새로운 사상 $g \circ f: X \to Z$를 f와 g의 **합성사상**(composite mapping)이라 한다.

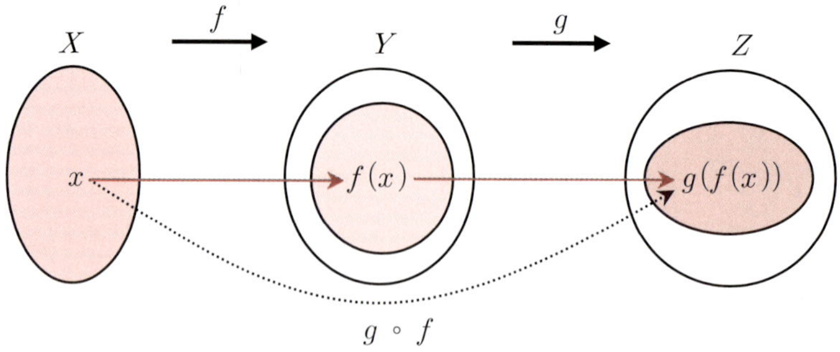

|보기| $f, g: \mathbb{R} \to \mathbb{R}$를 각각 $f(x) = x^2$, $g(x) = x + 1$로 정의된 사상이라 하자. 그러면

$$(g \circ f)(x) = g(f(x)) = f(x) + 1 = x^2 + 1,$$
$$(f \circ g)(x) = f(g(x)) = g(x)^2 = (x+1)^2$$

이다. 따라서 $g \circ f \neq f \circ g$이다.

정리 1.3.3 세 사상 $f: X \to Y$, $g: Y \to Z$ 그리고 $h: Z \to W$에 대해

$$h \circ (g \circ f) = (h \circ g) \circ f$$

이다.

증명 연습문제 4로 남긴다. ■

정리 1.3.4 사상 $f: X \to Y$와 두 항등사상 $1_X, 1_Y$에 대해

$$f \circ 1_X = f = 1_Y \circ f$$

이다.

증명 모든 $x \in X$에 대해

$$(f \circ 1_X)(x) = f(1_X(x)) = f(x),$$
$$(1_Y \circ f)(x) = 1_Y(f(x)) = f(x)$$

이므로 $f \circ 1_X = f$이고 $1_Y \circ f = f$이다. 따라서 결과가 성립한다. ■

정리 1.3.5 사상 $f: X \to Y$, $g: Y \to Z$와 합성사상 $g \circ f: X \to Z$에 대해 다음이 성립한다.

(1) f, g가 모두 단사이면 $g \circ f$도 단사이다.

(2) f, g가 모두 전사이면 $g \circ f$도 전사이다.

(3) f, g가 모두 전단사이면 $g \circ f$도 전단사이다.

증명 (1) $x_1, x_2 \in X$에 대해

$$(g \circ f)(x_1) = (g \circ f)(x_2)$$

이면 $g(f(x_1)) = g(f(x_2))$이다. 그런데 g는 단사이므로 $f(x_1) = f(x_2)$이다. 또다시 f가 단사이므로 $x_1 = x_2$이다. 따라서 $g \circ f$는 단사이다.

(2) f는 전사이므로 $f(X) = Y$이고 g도 전사이므로 $g(Y) = Z$이다. 그러면

$$(g \circ f)(X) = g(f(X)) = g(Y) = Z$$

이다. 따라서 $g \circ f$는 전사이다.

(3) 이는 (1)과 (2)를 결합한 결과이다. ■

위 정리에서 (1), (2)의 역은 다음 결과와 같이 부분적으로 성립한다.

정리 1.3.6 사상 $f: X \to Y$, $g: Y \to Z$와 합성사상 $g \circ f: X \to Z$에 대해 다음이 성립한다.

(1) $g \circ f$가 단사이면 f는 단사이다.

(2) $g \circ f$가 전사이면 g는 전사이다.

증명 연습문제 5로 남긴다. ■

보조정리 1.3.7 사상 $f: X \to Y$에 대해 다음이 성립한다.

(1) f가 단사일 필요충분조건은 $g \circ f = 1_X$인 사상 $g: Y \to X$가 존재한다.

(2) f가 전사일 필요충분조건은 $f \circ h = 1_Y$인 사상 $h: Y \to X$가 존재한다.

증명 (1) f가 단사이면 임의의 $y \in f(X)$에 대해 $y = f(x)$인 $x \in X$가 오직 하나 있다. 이제 고정된 원소 $a \in X$에 대해 사상 $g: Y \to X$를

$$g(y) = \begin{cases} x & y \in f(X), \\ a & y \notin f(X) \end{cases}$$

로 정의하자. 그러면 임의의 $x \in X$에 대해

$$(g \circ f)(x) = g(f(x)) = g(y) = x$$

이므로 $g \circ f = 1_X$이다. 역으로 $g : Y \to X$가 $g \circ f = 1_X$인 사상이면 $g \circ f$는 단사이다. 따라서 정리 1.3.6(1)에 의해 f는 단사이다.

(2) 연습문제 6으로 남긴다. ■

정리 1.3.8 사상 $f : X \to Y$가 전단사일 필요충분조건은

$$g \circ f = 1_X, \quad f \circ g = 1_Y$$

인 사상 $g : Y \to X$가 유일하게 존재한다.

증명 (⇒) f가 전단사이면 보조정리 1.3.7에 의해

$$g \circ f = 1_X, \quad f \circ h = 1_Y$$

인 사상 $g, h : Y \to X$가 존재한다. 특히 임의의 $y \in Y$에 대해 $f(x) = y$인 $x \in X$는 오직 하나 있다. 따라서 $(g \circ f)(x) = 1_X(x)$에서 $g : Y \to X$는 $g(y) = x$로 정의된다. 그러면 $f \circ h = 1_Y$이므로 임의의 $y \in Y$에 대해

$$f(x) = y = 1_Y(y) = (f \circ h)(y) = f(h(y))$$

이다. 그런데 f는 단사이므로 $h(y) = x$가 되어 $h = g$이다. 유일성을 보이기 위해 $g' : Y \to X$를 $g' \circ f = 1_X$이고 $f \circ g' = 1_Y$인 사상이라 하자. 그러면 정리 1.3.4에 의해 $g' = 1_X \circ g'$이므로 임의의 $y \in Y$에 대해

$$\begin{aligned} g'(y) &= (1_X \circ g')(y) = [(g \circ f) \circ g'](y) = [g \circ (f \circ g')](y) \\ &= (g \circ 1_Y)(y) = g(1_Y(y)) = g(y) \end{aligned}$$

이다. 따라서 $g' = g$이다.

($\Leftarrow$) $g: Y \to X$를 $g \circ f = 1_X$, $f \circ g = 1_Y$인 사상이라 하자. 먼저 $x_1, x_2 \in X$에 대해 $f(x_1) = f(x_2)$이면 $g(f(x_1)) = g(f(x_2))$이다. 그러면

$$(g \circ f)(x_1) = (g \circ f)(x_2), \text{ 즉 } 1_X(x_1) = 1_X(x_2)$$

이므로 $x_1 = x_2$이다. 따라서 f는 단사이다. 또한 $f \circ g = 1_Y$이므로

$$Y = 1_Y(Y) = (f \circ g)(Y) = f(g(Y)) \subseteq f(X) \subseteq Y$$

가 되어 $Y = f(X)$이다. 즉 f는 전사이다. 따라서 f는 전단사이다. ■

정의

$f: X \to Y$가 전단사사상일 때 정리 1.3.8에서 유일하게 존재하는 사상

$$g: Y \to X$$

를 f의 **역사상**(inverse mapping)이라 하고 $g = f^{-1}$로 나타낸다.

|보기| 양의 실수 전체의 집합을 $\mathbb{R}^+$라 하여 두 사상

$$f: \mathbb{R} \to \mathbb{R}^+, \quad f(x) = e^x$$
$$g: \mathbb{R}^+ \to \mathbb{R}, \quad g(x) = \ln x$$

를 고려하자. 그러면 모든 $x \in \mathbb{R}$에 대해

$$(g \circ f)(x) = g(f(x)) = \ln f(x) = \ln e^x = x$$

이므로 $g \circ f = 1_{\mathbb{R}}$이다. 또한 모든 $y \in \mathbb{R}^+$에 대해

$$(f \circ g)(y) = f(g(y)) = e^{g(y)} = e^{\ln y} = y$$

이므로 $f \circ g = 1_{\mathbb{R}^+}$이다. 따라서 정리 1.3.8에 의해 f는 전단사이고 g는 f의 역사상이다. 즉 $g = f^{-1}$이다.

따름정리 1.3.9 사상 $f: X \to Y$가 전단사이면 역사상 $f^{-1}: Y \to X$도 전단사이다.

증명 정리 1.3.8에서 f와 f^{-1}의 역할을 바꾸면 결과는 분명하다. ■

집합 X에서의 모든 전단사사상의 집합을

$$G=\{f \mid f: X \to X\text{는 전단사}\}$$

라 하자. $f,g \in G$이면 f,g는 전단사이므로 정리 1.3.5에 의해 $g \circ f: X \to X$도 전단사이다. 따라서 사상들의 합성 $\circ$는 G에서 연산이다.

정리 1.3.10 집합 X에서의 모든 전단사사상의 집합을

$$G=\{f \mid f: X \to X\text{는 전단사}\}$$

라 하면 $(G, \circ)$는 군이다.

증명 $f,g,h \in G$이면 정리 1.3.3에 의해

$$h \circ (g \circ f)=(h \circ g) \circ f$$

이므로 $\circ$는 결합법칙을 만족한다. $f \in G$이면 항등사상 $1_X \in G$에 대해 정리 1.3.4에 의해

$$f \circ 1_X = f = 1_X \circ f$$

이므로 1_X는 G의 항등원이다. $f: X \to X$가 전단사이면 따름정리 1.3.9에 의해 역사상 $f^{-1}: X \to X$도 전단사이므로 f^{-1}는 f의 역원이다. 따라서 $(G, \circ)$는 군이다. ■

연습문제 1.3

1 $f: X \to Y$는 사상이고 $A,B \subseteq X$일 때 $f(A \cup B)=f(A) \cup f(B)$를 보여라.

2 $f: X \to Y$는 사상이고 $A,B \subseteq Y$일 때 다음을 보여라.

(1) $f^{-1}(A \cap B)=f^{-1}(A) \cap f^{-1}(B)$

(2) $f^{-1}(A - B)=f^{-1}(A) - f^{-1}(B)$

3 $f: X \to Y$가 사상일 때 다음을 보여라.

(1) $A \subseteq X$이면 $A \subseteq f^{-1}(f(A))$이다.

(2) $B \subseteq Y$이면 $f(f^{-1}(B)) \subseteq B$이다.

4 정리 1.3.3을 보여라.

5 정리 1.3.6을 보여라.

6 사상 $f: X \to Y$가 전사일 필요충분조건은

$$f \circ h = 1_Y$$

인 사상 $h: Y \to X$가 존재함을 보여라.

7 $f: X \to Y$, $g: Y \to Z$가 모두 전단사사상이면 합성사상 $g \circ f: X \to Z$에 대해

$$(g \circ f)^{-1} = f^{-1} \circ g^{-1}$$

를 보여라.

8 사상 $f: X \to Y$가 단사일 필요충분조건은 모든 $A \subseteq X$에 대해

$$A = f^{-1}(f(A))$$

를 보여라.

9 사상 $f: X \to Y$가 전사일 필요충분조건은 모든 $B \subseteq Y$에 대해

$$f(f^{-1}(B)) = B$$

를 보여라.

2장

AR ALGEBRA LINEAR ALGEBRA LINEAR ALGEBRA LINEAR ALGEBRA

행렬

2.1 행렬과 행렬연산

1장에서 살폈듯이 체는 합과 곱을 두 연산으로 가지며 특별한 대수적 구조로 이루어진 집합이다. 유리수의 집합 $\mathbb{Q}$, 실수의 집합 $\mathbb{R}$, 그리고 복소수의 집합 $\mathbb{C}$는 대표적인 체의 예들이다. 또한 두 집합

$$\mathbb{Q}[\sqrt{2}] = \{a + b\sqrt{2} \mid a, b \in \mathbb{Q}\}, \qquad \mathbb{Q}[i] = \{a + bi \mid a, b \in \mathbb{Q}\}$$

도 모두 체이다. 특히 체의 각각의 원소를 **스칼라**(scalar) 또는 **수**(number)라 한다.

$\mathbb{F}$를 체라 하자. 만약 $i = 1, \cdots, m$, $j = 1, \cdots, n$에 대해 $a_{ij} \in \mathbb{F}$일 때

$$A = \begin{bmatrix} a_{11} & a_{12} & \cdots & a_{1n} \\ a_{21} & a_{22} & \cdots & a_{2n} \\ \vdots & \vdots & & \vdots \\ a_{m1} & a_{m2} & \cdots & a_{mn} \end{bmatrix}$$

와 같이 $\mathbb{F}$의 원소들을 직사각형 모양으로 배열한 것을 $\mathbb{F}$상의 **행렬**(matrix)이라 한다. 이는 가로 m개, 세로 n개가 배열되었다는 의미에서 A를 $m \times n$ 행렬이라 하고 $m \times n$을 A의 **크기**(size)라 한다. $i = 1, \cdots, m$에 대해

$$[a_{i1}\ a_{i2} \cdots\ a_{in}]$$

을 $\boldsymbol{i}$**행**(ith row)이라 하고 $j = 1, \cdots, n$에 대해

$$\begin{bmatrix} a_{1j} \\ a_{2j} \\ \vdots \\ a_{mj} \end{bmatrix}$$

를 $\boldsymbol{j}$**열**(jth column)이라 한다. 또한 i행과 j열이 겹치는 a_{ij}를 $(\boldsymbol{i}, \boldsymbol{j})$**성분**(component)이라 하여 행렬 A를 $A = [a_{ij}]_{m,n}$ 또는 간단히 $A = [a_{ij}]$로 나타낸다.

|보기| 행렬

$$A = \begin{bmatrix} 1 & 0 & 6 & 2 \\ 4 & 1 & 5 & 9 \\ 8 & 3 & 0 & 7 \end{bmatrix}$$

의 크기는 3×4이다. A에서 2행은 $[4\ 1\ 5\ 9]$이고 3열은 $\begin{bmatrix}6\\5\\0\end{bmatrix}$이다. 또한 $(2,3)$성분은 5이다.

|약속| 이후로 언급이 없어도 교재 전체에서 $\mathbb{F}$는 복소수들의 집합인 $\mathbb{C}$이거나

$$\mathbb{Q},\quad \mathbb{R},\quad \mathbb{Q}[\sqrt{2}],\quad \mathbb{Q}[i],\quad \cdots$$

와 같이 $\mathbb{C}$의 부분집합으로 체가 되는 집합이다.

$\mathbb{F}$상의 $m\times n$ 행렬 전체의 집합을 $\mathrm{M}_{m,n}(\mathbb{F})$로 나타낸다. $\mathrm{M}_{m,n}(\mathbb{F})$의 원소로 모든 성분이 0인 행렬을 **영행렬**(zero matrix)이라 하고 O으로 나타낸다. 특히 $m=n$이면 $\mathrm{M}_{n,n}(\mathbb{F})$를 간단히 $\mathrm{M}_n(\mathbb{F})$로 나타내고 그 원소 각각을 **(n차) 정방행렬**(square matrix of degree n)이라 한다.

모든 성분이 실수인 행렬을 **실행렬**(real matrix)이라 하고 모든 성분이 복소수인 행렬을 **복소행렬**(complex matrix)이라 한다. 이 교재에서는 이 두 행렬을 주로 다룬다.

정의

$A=[a_{ij}]$, $B=[b_{ij}]$는 $\mathrm{M}_{m,n}(\mathbb{F})$의 행렬이고 $\alpha\in\mathbb{F}$라 하자.

(1) 모든 i,j에 대해 $a_{ij}=b_{ij}$이면 A,B는 **같다**(equal)고 하여 $A=B$로 나타낸다.

(2) A,B의 **합**(sum) $A+B$는 $A+B=[a_{ij}+b_{ij}]$로 정의한다.

(3) α에 대한 A의 **스칼라곱**(scalar product) αA는 $\alpha A=[\alpha a_{ij}]$로 정의한다.

위 정의에서 $\alpha=-1$이면 $(-1)A=-A$로 나타낸다. 즉 $-A=[-a_{ij}]$이다. 그러면 A,B의 **차**(difference)는

$$A-B=A+(-1)B=[a_{ij}+(-1)b_{ij}]=[a_{ij}-b_{ij}]$$

로 정의된다.

|보기| 세 행렬

$$A=\begin{bmatrix}1&2&-4\\-2&1&3\end{bmatrix},\quad B=\begin{bmatrix}0&1&4\\-1&3&1\end{bmatrix},\quad C=\begin{bmatrix}1&1\\2&2\end{bmatrix}$$

를 고려하자.

(1) $A+B=\begin{bmatrix}1&3&0\\-3&4&4\end{bmatrix}$이고 $A+C$는 불가능한 합이다.

(2) $2A=\begin{bmatrix}2&4&-8\\-4&2&6\end{bmatrix}$이고 $3B=\begin{bmatrix}0&3&12\\-3&9&3\end{bmatrix}$이다.

(3) $2A-3B=\begin{bmatrix}2&4&-8\\-4&2&6\end{bmatrix}-\begin{bmatrix}0&3&12\\-3&9&3\end{bmatrix}=\begin{bmatrix}2&1&-20\\-1&-7&3\end{bmatrix}$이다.

|보기| 두 복소행렬

$$A=\begin{bmatrix}1+i&1-i\\-1&-1+i\end{bmatrix},\quad B=\begin{bmatrix}2-i&4+3i\\i&7-5i\end{bmatrix}$$

를 고려하자.

(1) $A+B=\begin{bmatrix}3&5+2i\\-1+i&6-4i\end{bmatrix}$이다.

(2) $iB=\begin{bmatrix}1+2i&-3+4i\\-1&5+7i\end{bmatrix}$이다.

(3) $A-iB=\begin{bmatrix}-i&4-5i\\0&-6-6i\end{bmatrix}$이다.

정리 2.1.1 임의의 $A,B,C\in\mathrm{M}_{m,n}(\mathrm{F})$와 $\alpha\in\mathrm{F}$에 대해 다음이 성립한다.

(1) $(A+B)+C=A+(B+C)$　　(2) $A+B=B+A$

(3) $A+O=A$　　(4) $A+(-A)=O$

(5) $\alpha(A+B)=\alpha A+\alpha B$　　(6) $1A=A$

증명 $A=[a_{ij}]$, $B=[b_{ij}]$, $C=[c_{ij}]$라 하자.

(1) 정의에 의해 $(A+B)+C$와 $A+(B+C)$는 모두 $\mathrm{M}_{m,n}(\mathrm{F})$의 행렬이다.

$$\begin{aligned}(A+B)+C&=([a_{ij}]+[b_{ij}])+[c_{ij}]=[a_{ij}+b_{ij}]+[c_{ij}]\\&=[(a_{ij}+b_{ij})+c_{ij}]=[a_{ij}+(b_{ij}+c_{ij})]\\&=[a_{ij}]+[b_{ij}+c_{ij}]=[a_{ij}]+([b_{ij}]+[c_{ij}])\\&=A+(B+C)\end{aligned}$$

(2) $A+B=[a_{ij}]+[b_{ij}]=[a_{ij}+b_{ij}]=[b_{ij}+a_{ij}]=[b_{ij}]+[a_{ij}]=B+A$이다.

(3) $A+O=[a_{ij}]+[0]=[a_{ij}+0]=[a_{ij}]=A$이다.

(4) $A+(-A)=[a_{ij}]+[-a_{ij}]=[a_{ij}-a_{ij}]=[0]=O$이다.

(5) $\alpha(A+B)=\alpha[a_{ij}+b_{ij}]=[\alpha(a_{ij}+b_{ij})]=[\alpha a_{ij}+\alpha b_{ij}]=[\alpha a_{ij}]+[\alpha b_{ij}]$
$=\alpha A+\alpha B$이다.

(6) $1A=1[a_{ij}]=[1a_{ij}]=[a_{ij}]=A$이다. ■

따름정리 2.1.2 $\mathrm{M}_{m,n}(\mathrm{F})$는 덧셈아벨군이다.

증명 먼저 정의에 의해 $\mathrm{M}_{m,n}(\mathrm{F})$에서 덧셈은 연산이다. 또한 정리 2.1.1의 (1)부터 (4)에 의해 $(\mathrm{M}_{m,n}(\mathrm{F}),+)$는 아벨군 정의의 모든 조건을 만족한다. 따라서 $\mathrm{M}_{m,n}(\mathrm{F})$는 덧셈아벨군이다. ■

F상의 $m\times n$ 행렬 A와 $p\times r$ 행렬 B의 곱을 정의할 수 있는데 이는 $n=p$일 때만 다음과 같이 정의된다.

정의

$\mathrm{M}_{m,n}(\mathrm{F})$의 행렬 $A=[a_{ij}]$와 $\mathrm{M}_{n,r}(\mathrm{F})$의 행렬 $B=[b_{ij}]$의 **곱**(product)은 AB로 나타내고

$$c_{ij}=\sum_{k=1}^{n}a_{ik}b_{kj}=a_{i1}b_{1j}+a_{i2}b_{2j}+\cdots+a_{in}b_{nj}$$

를 (i,j)성분으로 갖는 $\mathrm{M}_{m,r}(\mathrm{F})$의 행렬로 정의한다.

$$\begin{bmatrix} a_{11} & a_{12} & \cdots & a_{1n} \\ \vdots & \vdots & & \vdots \\ \boldsymbol{a_{i1}} & \boldsymbol{a_{i2}} & \cdots & \boldsymbol{a_{in}} \\ \vdots & \vdots & & \vdots \\ a_{m1} & a_{m2} & \cdots & a_{mn} \end{bmatrix} \begin{bmatrix} b_{11} & \cdots & \boldsymbol{b_{1j}} & \cdots & b_{1r} \\ b_{21} & \cdots & \boldsymbol{b_{2j}} & \cdots & b_{2r} \\ \vdots & & \vdots & & \vdots \\ \vdots & & \vdots & & \vdots \\ b_{n1} & \cdots & \boldsymbol{b_{nj}} & \cdots & b_{nr} \end{bmatrix} = \begin{bmatrix} c_{11} & \cdots & c_{1j} & \cdots & c_{1r} \\ \vdots & & \vdots & & \vdots \\ c_{i1} & \cdots & \boldsymbol{c_{ij}} & \cdots & c_{ir} \\ \vdots & & \vdots & & \vdots \\ c_{m1} & \cdots & c_{mj} & \cdots & c_{mr} \end{bmatrix}$$

|보기| 세 행렬

$$A=\begin{bmatrix}1 & 2\\ 2 & 0\\ 0 & 3\end{bmatrix},\quad B=\begin{bmatrix}1 & -2 & 5\\ 2 & 3 & 4\end{bmatrix},\quad C=\begin{bmatrix}1 & 1\\ 0 & 1\end{bmatrix}$$

를 고려하자.

(1) $AB = \begin{bmatrix} 1 & 2 \\ 2 & 0 \\ 0 & 3 \end{bmatrix} \begin{bmatrix} 1 & -2 & 5 \\ 2 & 3 & 4 \end{bmatrix} = \begin{bmatrix} 5 & 4 & 13 \\ 2 & -4 & 10 \\ 6 & 9 & 12 \end{bmatrix}$ 이다.

(2) $BA = \begin{bmatrix} 1 & -2 & 5 \\ 2 & 3 & 4 \end{bmatrix} \begin{bmatrix} 1 & 2 \\ 2 & 0 \\ 0 & 3 \end{bmatrix} = \begin{bmatrix} -3 & 17 \\ 8 & 16 \end{bmatrix}$ 이다.

(3) $AC = \begin{bmatrix} 1 & 2 \\ 2 & 0 \\ 0 & 3 \end{bmatrix} \begin{bmatrix} 1 & 1 \\ 0 & 1 \end{bmatrix} = \begin{bmatrix} 1 & 3 \\ 2 & 2 \\ 0 & 3 \end{bmatrix}$ 이지만 CA는 불가능한 곱이다.

정리 2.1.3 F상에서 합과 곱이 가능한 행렬 A, B, C와 스칼라 $\alpha \in \mathrm{F}$에 대해 다음이 성립한다.

(1) $(AB)C = A(BC)$

(2) $A(B+C) = AB + AC$

(3) $(A+B)C = AC + BC$

(4) $\alpha(AB) = (\alpha A)B = A(\alpha B)$

증명 (1) A, B, C를 각각

$$A = [a_{ij}]_{m,n}, \quad B = [b_{ij}]_{n,r}, \quad C = [c_{ij}]_{r,s}$$

로 두면 $(AB)C$와 $A(BC)$는 모두 $\mathrm{M}_{m,s}(\mathrm{F})$의 행렬이다. 그런데 AB의 (i,h)성분은 $\sum_{k=1}^{n} a_{ik}b_{kh}$이고 BC의 (k,j)성분은 $\sum_{h=1}^{r} b_{kh}c_{hj}$이므로

$$\begin{aligned} (AB)C\text{의 } (i,j)\text{성분} &= \sum_{h=1}^{r}\left(\sum_{k=1}^{n} a_{ik}b_{kh}\right)c_{hj} = \sum_{h=1}^{r}\sum_{k=1}^{n}(a_{ik}b_{kh})c_{hj} \\ &= \sum_{k=1}^{n}\sum_{h=1}^{r} a_{ik}(b_{kh}c_{hj}) = \sum_{k=1}^{n} a_{ik}\left(\sum_{h=1}^{r} b_{kh}c_{hj}\right) \\ &= A(BC)\text{의 } (i,j)\text{성분} \end{aligned}$$

이다. 따라서 $(AB)C = A(BC)$이다.

(2) $A = [a_{ij}]_{m,n}, \quad B = [b_{ij}]_{n,r}, \quad C = [c_{ij}]_{n,r}$이면 $A(B+C)$, AB, AC, $AB+AC$는 모두 $\mathrm{M}_{m,r}(\mathrm{F})$의 행렬이다. 그러면

$$\begin{aligned} A(B+C)\text{의 } (i,j)\text{성분} &= \sum_{k=1}^{n} a_{ik}(b_{kj}+c_{kj}) = \sum_{k=1}^{n}(a_{ik}b_{kj}+a_{ik}c_{kj}) \\ &= \sum_{k=1}^{n} a_{ik}b_{kj} + \sum_{k=1}^{n} a_{ik}c_{kj} \\ &= AB+AC\text{의 } (i,j)\text{성분} \end{aligned}$$

이다. 따라서 $A(B+C)=AB+AC$이다.

(3) (2)의 증명과 유사하다.

(4) $A=[a_{ij}]_{m,n}$, $B=[b_{ij}]_{n,r}$이면 $AB\in \mathrm{M}_{m,r}(\mathrm{F})$의 (i,j)성분은 $\sum_{k=1}^{n} a_{ik}b_{kj}$ 이므로

$$\alpha\sum_{k=1}^{n} a_{ik}b_{kj}=\sum_{k=1}^{n}(\alpha a_{ik})b_{kj}=\sum_{k=1}^{n} a_{ik}(\alpha b_{kj})$$

이다. 따라서 $\alpha(AB)$, $(\alpha A)B$, $A(\alpha B)$의 (i,j)성분은 모두 같으므로

$$\alpha(AB)=(\alpha A)B=A(\alpha B)$$

이다. ■

|주의| 앞 보기에서 살폈듯이 두 행렬 A,B에 대해 AB는 가능한 곱이지만 BA는 가능한 곱이 아닐 수도 있다. 그러나 $A,B\in \mathrm{M}_n(\mathrm{F})$이면 AB, BA는 둘 다 가능한 곱이지만 이는 $AB=BA$를 의미하는 것은 아니다. 예로 $\mathrm{M}_2(\mathbb{R})$에서

$$A=\begin{bmatrix}1&1\\0&0\end{bmatrix},\qquad B=\begin{bmatrix}1&0\\1&0\end{bmatrix}$$

에 대해 $AB=\begin{bmatrix}2&0\\0&0\end{bmatrix}$, $BA=\begin{bmatrix}1&1\\1&1\end{bmatrix}$이므로 $AB\neq BA$이다.

정의

$\mathrm{M}_n(\mathrm{F})$의 행렬 A,B에 대해

$$AB=BA$$

이면 A,B는 **가환**(commutative)이라 한다.

|보기| 두 행렬

$$A=\begin{bmatrix}1&2&3\\2&5&3\\1&0&8\end{bmatrix},\qquad B=\begin{bmatrix}-40&16&9\\13&-5&-3\\5&-2&-1\end{bmatrix}$$

에 대해

$$AB=\begin{bmatrix}1&2&3\\2&5&3\\1&0&8\end{bmatrix}\begin{bmatrix}-40&16&9\\13&-5&-3\\5&-2&-1\end{bmatrix}=\begin{bmatrix}1&0&0\\0&1&0\\0&0&1\end{bmatrix},$$

$$BA=\begin{bmatrix}-40&16&9\\13&-5&-3\\5&-2&-1\end{bmatrix}\begin{bmatrix}1&2&3\\2&5&3\\1&0&8\end{bmatrix}=\begin{bmatrix}1&0&0\\0&1&0\\0&0&1\end{bmatrix}$$

이므로 $AB=BA$이다. 따라서 A,B는 가환이다.

정의

$\mathrm{M}_{m,n}(\mathrm{F})$에서 행렬 $A=[a_{ij}]$의 **전치행렬(transposed matrix)**은 A^{T}로 나타내고

$$A^{\mathrm{T}}=[a_{ij}^{\mathrm{T}}]=[a_{ji}]$$

로 정의한다. 즉 A^{T}는 A의 (i,j)성분을 (j,i)성분으로 갖는 $\mathrm{M}_{n,m}(\mathrm{F})$의 행렬이다.

다시 말해 A^{T}는 A에서 모든 행과 열을 서로 바꾼 행렬이다.

|보기| (1) $A=\begin{bmatrix}1&2&3\\4&5&6\end{bmatrix}$이면 $A^{\mathrm{T}}=\begin{bmatrix}1&4\\2&5\\3&6\end{bmatrix}$이다.

(2) $B=\begin{bmatrix}1&0&-2\\2&3&4\\0&2&5\end{bmatrix}$이면 $B^{\mathrm{T}}=\begin{bmatrix}1&2&0\\0&3&2\\-2&4&5\end{bmatrix}$이다.

(3) $C=\begin{bmatrix}1&2&3\\2&4&6\\3&6&9\end{bmatrix}$이면 $C^{\mathrm{T}}=\begin{bmatrix}1&2&3\\2&4&6\\3&6&9\end{bmatrix}$이다.

(4) $D=\begin{bmatrix}1+i&1-i&1\\-1&-1+i&0\end{bmatrix}$이면 $D^{\mathrm{T}}=\begin{bmatrix}1+i&-1\\1-i&-1+i\\1&0\end{bmatrix}$이다.

정리 2.1.4 행렬 A,B와 스칼라 $\alpha\in\mathrm{F}$에 대해 다음이 성립한다.

(1) $A,B\in\mathrm{M}_{m,n}(\mathrm{F})$이면 $(A^{\mathrm{T}})^{\mathrm{T}}=A$, $(A+B)^{\mathrm{T}}=A^{\mathrm{T}}+B^{\mathrm{T}}$, $(\alpha A)^{\mathrm{T}}=\alpha A^{\mathrm{T}}$이다.

(2) $A\in\mathrm{M}_{m,n}(\mathrm{F})$, $B\in\mathrm{M}_{n,r}(\mathrm{F})$이면 $(AB)^{\mathrm{T}}=B^{\mathrm{T}}A^{\mathrm{T}}$이다.

증명 (1) $(A^{\mathrm{T}})^{\mathrm{T}}$의 (i,j)성분$=A^{\mathrm{T}}$의 (j,i)성분$=A$의 (i,j)성분이므로 $(A^{\mathrm{T}})^{\mathrm{T}}=$

A이다. 나머지 두 결과도 같은 방법으로 보일 수 있다.

(2) $A=[a_{ij}]$, $B=[b_{ij}]$이면

$$\begin{aligned}(AB)^{\mathrm{T}}\text{의 } (i,j)\text{성분} &= AB\text{의 } (j,i)\text{의 성분} \\ &= \sum_{k=1}^{n} a_{jk}b_{ki} = \sum_{k=1}^{n} b_{ki}a_{jk} = \sum_{k=1}^{n} b_{ik}^{\mathrm{T}} a_{kj}^{\mathrm{T}} \\ &= B^{\mathrm{T}}A^{\mathrm{T}}\text{의 } (i,j)\text{성분}\end{aligned}$$

이다. 따라서 $(AB)^{\mathrm{T}}=B^{\mathrm{T}}A^{\mathrm{T}}$이다. ■

정의

$A\in \mathrm{M}_n(\mathrm{F})$일 때 $A^{\mathrm{T}}=A$이면 A를 **대칭행렬**(symmetric matrix)이라 하고 $A^{\mathrm{T}}=-A$이면 A를 **교대행렬**(alternating matrix)이라 한다.

즉 $A=[a_{ij}]$일 때 모든 i,j에 대해 $a_{ji}=a_{ij}$이면 A는 대칭행렬이고 $a_{ji}=-a_{ij}$이면 A는 교대행렬이다.

|보기| (1) $\begin{bmatrix}1&2&3\\2&0&4\\3&4&1\end{bmatrix}$, $\begin{bmatrix}1&i&-i\\i&-i&1\\-i&1&i\end{bmatrix}$는 모두 대칭행렬이다.

(2) $\begin{bmatrix}0&3&5\\-3&0&-4\\-5&4&0\end{bmatrix}$, $\begin{bmatrix}0&i&-2\\-i&0&i\\2&-i&0\end{bmatrix}$는 모두 교대행렬이다.

(3) $\begin{bmatrix}1&0&3\\0&5&-4\\3&4&1\end{bmatrix}$, $\begin{bmatrix}0&i&1\\i&-i&i\\-1&i&2\end{bmatrix}$는 모두 대칭행렬도 아니고 교대행렬도 아니다.

정리 2.1.5 $A\in \mathrm{M}_n(\mathrm{F})$와 $\alpha\in \mathrm{F}$에 대해 다음이 성립한다.

(1) $A+A^{\mathrm{T}}$는 대칭행렬이고 $A-A^{\mathrm{T}}$는 교대행렬이다.

(2) A가 대칭행렬(교대행렬)이면 αA도 대칭행렬(교대행렬)이다.

증명 (1) 정리 2.1.4에 의해

$$(A+A^{\mathrm{T}})^{\mathrm{T}}=A^{\mathrm{T}}+(A^{\mathrm{T}})^{\mathrm{T}}=A^{\mathrm{T}}+A=A+A^{\mathrm{T}}$$

이므로 $A+A^{\mathrm{T}}$는 대칭행렬이다. 또한

$$(A-A^{\mathrm{T}})^{\mathrm{T}}=A^{\mathrm{T}}-(A^{\mathrm{T}})^{\mathrm{T}}=A^{\mathrm{T}}-A=-(A-A^{\mathrm{T}})$$

이므로 $A-A^{\mathrm{T}}$는 교대행렬이다.

(2) A가 대칭행렬이면

$$(\alpha A)^{\mathrm{T}}=\alpha A^{\mathrm{T}}=\alpha A$$

이므로 αA는 대칭행렬이다. A가 교대행렬이면

$$(\alpha A)^{\mathrm{T}}=\alpha A^{\mathrm{T}}=\alpha(-A)=-\alpha A$$

이므로 αA는 교대행렬이다. ■

따름정리 2.1.6 $A\in \mathrm{M}_n(\mathrm{F})$는 대칭행렬과 교대행렬의 합으로 유일하게 쓸 수 있다.

증명 $A=\frac{1}{2}(A+A^{\mathrm{T}})+\frac{1}{2}(A-A^{\mathrm{T}})$이다. 그런데 정리 2.1.5에 의해

$$\frac{1}{2}(A+A^{\mathrm{T}}),\quad \frac{1}{2}(A-A^{\mathrm{T}})$$

는 각각 대칭행렬이고 교대행렬이다. 따라서 A는 대칭행렬과 교대행렬의 합이다. 이 합의 유일함은 연습문제 7로 남긴다. ■

|보기| $A=\begin{bmatrix}1&2&3\\4&5&6\\7&8&9\end{bmatrix}$이면 $A^{\mathrm{T}}=\begin{bmatrix}1&4&7\\2&5&8\\3&6&9\end{bmatrix}$이다. 그러면

$$A+A^{\mathrm{T}}=\begin{bmatrix}2&6&10\\6&10&14\\10&14&18\end{bmatrix},\quad A-A^{\mathrm{T}}=\begin{bmatrix}0&-2&-4\\2&0&-2\\4&2&0\end{bmatrix}$$

이므로 A의 대칭행렬과 교대행렬의 유일한 합은

$$A=\begin{bmatrix}1&3&5\\3&5&7\\5&7&9\end{bmatrix}+\begin{bmatrix}0&-1&-2\\1&0&-1\\2&1&0\end{bmatrix}$$

이다.

정의

$A=[a_{ij}]\in \mathrm{M}_n(\mathrm{F})$에서

$$a_{11},\ a_{22},\ \cdots,\ a_{nn}$$

을 A의 **주대각성분**(principal diagonal component)이라 한다. 특히 모든 주대각성분이 1이고 나머지 성분들은 0인 $\mathrm{M}_n(\mathrm{F})$의 원소를 I_n으로 나타내고 이를 **(n차) 항등행렬**(identity matrix) 또는 **단위행렬**(unit matrix)이라 한다.

$$I_2=\begin{bmatrix}1&0\\0&1\end{bmatrix},\quad I_3=\begin{bmatrix}1&0&0\\0&1&0\\0&0&1\end{bmatrix},\quad I_4=\begin{bmatrix}1&0&0&0\\0&1&0&0\\0&0&1&0\\0&0&0&1\end{bmatrix},\quad \cdots$$

정리 2.1.7 임의의 $A=[a_{ij}]\in \mathrm{M}_{m,n}(\mathrm{F})$에 대해 다음이 성립한다.

(1) $OA=O=AO$　　(2) $I_mA=A=AI_n$

증명 (1) OA의 (i,j)성분은 $\sum_{k=1}^{n}0a_{kj}=0$이므로 $OA=O$이다. 유사하게 $AO=O$이다.

(2) $I_m=[\delta_{ij}]$로 두면 $i=1,\cdots,m$에 대해 $\delta_{ii}=1$이고 $i\neq j$인 $i,j=1,\cdots,m$에 대해 $\delta_{ij}=0$이다. 그러면 I_mA의 (i,j)성분은

$$\sum_{k=1}^{m}\delta_{ik}a_{kj}=\delta_{i1}a_{k1}+\cdots+\delta_{ii}a_{ij}+\cdots+\delta_{im}a_{mj}=a_{ij}$$

이므로 $I_mA=A$이다. 유사하게 $AI_n=A$이다. ∎

정리 2.1.8 $\mathrm{M}_n(\mathrm{F})$는 단위원을 갖는 환이다.

증명 먼저 따름정리 2.1.2에 의해 $\mathrm{M}_n(\mathrm{F})$는 덧셈아벨군이다. 또한 $A,B,C\in \mathrm{M}_n(\mathrm{F})$이면 정리 2.1.3에 의해

$$(AB)C=A(BC),\quad A(B+C)=AB+AC,\quad (A+B)C=AC+BC$$

이다. 따라서 $\mathrm{M}_n(\mathrm{F})$는 환이다. $I_n\in \mathrm{M}_n(\mathrm{F})$는 분명하다. 그런데 $A\in$

$M_n(F)$이면 정리 2.1.7에 의해 $I_nA = A = AI_n$이므로 $M_n(F)$는 단위원 I_n을 갖는 환이다. ▪

|주의| $AB \neq BA$인 $A, B \in M_n(F)$가 존재하므로 $M_n(F)$는 가환환은 아니다. 예로 $M_2(\mathbb{R})$에서 $A = \begin{bmatrix} 1 & 1 \\ 0 & 0 \end{bmatrix}$, $B = \begin{bmatrix} 1 & 0 \\ 1 & 0 \end{bmatrix}$이면 $AB \neq BA$이다.

정의

$A \in M_n(F)$일 때

$$AB = I_n = BA$$

인 $B \in M_n(F)$가 존재하면 A를 **가역**(invertible)이라 하고 B를 A의 **역행렬**(inverse matrix)이라 한다. 또한 A가 가역이 아니면 A를 **비가역**(non-invertible)이라 한다.

|주의| 위 정의에서 $AB = I_n$일 필요충분조건은 $BA = I_n$이다. 이 결과는 2.2절의 정리 2.2.10에서 보인다. 따라서 $AB = I_n$ 또는 $BA = I_n$의 둘 중 하나만 만족해도 A는 가역이고 B는 A의 역행렬이다.

정리 2.1.9 $A \in M_n(F)$가 가역이면 A는 유일한 역행렬을 갖는다.

증명 $B, C \in M_n(F)$가 A의 역행렬이면 $AB = I_n = CA$이므로

$$C = CI_n = C(AB) = (CA)B = I_nB = B$$

이다. 따라서 A는 유일한 역행렬을 갖는다. ▪

위 정리에서 A의 유일한 역행렬을 A^{-1}로 나타낸다. 그러면 다음이 성립한다.

$$AA^{-1} = I_n = A^{-1}A$$

1장에서 약속했듯이 F가 체이면 F^*는 $F - \{0\}$이다.

정리 2.1.10 $A, B \in M_n(F)$는 가역이고 $\alpha \in F^*$이면 다음이 성립한다.

(1) A^{-1}도 가역이고 $(A^{-1})^{-1} = A$이다.

(2) αA도 가역이고 $(\alpha A)^{-1} = \alpha^{-1}A^{-1}$이다.

(3) AB도 가역이고 $(AB)^{-1} = B^{-1}A^{-1}$이다.

증명 A, B는 가역이므로 A^{-1}, B^{-1}가 존재해서 $AA^{-1} = I_n$이고 $BB^{-1} = I_n$이다.

(1) $AA^{-1} = I_n$에서 A는 A^{-1}의 역행렬이다. 따라서 A^{-1}은 가역이다. 그런데 이미 A^{-1}의 역행렬은 $(A^{-1})^{-1}$이므로 유일성에 의해 $(A^{-1})^{-1} = A$이다.

(2) $$(\alpha A)(\alpha^{-1}A^{-1}) = (\alpha\alpha^{-1})AA^{-1} = 1I_n = I_n$$

이므로 $\alpha^{-1}A^{-1}$는 αA의 역행렬이다. 따라서 αA는 가역이다. 그런데 이미 αA의 역행렬은 $(\alpha A)^{-1}$이므로 유일성에 의해 $(\alpha A)^{-1} = \alpha^{-1}A^{-1}$이다.

(3) $$(AB)(B^{-1}A^{-1}) = A(BB^{-1})A^{-1} = AI_nA^{-1} = AA^{-1} = I_n$$

이므로 $B^{-1}A^{-1}$는 AB의 역행렬이다. 따라서 AB는 가역이다. 그런데 이미 AB의 역행렬은 $(AB)^{-1}$이므로 유일성에 의해 $(AB)^{-1} = B^{-1}A^{-1}$이다. ■

정리 2.1.11 $A \in \mathrm{M}_n(\mathrm{F})$가 가역일 필요충분조건은 A^{T}도 가역이다. 특히 A가 가역이면

$$(A^{\mathrm{T}})^{-1} = (A^{-1})^{\mathrm{T}}$$

이다.

증명 연습문제 9로 남긴다. ■

정리 2.1.12 $A = \begin{bmatrix} a & b \\ c & d \end{bmatrix} \in \mathrm{M}_2(\mathrm{F})$가 가역일 필요충분조건은

$$ad - bc \neq 0$$

이다. 특히 A가 가역이면 $A^{-1} = \dfrac{1}{ad-bc}\begin{bmatrix} d & -b \\ -c & a \end{bmatrix}$이다.

증명 (⇒) 행렬 $B=\begin{bmatrix} d & -b \\ -c & a \end{bmatrix}$를 고려하면

$$BA=\begin{bmatrix} d & -b \\ -c & a \end{bmatrix}\begin{bmatrix} a & b \\ c & d \end{bmatrix}=\begin{bmatrix} ad-bc & bd-bd \\ ac-ac & ad-bc \end{bmatrix}=\begin{bmatrix} ad-bc & 0 \\ 0 & ad-bc \end{bmatrix}$$

이다. 만약 $ad-bc=0$이면 $BA=O$이다. 그런데 A는 가역이므로 $AA^{-1}=I_n$이 되어

$$B=BI_n=B(AA^{-1})=(BA)A^{-1}=OA^{-1}=O$$

이다. 그러면 $a=b=c=d=0$이 되어 $A=O$이다. 따라서 $O=OA^{-1}=AA^{-1}=I_n$인데 이는 모순이므로 $ad-bc\neq 0$이다.

(⇐) $ad-bc\neq 0$이면 $B=\frac{1}{ad-bc}\begin{bmatrix} d & -b \\ -c & a \end{bmatrix}$에 대해 $AB=I_2$가 쉽게 계산된다. 따라서 A는 가역이고 $B=A^{-1}$이다. ■

예제 2.1.1_ 다음 행렬의 가역성을 결정하고 가역이면 역행렬을 구하라.

(1) $A=\begin{bmatrix} 2 & 1 \\ 4 & 3 \end{bmatrix}$ (2) $B=\begin{bmatrix} 2 & 1 \\ 6 & 3 \end{bmatrix}$ (3) $C=\begin{bmatrix} \cos\theta & -\sin\theta \\ \sin\theta & \cos\theta \end{bmatrix}$

풀이 (1) $ad-bc=(2)(3)-(1)(4)=2$이므로 A는 가역이고

$$A^{-1}=\frac{1}{2}\begin{bmatrix} 3 & -1 \\ -4 & 2 \end{bmatrix}=\begin{bmatrix} \frac{3}{2} & -\frac{1}{2} \\ -2 & 1 \end{bmatrix}$$

이다.

(2) $ad-bc=(2)(3)-(1)(6)=0$이므로 B는 비가역이다.

(3) $ad-bc=(\cos\theta)(\cos\theta)-(-\sin\theta)(\sin\theta)=\cos^2\theta+\sin^2\theta=1$이므로 C는 가역이고

$$C^{-1}=\begin{bmatrix} \cos\theta & \sin\theta \\ -\sin\theta & \cos\theta \end{bmatrix}$$

이다. ■

|보기| 복소행렬

$$A=\begin{bmatrix}1+i & 2-i\\ 2+i & 1-i\end{bmatrix}$$

에 대해 $ad-bc=(1+i)(1-i)-(2-i)(2+i)=-3$이므로 A는 가역이고 A^{-1}은 다음과 같다.

$$A^{-1}=-\frac{1}{3}\begin{bmatrix}1-i & -2+i\\ -2-i & 1+i\end{bmatrix}$$

$n \geqq 3$이면 $A\in \mathrm{M}_n(\mathrm{F})$의 가역성을 결정하는 것은 쉬운 문제가 아니다. 또한 A가 가역일 때 역행렬 A^{-1}를 구하는 것도 쉽지 않다. 이는 2.2절에서 자세히 다룬다. 예로

$$A=\begin{bmatrix}1 & 2 & 3\\ 2 & 5 & 3\\ 1 & 0 & 8\end{bmatrix},\qquad B=\begin{bmatrix}1 & 6 & 4\\ 2 & 4 & -1\\ -1 & 2 & 5\end{bmatrix}$$

이면 A는 가역이지만 B는 비가역이다(예제 2.2.3).

$A\in \mathrm{M}_n(\mathrm{F})$에 대해 $A^0=I_n$으로 정의하고 AA는 A^2으로, AAA는 A^3으로 나타낸다. 일반적으로 양의 정수 k에 대해 A를 k번 곱한 $AA\cdots A$를 A^k으로 나타낸다. 특히 A가 가역이면

$$(A^{-1})^k=A^{-k}$$

으로 나타낸다.

정리 2.1.13 $A\in \mathrm{M}_n(\mathrm{F})$와 양의 정수 k,t에 대해

$$A^kA^t=A^{k+t},\qquad (A^k)^t=A^{kt}$$

이 성립한다. 특히 A가 가역이면 위 등식들은 모든 정수 k,t에 대해 성립하고 $(A^k)^{-1}=A^{-k}$이다.

증명 연습문제 13으로 남긴다. ■

연습문제 2.1

1 세 행렬

$$A=\begin{bmatrix}1 & -2 & 3\\ 4 & 5 & -6\end{bmatrix},\quad B=\begin{bmatrix}1 & 2\\ 0 & 4\\ -1 & 3\end{bmatrix},\quad C=\begin{bmatrix}1 & 0 & -1\\ 0 & 2 & 3\\ 1 & -3 & 0\end{bmatrix}$$

에 대해

$$AB,\quad BA,\quad AC,\quad CA,\quad BC,\quad CB$$

에서 곱이 가능한 것만 골라 계산하라.

2 A가 $\mathrm{M}_2(\mathrm{F})$의 모든 행렬과 가환이면 $A=aI_2$인 $a\in\mathrm{F}$가 존재함을 보여라. 또한 이를 $\mathrm{M}_n(\mathrm{F})$로 일반화하고 그 결과를 보여라.

3 $A,B\in\mathrm{M}_n(\mathrm{F})$에 대해

$$(A+B)^2=A^2+2AB+B^2$$

일 필요충분조건은 A,B가 가환임을 보여라. 또한 $(A+B)^2\neq A^2+2AB+B^2$인 A,B의 예를 $\mathrm{M}_2(\mathbb{R})$에서 찾아라.

4 $A,B\in\mathrm{M}_n(\mathrm{F})$가 대칭행렬이면 $AB+BA$도 대칭행렬임을 보여라. 그러나 AB가 대칭행렬이 되지 않는 A,B의 예를 $\mathrm{M}_2(\mathbb{R})$에서 찾아라.

5 $A\in\mathrm{M}_n(\mathrm{F})$에 대해 다음을 보여라.

(1) A가 교대행렬이면 A의 주대각성분은 모두 0이다.

(2) A가 대칭행렬이고 교대행렬이면 $A=O$이다.

6 $A\in\mathrm{M}_n(\mathrm{F})$에 대해 $AA^{\mathrm{T}}=A$이면 A는 대칭행렬이고 $A^2=A$를 보여라.

7 따름정리 2.1.6의 증명에서 유일성을 보여라.

8 다음을 대칭행렬과 교대행렬의 합으로 나타내라.

(1) $A=\begin{bmatrix} 1 & -2 & 3 \\ -4 & 5 & -6 \\ 7 & -8 & 9 \end{bmatrix}$　　(2) $B=\begin{bmatrix} 1+i & 0 & 1-i \\ 2+4i & 3-i & 4-3i \\ -1+i & 2+3i & 2+i \end{bmatrix}$

9 정리 2.1.11을 보여라.

10 $A, B \in \mathrm{M}_n(\mathrm{F})$가 가역인 대칭행렬이면

$$[(AB)^{\mathrm{T}}]^{-1} = A^{-1}B^{-1}$$

를 보여라.

11 다음에서 가역행렬을 찾아 역행렬을 구하라.

$$A=\begin{bmatrix} 3 & 2 \\ 5 & 3 \end{bmatrix},\quad B=\begin{bmatrix} -2 & 3 \\ 6 & -9 \end{bmatrix},\quad C=\begin{bmatrix} 2+i & 5 \\ 1+i & 3+i \end{bmatrix}$$

12 $A \in \mathrm{M}_n(\mathrm{F})$가 가역일 때 $B, C \in \mathrm{M}_{n,r}(\mathrm{F})$에 대해 다음을 보여라.

(1) $AB = AC$이면 $B = C$이다.

(2) $AB = O$이면 $B = O$이다.

13 $A \in \mathrm{M}_n(\mathrm{F})$와 양의 정수 k, t에 대해 다음을 보여라.

$$A^kA^t = A^{k+t},\quad (A^k)^t = A^{kt}$$

14 $P \in \mathrm{M}_n(\mathrm{F})$가 가역이면 $A \in \mathrm{M}_n(\mathrm{F})$와 모든 $m \geq 1$에 대해

$$(P^{-1}AP)^m = P^{-1}A^mP$$

를 보여라.

15 $A \in \mathrm{M}_n(\mathrm{F})$가 적어도 하나의 영행 또는 영열을 가지면 A는 비가역임을 보여라.

2.2 기본행렬과 역행렬

이 절에서는 주어진 행렬 A의 행이나 열에 어떤 연산을 시행하여 새로운 행렬 B를 얻는 세 가지 형태의 연산을 다룬다. 그리고 기본행렬과 기약 행사다리꼴을 정의하여 이들로부터 가역행렬의 역행렬을 구하는 방법도 알아본다.

독자는 연립일차방정식을 풀 때 방정식들에서 다음 세 가지 작용의 각각을 시행한 결과가 해집합을 변화시키지 않는다는 사실을 알고 있다.

(1) 두 식을 교환한다.
(2) 한 식에 영이 아닌 스칼라를 곱한다.
(3) 한 식에 스칼라를 곱해 다른 식에 더한다.

이 결과를 행렬에 적용하여 다음을 정의한다. 이를 위해 $\mathrm{M}_{m,n}(\mathrm{F})$의 주어진 행렬에 대해 i행은 R_i로, j열은 C_j로 나타내자.

정의

$A \in \mathrm{M}_{m,n}(\mathrm{F})$의 행들에서 다음 세 가지 형태의 연산 각각을 A의 **기본행연산**(elementary row operation)이라 한다.

(1) i행과 j행을 교환한다. $R_i \leftrightarrow R_j$
(2) i행에 $\alpha \in \mathrm{F}^*$를 곱한다. $\alpha R_i \to R_i$
(3) i행에 $\alpha \in \mathrm{F}$를 곱해 j행에 더한다. $\alpha R_i + R_j \to R_j$

위 정의에서 행을 열로 바꾸면 **기본열연산**(elementary column operation)이 정의된다. 기본행연산과 기본열연산을 통틀어 **기본연산**(elementary operation)이라 한다.

보기 행렬

$$A = \begin{bmatrix} 1 & 2 & -3 & 4 \\ 3 & 0 & 6 & 7 \\ 2 & -4 & 0 & 8 \end{bmatrix}$$

에 대해 다음 기본행연산을 얻는다.

(1) $R_2 \leftrightarrow R_3$: $\begin{bmatrix} 1 & 2 & -3 & 4 \\ 2 & -4 & 0 & 8 \\ 3 & 0 & 6 & 7 \end{bmatrix}$

(2) $\frac{1}{2}R_3 \rightarrow R_3$: $\begin{bmatrix} 1 & 2 & -3 & 4 \\ 3 & 0 & 6 & 7 \\ 1 & -2 & 0 & 4 \end{bmatrix}$

(3) $-3R_1 + R_2 \rightarrow R_2$: $\begin{bmatrix} 1 & 2 & -3 & 4 \\ 0 & -6 & 15 & -5 \\ 2 & -4 & 0 & 8 \end{bmatrix}$

정의

$A \in \mathrm{M}_{m,n}(\mathrm{F})$에 유한 번의 기본행연산으로 $B \in \mathrm{M}_{m,n}(\mathrm{F})$가 얻어지면 B는 A에 **행동치**(row equivalent)라 한다.

위 정의에서 행을 열로 바꾸면 **열동치**(column equivalent)가 정의된다.

정의

항등행렬 I_n에서 단 한 번의 기본행연산(또는 기본열연산)으로 얻어진 행렬 E를 **n차 기본행렬**(elementary matrix)이라 한다.

|보기| 항등행렬

$$I_3 = \begin{bmatrix} 1 & 0 & 0 \\ 0 & 1 & 0 \\ 0 & 0 & 1 \end{bmatrix}$$

에 대해 다음은 3차 기본행렬들이다.

$$\underset{R_2 \leftrightarrow R_3}{\begin{bmatrix} 1 & 0 & 0 \\ 0 & 0 & 1 \\ 0 & 1 & 0 \end{bmatrix}} \qquad \underset{2R_2 \rightarrow R_2}{\begin{bmatrix} 1 & 0 & 0 \\ 0 & 2 & 0 \\ 0 & 0 & 1 \end{bmatrix}} \qquad \underset{3R_1 + R_3 \rightarrow R_3}{\begin{bmatrix} 1 & 0 & 0 \\ 0 & 1 & 0 \\ 3 & 0 & 1 \end{bmatrix}}$$

보조정리 2.2.1 $A \in \mathrm{M}_{m,n}(\mathrm{F})$에 어떤 기본행연산을 시행하여 얻은 행렬을 B라 하고 I_m에 같은 기본행연산을 시행하여 얻은 m차 기본행렬을 E라 하면

$$B = EA$$

이다.

증명 I_m과 A를 각각

$$I_m=\begin{bmatrix} 1_{11} & \cdots & 0_{1i} & \cdots & 0_{1j} & \cdots & 0_{1m} \\ \vdots & & \vdots & & \vdots & & \vdots \\ 0_{i1} & \cdots & 1_{ii} & \cdots & 0_{ij} & \cdots & 0_{im} \\ \vdots & & \vdots & & \vdots & & \vdots \\ 0_{j1} & \cdots & 0_{ji} & \cdots & 1_{jj} & \cdots & 0_{jm} \\ \vdots & & \vdots & & \vdots & & \vdots \\ 0_{m1} & \cdots & 0_{mi} & \cdots & 0_{mj} & \cdots & 1_{mm} \end{bmatrix}, \quad A=\begin{bmatrix} a_{11} & \cdots & a_{1i} & \cdots & a_{1j} & \cdots & a_{1n} \\ \vdots & & \vdots & & \vdots & & \vdots \\ a_{i1} & \cdots & a_{ii} & \cdots & a_{ij} & \cdots & a_{in} \\ \vdots & & \vdots & & \vdots & & \vdots \\ a_{j1} & \cdots & a_{ji} & \cdots & a_{jj} & \cdots & a_{jn} \\ \vdots & & \vdots & & \vdots & & \vdots \\ a_{m1} & \cdots & a_{mi} & \cdots & a_{mj} & \cdots & a_{mn} \end{bmatrix}$$

로 두자. 먼저 기본행연산이 $R_i \leftrightarrow R_j$이면 E와 B는 각각

$$E=\begin{bmatrix} 1_{11} & \cdots & 0_{1i} & \cdots & 0_{1j} & \cdots & 0_{1m} \\ \vdots & & \vdots & & \vdots & & \vdots \\ 0_{j1} & \cdots & 0_{ji} & \cdots & 1_{jj} & \cdots & 0_{jm} \\ \vdots & & \vdots & & \vdots & & \vdots \\ 0_{i1} & \cdots & 1_{ii} & \cdots & 0_{ij} & \cdots & 0_{im} \\ \vdots & & \vdots & & \vdots & & \vdots \\ 0_{m1} & \cdots & 0_{mi} & \cdots & 0_{mj} & \cdots & 0_{mm} \end{bmatrix}, \quad B=\begin{bmatrix} a_{11} & \cdots & a_{1i} & \cdots & a_{1j} & \cdots & a_{1n} \\ \vdots & & \vdots & & \vdots & & \vdots \\ a_{j1} & \cdots & a_{ji} & \cdots & a_{jj} & \cdots & a_{jn} \\ \vdots & & \vdots & & \vdots & & \vdots \\ a_{i1} & \cdots & a_{ii} & \cdots & a_{ij} & \cdots & a_{in} \\ \vdots & & \vdots & & \vdots & & \vdots \\ a_{m1} & \cdots & a_{mi} & \cdots & a_{mj} & \cdots & a_{mn} \end{bmatrix}$$

이다. 단순계산으로 $EA=B$를 확인할 수 있다. 다음으로 기본행연산이 $\alpha R_i \rightarrow R_i$이면 E와 B는 각각

$$E=\begin{bmatrix} 1_{11} & \cdots & 0_{1i} & \cdots & 0_{1j} & \cdots & 0_{1m} \\ \vdots & & \vdots & & \vdots & & \vdots \\ 0_{i1} & \cdots & \alpha & \cdots & 0_{ij} & \cdots & 0_{im} \\ \vdots & & \vdots & & \vdots & & \vdots \\ 0_{j1} & \cdots & 0_{ji} & \cdots & 1_{jj} & \cdots & 0_{jm} \\ \vdots & & \vdots & & \vdots & & \vdots \\ 0_{m1} & \cdots & 0_{mi} & \cdots & 0_{mj} & \cdots & 1_{mm} \end{bmatrix}, \quad B=\begin{bmatrix} a_{11} & \cdots & a_{1i} & \cdots & a_{1j} & \cdots & a_{1n} \\ \vdots & & \vdots & & \vdots & & \vdots \\ \alpha a_{i1} & \cdots & \alpha a_{ii} & \cdots & \alpha a_{ij} & \cdots & \alpha a_{in} \\ \vdots & & \vdots & & \vdots & & \vdots \\ a_{j1} & \cdots & a_{ji} & \cdots & a_{jj} & \cdots & a_{jn} \\ \vdots & & \vdots & & \vdots & & \vdots \\ a_{m1} & \cdots & a_{mi} & \cdots & a_{mj} & \cdots & a_{mn} \end{bmatrix}$$

이다. 마찬가지로 $EA=B$를 얻는다. 마지막으로 기본행연산이 $\alpha R_i + R_j \rightarrow R_j$이면 E와 B는 각각

$$E=\begin{bmatrix} 1_{11} & \cdots & 0_{1i} & \cdots & 0_{1j} & \cdots & 0_{1m} \\ \vdots & & \vdots & & \vdots & & \vdots \\ 0_{i1} & \cdots & 1_{ii} & \cdots & 0_{ij} & \cdots & 0_{im} \\ \vdots & & \vdots & & \vdots & & \vdots \\ 0_{j1} & \cdots & \alpha & \cdots & 1_{jj} & \cdots & 0_{jm} \\ \vdots & & \vdots & & \vdots & & \vdots \\ 0_{m1} & \cdots & 0_{mi} & \cdots & 0_{mj} & \cdots & 1_{mm} \end{bmatrix},$$

$$B=\begin{bmatrix} a_{11} & \cdots & a_{1i} & \cdots & a_{1j} & \cdots & a_{1n} \\ \vdots & & \vdots & & \vdots & & \vdots \\ a_{i1} & \cdots & a_{ii} & \cdots & a_{ij} & \cdots & a_{in} \\ \vdots & & \vdots & & \vdots & & \vdots \\ \alpha a_{i1}+a_{j1} & \cdots & \alpha a_{ii}+a_{ji} & \cdots & \alpha a_{ij}+a_{jj} & \cdots & \alpha a_{in}+a_{jn} \\ \vdots & & \vdots & & \vdots & & \vdots \\ a_{m1} & \cdots & a_{mi} & \cdots & a_{mj} & \cdots & a_{mn} \end{bmatrix}$$

이다. 이 또한 단순계산으로 $EA=B$를 얻는다. ■

정리 2.2.2 $B \in \mathrm{M}_{m,n}(\mathrm{F})$가 $A \in \mathrm{M}_{m,n}(\mathrm{F})$에 행동치일 필요충분조건은

$$B=E_s \cdots E_1 A$$

인 유한개의 m차 기본행렬 $E_1, \cdots, E_s$가 존재한다.

증명 ($\Rightarrow$) B가 A에 행동치이면 정의에 의해 A에 유한 번의 기본행연산으로 B를 얻는다. 이때 유한 번의 기본행연산에 대응되는 m차 기본행렬을 각각 $E_1, \cdots, E_s$라 하면 보조정리 2.2.1에 의해 $B=E_s \cdots E_1 A$이다.

($\Leftarrow$) 행동치는 유한 번의 기본행연산을 시행하여 얻어지므로 결과는 분명하다. ■

정리 2.2.3 모든 n차 기본행렬 E는 가역이고 E^{-1}도 기본행렬이다.

증명 E는 기본행렬이므로 단 한 번의 기본행연산(또는 기본열연산)으로 얻은 것이다.

(1) E가 $R_i \leftrightarrow R_j$로 얻어진 것이면 E^{-1}는 같은 기본행연산

$$R_i \leftrightarrow R_j$$

로 얻어진 기본행렬이다.

(2) E가 $\alpha R_i \to R_i$로 얻어진 것이면 E^{-1}는 기본행연산

$$\frac{1}{\alpha} R_i \to R_i$$

로 얻어진 기본행렬이다.

(3) E가 $\alpha R_i + R_j \to R_j$로 얻어진 것이면 E^{-1}는 기본행연산

$$-\alpha R_i + R_j \to R_j$$

로 얻어진 기본행렬이다. ∎

예제 2.2.1_ $I_3 = \begin{bmatrix} 1 & 0 & 0 \\ 0 & 1 & 0 \\ 0 & 0 & 1 \end{bmatrix}$의 다음 3차 기본행렬의 역행렬을 구하라.

(1) $E_1 = \begin{bmatrix} 1 & 0 & 0 \\ 0 & 0 & 1 \\ 0 & 1 & 0 \end{bmatrix}$　　(2) $E_2 = \begin{bmatrix} 1 & 0 & 0 \\ 0 & 2 & 0 \\ 0 & 0 & 1 \end{bmatrix}$　　(3) $E_3 = \begin{bmatrix} 1 & 0 & 0 \\ 0 & 1 & 0 \\ 3 & 0 & 1 \end{bmatrix}$

풀이 (1) E_1은 $R_2 \leftrightarrow R_3$로 얻어진 것이므로 역행렬은 $R_2 \leftrightarrow R_3$로 얻어지고

$$E_1^{-1} = \begin{bmatrix} 1 & 0 & 0 \\ 0 & 0 & 1 \\ 0 & 1 & 0 \end{bmatrix}$$

이다.

(2) E_2는 $2R_2 \to R_2$로 얻어진 것이므로 역행렬은 $\frac{1}{2}R_2 \to R_2$로 얻어지고

$$E_2^{-1} = \begin{bmatrix} 1 & 0 & 0 \\ 0 & \frac{1}{2} & 0 \\ 0 & 0 & 1 \end{bmatrix}$$

이다.

(3) E_3는 $3R_1 + R_3 \to R_3$로 얻어진 것이므로 역행렬은 $-3R_1 + R_3 \to R_3$로 얻어지고

$$E_3^{-1} = \begin{bmatrix} 1 & 0 & 0 \\ 0 & 1 & 0 \\ -3 & 0 & 1 \end{bmatrix}$$

이다. ∎

따름정리 2.2.4 $\mathrm{M}_{m,n}(\mathrm{F})$에서 행동치는 동치관계이다. 즉 $\mathrm{M}_{m,n}(\mathrm{F})$에서 임의의 행렬 A, B, C에 대해 다음이 성립한다.

(1) A는 A에 행동치이다.

(2) A가 B에 행동치이면 B는 A에 행동치이다.

(3) A가 B에 행동치이고 B가 C에 행동치이면 A는 C에 행동치이다.

증명 연습문제 3으로 남긴다. ■

위 따름정리 (2)에 의해 A가 B에 행동치 또는 B가 A에 행동치이면 단순히 A, B는 행동치라 할 수 있다. 특히 A, B가 열동치이면 $A^{\mathrm{T}}, B^{\mathrm{T}}$는 행동치이다. 이를 따름정리 2.2.4에 적용하면 $\mathrm{M}_{m,n}(\mathrm{F})$에서 열동치도 동치관계임을 알 수 있다.

이제부터 $A \in \mathrm{M}_n(\mathrm{F})$가 가역일 때 역행렬 A^{-1}를 구하거나 연립일차방정식의 풀이에서 중요하게 사용되는 기약 행사다리꼴 행렬에 대해 살펴보자.

정의

행렬 $B \in \mathrm{M}_{m,n}(\mathrm{F})$에 대해 다음 세 조건을 고려하자.

(1) 영행이 있으면 그 행은 B의 맨 아래에 위치한다.

(2) 각 행에서 처음으로 영이 아닌 성분은 1이고 행의 번호가 커질수록 오른쪽에 놓인다.

(3) 각 행에서 처음으로 영이 아닌 성분 1을 포함하는 열의 나머지 성분은 모두 0이다.

(1), (2)를 만족하면 B를 **행사다리꼴**(row-echelon form)이라 하고 (1), (2), (3)을 모두 만족하는 B를 **기약 행사다리꼴**(reduced row-echelon form)이라 한다.

|보기| (1) 다음 행렬들은 모두 행사다리꼴이 아니다.

$$\begin{bmatrix} 1 & -2 & 5 & 4 \\ 0 & 0 & 0 & 0 \\ 0 & 0 & 1 & -3 \end{bmatrix}, \quad \begin{bmatrix} 1 & 0 & -3 & -4 \\ 0 & 1 & -2 & 5 \\ 0 & 1 & 2 & 1 \\ 0 & 0 & 0 & 0 \end{bmatrix}, \quad \begin{bmatrix} 1 & 0 & -3 & -4 \\ 0 & 1 & -2 & 5 \\ 0 & 0 & 2 & 1 \\ 0 & 0 & 0 & 0 \end{bmatrix}$$

(2) 다음 행렬들은 모두 행사다리꼴이다. 또한 첫째를 제외한 행렬들은 모두 기약 행사다리꼴이다.

$$\begin{bmatrix} 1 & 0 & 0 & 5 \\ 0 & 1 & -3 & 2 \\ 0 & 0 & 1 & 0 \end{bmatrix}, \quad \begin{bmatrix} 1 & 0 & 0 & 5 \\ 0 & 1 & 0 & -2 \\ 0 & 0 & 1 & 3 \end{bmatrix}, \quad \begin{bmatrix} 0 & 1 & 0 & 0 & 0 \\ 0 & 0 & 1 & 2 & 0 \\ 0 & 0 & 0 & 0 & 1 \\ 0 & 0 & 0 & 0 & 0 \end{bmatrix}, \quad \begin{bmatrix} 0 & 1 & -2 & 0 & 6 \\ 0 & 0 & 0 & 1 & -2 \\ 0 & 0 & 0 & 0 & 0 \end{bmatrix}$$

| 주의 | $B \in \mathrm{M}_n(\mathrm{F})$가 영행이 없는 기약 행사다리꼴이면 정의에 의해 $B = I_n$이다.

정리 2.2.5 영이 아닌 행렬 $A = [a_{ij}] \in \mathrm{M}_{m,n}(\mathrm{F})$는 유한 번의 기본행연산을 시행해서 A와 행동치인 기약 행사다리꼴 $B \in \mathrm{M}_{m,n}(\mathrm{F})$로 변형할 수 있다. 즉 $B = E_s \cdots E_1 A$인 기약 행사다리꼴 B와 m차 기본행렬 $E_1, \cdots, E_s$가 존재한다.

증명 행의 개수 m에 귀납법을 적용하자. $m=1$이면 $A = [a_{11}\ a_{12} \cdots\ a_{1n}]$ 인데 처음으로 0이 아닌 성분을 a_{1i}라 하면

$$A = [0 \cdots 0\ a_{1i} \cdots\ a_{1n}]$$

이다. 이때 1행에 a_{1i}^{-1}를 곱한 결과의 행렬은 기약 행사다리꼴이다. 즉 $m=1$이면 결과는 성립한다. 다음으로 $1 \le k < m$인 k에 대해 모든 $k \times n$ 행렬이 기약 행사다리꼴로 변형된다고 가정하여 $(k+1) \times n$ 행렬 A를 고려하자. 한편 영열은 기약 행사다리꼴에 아무런 영향을 주지 않으므로 A는 영열을 갖지 않는다고 해도 일반성을 잃지 않는다. 만약 1열에서 처음으로 0이 아닌 성분을 a_{i1}이라 하여 A에 기본행연산

$$a_{i1}^{-1} R_i \to R_i, \qquad R_i \leftrightarrow R_1$$

그리고 $j = 2, \cdots, r+1$에 대해 $-a_{j1} R_1 + R_j \to R_j$를 순서대로 시행하면 A는

$$\begin{bmatrix} 1 & A_{11} \\ O & A_{22} \end{bmatrix}$$

형태의 행렬과 행동치이다. 그러면 가정에 의해 A_{22}는 기약 행사다리꼴 B_{22}로 변형되고 A는

$$\begin{bmatrix} 1 & A_{11} \\ O & B_{22} \end{bmatrix}$$

와 행동치이다. 그리고 B_{22}의 각 행에서 처음으로 영이 아닌 성분 1을 포함하는 모든 열에 대해 기본행연산 $\alpha R_i + R_1 \to R_1$을 $\begin{bmatrix} 1 & A_{11} \\ O & B_{22} \end{bmatrix}$에 시행하면 같은 열의 위치에서 A_{11}의 성분을 0으로 만들 수 있다. 이렇게 해서 A_{11}이 B_{11}로 변형되었다면

$$\begin{bmatrix} 1 & B_{11} \\ O & B_{22} \end{bmatrix}$$

는 기약 행사다리꼴이고 이는 A와 행동치이다. 따라서 귀납법에 의해 결과가 성립한다. ∎

예제 2.2.2_ $A=\begin{bmatrix} 2 & 1 & 0 & 2 & 1 \\ 1 & 2 & 1 & -2 & 3 \\ -2 & -3 & -1 & 2 & 2 \\ 4 & 5 & 2 & -2 & 7 \end{bmatrix}$를 기약 행사다리꼴 B로 변형하라.

풀이

$$A \quad R_1 \leftrightarrow R_2 \quad \begin{bmatrix} 1 & 2 & 1 & -2 & 3 \\ 2 & 1 & 0 & 2 & 1 \\ -2 & -3 & -1 & 2 & 2 \\ 4 & 5 & 2 & -2 & 7 \end{bmatrix}$$

$$\begin{array}{r} -2R_1+R_2 \to R_2 \\ 2R_1+R_3 \to R_3 \\ -4R_1+R_4 \to R_4 \end{array} \quad \begin{bmatrix} 1 & 2 & 1 & -2 & 3 \\ 0 & -3 & -2 & 6 & -5 \\ 0 & 1 & 1 & -2 & 8 \\ 0 & -3 & -2 & 6 & -5 \end{bmatrix}$$

$$-R_2+R_4 \to R_4 \quad \begin{bmatrix} 1 & 2 & 1 & -2 & 3 \\ 0 & -3 & -2 & 6 & -5 \\ 0 & 1 & 1 & -2 & 8 \\ 0 & 0 & 0 & 0 & 0 \end{bmatrix}$$

$$R_2 \leftrightarrow R_3 \quad \begin{bmatrix} 1 & 2 & 1 & -2 & 3 \\ 0 & 1 & 1 & -2 & 8 \\ 0 & -3 & -2 & 6 & -5 \\ 0 & 0 & 0 & 0 & 0 \end{bmatrix}$$

$$\begin{array}{r} -2R_2+R_1 \to R_1 \\ 3R_2+R_3 \to R_3 \end{array} \quad \begin{bmatrix} 1 & 0 & -1 & 2 & -13 \\ 0 & 1 & 1 & -2 & 8 \\ 0 & 0 & 1 & 0 & 19 \\ 0 & 0 & 0 & 0 & 0 \end{bmatrix}$$

$$\begin{array}{r} R_3+R_1 \to R_1 \\ -R_3+R_2 \to R_2 \end{array} \quad \begin{bmatrix} 1 & 0 & 0 & 2 & 6 \\ 0 & 1 & 0 & -2 & -11 \\ 0 & 0 & 1 & 0 & 19 \\ 0 & 0 & 0 & 0 & 0 \end{bmatrix}=B$$

∎

정리 2.2.6 $A \in \mathrm{M}_n(\mathrm{F})$에 대해 다음은 동치다.

(1) A는 가역이다.

(2) A의 기약 행사다리꼴은 I_n이다.

(3) A는 유한개 기본행렬의 곱이다.

증명 (1)⇒(2) A의 기약 행사다리꼴을 B라 하면 A, B는 행동치이므로 정리

2.2.2에 의해

$$B = E_s \cdots E_1 A$$

인 기본행렬 $E_1, \cdots, E_s$가 존재한다. 한편 정리 2.2.3에 의해 기본행렬은 가역이고 가정에서 A도 가역이므로 정리 2.1.10에 의해 $E_s \cdots E_1 A$는 가역이 되어 B도 가역이다. 따라서 B는 영행이 없는 기약 행사다리꼴이므로 $B = I_n$이다.

(2)⇒(3) A, I_n은 행동치이므로 정리 2.2.2에 의해 $I_n = E_s \cdots E_1 A$인 기본행렬 $E_1, \cdots, E_s$가 존재한다. 그런데 정리 2.2.3에 의해 기본행렬의 역행렬도 기본행렬이므로

$$A = (E_s \cdots E_1)^{-1} = E_1^{-1} \cdots E_s^{-1}$$

는 유한개 기본행렬의 곱이다.

(3)⇒(1) 기본행렬 $E_1, \cdots, E_s$에 대해 $A = E_1 \cdots E_s$이면 정리 2.2.3과 정리 2.1.10에 의해 A는 가역이다. ■

다음 정리는 행동치의 또 다른 정의로 사용할 수 있는 유용한 결과이다.

정리 2.2.7 $A, B \in \mathrm{M}_{m,n}(\mathrm{F})$에 대해 다음은 동치다.

(1) A, B는 행동치이다.

(2) $B = E_s \cdots E_1 A$인 유한개의 m차 기본행렬 $E_1, \cdots, E_s$가 존재한다.

(3) $B = PA$인 가역행렬 $P \in \mathrm{M}_m(\mathrm{F})$가 존재한다.

증명 (1)⇒(2) 정리 2.2.2에서 보였다.

(2)⇒(3) $B = E_s \cdots E_1 A$이고 $E_1, \cdots, E_s$가 기본행렬이면 정리 2.2.3에 의해 $E_1, \cdots, E_s$는 모두 가역이다. 이때

$$P = E_s \cdots E_1$$

으로 두면 정리 2.1.10에 의해 $P \in \mathrm{M}_m(\mathrm{F})$는 가역이고 $B = PA$이다.

(3)⇒(1) $B = PA$이고 $P \in \mathrm{M}_m(\mathrm{F})$가 가역이면 정리 2.2.6에 의해 P는 유

한개 기본행렬의 곱이다. 이를 $P = E_s \cdots E_1$으로 나타내면

$$B = E_s \cdots E_1 A$$

가 되어 정리 2.2.2에 의해 A, B는 행동치이다. ■

따름정리 2.2.8 $A \in \mathrm{M}_n(\mathrm{F})$가 영행을 갖는 어떤 행렬과 행동치이거나 영열을 갖는 어떤 행렬과 열동치이면 A는 비가역이다.

증명 연습문제 8로 남긴다. ■

정리 2.2.7의 행동치에 대한 결과를 열동치로 바꾸면 유사하게 다음 결과를 얻는다.

정리 2.2.9 $A, B \in \mathrm{M}_{m,n}(\mathrm{F})$에 대해 다음은 동치다.

(1) A, B는 열동치이다.

(2) $B = AE_1 \cdots E_s$인 유한개의 n차 기본행렬 $E_1, \cdots, E_s$가 존재한다.

(3) $B = AQ$인 가역행렬 $Q \in \mathrm{M}_n(\mathrm{F})$가 존재한다.

증명 연습문제 9로 남긴다. ■

정리 2.2.10 $A \in \mathrm{M}_n(\mathrm{F})$일 때

$$AB = I_n \quad \text{또는} \quad BA = I_n$$

인 $B \in \mathrm{M}_n(\mathrm{F})$가 존재하면 A는 가역이고 $B = A^{-1}$이다.

증명 $BA = I_n$인 경우는 연습문제 14로 남기고 $AB = I_n$인 경우를 보이자. C를 A의 기약 행사다리꼴이라 하면 A, C는 행동치이므로 정리 2.2.7에 의해 $C = PA$ 인 가역행렬 P가 존재한다. 그러면

$$CB = PAB$$

가 되어 $AB = I_n$이므로 $CB = P$이다. 만약 A가 비가역이면 정리 2.2.6에 의해 C는 영행을 갖는다. 그러면 CB, 즉 P도 영행을 갖는데 이는 P가 가

역이라는 사실에 모순이다. 따라서 A는 가역이고

$$B = I_n B = (A^{-1}A)B = A^{-1}(AB) = A^{-1}I_n = A^{-1}$$

이다. ▪

행의 개수가 같은 행렬 $A \in \mathrm{M}_{m,n}(\mathrm{F})$, $B \in \mathrm{M}_{m,r}(\mathrm{F})$에 대해 A, B를 병렬로 나란히 놓은 $m \times (n+r)$ 행렬을

$$[A : B]$$

로 나타낸다. 예로 $A = \begin{bmatrix} 2 & 1 \\ 5 & 3 \end{bmatrix}$, $I_2 = \begin{bmatrix} 1 & 0 \\ 0 & 1 \end{bmatrix}$에 대해

$$[A : I_2] = \begin{bmatrix} 2 & 1 & : & 1 & 0 \\ 5 & 3 & : & 0 & 1 \end{bmatrix}$$

이다. 더욱이 $[A : I_2]$를 기약 행사다리꼴로 변형하면 $\begin{bmatrix} 1 & 0 & : & 3 & -1 \\ 0 & 1 & : & -5 & 2 \end{bmatrix}$ 이다.

|참고| $s \times m$ 행렬 P와 $m \times (n+r)$ 행렬 $[A : B]$의 곱은 가능하고 다음이다.

$$P[A : B] = [PA : PB]$$

정리 2.2.11 $A \in \mathrm{M}_n(\mathrm{F})$에 대해 $[A : I_n]$의 기약 행사다리꼴이 $[C : D]$ 이면 $C = I_n$일 때만 A는 가역이고 $A^{-1} = D$이다.

증명 $[A : I_n]$, $[C : D]$ 는 행동치이므로 정리 2.2.7에 의해 $[C : D] = P[A : I_n]$ 인 가역행렬 P가 존재한다. 그러면

$$[C : D] = [PA : PI_n] = [PA : P]$$

이므로 $PA = C$, $P = D$이다. 만약 $C = I_n$이면 $P = A^{-1}$가 되어 A는 가역이고 $A^{-1} = D$이다. 만약 $C \neq I_n$이면 C는 영행을 갖는다. 이때 A가 가역이면 PA도 가역이 되어 PA는 영행이 없다. 이는 $PA = C$에 모순이므로 A는 비가역이다. ▪

예제 2.2.3_ 다음 행렬의 가역성을 결정하고 가역이면 역행렬을 구하라.

(1) $A=\begin{bmatrix}1&2&3\\2&5&3\\1&0&8\end{bmatrix}$　　　(2) $B=\begin{bmatrix}1&6&4\\2&4&-1\\-1&2&5\end{bmatrix}$

풀이 (1) $[A:I_3]$의 기약 행사다리꼴을 구해보자.

$$\begin{bmatrix}1&2&3&:&1&0&0\\2&5&3&:&0&1&0\\1&0&8&:&0&0&1\end{bmatrix}\quad\begin{matrix}-2R_1+R_2\to R_2\\-R_1+R_3\to R_3\end{matrix}\quad\begin{bmatrix}1&2&3&:&1&0&0\\0&1&-3&:&-2&1&0\\0&-2&5&:&-1&0&1\end{bmatrix}$$

$$\begin{matrix}-2R_2+R_1\to R_1\\2R_2+R_3\to R_3\end{matrix}\quad\begin{bmatrix}1&0&9&:&5&-2&0\\0&1&-3&:&-2&1&0\\0&0&-1&:&-5&2&1\end{bmatrix}$$

$$-R_3\to R_3\quad\begin{bmatrix}1&0&9&:&5&-2&0\\0&1&-3&:&-2&1&0\\0&0&1&:&5&-2&-1\end{bmatrix}$$

$$\begin{matrix}-9R_3+R_1\to R_1\\3R_3+R_2\to R_2\end{matrix}\quad\begin{bmatrix}1&0&0&:&-40&16&9\\0&1&0&:&13&-5&-3\\0&0&1&:&5&-2&-1\end{bmatrix}$$

이다. 따라서 A는 가역이고

$$A^{-1}=\begin{bmatrix}-40&16&9\\13&-5&-3\\5&-2&-1\end{bmatrix}$$

이다.

(2) $[B:I_3]$ 의 기약 행사다리꼴을 구해보자.

$$\begin{bmatrix}1&6&4&:&1&0&0\\2&4&-1&:&0&1&0\\-1&2&5&:&0&0&1\end{bmatrix}\quad\begin{matrix}-2R_1+R_2\to R_2\\R_1+R_3\to R_3\end{matrix}\quad\begin{bmatrix}1&6&4&:&1&0&0\\0&-8&-9&:&-2&1&0\\0&8&9&:&1&0&1\end{bmatrix}$$

$$R_2+R_3\to R_3\quad\begin{bmatrix}1&6&4&:&1&0&0\\0&-8&-9&:&-2&1&0\\0&0&0&:&-1&1&1\end{bmatrix}$$

에서 B는 영행을 갖는 행렬과 행동치이다. 따라서 따름정리 2.2.8에 의해 B는 비가역이다. ■

예제 2.2.4_ $A=\begin{bmatrix}i&0&-1\\0&-i&1\\i&0&0\end{bmatrix}$의 가역성을 결정하고 가역이면 역행렬을 구하라.

풀이 $[A : I_3]$의 기약 행사다리꼴을 구해보자.

$$\begin{bmatrix} i & 0 & -1 & : & 1 & 0 & 0 \\ 0 & -i & 1 & : & 0 & 1 & 0 \\ i & 0 & 0 & : & 0 & 0 & 1 \end{bmatrix} \quad \begin{matrix} -iR_1 \to R_1 \\ iR_2 \to R_2 \end{matrix} \quad \begin{bmatrix} 1 & 0 & i & : & -i & 0 & 0 \\ 0 & 1 & i & : & 0 & i & 0 \\ i & 0 & 0 & : & 0 & 0 & 1 \end{bmatrix}$$

$$-iR_1 + R_3 \to R_3 \quad \begin{bmatrix} 1 & 0 & i & : & -i & 0 & 0 \\ 0 & 1 & i & : & 0 & i & 0 \\ 0 & 0 & 1 & : & -1 & 0 & 1 \end{bmatrix}$$

$$\begin{matrix} -iR_3 + R_1 \to R_1 \\ -iR_3 + R_2 \to R_2 \end{matrix} \quad \begin{bmatrix} 1 & 0 & 0 & : & 0 & 0 & -i \\ 0 & 1 & 0 & : & i & i & -i \\ 0 & 0 & 1 & : & -1 & 0 & 1 \end{bmatrix}$$

이다. 따라서 A는 가역이고

$$A^{-1} = \begin{bmatrix} 0 & 0 & -i \\ i & i & -i \\ -1 & 0 & 1 \end{bmatrix}$$

이다. ■

연습문제 2.2

1 다음 행렬들이 $A = \begin{bmatrix} 1 & -2 & 0 & -3 \\ 3 & 4 & 5 & 0 \\ 0 & 3 & -6 & -9 \end{bmatrix}$와 행동치인 이유를 말하라.

$$B = \begin{bmatrix} 1 & -2 & 0 & -3 \\ 3 & 4 & 5 & 0 \\ 0 & 1 & -2 & -3 \end{bmatrix}, \quad C = \begin{bmatrix} 3 & 4 & 5 & 0 \\ 0 & 3 & -6 & -9 \\ 1 & -2 & 0 & -3 \end{bmatrix}, \quad D = \begin{bmatrix} 1 & -2 & 0 & -3 \\ 3 & 4 & 5 & 0 \\ -2 & 7 & -6 & -3 \end{bmatrix}$$

2 다음의 각 행렬이 3차 기본행렬인 이유를 말하고 역행렬을 구하라.

$$E_1 = \begin{bmatrix} 0 & 0 & 1 \\ 0 & 1 & 0 \\ 1 & 0 & 0 \end{bmatrix}, \quad E_2 = \begin{bmatrix} 1 & 0 & 1 \\ 0 & 1 & 0 \\ 0 & 0 & 1 \end{bmatrix}, \quad E_3 = \begin{bmatrix} 1 & 0 & 0 \\ 0 & 1 & 0 \\ 0 & 0 & 2 \end{bmatrix}$$

3 따름정리 2.2.4를 보여라.

4 $\mathrm{M}_{m,n}(\mathrm{F})$에서 열동치는 동치관계임을 보여라.

5 다음 행렬을 기약 행사다리꼴로 변형하라.

(1) $A=\begin{bmatrix}1&-1&-2\\3&2&-1\\2&3&1\end{bmatrix}$ (2) $B=\begin{bmatrix}0&0&-2&0&7&12\\2&4&-10&6&12&28\\2&4&-5&6&-5&-1\end{bmatrix}$

6 다음 행렬을 기약 행사다리꼴로 변형하라.

(1) $A=\begin{bmatrix}1&2&3\\2&-1&1\\3&0&-1\end{bmatrix}$ (2) $B=\begin{bmatrix}1&-2&1&8&2&16\\2&-4&-1&7&1&17\\0&0&3&9&7&43\\1&-2&0&5&3&25\end{bmatrix}$

7 정리 2.2.6에서 (2)⇒(3)의 증명을 참고하여 다음 가역행렬을 유한개 기본행렬의 곱으로 나타내라.

(1) $A=\begin{bmatrix}1&2\\3&4\end{bmatrix}$ (2) $B=\begin{bmatrix}1&0&-1\\3&1&0\\1&0&0\end{bmatrix}$

8 따름정리 2.2.8을 보여라.

9 정리 2.2.9를 보여라.

10 다음 행렬의 가역성을 결정하고 가역이면 역행렬을 구하라.

(1) $A=\begin{bmatrix}3&-1&2\\2&1&1\\1&-3&0\end{bmatrix}$ (2) $B=\begin{bmatrix}i&1&-i\\0&i&-1\\-1&0&2\end{bmatrix}$

11 다음 행렬의 가역성을 결정하고 가역이면 역행렬을 구하라.

(1) $A=\begin{bmatrix}1&1&2\\2&3&1\\1&2&-1\end{bmatrix}$ (2) $B=\begin{bmatrix}0&i&i\\-i&1&i\\i&0&1\end{bmatrix}$

12 다음 가역행렬의 역행렬을 구하라.

(1) $A=\begin{bmatrix}0&1&2&3\\1&1&2&3\\2&2&2&3\\3&3&3&3\end{bmatrix}$ (2) $B=\begin{bmatrix}2&1&-1&2\\1&3&2&-3\\-1&2&1&-1\\2&-3&-1&4\end{bmatrix}$

13 $A\in \mathrm{M}_n(\mathrm{F})$가 가역일 때 다음을 보여라.

(1) A가 대칭행렬이면 A^{-1}도 대칭행렬이다.

(2) A가 교대행렬이면 A^{-1}도 교대행렬이다.

14 정리 2.2.10에서 $BA = I_n$인 경우를 보여라.

15 $A, B, C \in \mathrm{M}_n(\mathrm{F})$에 대해

$$A = BC$$

라 하자. 만약 A가 가역이면 B, C는 모두 가역임을 보여라.

2.3 연립일차방정식과 행렬

F의 원소를 성분으로 갖는 $n \times 1$ 행렬의 집합 $\mathrm{M}_{n,1}(\mathrm{F})$를 F^n으로 나타낸다. 즉

$$\mathrm{F}^n = \left\{ \begin{bmatrix} a_1 \\ \vdots \\ a_n \end{bmatrix} \mid a_i \in \mathrm{F} \right\}$$

이다. 특히 F^n의 원소를

$$\mathbf{x},\ \mathbf{y},\ \mathbf{z},\ \mathbf{u},\ \mathbf{v},\ \cdots$$

등과 같이 진하고 곧은 영문소문자로 나타내어 스칼라와 구분하여 사용한다. n개의 미지수 $x_1, \cdots, x_n$과 F의 원소 $a_1, \cdots, a_n, b$에 대해

$$a_1x_1 + a_2x_2 + \cdots + a_nx_n = b$$

형태의 방정식을 **일차방정식**(linear equation)이라 한다. 또한 아래처럼 여러 개의 일차방정식

$$\begin{aligned} a_{11}x_1 + a_{12}x_2 + \cdots + a_{1n}x_n &= b_1 \\ a_{21}x_1 + a_{22}x_2 + \cdots + a_{2n}x_n &= b_2 \\ &\vdots \\ a_{m1}x_1 + a_{m2}x_2 + \cdots + a_{mn}x_n &= b_m \end{aligned}$$

으로 이루어진 일련의 시스템을 **연립일차방정식**(system of linear equations)이

라 한다. 이때

$$A=\begin{bmatrix} a_{11} & a_{12} & \cdots & a_{1n} \\ a_{21} & a_{22} & \cdots & a_{2n} \\ \vdots & \vdots & & \vdots \\ a_{m1} & a_{m2} & \cdots & a_{mn} \end{bmatrix} \in \mathrm{M}_{m,n}(\mathrm{F})$$

이고

$$\mathbf{x}=\begin{bmatrix} x_1 \\ x_2 \\ \vdots \\ x_n \end{bmatrix} \in \mathrm{F}^n, \quad \mathbf{b}=\begin{bmatrix} b_1 \\ b_2 \\ \vdots \\ b_m \end{bmatrix} \in \mathrm{F}^m$$

로 두면 위 연립일차방정식은 행렬표현

$$A\mathbf{x}=\mathbf{b}$$

로 나타낼 수 있다. 이때 A를 **계수행렬**(coefficient matrix)이라 하고 $\mathbf{b}$를 **상수행렬**(constant matrix)이라 한다. 또한 $A,\mathbf{b}$를 병렬로 나열한

$$[A:\mathbf{b}]=\begin{bmatrix} a_{11} & a_{12} & \cdots & a_{1n} & : & b_1 \\ a_{21} & a_{22} & \cdots & a_{2n} & : & b_2 \\ \vdots & \vdots & & \vdots & : & \vdots \\ a_{m1} & a_{m2} & \cdots & a_{mn} & : & b_m \end{bmatrix}$$

를 $A\mathbf{x}=\mathbf{b}$의 **첨가행렬**(augmented matrix)이라 한다.

위에서 $b_1=\cdots=b_m=0$일 때의 연립일차방정식을 **동차**(homogeneous)라 한다. 즉 행렬표현으로 $A\mathbf{x}=\mathbf{0}$은 동차연립일차방정식이다. 이 경우

$$x_1=x_2=\cdots=x_n=0,$$

즉 $\mathbf{x}=\mathbf{0}$은 $A\mathbf{x}=\mathbf{0}$의 해가 분명한데 이를 **자명해**(trivial solution)라 한다. 이제 관심은 이러한 동차연립일차방정식이 자명해 이외의 해를 갖는가? 하는 것이다. 이 절에서는 이 문제와 함께 일반적인 연립일차방정식을 푸는 문제를 살펴본다.

정리 2.3.1 $A\in\mathrm{M}_n(\mathrm{F})$가 가역이면 임의의 $\mathbf{b}\in\mathrm{F}^n$에 대해 연립일차방정식

$$A\mathbf{x}=\mathbf{b}$$

는 유일해 $\mathbf{x} = A^{-1}\mathbf{b}$를 갖는다.

증명 A는 가역이므로 A^{-1}가 존재한다. 그러면

$$A(A^{-1}\mathbf{b}) = (AA^{-1})\mathbf{b} = I_n\mathbf{b} = \mathbf{b}$$

이므로 $\mathbf{x} = A^{-1}\mathbf{b}$는 $A\mathbf{x} = \mathbf{b}$의 해이다. 만약 $\mathbf{w}$가 $A\mathbf{x} = \mathbf{b}$의 또 다른 해라 하면 $A\mathbf{w} = \mathbf{b}$이므로

$$\mathbf{w} = I_n\mathbf{w} = (A^{-1}A)\mathbf{w} = A^{-1}(A\mathbf{w}) = A^{-1}\mathbf{b}$$

이다. 따라서 $A\mathbf{x} = \mathbf{b}$는 유일해를 갖는다. ■

예제 2.3.1_ 다음 연립일차방정식을 계수행렬의 역행렬을 이용해서 풀어라.

$$\begin{aligned} x_1 + 2x_2 + 3x_3 &= 1 \\ 2x_1 + 5x_2 + 3x_3 &= 3 \\ x_1 \qquad + 8x_3 &= -1 \end{aligned}$$

풀이 행렬표현 $A\mathbf{x} = \mathbf{b}$에서 계수행렬과 상수행렬은 각각

$$A = \begin{bmatrix} 1 & 2 & 3 \\ 2 & 5 & 3 \\ 1 & 0 & 8 \end{bmatrix}, \qquad \mathbf{b} = \begin{bmatrix} 1 \\ 3 \\ -1 \end{bmatrix}$$

이다. 그런데 예제 2.2.3의 풀이에서 A는 가역이고

$$A^{-1} = \begin{bmatrix} -40 & 16 & 9 \\ 13 & -5 & -3 \\ 5 & -2 & -1 \end{bmatrix}$$

이므로

$$\mathbf{x} = A^{-1}\mathbf{b} = \begin{bmatrix} -40 & 16 & 9 \\ 13 & -5 & -3 \\ 5 & -2 & -1 \end{bmatrix} \begin{bmatrix} 1 \\ 3 \\ -1 \end{bmatrix} = \begin{bmatrix} -1 \\ 1 \\ 0 \end{bmatrix}$$

이다. 따라서 해는 $x_1 = -1$, $x_2 = 1$, $x_3 = 0$이다. ■

이제부터 연립일차방정식 $A\mathbf{x} = \mathbf{b}$에서 A가 정방행렬이든 아니든 상관없이 해를 구하는 방법에 대해 알아보자.

정의

연립일차방정식 $A\mathbf{x} = \mathbf{b}$에 대해 첨가행렬 $[A : \mathbf{b}]$를 행사다리꼴로 변형하여 해를 구하는 과정을 **가우스 소거법**(Gaussian elimination)이라 한다. 더 나아가 기약 행사다리꼴로 변형하여 해를 구하는 과정을 **가우스–조르던 소거법**(Gauss–Jordan elimination)이라 한다.

$A\mathbf{x} = \mathbf{b}$에서 첨가행렬 $[A : \mathbf{b}]$의 행사다리꼴 또는 기약 행사다리꼴을 $[C : \mathbf{d}]$ 라 하면

$$A\mathbf{x} = \mathbf{b}, \qquad C\mathbf{x} = \mathbf{d}$$

의 해집합은 같다. 그러면 복잡했던 방정식 $A\mathbf{x} = \mathbf{b}$는 간단한 방정식 $C\mathbf{x} = \mathbf{d}$를 풀면 된다.

예제 2.3.2_ 다음 연립일차방정식을 가우스–조르던 소거법으로 풀어라.

$$\begin{aligned} x_1 + 2x_2 + 3x_3 &= 9 \\ 2x_1 - x_2 + x_3 &= 8 \\ 3x_1 \qquad - x_3 &= 3 \end{aligned}$$

풀이 첨가행렬

$$[A : \mathbf{b}] = \begin{bmatrix} 1 & 2 & 3 & : & 9 \\ 2 & -1 & 1 & : & 8 \\ 3 & 0 & -1 & : & 3 \end{bmatrix}$$

의 기약 행사다리꼴 $[C : \mathbf{d}]$ 를 구해보자.

$$[A : \mathbf{b}] \quad \begin{matrix} -2R_1 + R_2 \to R_2 \\ -3R_1 + R_3 \to R_3 \end{matrix} \quad \begin{bmatrix} 1 & 2 & 3 & : & 9 \\ 0 & -5 & -5 & : & -10 \\ 0 & -6 & -10 & : & -24 \end{bmatrix}$$

$$-\frac{1}{5}R_2 \to R_2 \quad \begin{bmatrix} 1 & 2 & 3 & : & 9 \\ 0 & 1 & 1 & : & 2 \\ 0 & -6 & -10 & : & -24 \end{bmatrix}$$

$$\begin{matrix} -2R_2 + R_1 \to R_1 \\ 6R_2 + R_3 \to R_3 \end{matrix} \quad \begin{bmatrix} 1 & 0 & 1 & : & 5 \\ 0 & 1 & 1 & : & 2 \\ 0 & 0 & -4 & : & -12 \end{bmatrix}$$

$$-\frac{1}{4}R_3 \to R_3 \quad \begin{bmatrix} 1 & 0 & 1 & : & 5 \\ 0 & 1 & 1 & : & 2 \\ 0 & 0 & 1 & : & 3 \end{bmatrix}$$

$$\begin{array}{l} -R_3+R_1 \to R_1 \\ -R_3+R_2 \to R_2 \end{array} \qquad \begin{bmatrix} 1 & 0 & 0 & : & 2 \\ 0 & 1 & 0 & : & -1 \\ 0 & 0 & 1 & : & 3 \end{bmatrix} = [C : \mathbf{d}]$$

이다. 이때 $[C:\mathbf{d}]$ 에 대응되는 연립방정식은

$$\begin{aligned} x_1 \qquad\qquad &= 2 \\ x_2 \qquad &= -1 \\ x_3 &= 3 \end{aligned}$$

이다. 따라서 해는 $x_1 = 2$, $x_2 = -1$, $x_3 = 3$이다. ▩

연립일차방정식 $A\mathbf{x} = \mathbf{b}$는 항상 유일해를 갖는 것은 아니다. 즉 해를 갖지 않을 수도 있고 무수히 많이 가질 수도 있다. 첨가행렬 $[A : \mathbf{b}]$의 기약 행사다리꼴을 $[C:\mathbf{d}]$ 라 하자. C의 각 행에서 처음으로 1에 대응되는 변수를 **선두변수**(leading variable)라 하고 나머지 변수들의 각각을 **자유변수**(free variable)라 한다.

|보기| 5개의 미지수를 갖는 어떤 연립일차방정식 $A\mathbf{x} = \mathbf{b}$의 기약 행사다리꼴을

$$[C:\mathbf{d}] = \begin{bmatrix} 1 & 2 & 0 & 3 & 0 & : & 4 \\ 0 & 0 & 1 & 5 & 0 & : & 6 \\ 0 & 0 & 0 & 0 & 1 & : & 7 \end{bmatrix}$$

라 하자. 이에 대응되는 연립방정식은

$$\begin{aligned} x_1 + 2x_2 \qquad + 3x_4 \qquad &= 4 \\ x_3 + 5x_4 \qquad &= 6 \\ x_5 &= 7 \end{aligned}$$

이다. 선두변수는 x_1, x_3, x_5이고 자유변수는 x_2, x_4이다. 이 연립방정식을 선두변수에 관해 풀면

$$\begin{cases} x_1 = 4 - 2x_2 - 3x_4 \\ x_3 = 6 - 5x_4 \\ x_5 = 7 \end{cases}$$

이다. 이제 $r, s \in \mathrm{F}$에 대해 $x_2 = r$, $x_4 = s$로 두면

$$x_1 = 4 - 2r - 3s, \quad x_2 = r, \quad x_3 = 6 - 5s, \quad x_4 = s, \quad x_5 = 7$$

이다. 따라서 모든 해는

$$\mathbf{x} = \begin{bmatrix} x_1 \\ x_2 \\ x_3 \\ x_4 \\ x_5 \end{bmatrix} = \begin{bmatrix} 4-2r-3s \\ r \\ 6-5s \\ s \\ 7 \end{bmatrix} = \begin{bmatrix} 4 \\ 0 \\ 6 \\ 0 \\ 7 \end{bmatrix} + r\begin{bmatrix} -2 \\ 1 \\ 0 \\ 0 \\ 0 \end{bmatrix} + s\begin{bmatrix} -3 \\ 0 \\ -5 \\ 1 \\ 0 \end{bmatrix}$$

이다.

예제 2.3.3_ 다음 연립일차방정식을 가우스-조르던 소거법으로 풀어라.

$$\begin{aligned} x_1 - 2x_2 + x_3 + 8x_4 + 2x_5 &= 16 \\ 2x_1 - 4x_2 - x_3 + 7x_4 + x_5 &= 17 \\ 3x_3 + 9x_4 + 7x_5 &= 43 \\ x_1 - 2x_2 + 5x_4 + 3x_5 &= 25 \end{aligned}$$

풀이 첨가행렬

$$[A:\mathbf{b}] = \begin{bmatrix} 1 & -2 & 1 & 8 & 2 & : & 16 \\ 2 & -4 & -1 & 7 & 1 & : & 17 \\ 0 & 0 & 3 & 9 & 7 & : & 43 \\ 1 & -2 & 0 & 5 & 3 & : & 25 \end{bmatrix}$$

의 기약 행사다리꼴 $[C:\mathbf{d}]$ 를 구하자.

$$[A:\mathbf{b}] \quad \begin{array}{r} -2R_1+R_2 \to R_2 \\ -R_1+R_4 \to R_4 \end{array} \quad \begin{bmatrix} 1 & -2 & 1 & 8 & 2 & : & 16 \\ 0 & 0 & -3 & -9 & -3 & : & -15 \\ 0 & 0 & 3 & 9 & 7 & : & 43 \\ 0 & 0 & -1 & -3 & 1 & : & 9 \end{bmatrix}$$

$$\begin{array}{r} -\frac{1}{3}R_2 \to R_2 \\ R_2+R_3 \to R_3 \end{array} \quad \begin{bmatrix} 1 & -2 & 1 & 8 & 2 & : & 16 \\ 0 & 0 & 1 & 3 & 1 & : & 5 \\ 0 & 0 & 0 & 0 & 4 & : & 28 \\ 0 & 0 & -1 & -3 & 1 & : & 9 \end{bmatrix}$$

$$\begin{array}{r} -R_2+R_1 \to R_1 \\ R_2+R_4 \to R_4 \end{array} \quad \begin{bmatrix} 1 & -2 & 0 & 5 & 1 & : & 11 \\ 0 & 0 & 1 & 3 & 1 & : & 5 \\ 0 & 0 & 0 & 0 & 4 & : & 28 \\ 0 & 0 & 0 & 0 & 2 & : & 14 \end{bmatrix}$$

$$\begin{array}{r} \frac{1}{4}R_3 \to R_3 \\ \frac{1}{2}R_4 \to R_4 \end{array} \quad \begin{bmatrix} 1 & -2 & 0 & 5 & 1 & : & 11 \\ 0 & 0 & 1 & 3 & 1 & : & 5 \\ 0 & 0 & 0 & 0 & 1 & : & 7 \\ 0 & 0 & 0 & 0 & 1 & : & 7 \end{bmatrix}$$

$$-R_3+R_4 \to R_4 \qquad \begin{bmatrix} 1 & -2 & 0 & 5 & 1 & : & 11 \\ 0 & 0 & 1 & 3 & 1 & : & 5 \\ 0 & 0 & 0 & 0 & 1 & : & 7 \\ 0 & 0 & 0 & 0 & 0 & : & 0 \end{bmatrix}$$

$$\begin{matrix} -R_3+R_1 \to R_1 \\ -R_3+R_2 \to R_2 \end{matrix} \qquad \begin{bmatrix} 1 & -2 & 0 & 5 & 0 & : & 4 \\ 0 & 0 & 1 & 3 & 0 & : & -2 \\ 0 & 0 & 0 & 0 & 1 & : & 7 \\ 0 & 0 & 0 & 0 & 0 & : & 0 \end{bmatrix} = [C : \mathbf{d}]$$

이다. 이때 $[C: \mathbf{d}]$ 에 대응되는 연립방정식은

$$\begin{aligned} x_1 - 2x_2 \qquad + 5x_4 \qquad &= 4 \\ x_3 + 3x_4 \qquad &= -2 \\ x_5 &= 7 \end{aligned}$$

인데 이를 선두변수에 관해 풀면

$$\begin{cases} x_1 = 4 + 2x_2 - 5x_4 \\ x_3 = -2 - 3x_4 \\ x_5 = 7 \end{cases}$$

이다. 이제 $r, s \in \mathrm{F}$에 대해 $x_2 = r$, $x_4 = s$로 두면

$$x_1 = 4 + 2r - 5s, \quad x_2 = r, \quad x_3 = -2 - 3s, \quad x_4 = s, \quad x_5 = 7$$

이다. 따라서 모든 해는

$$\mathbf{x} = \begin{bmatrix} x_1 \\ x_2 \\ x_3 \\ x_4 \\ x_5 \end{bmatrix} = \begin{bmatrix} 4+2r-5s \\ r \\ -2-3s \\ s \\ 7 \end{bmatrix} = \begin{bmatrix} 4 \\ 0 \\ -2 \\ 0 \\ 7 \end{bmatrix} + r \begin{bmatrix} 2 \\ 1 \\ 0 \\ 0 \\ 0 \end{bmatrix} + s \begin{bmatrix} -5 \\ 0 \\ -3 \\ 1 \\ 0 \end{bmatrix}$$

이다. ■

연립일차방정식 $A\mathbf{x} = \mathbf{b}$를 가우스-조르던 소거법으로 풀 때 풀이과정에서 해가 없을 것으로 예상되면 첨가행렬 $[A : \mathbf{b}]$를 기약 행사다리꼴로 변형할 필요까지는 없다. 다음 예제에서 이를 확인해 보자.

예제 2.3.4_ 다음 연립일차방정식을 가우스-조르던 소거법으로 풀어라.

$$\begin{aligned} x_1 \quad - x_2 - 2x_3 &= \ \ 4 \\ 3x_1 + 2x_2 \quad - x_3 &= \ \ 7 \\ 2x_1 + 3x_2 \quad + x_3 &= -2 \end{aligned}$$

풀이 첨가행렬

$$[A:\mathbf{b}] = \begin{bmatrix} 1 & -1 & -2 & : & 4 \\ 3 & 2 & -1 & : & 7 \\ 2 & 3 & 1 & : & -2 \end{bmatrix}$$

의 기약 행사다리꼴 $[C:\mathbf{d}]$ 를 구하자.

$$[A:\mathbf{b}] \quad \begin{array}{l} -3R_1 + R_2 \to R_2 \\ -2R_1 + R_3 \to R_3 \end{array} \quad \begin{bmatrix} 1 & -1 & -2 & : & 4 \\ 0 & 5 & 5 & : & -5 \\ 0 & 5 & 5 & : & -10 \end{bmatrix}$$

$$\begin{array}{l} \frac{1}{5}R_2 \to R_2 \\ \frac{1}{5}R_3 \to R_3 \end{array} \quad \begin{bmatrix} 1 & -1 & -2 & : & 4 \\ 0 & 1 & 1 & : & -1 \\ 0 & 1 & 1 & : & -2 \end{bmatrix}$$

$$-R_2 + R_3 \to R_3 \quad \begin{bmatrix} 1 & -1 & -2 & : & 4 \\ 0 & 1 & 1 & : & -1 \\ 0 & 0 & 0 & : & -1 \end{bmatrix}$$

에서 마지막은 기약 행사다리꼴은 아니지만 이에 대응하는 셋째에서

$$0x_1 + 0x_2 + 0x_3 = -1$$

을 얻는다. 이는 불가능하므로 주어진 연립방정식은 해를 갖지 않는다. ■

계수행렬은 같고 상수행렬이 다른 여러 개의 연립일차방정식

$$A\mathbf{x} = \mathbf{b}_1, \quad A\mathbf{x} = \mathbf{b}_2, \quad \cdots, \quad A\mathbf{x} = \mathbf{b}_k \qquad (*)$$

를 동시에 풀 수 있다. 먼저 A는 가역이고 $A\mathbf{x} = \mathbf{b}_i$의 각각의 해를 $\mathbf{s}_i$라 하자. 그러면 (*)를 한꺼번에 행렬로 나타내어 $A[\mathbf{s}_1 \mathbf{s}_2 \cdots \mathbf{s}_k] = [\mathbf{b}_1 \mathbf{b}_2 \cdots \mathbf{b}_k]$로 쓸 수 있으므로

$$[\mathbf{s}_1 \mathbf{s}_2 \cdots \mathbf{s}_k] = A^{-1}[\mathbf{b}_1 \mathbf{b}_2 \cdots \mathbf{b}_k]$$

이다. 이때 각 i에 대해 $A\mathbf{x} = \mathbf{b}_i$의 해는 $\mathbf{s}_i = A^{-1}\mathbf{b}_i$이다. 예로

$$\begin{array}{lrrrl} (1) & x_1 & +2x_2 & +3x_3 & = 4 \\ & 2x_1 & +5x_2 & +3x_3 & = 5 \\ & x_1 & & +8x_3 & = 9 \end{array} \qquad \begin{array}{lrrrl} (2) & x_1 & +2x_2 & +3x_3 & = 1 \\ & 2x_1 & +5x_2 & +3x_3 & = 6 \\ & x_1 & & +8x_3 & = -6 \end{array}$$

를 동시에 풀어보자. 계수행렬은 $A = \begin{bmatrix} 1 & 2 & 3 \\ 2 & 5 & 3 \\ 1 & 0 & 8 \end{bmatrix}$이다. 예제 2.2.3에서 A는 가역이고

$$A^{-1} = \begin{bmatrix} -40 & 16 & 9 \\ 13 & -5 & -3 \\ 5 & -2 & -1 \end{bmatrix}$$

이다. 이제 (1), (2)의 각각의 해를 $\mathbf{s}_1, \mathbf{s}_2$라 하면 $A[\mathbf{s}_1\ \mathbf{s}_2] = [\mathbf{b}_1\ \mathbf{b}_2]$이므로

$$[\mathbf{s}_1\ \mathbf{s}_2] = A^{-1}[\mathbf{b}_1\ \mathbf{b}_2] = \begin{bmatrix} -40 & 16 & 9 \\ 13 & -5 & -3 \\ 5 & -2 & -1 \end{bmatrix} \begin{bmatrix} 4 & 1 \\ 5 & 6 \\ 9 & -6 \end{bmatrix} = \begin{bmatrix} 1 & 2 \\ 0 & 1 \\ 1 & -1 \end{bmatrix}$$

에서 (1)의 해는 $x_1 = 1,\ x_2 = 0,\ x_3 = 1$이고 (2)의 해는 $x_1 = 2,\ x_2 = 1,\ x_3 = -1$이다.

다음으로 (*)에서 A의 가역성에 상관없이 (*)를 동시에 푸는 방법을 살펴보자. 이때 A는 정방행렬일 필요는 없다. $A\mathbf{x} = \mathbf{b}$의 첨가행렬을 $[A : \mathbf{b}]$로 나타냈듯이 (*)의 첨가행렬을

$$[A : \mathbf{b}_1 : \mathbf{b}_2 : \cdots : \mathbf{b}_k]$$

로 나타내자. 이를 기약 행사다리꼴로 변형하여 가우스-조르던 소거법을 이용하면 (*)의 각각의 해를 구할 수 있다. 다음 예제에서 이를 확인하자.

예제 2.3.5_ 다음 두 연립일차방정식을 동시에 풀어라.

$$\begin{array}{lrrrl} (1) & x_1 & & +x_3 & = 0 \\ & x_1 & +2x_2 & +3x_3 & = 4 \\ & 2x_1 & +3x_2 & +5x_3 & = 6 \end{array} \qquad \begin{array}{lrrrl} (2) & x_1 & & +x_3 & = 1 \\ & x_1 & +2x_2 & +3x_3 & = 5 \\ & 2x_1 & +3x_2 & +5x_3 & = 7 \end{array}$$

풀이 첨가행렬

$$[A : \mathbf{b}_1 : \mathbf{b}_2] = \begin{bmatrix} 1 & 0 & 1 & : & 0 & : & 1 \\ 1 & 2 & 3 & : & 4 & : & 5 \\ 2 & 3 & 5 & : & 6 & : & 7 \end{bmatrix}$$

의 기약 행사다리꼴을 구해보자.

$$[A:\mathbf{b}_1:\mathbf{b}_2] \quad \begin{array}{r} -R_1+R_2\to R_2 \\ -2R_1+R_3\to R_3 \end{array} \quad \begin{bmatrix} 1 & 0 & 1 & : & 0 & : & 1 \\ 0 & 2 & 2 & : & 4 & : & 4 \\ 0 & 3 & 3 & : & 6 & : & 5 \end{bmatrix}$$

$$\frac{1}{2}R_2\to R_2 \quad \begin{bmatrix} 1 & 0 & 1 & : & 0 & : & 1 \\ 0 & 1 & 1 & : & 2 & : & 2 \\ 0 & 3 & 3 & : & 6 & : & 5 \end{bmatrix}$$

$$-3R_2+R_3\to R_3 \quad \begin{bmatrix} 1 & 0 & 1 & : & 0 & : & 1 \\ 0 & 1 & 1 & : & 2 & : & 2 \\ 0 & 0 & 0 & : & 0 & : & -1 \end{bmatrix}$$

이다. 먼저 (1)에 대응되는 연립방정식은

$$\begin{aligned} x_1 \qquad + x_3 &= 0 \\ x_2 + x_3 &= 2 \end{aligned}$$

이다. 이때 $r\in\mathrm{F}$에 대해 $x_3=r$로 두면 (1)의 해는

$$x_1=-r,\quad x_2=2-r,\quad x_3=r$$

이다. 다음으로 (2)에 대응되는 연립방정식의 셋째에서

$$0x_1+0x_2+0x_3=-1$$

이다. 이는 불가능하므로 (2)는 해를 갖지 않는다. ■

연립일차방정식 $A\mathbf{x}=\mathbf{0}$은 다음의 둘 중 정확히 하나만 성립한다.

- $A\mathbf{x}=\mathbf{0}$의 해는 $\mathbf{x}=\mathbf{0}$뿐이다.
- $A\mathbf{x}=\mathbf{0}$은 무한개의 해를 갖는다.

다음은 둘째 결과에 대한 필요충분조건이다.

정리 2.3.2 $A\in\mathrm{M}_{m,n}(\mathrm{F})$의 기약 행사다리꼴이 B이면 다음은 동치다.

(1) 연립일차방정식 $A\mathbf{x}=\mathbf{0}$은 무한개의 해를 갖는다.

(2) B에서 영이 아닌 행의 개수는 n보다 작다.

증명 $A\mathbf{x}=\mathbf{0}$을 푸는 것은 $B\mathbf{x}=\mathbf{0}$을 푸는 것과 같다. B에서 영이 아닌 행의 개

수를 r이라 하면 기약 행사다리꼴의 정의에 의해 $r \leq n$이다.

(1)⇒(2) $A\mathbf{x}=\mathbf{0}$이 무한개의 해를 갖는다고 하자. 만약 $r=n$이면 $B=\begin{bmatrix} I_n \\ O \end{bmatrix}$이므로

$$\begin{bmatrix} \mathbf{0} \\ \mathbf{0} \end{bmatrix} = \mathbf{0} = B\mathbf{x} = \begin{bmatrix} I_n \\ O \end{bmatrix}\mathbf{x} = \begin{bmatrix} I_n\mathbf{x} \\ \mathbf{0} \end{bmatrix}$$

이다. 따라서 $I_n\mathbf{x}=\mathbf{0}$이 되어 $\mathbf{x}=\mathbf{0}$이다. 이는 모순이므로 $r<n$이다.

(2)⇒(1) $r<n$이면 $B\mathbf{x}=\mathbf{0}$을 풀 때 r개의 선두변수에 대해 $n-r$개의 자유변수가 생긴다. 따라서 $B\mathbf{x}=\mathbf{0}$은 무한개의 해를 갖는다. ■

따름정리 2.3.3 방정식의 개수보다 미지수의 개수가 많은 연립일차방정식 $A\mathbf{x}=\mathbf{0}$은 항상 무한개의 해를 갖는다. 즉 $A \in \mathrm{M}_{m,n}(\mathrm{F})$일 때 $m<n$이면 $A\mathbf{x}=\mathbf{0}$의 해는 무한개이다.

증명 연습문제 9로 남긴다. ■

정리 2.3.4 $A \in \mathrm{M}_n(\mathrm{F})$에 대해 다음은 동치다.

(1) A는 가역이다.

(2) $A\mathbf{x}=\mathbf{0}$의 해는 $\mathbf{x}=\mathbf{0}$뿐이다.

(3) 모든 $\mathbf{b} \in \mathrm{F}^n$에 대해 $A\mathbf{x}=\mathbf{b}$는 해를 갖는다.

증명 (1)⇒(2)와 (1)⇒(3)은 정리 2.3.1에서 보였다. 따라서 (2)⇒(1)과 (3)⇒(1)을 보이면 된다.

(2)⇒(1) 연습문제 10으로 남긴다.

(3)⇒(1) 모든 $\mathbf{b} \in \mathrm{F}^n$에 대해 $A\mathbf{x}=\mathbf{b}$는 해를 갖는다고 하자. 그러면

$$A\mathbf{s}_1 = \begin{bmatrix} 1 \\ 0 \\ \vdots \\ 0 \end{bmatrix}, \quad \cdots, \quad A\mathbf{s}_n = \begin{bmatrix} 0 \\ \vdots \\ 0 \\ 1 \end{bmatrix}$$

인 $\mathbf{s}_1, \cdots, \mathbf{s}_n \in \mathrm{F}^n$이 존재한다. 이때

$$S = [\mathbf{s}_1 \cdots \mathbf{s}_n] \in \mathrm{M}_n(\mathrm{F})$$

로 두고 위 n개의 연립방정식을 하나로 나타내면 $AS = I_n$이다. 따라서 정리 2.2.10에 의해 A는 가역이다. ■

연습문제 2.3

1 다음 연립일차방정식에서 계수행렬은 가역임을 보이고 이를 이용해서 해를 구하라.

$$\begin{aligned} x + 2y + z &= 1 \\ 2x + y &= 2 \\ 2x + 3y + z &= 3 \end{aligned}$$

2 문제 1을 가우스-조르던 소거법으로 풀어라.

3 다음 연립일차방정식이 해를 갖도록 a, b의 관계를 결정하라.

$$\begin{aligned} x + y + z &= 0 \\ 2x + y + 3z &= a \\ 3x + 6z &= b \end{aligned}$$

4 다음 연립일차방정식을 풀어라.

$$\begin{aligned} x_1 + 2x_2 + x_3 - 2x_4 + 3x_5 &= 2 \\ 2x_1 + x_2 + 2x_4 + x_5 &= 3 \\ -2x_1 - 3x_2 - x_3 + 2x_4 + 2x_5 &= 1 \\ 4x_1 + 5x_2 + 2x_3 - 2x_4 + 7x_5 &= 7 \end{aligned}$$

5 $a, b, c, d \in \mathrm{F}$에 대해 $ad - bc \neq 0$이면 행렬 $A = \begin{bmatrix} a & b \\ c & d \end{bmatrix}$의 기약 행사다리꼴은 I_2를 밝히고 연립일차방정식

$$ax + by = e$$

$$cx + dy = f$$

의 해는 오직 하나뿐임을 보여라.

6 다음 연립일차방정식을 고려하자.

$$\begin{aligned} x \quad\quad\quad\quad &+ z = 4 \\ 2x + y \quad\quad &+ 3z = 7 \\ -3x - 3y &+ (a^2 - 5a)z = a - 11 \end{aligned}$$

(1) 해를 갖지 않기 위한 a의 조건을 찾아라.

(2) 유일한 해를 갖기 위한 a의 조건을 찾아라.

(3) 무한개의 해를 갖기 위한 a의 조건을 찾아라.

7 다음 두 연립일차방정식을 동시에 풀어라.

(1)
$$\begin{aligned} x + y + z &= 6 \\ 2x + 2y - z &= 3 \\ 2x - y - z &= -3 \end{aligned}$$

(2)
$$\begin{aligned} x + y + z &= 6 \\ 2x + 2y - z &= 9 \\ 2x - y - z &= 3 \end{aligned}$$

8 다음 두 연립일차방정식을 동시에 풀어라.

(1)
$$\begin{aligned} x + 2y + 3z &= 6 \\ 2x + y + 3z &= 4 \\ x + y + 2z &= 3 \end{aligned}$$

(2)
$$\begin{aligned} x + 2y + 3z &= 8 \\ 2x + y + 3z &= 7 \\ x + y + 2z &= 5 \end{aligned}$$

9 따름정리 2.3.3을 보여라.

10 $A \in \mathrm{M}_n(\mathrm{F})$일 때 $A\mathbf{x} = 0$의 해가 $\mathbf{x} = 0$뿐이면 A는 가역임을 보여라.

3장

행렬식

R ALGEBRA LINEAR ALGEBRA LINEAR ALGEBRA LINEAR ALGEBRA

3.1 치환

행렬식(determinant)은 행렬이론(matrix theory)에서 다양하게 사용되는 중요한 수치이다. 이는 연립일차방정식의 풀이에 사용될 뿐만 아니라 정방행렬의 가역성을 결정하는 데도 유용하다. 특히 5장에서 다룰 행렬의 고윳값 및 고유공간을 구할 때 필수적으로 사용된다. 그런데 행렬식은 치환과 관계되어 정의되므로 이 절에서는 먼저 이에 대해 살펴본다.

집합 $\{1,2,3\}$에서의 전단사함수(일대일대응)는 모두 $3!=6$개이다. 이들을

$$\begin{pmatrix}1&2&3\\1&2&3\end{pmatrix},\quad \begin{pmatrix}1&2&3\\2&3&1\end{pmatrix},\quad \begin{pmatrix}1&2&3\\3&1&2\end{pmatrix},\quad \begin{pmatrix}1&2&3\\1&3&2\end{pmatrix},\quad \begin{pmatrix}1&2&3\\3&2&1\end{pmatrix},\quad \begin{pmatrix}1&2&3\\2&1&3\end{pmatrix}$$

으로 표현하면 편리한데 이 경우에 한해 전단사함수라는 용어대신 치환이란 용어를 선호한다. 자세한 정의는 다음과 같다.

정의

$X=\{1,2,\cdots,n\}$에서의 **치환**(permutation)은 X에서 X로의 적당한 전단사함수 $\sigma: X\to X$로 정의되고

$$\sigma=\begin{pmatrix}1&2&\cdots&k&\cdots&n\\ \sigma(1)&\sigma(2)&\cdots&\sigma(k)&\cdots&\sigma(n)\end{pmatrix}$$

으로 나타낸다.

위 정의에서 $\{1,2,\cdots,n\}$에서의 모든 치환들의 집합을 S_n으로 나타낸다. 그러면 S_n의 원소의 개수는 $n!$이다.

|보기| S_2의 치환들은

$$\begin{pmatrix}1&2\\1&2\end{pmatrix},\quad \begin{pmatrix}1&2\\2&1\end{pmatrix}$$

이고 S_3의 치환들은 앞서 나열된 것들이다.

$\sigma,\tau\in S_n$이면 이들은 $\{1,2,\cdots,n\}$에서의 전단사함수이다. 따라서 $\sigma\circ\tau$가 정의되고 이 또한 $\{1,2,\cdots,n\}$에서의 전단사함수이다. 즉 $\sigma\circ\tau$도 S_n의 치환이므로

$\circ$ 는 S_n에서 연산이다. 만약 $\sigma, \tau, \delta \in S_n$이면 함수들의 합성은 결합법칙이 성립하므로

$$\sigma \circ (\tau \circ \delta) = (\sigma \circ \tau) \circ \delta$$

이다. 특별한 S_n의 치환

$$\begin{pmatrix} 1 & 2 & \cdots & n \\ 1 & 2 & \cdots & n \end{pmatrix}$$

을 **항등치환**(identity permutation)이라 하고 이를 ι로 나타낸다. 그러면 모든 $\sigma \in S_n$에 대해

$$\sigma \circ \iota = \sigma = \iota \circ \sigma$$

이다. 한편 전단사함수는 역함수를 가지므로 S_n의 모든 치환 σ도 역함수를 갖는데 이를 σ의 **역치환**(inverse permutation)이라 하고 σ^{-1}로 나타낸다. 이 결과들에 의해 S_n은 $\circ$를 연산으로 갖는 군이다. 이때 S_n을 차수가 n인 **대칭군**(symmetric group of degree n)이라 한다.

|보기| S_2에서 $\begin{pmatrix} 1 & 2 \\ 1 & 2 \end{pmatrix}$, $\begin{pmatrix} 1 & 2 \\ 2 & 1 \end{pmatrix}$의 역치환들은 각각 다음이다.

$$\begin{pmatrix} 1 & 2 \\ 1 & 2 \end{pmatrix}^{-1} = \begin{pmatrix} 1 & 2 \\ 1 & 2 \end{pmatrix}, \quad \begin{pmatrix} 1 & 2 \\ 2 & 1 \end{pmatrix}^{-1} = \begin{pmatrix} 1 & 2 \\ 2 & 1 \end{pmatrix}$$

예제 3.1.1_ S_3의 모든 치환에 대해 역치환을 구하라.

풀이 $\begin{pmatrix} 1 & 2 & 3 \\ 1 & 2 & 3 \end{pmatrix}^{-1} = \begin{pmatrix} 1 & 2 & 3 \\ 1 & 2 & 3 \end{pmatrix}, \quad \begin{pmatrix} 1 & 2 & 3 \\ 2 & 3 & 1 \end{pmatrix}^{-1} = \begin{pmatrix} 1 & 2 & 3 \\ 3 & 1 & 2 \end{pmatrix}, \quad \begin{pmatrix} 1 & 2 & 3 \\ 3 & 1 & 2 \end{pmatrix}^{-1} = \begin{pmatrix} 1 & 2 & 3 \\ 2 & 3 & 1 \end{pmatrix},$

$\begin{pmatrix} 1 & 2 & 3 \\ 1 & 3 & 2 \end{pmatrix}^{-1} = \begin{pmatrix} 1 & 2 & 3 \\ 1 & 3 & 2 \end{pmatrix}, \quad \begin{pmatrix} 1 & 2 & 3 \\ 3 & 2 & 1 \end{pmatrix}^{-1} = \begin{pmatrix} 1 & 2 & 3 \\ 3 & 2 & 1 \end{pmatrix}, \quad \begin{pmatrix} 1 & 2 & 3 \\ 2 & 1 & 3 \end{pmatrix}^{-1} = \begin{pmatrix} 1 & 2 & 3 \\ 2 & 1 & 3 \end{pmatrix}$ ■

S_6에서

$$1 \to 1, \quad 2 \to 4, \quad 3 \to 3, \quad 4 \to 6, \quad 5 \to 2, \quad 6 \to 5$$

인 치환은 $\sigma = \begin{pmatrix} 1 & 2 & 3 & 4 & 5 & 6 \\ 1 & 4 & 3 & 6 & 2 & 5 \end{pmatrix}$이다. 한편 σ에서 두 성분 1,3은 각각 자신으로 보내

고 나머지 네 성분들은 각각 서로 다른 성분으로 보내므로 이들의 대응을

$$2 \rightarrow 4 \rightarrow 6 \rightarrow 5$$

와 같이 도식화할 수 있다. 그래서 1,3을 생략하여 σ를 간단히

$$\sigma = (2\ 4\ 6\ 5)$$

로 나타낼 수 있다. 이를 일반화하여 다음을 정의한다.

정의

$a_1, a_2, \cdots, a_k$를 $\{1, 2, \cdots, n\}$의 서로 다른 원소라 하자. 만약 S_n의 치환 σ가

$$a_1 \rightarrow a_2, \quad a_2 \rightarrow a_3, \quad \cdots, \quad a_{k-1} \rightarrow a_k, \quad a_k \rightarrow a_1$$

이고 모든 $x \in \{1, \cdots, n\} - \{a_1, \cdots, a_k\}$에 대해 $x \rightarrow x$이면

$$\sigma = (a_1 a_2 \cdots a_k)$$

로 나타내어 이를 **길이가 k인 순환**(cycle of length k) 또는 **k-순환**(k-cycle)이라 한다.

앞서 살폈던 치환 $\sigma = \begin{pmatrix} 1 & 2 & 3 & 4 & 5 & 6 \\ 1 & 4 & 3 & 6 & 2 & 5 \end{pmatrix}$는 $\sigma = (2\ 4\ 6\ 5)$이므로 4-순환이다. 이때

$$(4\ 6\ 5\ 2), \quad (6\ 5\ 2\ 4), \quad (5\ 2\ 4\ 6)$$

의 4-순환들은 모두 σ와 일치한다. 일반적으로 S_n에서 주어진 k-순환의 표현은 정확히 k개 있다. 그러나 이들은 모두 같은 치환이다. 또한 S_n에서 임의의 k-순환은 원래의 형태로 바꿀 수 있다. 예로 S_9에서 6-순환 $\tau = (3\ 8\ 7\ 4\ 9\ 1)$의 원래 표현은 다음과 같다.

$$\tau = \begin{pmatrix} 1 & 2 & 3 & 4 & 5 & 6 & 7 & 8 & 9 \\ 3 & 2 & 8 & 9 & 5 & 6 & 4 & 7 & 1 \end{pmatrix}$$

|주의| $k \in \{1, \cdots, n\}$일 때 S_n에서 길이가 1인 순환 (k)는 k를 k로 보내고 나머지는 모두 자신으로 보낸다. 즉 (k)는 항등치환

$$\begin{pmatrix} 1 \cdots k \cdots n \\ 1 \cdots k \cdots n \end{pmatrix}$$

이다. 그런데 $(k) = (1)$이므로 S_n에서 항등치환을 (1)로 사용한다. 즉 $\iota = (1)$이다.

S_n의 두 치환 σ, τ의 합성 $\sigma \circ \tau$에서 기호 $\circ$를 생략하여 간단히 $\sigma\tau$로 나타낸다. 예로 S_4에서 $\sigma = \begin{pmatrix} 1 & 2 & 3 & 4 \\ 1 & 4 & 2 & 3 \end{pmatrix}$, $\tau = \begin{pmatrix} 1 & 2 & 3 & 4 \\ 2 & 4 & 1 & 3 \end{pmatrix}$에 대해

$$\sigma\tau = \begin{pmatrix} 1 & 2 & 3 & 4 \\ 1 & 4 & 2 & 3 \end{pmatrix}\begin{pmatrix} 1 & 2 & 3 & 4 \\ 2 & 4 & 1 & 3 \end{pmatrix} = \begin{pmatrix} 1 & 2 & 3 & 4 \\ 4 & 3 & 1 & 2 \end{pmatrix}$$

이다. 그런데 $\sigma = (2\ 4\ 3)$, $\tau = (1\ 2\ 4\ 3)$이므로 $\sigma\tau$는 다음과 같이 간단히 계산된다.

$$\sigma\tau = (2\ 4\ 3)(1\ 2\ 4\ 3) = (1\ 4\ 2\ 3)$$

그러나 $\tau\sigma = (1\ 2\ 4\ 3)(2\ 4\ 3) = (1\ 2\ 3\ 4)$이므로 $\sigma\tau \neq \tau\sigma$이다. 특히 S_2는 아벨군이 분명하지만 $n \geq 3$이면 S_n은 아벨군이 아니다.

정의

S_n의 두 순환 $\sigma = (a_1 a_2 \cdots a_k)$, $\tau = (b_1 b_2 \cdots b_r)$가 서로 공통된 성분을 갖지 않으면, 즉

$$\{a_1, \cdots, a_k\} \cap \{b_1, \cdots, b_r\} = \varnothing$$

이면 σ, τ는 **서로소**(mutually disjoint)라 한다.

|보기| S_6에서 $(1\ 3)$, $(2\ 5\ 4\ 6)$은 서로소이다. 그러나 $(2\ 4\ 3)$, $(1\ 2\ 4\ 3)$은 서로소가 아니다. 또한 다음이 성립한다.

$$(1\ 3)(2\ 5\ 4\ 6) = \begin{pmatrix} 1 & 2 & 3 & 4 & 5 & 6 \\ 3 & 5 & 1 & 6 & 4 & 2 \end{pmatrix} = (2\ 5\ 4\ 6)(1\ 3),$$
$$(2\ 4\ 3)(1\ 2\ 4\ 3) = \begin{pmatrix} 1 & 2 & 3 & 4 & 5 & 6 \\ 4 & 3 & 1 & 2 & 5 & 6 \end{pmatrix} \neq \begin{pmatrix} 1 & 2 & 3 & 4 & 5 & 6 \\ 2 & 3 & 4 & 1 & 5 & 6 \end{pmatrix} = (1\ 2\ 4\ 3)(2\ 4\ 3)$$

정리 3.1.1 S_n에서 두 순환 σ, τ가 서로소이면 $\sigma\tau = \tau\sigma$이다.

증명 $\sigma = (a_1 \cdots a_k)$, $\tau = (b_1 \cdots b_r)$로 두면 σ, τ는 서로소이므로 $\{a_1, \cdots, a_k\} \cap$

$\{b_1,\cdots,b_r\}=\varnothing$ 이다. 이제 모든 $x\in\{1,\cdots,n\}$에 대해

$$(\sigma\tau)(x)=(\tau\sigma)(x)$$

를 보이면 된다. 그런데 x는 정확히 다음 셋 중 하나이다.

$$x\in\{a_1,\cdots,a_k\},\qquad x\in\{b_1,\cdots,b_r\},\qquad x\notin\{a_1,\cdots,a_k,b_1,\cdots,b_r\}$$

먼저 $x\in\{a_1,\cdots,a_k\}$이면 $\sigma(x)\in\{a_1,\cdots,a_k\}$이고 $\tau(x)=x$가 되어

$$(\sigma\tau)(x)=\sigma(\tau(x))=\sigma(x)=\tau(\sigma(x))=(\tau\sigma)(x)$$

이다. 다음으로 $x\in\{b_1,\cdots,b_r\}$이면 $\sigma(x)=x$이고 $\tau(x)\in\{b_1,\cdots,b_r\}$가 되어

$$(\sigma\tau)(x)=\sigma(\tau(x))=\tau(x)=\tau(\sigma(x))=(\tau\sigma)(x)$$

이다. 마지막으로 $x\notin\{a_1,\cdots,a_k,b_1,\cdots,b_r\}$이면 $\sigma(x)=x=\tau(x)$가 되어

$$(\sigma\tau)(x)=(\tau\sigma)(x)$$

는 분명하다. ■

S_n에서 모든 치환이 순환인 것은 아니다. 그러나 모든 치환은 정리 3.1.2에 의해 서로소인 순환들의 곱으로 나타낼 수 있다. 이를 설명하기 위해 S_9의 치환

$$\sigma=\begin{pmatrix}1&2&3&4&5&6&7&8&9\\1&5&3&8&9&4&2&6&7\end{pmatrix}$$

를 고려하자. 먼저 $\{1,2,\cdots,9\}$에서 $a\not\mapsto a$인 첫 성분을 찾으면 $a=2$이다. 그런데 $2\to5\to9\to7\to2$이므로 $(2\ 5\ 9\ 7)$은 σ로 만들어진 순환이다. $\{1,2,\cdots,9\}$에서 2,5,9,7을 제외한 성분들 중에 $b\not\mapsto b$인 첫 성분을 찾으면 $b=4$이다. 그런데 $4\to8\to6\to4$이므로 $(4\ 8\ 6)$도 σ로 만들어진 순환이다. 이제 $\{1,2,\cdots,9\}$에서 2,5,9,7,4,8,6을 제외한 성분들 중에 $c\not\mapsto c$인 성분은 없다. 그러면

$$\begin{pmatrix}1&2&3&4&5&6&7&8&9\\1&5&3&8&9&4&2&6&7\end{pmatrix}=(2\ 5\ 9\ 7)(4\ 8\ 6)$$

이다. 여기서 두 순환 $(2\ 5\ 9\ 7)$, $(4\ 8\ 6)$은 서로소이다.

정리 3.1.2 S_n에서 모든 치환 σ는 서로소인 순환들의 곱으로 나타낼 수 있다.

증명 $\sigma = \iota$(항등치환)이면 증명할 것이 없으므로 $\sigma \neq \iota$라 하자. 그러면 $\{1,\cdots,n\}$에서

$$\sigma(x) \neq x$$

인 첫 원소 a_1이 존재한다. $\sigma(a_1) = a_2$로 두자. 단 $a_2 \neq a_1$이다. 한편 σ는 전단사이므로 $\{1,\cdots,n\}$에서 서로 다른 $a_1, a_2, \cdots, a_k$가 존재해서

$$\sigma(a_1) = a_2, \quad \sigma(a_2) = a_3, \quad \cdots, \quad \sigma(a_k) = a_1$$

을 만족한다. 이때 $\sigma_1 = (a_1 \, a_2 \cdots a_k)$로 두자. 만약 모든 $x \notin \{a_1, \cdots, a_k\}$에 대해 $\sigma(x) = x$이면 $\sigma = \sigma_1$이므로 더 이상 증명할 것이 없다. $\sigma \neq \sigma_1$이면

$$\{1,\cdots,n\} - \{a_1, \cdots, a_k\}$$

에서 $\sigma(x) \neq x$인 첫 원소 b_1이 존재하고 앞 과정과 유사하게 $\{1,\cdots,n\} - \{a_1, \cdots, a_k\}$에서 서로 다른 $b_1, b_2, \cdots, b_r$이 존재해서 순환 $\sigma_2 = (b_1 \, b_2 \cdots b_r)$를 얻는다. 이때

$$\{a_1, \cdots, a_k\} \cap \{b_1, \cdots, b_r\} = \varnothing$$

이므로 σ_1, σ_2는 서로소이다. 이 과정을 계속하자. 그런데 $\{1,\cdots,n\}$는 유한집합이므로 이 과정도 유한으로 끝난다. 따라서 서로소인 순환 $\sigma_1, \sigma_2, \cdots, \sigma_t$가 존재해서

$$\sigma = \sigma_1 \sigma_2 \cdots \sigma_t$$

로 나타낼 수 있다. ■

예제 3.1.2_ S_7에서 $\sigma = \begin{pmatrix} 1 & 2 & 3 & 4 & 5 & 6 & 7 \\ 4 & 3 & 2 & 5 & 6 & 7 & 1 \end{pmatrix}$를 서로소인 순환들의 곱으로 나타내라.

풀이 $1 \to 4 \to 5 \to 6 \to 7 \to 1$, $2 \to 3 \to 2$이므로 $\sigma = (1\,4\,5\,6\,7)(2\,3)$이다. ■

정의

S_n에서 길이가 2인 $(i\ j)$ 형태의 순환을 **호환**(transposition)이라 한다.

호환 $(i\ j)$는 항등치환 $\begin{pmatrix} 1 \cdots i \cdots j \cdots n \\ 1 \cdots i \cdots j \cdots n \end{pmatrix}$에서 둘째 행의 i와 j를 서로 바꾼 것으로

$$(i\ j) = \begin{pmatrix} 1 \cdots i \cdots j \cdots n \\ 1 \cdots j \cdots i \cdots n \end{pmatrix}$$

이다. 그런데 $(i\ j)(i\ j) = (1)$이므로 $(i\ j)$의 역치환은 $(i\ j)$이다. 즉 $(i\ j)^{-1} = (i\ j)$이다.

|보기| S_6에서 4-순환 $(1\,5\,3\,6)$은

$$(1\,5\,3\,6) = (1\,6)(1\,3)(1\,5)$$

와 같이 3개의 호환들의 곱으로 나타낼 수 있다. 일반적으로 S_n에서 k-순환 $\sigma = (a_1\,a_2 \cdots a_k)$는 $k-1$개의 호환들의 곱으로 나타낼 수 있는데 이유는

$$(a_1\,a_2 \cdots a_k) = (a_1\,a_k)(a_1\,a_{k-1}) \cdots (a_1\,a_2)$$

이기 때문이다.

예제 3.1.3_ 다음 치환을 순환들의 곱으로 나타낸 후 호환들의 곱으로 나타내라.

(1) $\sigma = \begin{pmatrix} 1 & 2 & 3 & 4 & 5 & 6 \\ 1 & 3 & 4 & 2 & 6 & 5 \end{pmatrix}$　　　(2) $\tau = \begin{pmatrix} 1 & 2 & 3 & 4 \\ 3 & 1 & 4 & 2 \end{pmatrix}$

풀이 (1) $\sigma = (2\,3\,4)(5\,6) = (2\,4)(2\,3)(5\,6)$이다.

(2) $\tau = (1\,3\,4\,2) = (1\,2)(1\,4)(1\,3)$이다. ■

정리 3.1.3 S_n에서 모든 치환 σ는 호환들의 곱으로 나타낼 수 있다.

증명 먼저 정리 3.1.2에 의해 σ는 서로소인 순환들의 곱으로 나타낼 수 있다. 그런데 순환은 호환들의 곱으로 나타낼 수 있으므로 결과가 성립한다. ■

|보기| 순환 $(1\,2\,3)$은 다음과 같이 다양한 호환들의 곱으로 나타낼 수 있다.

$$
\begin{aligned}
(1\,2\,3) &= (1\,3)(1\,2) \\
&= (1\,3)(2\,3)(1\,2)(1\,3) \\
&= (2\,3)(1\,3)(1\,2)(1\,3)(1\,2)(2\,3) \\
&\quad \vdots
\end{aligned}
$$

마찬가지로 순환 $(1\,2\,3\,5)$도 다음과 같이 다양한 호환들의 곱으로 나타낼 수 있다.

$$
\begin{aligned}
(1\,2\,3\,5) &= (1\,5)(2\,4)(2\,4)(1\,3)(2\,3)(2\,3)(1\,2) \\
&= (1\,3)(2\,4)(3\,5)(1\,4)(2\,4) \\
&= (1\,5)(1\,3)(1\,2) \\
&\quad \vdots
\end{aligned}
$$

이때 어떤 경우든 $(1\,2\,3)$은 짝수개 호환들의 곱이고 $(1\,2\,3\,5)$는 홀수개 호환들의 곱이다. 이 두 예는 다음 정리를 이해하기 위해 미리 살핀 것이다.

정리 3.1.4 S_n의 치환 σ에 대해

$$\sigma = \tau_1\tau_2 \cdots \tau_r, \qquad \sigma = \rho_1\rho_2 \cdots \rho_s$$

를 호환들 곱의 임의의 두 표현이라 하면 r, s는 모두 짝수 또는 모두 홀수이다.

증명 $\{1,2,\cdots,n\} = \{x_1,x_2,\cdots,x_n\}$에서의 **차적**(difference product)을

$$Q(x_1,x_2,\cdots,x_n) = (x_1-x_2)\cdots(x_1-x_n)(x_2-x_3)\cdots(x_2-x_n)\cdots(x_{n-1}-x_n)$$

으로 정의하자. 만약 $Q(x_1,x_2,\cdots,x_n)$에서 x_1, x_2를 서로 교환하면

$$Q(x_2,x_1,\cdots,x_n) = -Q(x_1,x_2,\cdots,x_n)$$

을 쉽게 알 수 있다. 일반적으로 $Q(x_1,x_2,\cdots,x_n)$에서 임의의 $k<l$인 x_k, x_l을 서로 교환하면 모두 $2(l-k)-1$번 곱의 자리를 바꿈으로써

$$Q(x_1,\cdots,x_l,\cdots,x_k,\cdots,x_n) = -Q(x_1,x_2,\cdots,x_n)$$

을 얻는다. 이제 임의의 치환 $\alpha = \begin{pmatrix} 1 & 2 & \cdots & n \\ p_1 & p_2 & \cdots & p_n \end{pmatrix}$와 $Q(x_1,x_2,\cdots,x_n)$의 곱을

$$\alpha Q(x_1,x_2,\cdots,x_n) = Q(x_{p_1},x_{p_2},\cdots,x_{p_n})$$

로 정의하자. 만약 α가 호환 $(k\ l)$이면 $\alpha Q(x_1, x_2, \cdots, x_n)$는 $Q(x_1, x_2, \cdots, x_n)$에서 x_k, x_l을 서로 교환한 것이므로 앞서 살핀 대로 $\alpha Q(x_1, x_2, \cdots, x_n) = -Q(x_1, x_2, \cdots, x_n)$이다. 따라서

$$\begin{aligned} \sigma Q(x_1, x_2, \cdots, x_n) &= (\tau_1 \tau_2 \cdots \tau_r) Q(x_1, x_2, \cdots, x_n) \\ &= (\tau_1 \tau_2 \cdots \tau_{r-1})[\tau_r Q(x_1, x_2, \cdots, x_n)] \\ &= (\tau_1 \tau_2 \cdots \tau_{r-1})[(-1) Q(x_1, x_2, \cdots, x_n)] \\ &= \cdots = (-1)^r Q(x_1, x_2, \cdots, x_n) \end{aligned}$$

이다. 이 결과에서 $\sigma = \tau_1 \tau_2 \cdots \tau_r$ 대신에 $\sigma = \rho_1 \rho_2 \cdots \rho_s$를 적용하면 유사하게

$$\sigma Q(x_1, x_2, \cdots, x_n) = (-1)^s Q(x_1, x_2, \cdots, x_n)$$

이다. 그러면 $(-1)^r = (-1)^s$이므로 r, s는 모두 짝수 또는 모두 홀수이다. ■

정의

S_n에서 짝수개 호환들의 곱으로 표현되는 치환을 **짝치환**(even permutation)이라 하고 홀수개 호환들의 곱으로 표현되는 치환을 **홀치환**(odd permutation)이라 한다.

|보기| (1) S_n에서 항등치환 $\iota = (1) = (1\ 2)(1\ 2)$는 짝치환이다.

(2) S_n에서 모든 호환은 홀치환이다.

(3) $(1\ 2\ 3) = (1\ 3)(1\ 2)$는 짝치환이고 $(1\ 2\ 3\ 4) = (1\ 4)(1\ 3)(1\ 2)$는 홀치환이다.

예제 3.1.4_ S_3의 모든 치환을 짝치환과 홀치환으로 분류하라.

풀이 S_3의 6개 치환들에 대해

$$\begin{pmatrix} 1 & 2 & 3 \\ 1 & 2 & 3 \end{pmatrix} = (1) = (1\ 2)(1\ 2) \qquad \begin{pmatrix} 1 & 2 & 3 \\ 1 & 3 & 2 \end{pmatrix} = (2\ 3)$$

$$\begin{pmatrix} 1 & 2 & 3 \\ 3 & 1 & 2 \end{pmatrix} = (1\ 3\ 2) = (1\ 2)(1\ 3) \qquad \begin{pmatrix} 1 & 2 & 3 \\ 3 & 2 & 1 \end{pmatrix} = (1\ 3)$$

$$\begin{pmatrix} 1 & 2 & 3 \\ 2 & 3 & 1 \end{pmatrix} = (1\ 2\ 3) = (1\ 3)(1\ 2) \qquad \begin{pmatrix} 1 & 2 & 3 \\ 2 & 1 & 3 \end{pmatrix} = (1\ 2)$$

이다. 따라서 왼쪽의 세 개는 짝치환이고, 오른쪽의 세 개는 홀치환이다. ■

정리 3.1.5 $n \geq 2$일 때 S_n에서 짝치환과 홀치환의 집합을 각각 A_n, B_n이라 하면 이들의 원소의 개수는 모두 $\frac{n!}{2}$로 같다.

증명 연습문제 8로 남긴다. ■

정의

S_n에서 **부호함수**(sign function) $\mathrm{sgn}: S_n \to \{1, -1\}$는

$$\mathrm{sgn}(\sigma) = \begin{cases} 1, & \sigma: \text{짝치환} \\ -1, & \sigma: \text{홀치환} \end{cases}$$

으로 정의한다. 이때 $\mathrm{sgn}(\sigma)$을 $\sigma \in S_n$의 **부호**(sign)라 한다.

|보기| (1) 항등치환 $\iota \in S_n$는 짝치환이므로 $\mathrm{sgn}(\iota) = 1$이다.

(2) $\sigma \in S_n$가 호환이면 σ는 홀치환이므로 $\mathrm{sgn}(\sigma) = -1$이다.

예제 3.1.5_ S_9에서 $\sigma = \begin{pmatrix} 1 & 2 & 3 & 4 & 5 & 6 & 7 & 8 & 9 \\ 1 & 5 & 3 & 8 & 9 & 4 & 2 & 6 & 7 \end{pmatrix}$의 부호 $\mathrm{sgn}(\sigma)$를 결정하라.

풀이 먼저 σ를 서로소인 순환들의 곱으로 나타내면

$$\sigma = (2\ 5\ 9\ 7)(4\ 8\ 6)$$

이다. 그런데

$$(2\ 5\ 9\ 7) = (2\ 7)(2\ 9)(2\ 5), \qquad (4\ 8\ 6) = (4\ 6)(4\ 8)$$

이므로 $\sigma = (2\ 7)(2\ 9)(2\ 5)(4\ 6)(4\ 8)$이다. 따라서 σ는 5개 호환들의 곱이므로 홀치환이 되어 $\mathrm{sgn}(\sigma) = -1$이다. ■

정리 3.1.6 임의의 치환 $\sigma, \tau \in S_n$에 대해 다음이 성립한다.

(1) $\mathrm{sgn}(\sigma\tau) = \mathrm{sgn}(\sigma)\mathrm{sgn}(\tau)$ (2) $\mathrm{sgn}(\sigma) = \mathrm{sgn}(\sigma^{-1})$

증명 연습문제 9로 남긴다. ■

연습문제 3.1

1 S_9에서 다음 치환을 순환으로 나타내라.

(1) $\begin{pmatrix} 1&2&3&4&5&6&7&8&9 \\ 7&2&1&4&5&6&3&8&9 \end{pmatrix}$ (2) $\begin{pmatrix} 1&2&3&4&5&6&7&8&9 \\ 1&9&3&2&4&5&6&8&7 \end{pmatrix}$

(3) $\begin{pmatrix} 1&2&3&4&5&6&7&8&9 \\ 3&2&5&4&7&6&1&8&9 \end{pmatrix}$ (4) $\begin{pmatrix} 1&2&3&4&5&6&7&8&9 \\ 1&2&5&4&7&6&9&3&8 \end{pmatrix}$

2 문제 1에 주어진 각 치환에 대해 역치환을 구하라.

3 S_7에서 다음을 계산하라.

(1) $(1\ 2)(2\ 3)(3\ 4)$ (2) $(2\ 4\ 6)(1\ 4\ 7)(1\ 3\ 5)$

(3) $(1\ 2)(5\ 3\ 2\ 1\ 4)(2\ 3)$ (4) $(1\ 2\ 3\ 4)(1\ 2\ 3\ 4)$

4 S_9에서 다음 치환을 서로소인 순환들의 곱으로 나타내라.

(1) $\begin{pmatrix} 1&2&3&4&5&6&7&8&9 \\ 2&1&3&5&4&7&9&8&6 \end{pmatrix}$ (2) $(7\ 2\ 3\ 6)(8\ 5)(5\ 7\ 1)(1\ 5\ 3\ 7)(4\ 8\ 6)$

5 문제 1에 주어진 각 치환을 호환들의 곱으로 나타내어 짝치환인 것을 찾아라.

6 S_n에서 k-순환 $\sigma = (a_1\, a_2\, \cdots\, a_{k-1}\, a_k)$에 대해 $\sigma^k = \iota$(항등치환)임을 보여라.

7 순환 $\sigma = (a_1 a_2 \cdots a_k)$가 짝치환일 필요충분조건은 k는 홀수임을 보여라.

8 정리 3.1.5를 보여라.

9 정리 3.1.6을 보여라.

3.2 행렬식

$A=[a_{ij}]\in \mathrm{M}_n(\mathrm{F})$이고 S_n에서 치환 $\sigma=\begin{pmatrix} 1 & 2 & \cdots & k & \cdots & n \\ \sigma(1) & \sigma(2) & \cdots & \sigma(k) & \cdots & \sigma(n)\end{pmatrix}$가 주어질 때 σ에 대응해서 얻어지는 n개의 성분

$$a_{1\sigma(1)},\ a_{2\sigma(2)}, \cdots,\ a_{n\sigma(n)}$$

을 A의 **대각성분**(diagonal component)이라 한다. 한편 S_n의 원소의 개수는 $n!$이므로 A의 대각성분의 개수도 $n!$이다. 예로

$$A=\begin{bmatrix} a_{11} & a_{12} & a_{13} \\ a_{21} & a_{22} & a_{23} \\ a_{31} & a_{32} & a_{33}\end{bmatrix}$$

에서 $\sigma=\begin{pmatrix} 1 & 2 & 3 \\ 2 & 3 & 1\end{pmatrix}$에 대응되는 A의 대각성분은

$$\begin{bmatrix} a_{11} & \underline{a_{12}} & a_{13} \\ a_{21} & a_{22} & \underline{a_{23}} \\ \underline{a_{31}} & a_{32} & a_{33}\end{bmatrix}$$

에서 알 수 있듯이 a_{12}, a_{23}, a_{31}이다. 특히 항등치환에 대응되는 A의 대각성분은 a_{11}, a_{22}, a_{33}인 주대각성분이다.

|참고| 다시 말해, $A=[a_{ij}]\in \mathrm{M}_n(\mathrm{F})$의 대각성분은 A의 각 행과 각 열에서 서로 겹치지 않도록 택한 n개의 성분이다.

정의

정방행렬

$$A=\begin{bmatrix} a_{11} & a_{12} & \cdots & a_{1n} \\ a_{21} & a_{22} & \cdots & a_{2n} \\ \vdots & \vdots & & \vdots \\ a_{n1} & a_{n2} & \cdots & a_{nn}\end{bmatrix}\in \mathrm{M}_n(\mathrm{F})$$

의 행렬식(determinant)은 $\det A$ 또는 $|A|$로 나타내고

$$|A| = \sum_{\sigma \in S_n} \mathrm{sgn}(\sigma) a_{1\sigma(1)} a_{2\sigma(2)} \cdots a_{n\sigma(n)}$$

로 정의한다. 여기서 합은 A의 모든 대각성분들에 대해 이루어진다.

정리 3.2.1 $A = \begin{bmatrix} a_{11} & a_{12} \\ a_{21} & a_{22} \end{bmatrix}$의 행렬식은 $|A| = a_{11}a_{22} - a_{12}a_{21}$이다.

증명 S_2의 두 치환 $\iota = \begin{pmatrix} 1 & 2 \\ 1 & 2 \end{pmatrix}$, $\sigma = \begin{pmatrix} 1 & 2 \\ 2 & 1 \end{pmatrix}$에 대해 $\mathrm{sgn}(\iota) = 1$, $\mathrm{sgn}(\sigma) = -1$이므로

$|A| = \mathrm{sgn}(\iota) a_{11}a_{22} + \mathrm{sgn}(\sigma) a_{12}a_{21} = a_{11}a_{22} - a_{12}a_{21}$이다. ■

|보기| (1) $A = \begin{bmatrix} 3 & 4 \\ 2 & 5 \end{bmatrix}$이면 $|A| = (3)(5) - (4)(2) = 7$

(2) $B = \begin{bmatrix} 3 & 4 \\ 2 & 1 \end{bmatrix}$이면 $|B| = (3)(1) - (4)(2) = -5$

(3) $C = \begin{bmatrix} 3 & 4 \\ 6 & 8 \end{bmatrix}$이면 $|C| = (3)(8) - (4)(6) = 0$

정리 3.2.2 $A = \begin{bmatrix} a_{11} & a_{12} & a_{13} \\ a_{21} & a_{22} & a_{23} \\ a_{31} & a_{32} & a_{33} \end{bmatrix}$의 행렬식은 다음이다.

$$|A| = a_{11}a_{22}a_{33} + a_{12}a_{23}a_{31} + a_{13}a_{21}a_{32} - (a_{13}a_{22}a_{31} + a_{11}a_{23}a_{32} + a_{12}a_{21}a_{33})$$

증명 S_3의 $3! = 6$개 치환

$$\begin{pmatrix} 1 & 2 & 3 \\ 1 & 2 & 3 \end{pmatrix}, \begin{pmatrix} 1 & 2 & 3 \\ 2 & 3 & 1 \end{pmatrix}, \begin{pmatrix} 1 & 2 & 3 \\ 3 & 1 & 2 \end{pmatrix}, \begin{pmatrix} 1 & 2 & 3 \\ 3 & 2 & 1 \end{pmatrix}, \begin{pmatrix} 1 & 2 & 3 \\ 1 & 3 & 2 \end{pmatrix}, \begin{pmatrix} 1 & 2 & 3 \\ 2 & 1 & 3 \end{pmatrix}$$

에서 앞의 세 개는 짝치환이고 뒤의 세 개는 홀치환이므로

$$\begin{aligned} |A| &= \sum_{\sigma \in S_3} \mathrm{sgn}(\sigma) a_{1\sigma(1)} a_{2\sigma(2)} a_{3\sigma(3)} \\ &= a_{11}a_{22}a_{33} + a_{12}a_{23}a_{31} + a_{13}a_{21}a_{32} - (a_{13}a_{22}a_{31} + a_{11}a_{23}a_{32} + a_{12}a_{21}a_{33}) \end{aligned}$$

이다. ■

위 정리의 결과는 $A \in \mathrm{M}_3(\mathrm{F})$의 행렬식을 구하는 공식인데 외우기는 쉽지 않

다. 그러나 오래전부터 알려진 다음의 **사루스공식**(Sarrus rule)을 참고하면 공식은 분명해진다.

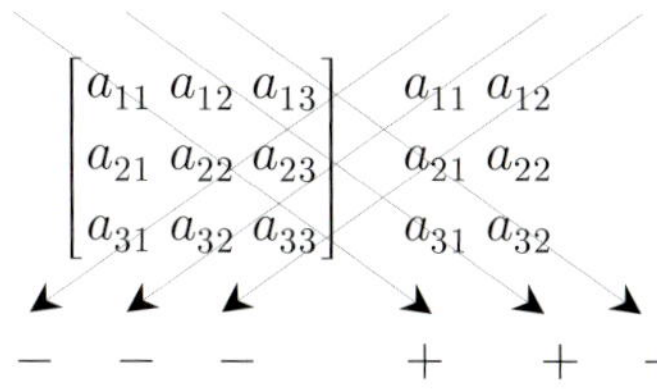

예제 3.2.1_ 다음 행렬의 행렬식을 구하라.

(1) $A = \begin{bmatrix} 1 & 2 & 3 \\ 4 & -2 & 3 \\ 2 & 5 & -1 \end{bmatrix}$ (2) $B = \begin{bmatrix} a & b & c \\ c & a & b \\ b & c & a \end{bmatrix}$

풀이 (1) $|A| = [(1)(-2)(-1) + (2)(3)(2) + (3)(4)(5)]$

$\qquad - [(3)(-2)(2) + (1)(3)(5) + (2)(4)(-1)]$

$= 74 - (-5) = 79$

(2) $|B| = (aaa + bbb + ccc) - (cab + abc + bca) = a^3 + b^3 + c^3 - 3abc$ ■

4차 정방행렬 $A = [a_{ij}] \in \mathrm{M}_4(\mathrm{F})$의 행렬식은

$$|A| = \sum_{\sigma \in S_4} \mathrm{sgn}(\sigma) a_{1\sigma(1)} a_{2\sigma(2)} a_{3\sigma(3)} a_{4\sigma(4)}$$

인데 이 합은 A의 $4! = 24$개의 대각성분들에 대해 이루어지므로 24개의 곱과 24개의 합을 계산해야 한다. 일반적으로 $n \geqq 4$일 때 $A \in \mathrm{M}_n(\mathrm{F})$의 행렬식을 정의로 계산하려면 많은 곱과 많은 합을 해야 한다. 따라서 보다 쉽고 간편하게 행렬식을 구하는 계산법이 필요하다. 이제부터 이를 살펴보자.

정리 3.2.3 $A \in \mathrm{M}_n(\mathrm{F})$가 영행 또는 영열을 가지면 $|A| = 0$이다.

증명 임의의 치환 $\sigma \in S_n$에 대응되는 $A = [a_{ij}]$의 대각성분은 $a_{1\sigma(1)}, a_{2\sigma(2)}, \cdots, a_{n\sigma(n)}$이다. 그런데 A는 영행 또는 영열을 가지므로 이 성분들 중 적어도 하나는 0이 되어

$$a_{1\sigma(1)} a_{2\sigma(2)} \cdots a_{n\sigma(n)} = 0$$

이다. 따라서 $|A| = \sum_{\sigma \in S_n} \mathrm{sgn}(\sigma) a_{1\sigma(1)} a_{2\sigma(2)} \cdots a_{n\sigma(n)} = \sum_{\sigma \in S_n} 0 = 0$이다. ■

정의

$A=[a_{ij}]\in \mathrm{M}_n(\mathrm{F})$일 때 $i>j$인 모든 i,j에 대해 $a_{ij}=0$이면 A를 **상삼각행렬**(upper triangular matrix)이라 하고 $i<j$인 모든 i,j에 대해 $a_{ij}=0$이면 A를 **하삼각행렬**(lower triangular matrix)이라 한다. 이 둘을 통틀어 **삼각행렬**(triangular matrix)이라 한다.

쉽게 말해 A의 주대각선 아래쪽의 모든 성분이 0이면 A는 상삼각행렬이고, 주대각선 위쪽의 모든 성분이 0이면 A는 하삼각행렬이다.

|보기| $\begin{bmatrix} a & b & c \\ 0 & d & e \\ 0 & 0 & f \end{bmatrix}$는 상삼각행렬이고 $\begin{bmatrix} a & 0 & 0 \\ b & c & 0 \\ d & e & f \end{bmatrix}$는 하삼각행렬이다.

정리 3.2.4 삼각행렬 $A=[a_{ij}]\in \mathrm{M}_n(\mathrm{F})$의 행렬식은 $|A|=a_{11}a_{22}\cdots a_{nn}$이다.

증명 임의의 치환 $\sigma\in S_n$에 대응되는 A의 대각성분은

$$a_{1\sigma(1)},\ a_{2\sigma(2)},\cdots,\ a_{n\sigma(n)}$$

이다. 만약 σ가 항등치환이면 위 성분들의 곱은

$$a_{1\sigma(1)}a_{2\sigma(2)}\cdots a_{n\sigma(n)}=a_{11}a_{22}\cdots a_{nn}$$

이다. 만약 σ가 항등치환이 아니면 A는 삼각행렬이므로 위 성분들 중 적어도 하나는 0이 되어 $a_{1\sigma(1)}a_{2\sigma(2)}\cdots a_{n\sigma(n)}=0$이다. 따라서

$$\begin{aligned}|A| &= \sum_{\sigma\in S_n}\mathrm{sgn}(\sigma)a_{1\sigma(1)}a_{2\sigma(2)}\cdots a_{n\sigma(n)} \\ &= \mathrm{sgn}(\iota)a_{11}a_{22}\cdots a_{nn} \\ &= a_{11}a_{12}\cdots a_{nn}\end{aligned}$$

이다. ■

|보기| (1) 항등행렬 I_n의 행렬식은 $|I_n|=1$이다.

(2) $A=\begin{bmatrix}2&7&-3&8\\0&-3&7&5\\0&0&6&7\\0&0&0&9\end{bmatrix}$의 행렬식은 $|A|=(2)(-3)(6)(9)=-324$이다.

S_n에서

$$S_n=\{\sigma \mid \sigma\in S_n\}=\{\sigma^{-1}\mid \sigma\in S_n\}$$

이 성립한다. 이를 이용해서 다음을 보인다.

정리 3.2.5 모든 $A\in \mathrm{M}_n(\mathrm{F})$에 대해 $|A^{\mathrm{T}}|=|A|$이다.

증명 $A=[a_{ij}]$, $A^{\mathrm{T}}=[b_{ij}]$로 두면 $b_{ij}=a_{ji}$이다. 한편 $\sigma\in S_n$이면 정리 3.1.6에 의해 $\mathrm{sgn}(\sigma)=\mathrm{sgn}(\sigma^{-1})$이므로 다음이 성립한다.

$$\begin{aligned}|A^{\mathrm{T}}| &= \sum_{\sigma\in S_n}\mathrm{sgn}(\sigma)b_{1\sigma(1)}b_{2\sigma(2)}\cdots b_{n\sigma(n)}\\ &= \sum_{\sigma\in S_n}\mathrm{sgn}(\sigma)a_{\sigma(1)1}a_{\sigma(2)2}\cdots a_{\sigma(n)n}\\ &= \sum_{\sigma^{-1}\in S_n}\mathrm{sgn}(\sigma^{-1})a_{1\sigma^{-1}(1)}a_{2\sigma^{-1}(2)}\cdots a_{n\sigma^{-1}(n)}\\ &= |A|\end{aligned}$$

■

예제 3.2.2_ 직접 계산으로 다음 행렬에 대해 $|A^{\mathrm{T}}|=|A|$를 확인하라.

$$A=\begin{bmatrix}1&2&3\\3&-1&2\\2&0&4\end{bmatrix}$$

풀이 사루스공식에 의해

$$\begin{aligned}|A| &= [(1)(-1)(4)+(2)(2)(2)+(3)(3)(0)]\\ &\quad -[(3)(-1)(2)+(1)(2)(0)+(2)(3)(4)]\\ &= 4-18=-14\end{aligned}$$

이다. 또한

$$A^{\mathrm{T}}=\begin{bmatrix}1&3&2\\2&-1&0\\3&2&4\end{bmatrix}$$

이므로

$$\begin{aligned}|A^{\mathrm{T}}| &= [(1)(-1)(4)+(3)(0)(3)+(2)(2)(2)] \\ &\quad -[(2)(-1)(3)+(1)(0)(2)+(3)(2)(4)] \\ &= 4-18=-14\end{aligned}$$

이다. 따라서 $|A^{\mathrm{T}}|=-14=|A|$이다. ▪

보조정리 3.2.6 행렬식에 대해 다음이 성립한다.

(1) $$\begin{vmatrix} a_{11} & \cdots & a_{1n} \\ \vdots & & \vdots \\ a_{k1}+b_{k1} & \cdots & a_{kn}+b_{kn} \\ \vdots & & \vdots \\ a_{n1} & \cdots & a_{nn} \end{vmatrix} = \begin{vmatrix} a_{11} & \cdots & a_{1n} \\ \vdots & & \vdots \\ a_{k1} & \cdots & a_{kn} \\ \vdots & & \vdots \\ a_{n1} & \cdots & a_{nn} \end{vmatrix} + \begin{vmatrix} a_{11} & \cdots & a_{1n} \\ \vdots & & \vdots \\ b_{k1} & \cdots & b_{kn} \\ \vdots & & \vdots \\ a_{n1} & \cdots & a_{nn} \end{vmatrix}$$

(2) $\alpha \in \mathrm{F}$이면 $$\begin{vmatrix} a_{11} & \cdots & a_{1n} \\ \vdots & & \vdots \\ \alpha a_{k1} & \cdots & \alpha a_{kn} \\ \vdots & & \vdots \\ a_{n1} & \cdots & a_{nn} \end{vmatrix} = \alpha \begin{vmatrix} a_{11} & \cdots & a_{1n} \\ \vdots & & \vdots \\ a_{k1} & \cdots & a_{kn} \\ \vdots & & \vdots \\ a_{n1} & \cdots & a_{nn} \end{vmatrix}$$

증명 (1) 좌변 $= \sum_{\sigma \in S_n} \mathrm{sgn}(\sigma) a_{1\sigma(1)} \cdots [a_{k\sigma(k)} + b_{k\sigma(k)}] \cdots a_{n\sigma(n)}$

$= \sum_{\sigma \in S_n} \mathrm{sgn}(\sigma) a_{1\sigma(1)} \cdots a_{k\sigma(k)} \cdots a_{n\sigma(n)}$

$\quad + \sum_{\sigma \in S_n} \mathrm{sgn}(\sigma) a_{1\sigma(1)} \cdots b_{k\sigma(k)} \cdots a_{n\sigma(n)} =$ 우변

(2) 좌변 $= \sum_{\sigma \in S_n} \mathrm{sgn}(\sigma) a_{1\sigma(1)} \cdots [\alpha a_{k\sigma(k)}] \cdots a_{n\sigma(n)}$

$= \alpha \sum_{\sigma \in S_n} \mathrm{sgn}(\sigma) a_{1\sigma(1)} \cdots a_{k\sigma(k)} \cdots a_{n\sigma(n)} =$ 우변 ▪

$A \in \mathrm{M}_n(\mathrm{F})$의 행들을 $A_1, \cdots, A_n$이라 하면 위 보조정리의 두 결과를 각각

$$\begin{vmatrix} A_1 \\ \vdots \\ A_k + B_k \\ \vdots \\ A_n \end{vmatrix} = \begin{vmatrix} A_1 \\ \vdots \\ A_k \\ \vdots \\ A_n \end{vmatrix} + \begin{vmatrix} A_1 \\ \vdots \\ B_k \\ \vdots \\ A_n \end{vmatrix}, \qquad \begin{vmatrix} A_1 \\ \vdots \\ \alpha A_k \\ \vdots \\ A_n \end{vmatrix} = \alpha \begin{vmatrix} A_1 \\ \vdots \\ A_k \\ \vdots \\ A_n \end{vmatrix}$$

으로 나타낼 수 있다.

|보기| 보조정리 3.2.6에 의해

(1) $\begin{vmatrix} a_{11} & a_{12} & a_{13} \\ a_{21}+b_{21} & a_{22}+b_{22} & a_{23}+b_{23} \\ a_{31} & a_{32} & a_{33} \end{vmatrix} = \begin{vmatrix} a_{11} & a_{12} & a_{13} \\ a_{21} & a_{22} & a_{23} \\ a_{31} & a_{32} & a_{33} \end{vmatrix} + \begin{vmatrix} a_{11} & a_{12} & a_{13} \\ b_{21} & b_{22} & b_{23} \\ a_{31} & a_{32} & a_{33} \end{vmatrix}$이다.

(2) $\begin{vmatrix} a_{11} & a_{12} & a_{13} \\ 5a_{21} & 5a_{22} & 5a_{23} \\ a_{31} & a_{32} & a_{33} \end{vmatrix} = 5\begin{vmatrix} a_{11} & a_{12} & a_{13} \\ a_{21} & a_{22} & a_{23} \\ a_{31} & a_{32} & a_{33} \end{vmatrix}$이다.

보조정리 3.2.7 $A \in \mathrm{M}_n(\mathrm{F})$에서 이웃하는 두 행 또는 두 열이 일치하면 $|A| = 0$이다.

증명 먼저 다음과 같이 A의 $k, k+1$행이 일치한다고 하자.

$$A = \begin{bmatrix} a_{11} & a_{12} & \cdots & a_{1n} \\ \vdots & \vdots & & \vdots \\ a_{k1} & a_{k2} & \cdots & a_{kn} \\ a_{k1} & a_{k2} & \cdots & a_{kn} \\ \vdots & \vdots & & \vdots \\ a_{n1} & a_{n2} & \cdots & a_{nn} \end{bmatrix}$$

이때 $\beta = (k\ k+1) \in S_n$로 두면 β는 홀치환이다. 따라서 임의의 $\sigma \in S_n$에 대해 $\delta = \sigma\beta$로 두면

$$\mathrm{sgn}(\delta) = \mathrm{sgn}(\sigma\beta) = \mathrm{sgn}(\sigma)\mathrm{sgn}(\beta) = -\mathrm{sgn}(\sigma)$$

이다. 우선

$$a_{1\delta(1)} \cdots a_{k\delta(k)} a_{k+1\delta(k+1)} \cdots a_{n\delta(n)} = a_{1\sigma(1)} \cdots a_{k\sigma(k)} a_{k+1\sigma(k+1)} \cdots a_{n\sigma(n)} \quad (*)$$

을 보이자. 먼저 $x \neq k, k+1$이면

$$\delta(x) = (\sigma\beta)(x) = \sigma(\beta(x)) = \sigma(x)$$

이므로 $a_{x\delta(x)} = a_{x\sigma(x)}$이다. 다음으로

$$\delta(k) = (\sigma\beta)(k) = \sigma(\beta(k)) = \sigma(k+1)$$

이므로 $a_{k\delta(k)} = a_{k\sigma(k+1)} = a_{k+1\sigma(k+1)}$이다. 마지막으로

$$\delta(k+1) = (\sigma\beta)(k+1) = \sigma(\beta(k+1)) = \sigma(k)$$

이므로 $a_{k+1\delta(k+1)} = a_{k+1\sigma(k)} = a_{k\sigma(k)}$이다. 따라서 $(*)$가 성립한다. 이제 짝치환과 홀치환의 집합을 각각 A_n, B_n이라 하면

$$A_n \cup B_n = S_n, \qquad A_n \cap B_n = \varnothing$$

이다. 한편 β는 홀치환이므로 $B_n = \{\delta | \delta = \sigma\beta,\ \sigma \in A_n\}$이다. 따라서 위 결과에 의해

$$\begin{aligned}
|A| &= \sum_{\tau \in S_n} \operatorname{sgn}(\tau) a_{1\tau(1)} \cdots a_{k\tau(k)} a_{k+1\tau(k+1)} \cdots a_{n\tau(n)} \\
&= \sum_{\sigma \in A_n} \operatorname{sgn}(\sigma) a_{1\sigma(1)} \cdots a_{k\sigma(k)} a_{k+1\sigma(k+1)} \cdots a_{n\sigma(n)} \\
&\quad + \sum_{\delta \in B_n} \operatorname{sgn}(\delta) a_{1\delta(1)} \cdots a_{k\delta(k)} a_{k+1\delta(k+1)} \cdots a_{n\delta(n)} \\
&= \sum_{\sigma \in A_n} \operatorname{sgn}(\sigma) a_{1\sigma(1)} \cdots a_{k\sigma(k)} a_{k+1\sigma(k+1)} \cdots a_{n\sigma(n)} \\
&\quad + \sum_{\sigma \in A_n} [-\operatorname{sgn}(\sigma)] a_{1\sigma(1)} \cdots a_{k\sigma(k)} a_{k+1\sigma(k+1)} \cdots a_{n\sigma(n)} \\
&= 0
\end{aligned}$$

이다. 만약 A의 $k, k+1$열이 일치하면 A^{T}의 $k, k+1$번째 두 행이 일치한다. 그러면 위 결과에 의해 $|A^{\mathrm{T}}| = 0$이므로 정리 3.2.5에 의해 $|A| = 0$이다. ■

다음 정리는 행렬식을 계산할 때 가장 많이 사용하는 유용한 결과이다.

정리 3.2.8 $A, B \in \mathrm{M}_n(\mathrm{F})$에 대해 다음이 성립한다.

(1) B가 A의 서로 다른 두 행을 교환한 행렬이면 $|B| = -|A|$이다.

(2) A의 서로 다른 두 행이 일치하면 $|A| = 0$이다.

(3) B가 A의 한 행에 $\alpha \in \mathrm{F}$를 곱해 다른 행에 더한 행렬이면 $|B| = |A|$이다.

증명 A의 행들을 $A_1, \cdots, A_n$으로 표현하자.

(1) 먼저 A의 이웃한 두 행을 교환한 행렬을 C라 할 때 $|C| = -|A|$를 보이자. 만약 C가 A의 $k, k+1$행을 교환한 행렬이면 두 보조정리 3.2.6과 3.2.7에 의해

$$0=\begin{vmatrix} A_1 \\ \vdots \\ A_k+A_{k+1} \\ A_k+A_{k+1} \\ \vdots \\ A_n \end{vmatrix} = \begin{vmatrix} A_1 \\ \vdots \\ A_k \\ A_k \\ \vdots \\ A_n \end{vmatrix} + \begin{vmatrix} A_1 \\ \vdots \\ A_k \\ A_{k+1} \\ \vdots \\ A_n \end{vmatrix} + \begin{vmatrix} A_1 \\ \vdots \\ A_{k+1} \\ A_k \\ \vdots \\ A_n \end{vmatrix} + \begin{vmatrix} A_1 \\ \vdots \\ A_{k+1} \\ A_{k+1} \\ \vdots \\ A_n \end{vmatrix}$$

$$= \begin{vmatrix} A_1 \\ \vdots \\ A_k \\ A_{k+1} \\ \vdots \\ A_n \end{vmatrix} + \begin{vmatrix} A_1 \\ \vdots \\ A_{k+1} \\ A_k \\ \vdots \\ A_n \end{vmatrix} = |A|+|C|$$

이므로 $|C|=-|A|$이다. 다음으로 B를 A의 r,s행을 교환한 행렬, 즉

$$A=\begin{bmatrix} A_1 \\ \vdots \\ A_r \\ \vdots \\ A_s \\ \vdots \\ A_n \end{bmatrix}, \quad B=\begin{bmatrix} A_1 \\ \vdots \\ A_s \\ \vdots \\ A_r \\ \vdots \\ A_n \end{bmatrix}$$

라 하자. 그러면 B의 이웃하는 행을 $2(s-r)-1$번 교환하면 A를 얻는다. 따라서 위 결과에 의해 다음이 성립한다.

$$|B|=(-1)^{2(s-r)-1}|A|=-|A|$$

(2) A의 일치하는 두 행을 서로 바꾼 행렬을 B로 두면

$$A=B$$

이다. 그러면 (1)에 의해 $|B|=-|A|$이므로 $|A|=-|A|$가 되어 $|A|=0$이다.

(3) A의 r행에 α를 곱해 s행에 더한 행렬을 B로 두면 보조정리 3.2.6과 (2)에 의해 다음이 성립한다.

$$|B|=\begin{vmatrix} A_1 \\ \vdots \\ A_r \\ \vdots \\ \alpha A_r+A_s \\ \vdots \\ A_n \end{vmatrix} = \alpha\begin{vmatrix} A_1 \\ \vdots \\ A_r \\ \vdots \\ A_r \\ \vdots \\ A_n \end{vmatrix} + \begin{vmatrix} A_1 \\ \vdots \\ A_r \\ \vdots \\ A_s \\ \vdots \\ A_n \end{vmatrix} = \alpha(0)+\begin{vmatrix} A_1 \\ \vdots \\ A_r \\ \vdots \\ A_s \\ \vdots \\ A_n \end{vmatrix} = |A|$$ ■

정리 3.2.9 $A, B \in \mathrm{M}_n(\mathrm{F})$에 대해 다음이 성립한다.

(1) B가 A의 서로 다른 두 열을 교환한 행렬이면 $|B| = -|A|$이다.

(2) A의 서로 다른 두 열이 일치하면 $|A| = 0$이다.

(3) B가 A의 한 열에 $\alpha \in \mathrm{F}$를 곱해 다른 열에 더한 행렬이면 $|B| = |A|$이다.

증명 연습문제 9로 남긴다. ■

앞 두 정리를 이용하면 $A \in \mathrm{M}_n(\mathrm{F})$의 행렬식은 삼각행렬의 행렬식으로 계산할 수 있다. 다음 예제들에서 이를 확인해보자.

예제 3.2.3_ 다음 행렬의 행렬식을 구하라.

(1) $A = \begin{bmatrix} 1 & 3 & 2 \\ 2 & 4 & 1 \\ 3 & 5 & 1 \end{bmatrix}$ (2) $B = \begin{bmatrix} 2 & 0 & 0 & 1 \\ 0 & 1 & 3 & -3 \\ -2 & -3 & -5 & 2 \\ 4 & -4 & 4 & -6 \end{bmatrix}$

풀이 (1)

$$|A| = \begin{vmatrix} 1 & 3 & 2 \\ 2 & 4 & 1 \\ 3 & 5 & 1 \end{vmatrix}$$

$$= \begin{vmatrix} 1 & 3 & 2 \\ 0 & -2 & -3 \\ 0 & -4 & -5 \end{vmatrix} \qquad \begin{matrix} -2R_1 + R_2 \to R_2 \\ -3R_1 + R_3 \to R_3 \end{matrix}$$

$$= \begin{vmatrix} 1 & 3 & 2 \\ 0 & -2 & -3 \\ 0 & 0 & 1 \end{vmatrix} \qquad -2R_2 + R_3 \to R_3$$

$$= (1)(-2)(1) = -2$$

(2)

$$|B| = \begin{vmatrix} 2 & 0 & 0 & 1 \\ 0 & 1 & 3 & -3 \\ -2 & -3 & -5 & 2 \\ 4 & -4 & 4 & -6 \end{vmatrix}$$

$$= \begin{vmatrix} 2 & 0 & 0 & 1 \\ 0 & 1 & 3 & -3 \\ 0 & -3 & -5 & 3 \\ 0 & -4 & 4 & -8 \end{vmatrix} \qquad \begin{matrix} R_1 + R_3 \to R_3 \\ -2R_1 + R_4 \to R_4 \end{matrix}$$

$$= \begin{vmatrix} 2 & 0 & 0 & 1 \\ 0 & 1 & 3 & -3 \\ 0 & 0 & 4 & -6 \\ 0 & 0 & 16 & -20 \end{vmatrix} \qquad \begin{matrix} 3R_2 + R_3 \to R_3 \\ 4R_2 + R_4 \to R_4 \end{matrix}$$

$$= \begin{vmatrix} 2 & 0 & 0 & 1 \\ 0 & 1 & 3 & -3 \\ 0 & 0 & 4 & -6 \\ 0 & 0 & 0 & 4 \end{vmatrix} \qquad -4R_3 + R_4 \to R_4$$

$$= (2)(1)(4)(4) = 32$$

■

예제 3.2.4_ $A = \begin{bmatrix} 1 & a_1 & a_1^2 \\ 1 & a_2 & a_2^2 \\ 1 & a_3 & a_3^2 \end{bmatrix}$의 행렬식을 구하라.

풀이 $|A| = \begin{vmatrix} 1 & a_1 & a_1^2 \\ 1 & a_2 & a_2^2 \\ 1 & a_3 & a_3^2 \end{vmatrix} = \begin{vmatrix} 1 & 0 & 0 \\ 1 & a_2 - a_1 & a_2^2 - a_1^2 \\ 1 & a_3 - a_1 & a_3^2 - a_1^2 \end{vmatrix} = \begin{vmatrix} 1 & 0 & 0 \\ 1 & a_2 - a_1 & (a_2 - a_1)(a_2 + a_1) \\ 1 & a_3 - a_1 & (a_3 - a_1)(a_3 - a_1) \end{vmatrix}$

$$= \begin{vmatrix} 1 & 0 & 0 \\ 1 & a_2 - a_1 & 0 \\ 1 & a_3 - a_1 & (a_3 - a_1)(a_3 + a_1) - (a_3 - a_1)(a_2 + a_1) \end{vmatrix}$$

$$= (a_2 - a_1)[(a_3 - a_1)(a_3 + a_1) - (a_3 - a_1)(a_2 + a_1)]$$

$$= (a_2 - a_1)(a_3 - a_1)(a_3 - a_2)$$

■

보조정리 3.2.10 $A, E \in \mathrm{M}_n(\mathrm{F})$일 때 E가 기본행렬이면 $|E| \neq 0$이고

$$|EA| = |E||A|$$

이다.

증명 E는 I_n에서 단 한 번의 기본행연산(또는 기본열연산)으로 얻어진 행렬이다.

(1) E가 I_n의 두 행을 교환한 것이면 EA도 A의 두 행을 교환한 것이다. 그러면 정리 3.2.8(1)에 의해

$$|E| = -|I_n| = -1, \qquad |EA| = -|A|$$

이므로 $|EA| = -|A| = |E||A|$이다.

(2) E가 I_n의 한 행에 $\alpha \in \mathrm{F}^*$를 곱한 것이면 EA도 A의 한 행을 α를 곱한 것이다. 그러면 보조정리 3.2.6(2)에 의해

$$|E| = \alpha|I_n| = \alpha, \qquad |EA| = \alpha|A|$$

이므로 $|EA| = \alpha|A| = |E||A|$이다.

(3) E가 I_n의 한 행에 $\alpha \in \mathrm{F}$를 곱해 다른 행에 더한 것이면 EA도 A의 한 행에 α를 곱해 다른 행에 더한 것이다. 그러면 정리 3.2.8(3)에 의해

$$|E| = |I_n| = 1, \qquad |EA| = |A|$$

이므로 $|EA| = |A| = |E||A|$이다. ∎

정리 3.2.11 모든 $A, B \in \mathrm{M}_n(\mathrm{F})$에 대해 $|AB| = |A||B|$이다.

증명 A의 기약 행사다리꼴을 C라 하면 C, A는 행동치이므로 정리 2.2.7에 의해

$$A = E_1 \cdots E_s C$$

인 기본행렬 $E_1, \cdots, E_s$가 존재한다. 먼저 A가 가역이면 정리 2.2.6에 의해 $C = I_n$이므로 $A = E_1 \cdots E_s$가 되어 보조정리 3.2.10에 의해

$$|AB| = |E_1 \cdots E_s B| = |E_1 \cdots E_s||B| = |A||B|$$

이다. 다음으로 A가 비가역이면 C는 영행을 가져 정리 3.2.3에 의해 $|C| = 0$이다. 따라서 보조정리 3.2.10에 의해

$$|A| = |E_1| \cdots |E_s||C| = 0$$

이므로 $|A||B| = 0$이다. 그런데 CB 또한 영행을 가지므로 $|CB| = 0$이다. 따라서 $|AB| = |E_1 \cdots E_s CB| = |E_1| \cdots |E_s||CB| = 0 = |A||B|$이다. ∎

따름정리 3.2.12 $A \in \mathrm{M}_n(\mathrm{F})$가 가역이면 $|A| \neq 0$이고 $|A^{-1}| = |A|^{-1}$이다.

증명 연습문제 10으로 남긴다. ∎

정리 3.2.13 $A \in \mathrm{M}_n(\mathrm{F})$가 가역일 필요충분조건은 $|A| \neq 0$이다.

증명 ($\Rightarrow$) 따름정리 3.2.12에서 보였다.

($\Leftarrow$) $|A| \neq 0$이라 하자. 만약 A가 비가역이면 A의 기약 행사다리꼴 B는 영행을 가지므로 $|B| = 0$이다. 또한 A, B는 행동치이므로 정리 2.2.7

에 의해 $B=PA$인 가역행렬 P가 존재하고 따름정리 3.2.12에 의해 $|P|\neq 0$이다. 그러면 정리 3.2.11에 의해

$$0=|B|=|PA|=|P||A|$$

인데 이는 $|P|, |A|\neq 0$에 모순이다. 따라서 A는 가역이다. ■

연습문제 3.2

1 다음 행렬의 행렬식을 구하라.

(1) $A=\begin{bmatrix}1 & 1 & 5\\ 3 & -6 & 9\\ 2 & 6 & 2\end{bmatrix}$ (2) $B=\begin{bmatrix}-1 & 2 & 3 & -4\\ 4 & 2 & 0 & 1\\ -1 & 1 & 2 & 3\\ -5 & 1 & 6 & 2\end{bmatrix}$ (3) $C=\begin{bmatrix}a+1 & 1 & 1\\ 1 & b+1 & 1\\ 1 & 1 & c+1\end{bmatrix}$

2 다음 행렬의 행렬식을 구하라.

(1) $A=\begin{bmatrix}2 & 3 & 4\\ 3 & 4 & 5\\ 4 & 5 & 6\end{bmatrix}$ (2) $B=\begin{bmatrix}1 & 2 & 3 & 4\\ 2 & 3 & 4 & 1\\ 3 & 4 & 1 & 2\\ 4 & 1 & 2 & 3\end{bmatrix}$ (3) $C=\begin{bmatrix}1 & a & a^2\\ 1 & b & b^2\\ 1 & c & c^2\end{bmatrix}$

3 다음 행렬식에 대한 방정식을 풀어라.

(1) $\begin{vmatrix}x & 1 & 1\\ 1 & x & 1\\ 1 & 1 & x\end{vmatrix}=0$ (2) $\begin{vmatrix}1 & 1 & 1\\ 1 & x & 2\\ 1 & x^2 & 4\end{vmatrix}=0$

4 $A=\begin{bmatrix}a & b & c\\ d & e & f\\ g & h & i\end{bmatrix}$에 대해 $|A|=3$일 때 다음 행렬의 행렬식을 구하라.

(1) $B=\begin{bmatrix}a & b & c\\ -d & -e & -f\\ g & h & i\end{bmatrix}$ (2) $C=\begin{bmatrix}a & b & c\\ -d & -e & -f\\ a+g & b+h & c+i\end{bmatrix}$ (3) $D=\begin{bmatrix}g & h & i\\ 2a & 2b & 2c\\ d & e & f\end{bmatrix}$

5 보조정리 3.2.6(2)는 열에 대해서도 성립한다. 이를 이용해서 다음을 보여라.

$$\begin{vmatrix} a & b & c \\ d & e & f \\ g & h & i \end{vmatrix} = \begin{vmatrix} a & -b & c \\ -d & e & -f \\ g & -h & i \end{vmatrix}$$

6 (1) 모든 $a,b,c \in \mathrm{F}^*$에 대해 $\begin{vmatrix} 1 & 1 & 1 \\ \dfrac{1}{ab} & \dfrac{1}{bc} & \dfrac{1}{ca} \\ c & a & b \end{vmatrix} = 0$ 을 보여라.

(2) 모든 $a \in \mathrm{F}$에 대해 $\begin{vmatrix} a+1 & a+2 & a+3 \\ a+4 & a+5 & a+6 \\ a+7 & a+8 & a+9 \end{vmatrix} = 0$ 을 보여라.

7 $A \in \mathrm{M}_n(\mathrm{F})$와 $\alpha \in \mathrm{F}$에 대해 $|\alpha A| = \alpha^n |A|$를 보여라.

8 $A \in \mathrm{M}_n(\mathrm{F})$는 교대행렬이라 하자.

(1) n이 홀수이면 $|A| = 0$을 보여라.

(2) n이 짝수이면 $|A| \neq 0$인 예를 $\mathrm{M}_2(\mathbb{R})$에서 찾아라.

9 정리 3.2.9를 보여라.

10 따름정리 3.2.12를 보여라.

11 $A \in \mathrm{M}_n(\mathrm{F})$는 가역이고 $\alpha \in \mathrm{F}^*$이면 $|(\alpha A)^{-1}| = \dfrac{1}{\alpha^n}|A|^{-1}$를 보여라.

12 $A \in \mathrm{M}_5(\mathrm{F})$의 행렬식이 $|A| = -4$일 때 다음을 계산하라.

(1) $|A^2|$ (2) $|A^{-1}|$

(3) $|-2A|$ (4) $|(2A)^{-1}|$

13 $A \in \mathrm{M}_n(\mathrm{F})$에 대해 다음을 보여라.

(1) $A^2 = A$이면 $|A| = 0$ 또는 $|A| = 1$이다.

(2) A는 가역이고 $A^{-1} = A$이면 $|A| = 1$ 또는 $|A| = -1$이다.

14 $A, B, P \in \mathrm{M}_n(\mathrm{F})$일 때 P는 가역이고 $B = PAP^{-1}$이면 $|B| = |A|$를 보여라.

15 $A, B \in \mathrm{M}_n(\mathrm{F})$가 행동치일 때 $|A| \neq 0$일 필요충분조건은 $|B| \neq 0$을 보여라.

16 $A, B, C \in \mathrm{M}_n(\mathrm{F})$에 대해 $M = \begin{bmatrix} A & B \\ O & C \end{bmatrix}$이면 $|M| = |A||C|$를 보여라.

3.3 행렬식의 여인수전개

이 절에서는 행렬식과 역행렬을 구하는 새로운 방법을 살펴본다. 또한 행렬식을 이용해서 연립일차방정식의 해를 구하는 크래머공식에 대해서도 알아본다.

정의

$A = [a_{ij}] \in \mathrm{M}_n(\mathrm{F})$에서 i행과 j열을 제거하여 만든 A의 부분행렬을 $\hat{A}_{ij}$로 나타내고 이를 a_{ij}의 **소행렬**(minor matrix)이라 한다. 또한 $\hat{A}_{ij}$의 행렬식 $|\hat{A}_{ij}|$을 a_{ij}의 **소행렬식**(minor)이라 하고

$$A_{ij} = (-1)^{i+j}|\hat{A}_{ij}|$$

를 a_{ij}의 **여인수**(cofactor)라 한다.

여인수 A_{ij}에서 $i+j$가 짝수이면 $A_{ij} = |\hat{A}_{ij}|$이고 홀수이면 $A_{ij} = -|\hat{A}_{ij}|$이다.

|보기| 행렬

$$A = \begin{bmatrix} 1 & 2 & 3 \\ 4 & 5 & 6 \\ 7 & 8 & 9 \end{bmatrix}$$

에 대해 $\hat{A}_{11} = \begin{bmatrix} 5 & 6 \\ 8 & 9 \end{bmatrix}$, $\hat{A}_{23} = \begin{bmatrix} 1 & 2 \\ 7 & 8 \end{bmatrix}$이다. 따라서

(1) a_{11}의 여인수는 $A_{11} = |\hat{A}_{11}| = \begin{vmatrix} 5 & 6 \\ 8 & 9 \end{vmatrix} = -3$이다.

(2) a_{23}의 여인수는 $A_{23} = -|\hat{A}_{23}| = -\begin{vmatrix} 1 & 2 \\ 7 & 8 \end{vmatrix} = 6$이다.

정리 3.2.2에서 $A=\begin{bmatrix} a_{11} & a_{12} & a_{13} \\ a_{21} & a_{22} & a_{23} \\ a_{31} & a_{32} & a_{33} \end{bmatrix}$의 행렬식은

$$|A| = a_{11}a_{22}a_{33} + a_{12}a_{23}a_{31} + a_{13}a_{21}a_{32} - (a_{13}a_{22}a_{31} + a_{11}a_{23}a_{32} + a_{12}a_{21}a_{33})$$

이다. 특히 이 값은

$$|A| = a_{11}\begin{vmatrix} a_{22} & a_{23} \\ a_{32} & a_{33} \end{vmatrix} - a_{12}\begin{vmatrix} a_{21} & a_{23} \\ a_{31} & a_{33} \end{vmatrix} + a_{13}\begin{vmatrix} a_{21} & a_{22} \\ a_{31} & a_{32} \end{vmatrix}$$

으로 쓸 수 있다. 그런데 $A_{11}=\begin{vmatrix} a_{22} & a_{23} \\ a_{32} & a_{33} \end{vmatrix}$, $A_{12}=-\begin{vmatrix} a_{21} & a_{23} \\ a_{31} & a_{33} \end{vmatrix}$, $A_{13}=\begin{vmatrix} a_{21} & a_{22} \\ a_{31} & a_{32} \end{vmatrix}$이므로

$$|A| = a_{11}A_{11} + a_{12}A_{12} + a_{13}A_{13}$$

이다. 이를 $|A|$의 1행에 대한 **여인수전개**라 한다. 나머지 모든 행과 열에 대한 여인수 전개도 유사한 형태를 갖는다. 예로 3행과 2열에 대한 여인수전개는 각각 다음이다.

$$|A| = a_{31}A_{31} + a_{32}A_{32} + a_{33}A_{33},$$
$$|A| = a_{12}A_{12} + a_{22}A_{22} + a_{32}A_{32}$$

위 사실은 일반적인 $A \in \mathrm{M}_n(\mathrm{F})$에 대해서도 같은 결과를 갖는다. 이는 두 정리 3.3.3과 3.3.4에서 보이는데 이를 위해 다음 두 보조정리가 필요하다.

보조정리 3.3.1 행렬식에 대해 다음이 성립한다.

$$\begin{vmatrix} a_{11} & 0 & 0 & \cdots & 0 \\ a_{21} & a_{22} & a_{23} & \cdots & a_{2n} \\ \vdots & \vdots & \vdots & & \vdots \\ a_{n1} & a_{n2} & a_{n3} & \cdots & a_{nn} \end{vmatrix} = a_{11}\begin{vmatrix} a_{22} & a_{23} & \cdots & a_{2n} \\ a_{32} & a_{33} & \cdots & a_{3n} \\ \vdots & \vdots & & \vdots \\ a_{n2} & a_{n3} & \cdots & a_{nn} \end{vmatrix}$$

증명 좌변의 행렬식은

$$\sum_{\sigma \in S_n} \mathrm{sgn}(\sigma) a_{1\sigma(1)} \cdots a_{n\sigma(n)}$$

이다. 이 합에서 $\sigma \in S_n$가 $\sigma(1) \neq 1$인 치환이면 $a_{1\sigma(1)} = 0$이 되어

$$\operatorname{sgn}(\sigma)a_{1\sigma(1)}\cdots a_{n\sigma(n)}=0$$

이다. 따라서 좌변의 행렬식은 $\sigma(1)=1$인 $\sigma\in S_n$만 고려하면 된다. 이제 T를 $\{2,3,\cdots,n\}$에서의 치환들의 집합이라 하면 위 결과와 행렬식의 정의에 의해 다음이 성립한다.

$$\begin{aligned}\text{좌변}&=\sum_{\sigma\in S_n}\operatorname{sgn}(\sigma)a_{1\sigma(1)}a_{2\sigma(2)}\cdots a_{n\sigma(n)}\\&=\sum_{\sigma\in S_n}\operatorname{sgn}(\sigma)a_{11}a_{2\sigma(2)}\cdots a_{n\sigma(n)}\\&=a_{11}\sum_{\sigma\in T}\operatorname{sgn}(\sigma)a_{2\sigma(2)}\cdots a_{n\sigma(n)}=\text{우변}\end{aligned}$$

■

보조정리 3.3.2 $A=[a_{ij}]\in\mathrm{M}_n(\mathrm{F})$에 대해 다음이 성립한다.

$$|A|=a_{11}A_{11}+a_{12}A_{12}+\cdots+a_{1n}A_{1n}$$

증명 두 보조정리 3.2.6(1), 3.3.1 그리고 정리 3.2.9(1)에 의해

$$\begin{aligned}|A|&=\begin{vmatrix}a_{11}&0&\cdots&0\\a_{21}&a_{22}&\cdots&a_{2n}\\\vdots&\vdots&&\vdots\\a_{n1}&a_{n2}&\cdots&a_{nn}\end{vmatrix}+\begin{vmatrix}0&a_{12}&\cdots&0\\a_{21}&a_{22}&\cdots&a_{2n}\\\vdots&\vdots&&\vdots\\a_{n1}&a_{n2}&\cdots&a_{nn}\end{vmatrix}+\cdots+\begin{vmatrix}0&0&\cdots&a_{1n}\\a_{21}&a_{22}&\cdots&a_{2n}\\\vdots&\vdots&&\vdots\\a_{n1}&a_{n2}&\cdots&a_{nn}\end{vmatrix}\\&=a_{11}|\widehat{A}_{11}|+a_{12}(-1)^1|\widehat{A}_{12}|+\cdots+a_{1n}(-1)^{n-1}|\widehat{A}_{1n}|\\&=a_{11}(-1)^{1+1}|\widehat{A}_{11}|+a_{12}(-1)^{1+2}|\widehat{A}_{12}|+\cdots+a_{1n}(-1)^{1+n}|\widehat{A}_{1n}|\\&=a_{11}A_{11}+a_{12}A_{12}+\cdots+a_{1n}A_{1n}\end{aligned}$$

이다. ■

위 보조정리에서

$$a_{11}A_{11}+\cdots+a_{1n}A_{1n}$$

을 $|A|$의 **1행에 대한 여인수전개**(cofactor expansion)라 한다. 이를 임의의 i행에 시행하면 다음과 같이 $|A|$의 **i행에 대한 여인수전개**를 얻는다.

정리 3.3.3 $A=[a_{ij}]\in\mathrm{M}_n(\mathrm{F})$일 때 임의의 $i=1,\cdots,n$에 대해

$$|A| = a_{i1}A_{i1} + a_{i2}A_{i2} + \cdots + a_{in}A_{in}$$

이다. 특히 $j \neq i$이면 $a_{i1}A_{j1} + a_{i2}A_{j2} + \cdots + a_{in}A_{jn} = 0$이다.

증명 보조정리 3.3.2의 증명과정에서

$$|A| = a_{11}|\hat{A}_{11}| + a_{12}(-1)^1|\hat{A}_{12}| + \cdots + a_{1n}(-1)^{n-1}|\hat{A}_{1n}|$$

이다. 이를 i행으로 전개하면 정리 3.2.8(1)에 의해

$$|A| = (-1)^{i-1}(a_{i1}|\hat{A}_{i1}| + a_{i2}(-1)^1|\hat{A}_{i2}| + \cdots + a_{in}(-1)^{n-1}|\hat{A}_{in}|)$$

이다. 그런데 $A_{ij} = (-1)^{i+j}|\hat{A}_{ij}|$이므로

$$\begin{aligned} |A| &= (-1)^{i-1}(a_{i1}|\hat{A}_{i1}| + a_{i2}(-1)^1|\hat{A}_{i2}| + \cdots + a_{in}(-1)^{n-1}|\hat{A}_{in}|) \\ &= (-1)^{i+1}(a_{i1}|\hat{A}_{i1}| + a_{i2}(-1)^1|\hat{A}_{i2}| + \cdots + a_{in}(-1)^{n-1}|\hat{A}_{in}|) \\ &= a_{i1}(-1)^{i+1}|\hat{A}_{i1}| + a_{i2}(-1)^{i+2}|\hat{A}_{i2}| + \cdots + a_{in}(-1)^{i+n}|\hat{A}_{in}| \\ &= a_{i1}A_{i1} + a_{i2}A_{i2} + \cdots + a_{in}A_{in} \end{aligned}$$

이다. 만약 $j \neq i$이면 A의 j행을 i행으로 교체해서 만든 행렬을 B라 하자.

$$A = \begin{bmatrix} a_{11} & a_{12} & \cdots & a_{1n} \\ \vdots & \vdots & & \vdots \\ a_{i1} & a_{i2} & \cdots & a_{in} \\ \vdots & \vdots & & \vdots \\ a_{j1} & a_{j2} & \cdots & a_{jn} \\ \vdots & \vdots & & \vdots \\ a_{n1} & a_{n2} & \cdots & a_{nn} \end{bmatrix}, \qquad B = \begin{bmatrix} a_{11} & a_{12} & \cdots & a_{1n} \\ \vdots & \vdots & & \vdots \\ a_{i1} & a_{i2} & \cdots & a_{in} \\ \vdots & \vdots & & \vdots \\ a_{i1} & a_{i2} & \cdots & a_{in} \\ \vdots & \vdots & & \vdots \\ a_{n1} & a_{n2} & \cdots & a_{nn} \end{bmatrix}$$

이때 $|B| = 0$은 분명하고 $k = 1, \cdots, n$에 대해

$$B_{jk} = (-1)^{j+k}|\hat{B}_{jk}| = (-1)^{j+k}|\hat{A}_{jk}| = A_{jk}$$

이다. 따라서 위 결과에 의해

$$\begin{aligned} 0 = |B| &= b_{j1}B_{j1} + b_{j2}B_{j2} + \cdots + b_{jn}B_{jn} \\ &= a_{i1}A_{j1} + a_{i2}A_{j2} + \cdots + a_{in}A_{jn} \end{aligned}$$

이다. ■

다음은 $A \in \mathrm{M}_n(\mathrm{F})$에 대해 $|A|$의 j열에 대한 여인수전개이다.

정리 3.3.4 $A=[a_{ij}]\in \mathrm{M}_n(\mathrm{F})$일 때 임의의 $j=1,\cdots,n$에 대해

$$|A| = a_{1j}A_{1j} + a_{2j}A_{2j} + \cdots + a_{nj}A_{nj}$$

이다. 특히 $i \neq j$이면 $a_{1j}A_{1i} + a_{2j}A_{2i} + \cdots + a_{nj}A_{ni} = 0$이다.

증명 연습문제 2로 남긴다. ■

행렬식을 구할 때 두 정리 3.3.3과 3.3.4는 주어진 행렬에서 0이 가장 많은 행이나 열을 택하는 것이 좋다는 것을 보여준다. 그러나 3.2절에서 다룬 행렬식의 여러 성질을 함께 사용하면 더욱 좋다.

|보기| 행렬

$$A=\begin{bmatrix}1&2&3\\4&0&5\\6&0&7\end{bmatrix}$$

의 행렬식을 사루스공식으로 구하면

$$\begin{aligned}|A| &= [(1)(0)(7)+(2)(5)(6)+(3)(4)(0)]-[(3)(0)(6)+(1)(5)(0)+(2)(4)(7)]\\ &= 60-56=4\end{aligned}$$

이다. 그러나 2열에 대한 여인수전개로 구하면

$$\begin{aligned}|A| &= a_{12}A_{12}+a_{22}A_{22}+a_{32}A_{32}=a_{12}A_{12}\\ &= -2\begin{vmatrix}4&5\\6&7\end{vmatrix} = -2(28-30)=4\end{aligned}$$

이다.

예제 3.3.1_ 다음 행렬의 행렬식을 구하라.

(1) $A=\begin{bmatrix}1&2&-1&3\\0&1&4&2\\0&1&0&4\\1&0&2&1\end{bmatrix}$ (2) $B=\begin{bmatrix}-1&2&3&-4\\4&2&0&1\\-1&1&2&3\\-5&1&6&2\end{bmatrix}$

풀이 (1) $|A|=\begin{vmatrix}1&2&-1&3\\0&1&4&2\\0&1&0&4\\1&0&2&1\end{vmatrix}=\begin{vmatrix}1&2&-1&3\\0&1&4&2\\0&1&0&4\\0&-2&3&-2\end{vmatrix}=\begin{vmatrix}1&4&2\\1&0&4\\-2&3&-2\end{vmatrix}=\begin{vmatrix}1&4&2\\0&-4&2\\0&11&2\end{vmatrix}$

$$=\begin{vmatrix}-4&2\\11&2\end{vmatrix}=-30$$

(2) $|B|=\begin{vmatrix}-1&2&3&-4\\4&2&0&1\\-1&1&2&3\\-5&1&6&2\end{vmatrix}=\begin{vmatrix}-1&2&3&-4\\0&10&12&-15\\0&-1&-1&7\\0&-9&-9&22\end{vmatrix}=-\begin{vmatrix}10&12&-15\\-1&-1&7\\-9&-9&22\end{vmatrix}$

$$=\begin{vmatrix}-1&-1&7\\10&12&-15\\-9&-9&22\end{vmatrix}$$

$$=\begin{vmatrix}-1&-1&7\\0&2&-1\\0&0&-41\end{vmatrix}=(-1)(2)(-41)=82$$

■

예제 3.3.2_ $A=\begin{bmatrix}1&a_1&a_1^2&a_1^3\\1&a_2&a_2^2&a_2^3\\1&a_3&a_3^2&a_3^3\\1&a_4&a_4^2&a_4^3\end{bmatrix}$의 행렬식을 구하라.

풀이 만약 $i\neq j$인 i,j에 대해 $a_i=a_j$이면 A의 두 행은 일치하므로 정리 3.2.8에 의해 $|A|=0$이다. 따라서 a_1,a_2,a_3,a_4는 모두 다르다고 하자. 한편 $i=1,2,3$에 대해 A의 i열에 $-a_1$을 곱해 $i+1$열에 더하면 행렬식은 변하지 않으므로

$$|A|=\begin{vmatrix}1&0&0&0\\1&a_2-a_1&a_2^2-a_2a_1&a_2^3-a_2^2a_1\\1&a_3-a_1&a_3^2-a_3a_1&a_3^3-a_3^2a_1\\1&a_4-a_1&a_4^2-a_4a_1&a_4^3-a_4^2a_1\end{vmatrix}$$

$$=\begin{vmatrix}1&0&0&0\\1&a_2-a_1&a_2(a_2-a_1)&a_2^2(a_2-a_1)\\1&a_3-a_1&a_3(a_3-a_1)&a_3^2(a_3-a_1)\\1&a_4-a_1&a_4(a_4-a_1)&a_4^2(a_4-a_1)\end{vmatrix}$$

이다. 그러면 보조정리 3.3.1에 의해

$$|A|=\begin{vmatrix}a_2-a_1&a_2(a_2-a_1)&a_2^2(a_2-a_1)\\a_3-a_1&a_3(a_3-a_1)&a_3^2(a_3-a_1)\\a_4-a_1&a_4(a_4-a_1)&a_4^2(a_4-a_1)\end{vmatrix}$$

이고 또다시 보조정리 3.2.6(2)에 의해

$$|A| = (a_2 - a_1)(a_3 - a_1)(a_4 - a_1)\begin{vmatrix} 1 & a_2 & a_2^2 \\ 1 & a_3 & a_3^2 \\ 1 & a_4 & a_4^2 \end{vmatrix}$$

이다. 그런데 예제 3.2.4의 풀이에서

$$\begin{vmatrix} 1 & a_2 & a_2^2 \\ 1 & a_3 & a_3^2 \\ 1 & a_4 & a_4^2 \end{vmatrix} = (a_3 - a_2)(a_4 - a_2)(a_4 - a_3)$$

이므로 $|A| = (a_2 - a_1)(a_3 - a_1)(a_4 - a_1)(a_3 - a_2)(a_4 - a_2)(a_4 - a_3)$이다. ■

위 예제를 일반화하여 $n \geqq 2$일 때 $a_1, a_2, \cdots, a_n \in \mathrm{F}$의 **반데몬드행렬**(Vandermonde matrix)을

$$A = \begin{bmatrix} 1 & a_1 & a_1^2 & \cdots & a_1^{n-1} \\ 1 & a_2 & a_2^2 & \cdots & a_2^{n-1} \\ \vdots & \vdots & \vdots & & \vdots \\ 1 & a_n & a_n^2 & \cdots & a_n^{n-1} \end{bmatrix} \in \mathrm{M}_n(\mathrm{F})$$

로 정의한다. 그러면

$$|A| = \prod_{1 \leqq i < j \leqq n} (a_j - a_i)$$

이고 A가 가역일 필요충분조건은 $a_1, a_2, \cdots, a_n$은 모두 다르다(연습문제 3).

반데몬드행렬의 중요한 응용으로 $xy-$평면에서 서로 다른 n개의 점

$$(a_1, b_1), (a_2, b_2), \cdots, (a_n, b_n)$$

을 지나는 $n-1$차 다항함수

$$y = c_0 + c_1 x + c_2 x^2 + \cdots + c_{n-1} x^{n-1}$$

를 구해보자. 단 $a_1, \cdots, a_n \in \mathbb{R}$은 서로 다르다. 한편 이 함수는 n개의 점을 지나므로

$$c_0 + c_1 a_1 + c_2 a_1^2 + \cdots + c_{n-1} a_1^{n-1} = b_1$$
$$c_0 + c_1 a_2 + c_2 a_2^2 + \cdots + c_{n-1} a_2^{n-1} = b_2$$
$$\vdots$$
$$c_0 + c_1 a_n + c_2 a_n^2 + \cdots + c_{n-1} a_n^{n-1} = b_n$$

이다. 이를 행렬로 나타내면 $A\mathbf{c} = \mathbf{b}$이다. 단

$$A = \begin{bmatrix} 1 & a_1 & a_1^2 & \cdots & a_1^{n-1} \\ 1 & a_2 & a_2^2 & \cdots & a_2^{n-1} \\ \vdots & \vdots & \vdots & & \vdots \\ 1 & a_n & a_n^2 & \cdots & a_n^{n-1} \end{bmatrix}, \quad \mathbf{c} = \begin{bmatrix} c_0 \\ c_1 \\ \vdots \\ c_{n-1} \end{bmatrix}, \quad \mathbf{b} = \begin{bmatrix} b_1 \\ b_2 \\ \vdots \\ b_n \end{bmatrix}$$

이다. 여기서 A는 반데몬드행렬이고 $a_1, \cdots, a_n$은 모두 다르므로 A는 가역이다. 그러면

$$\mathbf{c} = A^{-1}\mathbf{b}$$

는 유일하게 결정되어 n개의 점을 지나는 다항함수를 구할 수 있다. 그러나 이를 구하는 효과적인 방법은 4.3절(라그랑즈보간법)에서 다룬다.

정의

$A = [a_{ij}] \in \mathrm{M}_n(\mathrm{F})$일 때 a_{ij}의 여인수 $A_{ij} = (-1)^{i+j}|\hat{A}_{ij}|$를 (j, i)성분으로 갖는 행렬

$$[A_{ij}]^{\mathrm{T}} = \begin{bmatrix} A_{11} & A_{21} & \cdots & A_{n1} \\ A_{12} & A_{22} & \cdots & A_{n2} \\ \vdots & \vdots & & \vdots \\ A_{1n} & A_{2n} & \cdots & A_{nn} \end{bmatrix}$$

를 A의 **여인수행렬**(cofactor matrix)이라 하여 $\mathrm{co}\, A$로 나타낸다.

|주의| 대부분의 교재에서는 여인수행렬을 수반행렬(adjoint matrix)이라 하여 기호로는 $\mathrm{adj}\, A$를 더 선호한다. 그러나 8장에 수반행렬의 또 다른 정의가 있다. 따라서 본 교재에서는 여인수행렬과 수반행렬을 서로 다른 것으로 사용한다.

예제 3.3.3_ $A=\begin{bmatrix}3&-2&1\\5&6&2\\1&0&-3\end{bmatrix}$의 여인수행렬 $\operatorname{co}A$를 구하라.

풀이 A의 모든 여인수 A_{ij}들을 구하면

$$A_{11}=\begin{vmatrix}6&2\\0&-3\end{vmatrix}=-18 \qquad A_{12}=-\begin{vmatrix}5&2\\1&-3\end{vmatrix}=17 \qquad A_{13}=\begin{vmatrix}5&6\\1&0\end{vmatrix}=-6$$

$$A_{21}=-\begin{vmatrix}-2&1\\0&-3\end{vmatrix}=-6 \qquad A_{22}=\begin{vmatrix}3&1\\1&-3\end{vmatrix}=-10 \qquad A_{23}=-\begin{vmatrix}3&-2\\1&0\end{vmatrix}=-2$$

$$A_{31}=\begin{vmatrix}-2&1\\6&2\end{vmatrix}=-10 \qquad A_{32}=-\begin{vmatrix}3&1\\5&2\end{vmatrix}=-1 \qquad A_{33}=\begin{vmatrix}3&-2\\5&6\end{vmatrix}=28$$

이다. 따라서

$$\operatorname{co}A=\begin{bmatrix}A_{11}&A_{21}&A_{31}\\A_{12}&A_{22}&A_{32}\\A_{13}&A_{23}&A_{33}\end{bmatrix}=\begin{bmatrix}-18&-6&-10\\17&-10&-1\\-6&-2&28\end{bmatrix}$$

이다. ■

정리 3.3.5 $A\in M_n(F)$에 대해 $A\operatorname{co}A=|A|I_n$이다. 특히 A가 가역이면

$$A^{-1}=\frac{1}{|A|}\operatorname{co}A$$

이다.

증명 A와 $\operatorname{co}A$는 구체적으로

$$A=\begin{bmatrix}a_{11}&a_{12}&\cdots&a_{1n}\\a_{21}&a_{22}&\cdots&a_{2n}\\\vdots&\vdots&&\vdots\\a_{n1}&a_{n2}&\cdots&a_{nn}\end{bmatrix},\qquad \operatorname{co}A=\begin{bmatrix}A_{11}&A_{21}&\cdots&A_{n1}\\A_{12}&A_{22}&\cdots&A_{n2}\\\vdots&\vdots&&\vdots\\A_{1n}&A_{2n}&\cdots&A_{nn}\end{bmatrix}$$

이다. 그러면 $A\operatorname{co}A$의 (i,j)성분은

$$a_{i1}A_{j1}+a_{i2}A_{j2}+\cdots+a_{in}A_{jn}$$

이다. 따라서 정리 3.3.3에 의해 $A\operatorname{co}A$의 (i,j)성분은 $i=j$이면 $|A|$이고 $i\neq j$이면 0이므로

$$A \operatorname{co} A = \begin{bmatrix} |A| & 0 & \cdots & 0 \\ 0 & |A| & \cdots & 0 \\ \vdots & \vdots & & \vdots \\ 0 & 0 & \cdots & |A| \end{bmatrix} = |A| I_n$$

이다. 만약 A가 가역이면 정리 3.2.13에 의해 $|A| \neq 0$이다. 그러면 $A \operatorname{co} A = |A| I_n$에서

$$A\left(\frac{1}{|A|} \operatorname{co} A\right) = I_n$$

이다. 따라서 역행렬의 유일성에 의해 $A^{-1} = \frac{1}{|A|} \operatorname{co} A$이다. ■

예제 3.3.4_ $A = \begin{bmatrix} 3 & -2 & 1 \\ 5 & 6 & 2 \\ 1 & 0 & -3 \end{bmatrix}$의 행렬식과 역행렬을 여인수행렬을 이용해서 구하라.

풀이 예제 3.3.3의 풀이에서

$$\operatorname{co} A = \begin{bmatrix} -18 & -6 & -10 \\ 17 & -10 & -1 \\ -6 & -2 & 28 \end{bmatrix}$$

이다. 그러면 정리 3.3.5에 의해

$$|A| I_3 = A \operatorname{co} A = \begin{bmatrix} 3 & -2 & 1 \\ 5 & 6 & 2 \\ 1 & 0 & -3 \end{bmatrix} \begin{bmatrix} -18 & -6 & -10 \\ 17 & -10 & -1 \\ -6 & -2 & 28 \end{bmatrix} = \begin{bmatrix} -94 & 0 & 0 \\ 0 & -94 & 0 \\ 0 & 0 & -94 \end{bmatrix} = -94 I_3$$

이다. 따라서 $|A| = -94$이고 다음이 성립한다.

$$A^{-1} = \frac{1}{|A|} \operatorname{co} A = -\frac{1}{94} \begin{bmatrix} -18 & -6 & -10 \\ 17 & -10 & -1 \\ -6 & -2 & 28 \end{bmatrix}$$ ■

정리 3.3.6 크래머공식(Cramer rule) 연립일차방정식

$$\begin{aligned} a_{11}x_1 + a_{12}x_2 + \cdots + a_{1n}x_n &= b_1 \\ a_{21}x_1 + a_{22}x_2 + \cdots + a_{2n}x_n &= b_2 \\ &\vdots \\ a_{n1}x_1 + a_{n2}x_2 + \cdots + a_{nn}x_n &= b_n \end{aligned}$$

에 대해

$$A=\begin{bmatrix} a_{11} & a_{12} & \cdots & a_{1n} \\ a_{21} & a_{22} & \cdots & a_{2n} \\ \vdots & \vdots & & \vdots \\ a_{n1} & a_{n2} & \cdots & a_{nn} \end{bmatrix}\in \mathrm{M}_n(\mathrm{F}), \quad \mathbf{x}=\begin{bmatrix} x_1 \\ x_2 \\ \vdots \\ x_n \end{bmatrix}, \quad \mathbf{b}=\begin{bmatrix} b_1 \\ b_2 \\ \vdots \\ b_n \end{bmatrix}$$

로 두면 위 연립방정식은 $A\mathbf{x}=\mathbf{b}$로 쓸 수 있다. 이때 $|A|\neq 0$이면 연립방정식은 유일해

$$x_1=\frac{|B_1|}{|A|}, \quad x_2=\frac{|B_2|}{|A|}, \quad \cdots, \quad x_n=\frac{|B_n|}{|A|}$$

을 갖는다. 단 B_k는 A의 k번째 열을 $\mathbf{b}$로 바꾼 행렬이다.

증명 방법1: $|A|\neq 0$이므로 $A\mathbf{x}=\mathbf{b}$의 유일해는 $\mathbf{x}=A^{-1}\mathbf{b}$이다. 그런데 정리 3.3.5에 의해

$$A^{-1}=\frac{1}{|A|}\mathrm{co}\,A$$

이므로

$$\begin{aligned}\begin{bmatrix} x_1 \\ \vdots \\ x_k \\ \vdots \\ x_n \end{bmatrix} &= A^{-1}\mathbf{b}=\left(\frac{1}{|A|}\mathrm{co}\,A\right)\mathbf{b} \\ &= \frac{1}{|A|}\begin{bmatrix} A_{11} & A_{21} & \cdots & A_{n1} \\ \vdots & \vdots & & \vdots \\ A_{1k} & A_{2k} & \cdots & A_{nk} \\ \vdots & \vdots & & \vdots \\ A_{1n} & A_{2n} & \cdots & A_{nn} \end{bmatrix}\begin{bmatrix} b_1 \\ \vdots \\ b_k \\ \vdots \\ b_n \end{bmatrix} \\ &= \frac{1}{|A|}\begin{bmatrix} b_1A_{11}+b_2A_{21}+\cdots+b_nA_{n1} \\ \vdots \\ b_1A_{1k}+b_2A_{2k}+\cdots+b_nA_{nk} \\ \vdots \\ b_1A_{1n}+b_2A_{2n}+\cdots+b_nA_{nn} \end{bmatrix}\end{aligned}$$

$$= \frac{1}{|A|}\begin{bmatrix} |B_1| \\ \vdots \\ |B_k| \\ \vdots \\ |B_n| \end{bmatrix}$$

이다. 따라서 각 $k = 1, \cdots, n$에 대해 $x_k = \dfrac{|B_k|}{|A|}$이다.

방법2: A의 열을 $\mathbf{a}_1, \cdots, \mathbf{a}_n$으로 나타내면 $A\mathbf{x} = \mathbf{b}$는

$$x_1\mathbf{a}_1 + \cdots + x_k\mathbf{a}_k + \cdots + x_n\mathbf{a}_n = \mathbf{b}$$

이다. 이를 변형하면

$$x_1\mathbf{a}_1 + \cdots + (x_k\mathbf{a}_k - \mathbf{b}) + \cdots + x_n\mathbf{a}_n = \mathbf{0}$$

이다. 이를 행렬로 나타내면

$$[\mathbf{a}_1 \cdots x_k\mathbf{a}_k - \mathbf{b} \cdots \mathbf{a}_n]\begin{bmatrix} x_1 \\ \vdots \\ 1 \\ \vdots \\ x_n \end{bmatrix} = \begin{bmatrix} 0 \\ \vdots \\ 0 \\ \vdots \\ 0 \end{bmatrix}$$

이다. 따라서 정리 2.3.4에 의해 $[\mathbf{a}_1 \cdots x_k\mathbf{a}_k - \mathbf{b} \cdots \mathbf{a}_n]$는 비가역행렬이다. 또다시 보조정리 3.2.6(1)에 의해

$$\begin{aligned} 0 &= |\mathbf{a}_1 \cdots x_k\mathbf{a}_k - \mathbf{b} \cdots \mathbf{a}_n| = x_k|\mathbf{a}_1 \cdots \mathbf{a}_k \cdots \mathbf{a}_n| - |\mathbf{a}_1 \cdots \mathbf{b} \cdots \mathbf{a}_n| \\ &= x_k|A| - |B_k| \end{aligned}$$

이다. 따라서 $x_k = \dfrac{|B_k|}{|A|}$이다. ■

$A \in \mathrm{M}_n(\mathrm{F})$에 대한 연립일차방정식 $A\mathbf{x} = \mathbf{b}$에 대해 $|A| \neq 0$이면 크래머공식은 원하는 변수의 값만 구하는 장점을 갖는다. 그러나 크래머공식은 $|A| = 0$이면 적용할 수 없다. 이때는 가우스-조르던 소거법을 이용한다.

예제 3.3.5_ 크래머공식으로 다음 연립일차방정식에서 x_3의 값만 구하라.

$$\begin{aligned} x_1 \;+2x_2 \;+x_3 &= 4 \\ x_1 \;\;-x_2 \;+x_3 &= 5 \\ 2x_1 \;+3x_2 \;-x_3 &= 1 \end{aligned}$$

풀이 계수행렬과 x_3에 대응하는 행렬은 각각

$$A = \begin{bmatrix} 1 & 2 & 1 \\ 1 & -1 & 1 \\ 2 & 3 & -1 \end{bmatrix}, \qquad B_3 = \begin{bmatrix} 1 & 2 & 4 \\ 1 & -1 & 5 \\ 2 & 3 & 1 \end{bmatrix}$$

이다. 그러면

$$|A| = \begin{vmatrix} 1 & 2 & 1 \\ 1 & -1 & 1 \\ 2 & 3 & -1 \end{vmatrix} = \begin{vmatrix} 1 & 2 & 1 \\ 0 & -3 & 0 \\ 0 & -1 & -3 \end{vmatrix} = \begin{vmatrix} -3 & 0 \\ -1 & -3 \end{vmatrix} = 9,$$

$$|B_3| = \begin{vmatrix} 1 & 2 & 4 \\ 1 & -1 & 5 \\ 2 & 3 & 1 \end{vmatrix} = \begin{vmatrix} 1 & 2 & 4 \\ 0 & -3 & 1 \\ 0 & -1 & -7 \end{vmatrix} = \begin{vmatrix} -3 & 1 \\ -1 & -7 \end{vmatrix} = 22$$

이므로 $x_3 = \dfrac{|B_3|}{|A|} = \dfrac{22}{9}$이다. ■

연습문제 3.3

1 다음 행렬의 행렬식을 구하라.

(1) $A = \begin{bmatrix} 3 & 1 & -2 & 0 \\ 1 & 2 & 0 & 1 \\ 3 & 4 & 1 & 5 \\ 3 & 2 & 5 & -3 \end{bmatrix}$ (2) $B = \begin{bmatrix} 1 & 1 & 1 & 1 & 1 \\ -1 & 2 & 0 & 0 & 0 \\ 0 & -1 & 2 & 0 & 0 \\ 0 & 0 & -1 & 2 & 0 \\ 0 & 0 & 0 & -1 & 2 \end{bmatrix}$

2 정리 3.3.4를 보여라.

3 $n \geq 2$이고 $a_1, a_2, \cdots, a_n \in F$일 때 반데몬드행렬

$$A = \begin{bmatrix} 1 & a_1 & a_1^2 & \cdots & a_1^{n-1} \\ 1 & a_2 & a_2^2 & \cdots & a_2^{n-1} \\ \vdots & \vdots & \vdots & & \vdots \\ 1 & a_n & a_n^2 & \cdots & a_n^{n-1} \end{bmatrix} \in \mathrm{M}_n(\mathrm{F})$$

에 대해 다음을 보여라.

(1) $|A| = \prod_{1 \leqq i < j \leqq n} (a_j - a_i)$

(2) A가 가역일 필요충분조건은 $a_1, a_2, \cdots, a_n$은 모두 다르다.

4 $A = \begin{bmatrix} 3 & -2 & -4 \\ 5 & 0 & 2 \\ 1 & 0 & 1 \end{bmatrix}$의 여인수행렬 $\mathrm{co}\,A$를 구하라.

5 $A = \begin{bmatrix} 2 & 4 & 6 \\ -1 & 2 & 3 \\ 1 & 4 & 9 \end{bmatrix}$의 행렬식과 역행렬을 여인수행렬을 이용해서 구하라.

6 다음 연립일차방정식에서 y의 값만 구하라.

$$\begin{aligned} 7x - y + z &= 0 \\ 10x - 2y - z &= 8 \\ 6x + 3y + 2z &= 7 \end{aligned}$$

7 다음 연립일차방정식에서 x의 값만 구하라.

$$\begin{aligned} x - y - z - w &= 0 \\ -x - y + z + w &= 2 \\ x + y - z + w &= 1 \\ x + y + z + w &= 1 \end{aligned}$$

8 $A \in \mathrm{M}_n(\mathrm{F})$가 가역일 필요충분조건은 $\mathrm{co}\,A$가 가역임을 보여라. 특히 A가 가역이면 $\mathrm{co}\,A = |A| A^{-1}$를 보여라.

9 $n \geqq 2$이면 $A \in \mathrm{M}_n(\mathrm{F})$에 대해 $|\mathrm{co}\,A| = |A|^{n-1}$을 보여라.

10 $n \geqq 2$이고 $A \in \mathrm{M}_n(\mathrm{F})$가 가역이면 $\mathrm{co}(\mathrm{co}\,A) = |A|^{n-2} A$를 보여라.

4장

벡터 공간

4.1 벡터공간과 부분공간

이 절에서는 체 F상에서 특별한 집합인 벡터공간을 정의하고 다양한 예를 살펴본다. 또한 벡터공간의 여러 기본성질들도 알아본다.

정의

공이 아닌 집합 V와 체 F에 대해 두 연산 합(+)과 스칼라곱(·)이 정의되었다고 하자. 즉 임의의 $u, v \in V$와 $\alpha \in$ F에 대해

$$u+v \in V, \quad \alpha v \in V$$

라 하자. 만약 $(V,+)$는 덧셈아벨군이고 여기에 덧붙여 모든 $u, v, w \in V$와 $\alpha, \beta \in$ F에 대해

① $\alpha(u+v) = \alpha u + \alpha v$
② $(\alpha+\beta)v = \alpha v + \beta v$
③ $(\alpha\beta)v = \alpha(\beta v)$
④ $1v = v$

를 모두 만족하면 V는 **F상의 벡터공간**(vector space over F) 또는 간단히 **벡터공간**이라 한다. 이때 V의 원소 각각을 **벡터**(vector)라 한다.

|참고| 벡터공간 V에서 덧셈에 대한 항등원은 정리 1.2.1(1)에서 유일한데 이를 **영벡터**(zero vector)라 하고 진하게 **0**으로 나타내어 스칼라인 $0 \in$ F과 구분한다. 또한 $v \in V$의 덧셈에 대한 역원도 정리 1.2.1(2)에서 유일하고 $-v$로 나타내며 이를 v의 **음벡터**(negative vector)라 한다.

먼저 자명한 벡터공간을 소개하자. 단 하나의 원소로 이루어진 집합 $V = \{v\}$와 $\alpha \in$ F에 대해 V에서의 합과 스칼라곱을 각각

$$v+v=v, \quad \alpha v = v$$

로 정의하면 V는 F상의 벡터공간이다. 이때 편의상 v를 $v=\mathbf{0}$으로 두어 $V=\{\mathbf{0}\}$을 **영공간**(zero space)이라 한다.

이제부터 다양한 벡터공간을 소개하는데 증명은 단순하므로 독자에게 맡긴다.

|보기| $\mathbb{F}^n = \{(a_1,\cdots,a_n) \mid a_i \in \mathbb{F}\}$이라 하자. $(a_1,\cdots,a_n),(b_1,\cdots,b_n) \in \mathbb{F}^n$, $\alpha \in \mathbb{F}$에 대해 $\mathbb{F}^n$에서 합과 스칼라곱을 각각

$$(a_1,\cdots,a_n)+(b_1,\cdots,b_n)=(a_1+b_1,\cdots,a_n+b_n),$$
$$\alpha(a_1,\cdots,a_n)=(\alpha a_1,\cdots,\alpha a_n)$$

으로 정의하면 $\mathbb{F}^n$은 $\mathbb{F}$상의 벡터공간이다. $\mathbb{F}^n$의 영벡터는

$$\mathbf{0}=(0,\cdots,0)$$

이고 $(a_1,\cdots,a_n)$의 음벡터는

$$-(a_1,\cdots,a_n)=(-a_1,\cdots,-a_n)$$

이다. 특히 $\mathbb{R}^n$은 $\mathbb{R}$상의 벡터공간이고 $\mathbb{C}^n$은 $\mathbb{C}$상의 벡터공간이다. 그러나 $(1,\cdots,1) \in \mathbb{R}^n$과 $i \in \mathbb{C}$에 대해 $i(1,\cdots,1) \notin \mathbb{R}^n$이므로 $\mathbb{R}^n$은 $\mathbb{C}$상의 벡터공간은 아니다.

위 보기에서 $\mathbb{F}^n$의 원소를 열벡터로 나타내어

$$\mathbb{F}^n = \left\{ \begin{bmatrix} a_1 \\ \vdots \\ a_n \end{bmatrix} \mid a_i \in \mathbb{F} \right\}$$

으로 표현하기도 한다. 교재 전체에서 이 두 표현이 모두 사용된다. 보통 $\mathbb{F}^n$이 행렬에 관계되면 열벡터표현을 사용한다.

|보기| $[a_{ij}],[b_{ij}] \in \mathrm{M}_{m,n}(\mathbb{F})$, $\alpha \in \mathbb{F}$에 대해 $\mathrm{M}_{m,n}(\mathbb{F})$에서 합과 스칼라곱을 각각

$$[a_{ij}]+[b_{ij}]=[a_{ij}+b_{ij}],$$
$$\alpha[a_{ij}]=[\alpha a_{ij}]$$

로 정의하면 $\mathrm{M}_{m,n}(\mathbb{F})$는 $\mathbb{F}$상의 벡터공간이다. $\mathrm{M}_{m,n}(\mathbb{F})$의 영벡터는 영행렬 O이고 $[a_{ij}]$의 음벡터는 $-[a_{ij}]=[-a_{ij}]$이다. 특히 $\mathrm{M}_{m,n}(\mathbb{R})$은 $\mathbb{R}$상의 벡터공간이고 $\mathrm{M}_{m,n}(\mathbb{C})$는 $\mathbb{C}$상의 벡터공간이다. 그러나 $A(\neq O) \in \mathrm{M}_{m,n}(\mathbb{R})$이고 $i \in \mathbb{C}$이면 $iA \notin \mathrm{M}_{m,n}(\mathbb{R})$이므로 $\mathrm{M}_{m,n}(\mathbb{R})$은 $\mathbb{C}$상의 벡터공간은 아니다.

위 두 보기에서 살폈듯이 집합 V는 사용되는 체 $\mathbb{F}$에 의존해서 벡터공간이 되기도 하고 안 되기도 한다. $\mathbb{R}$ 상의 벡터공간을 **실벡터공간**(real vector space)이라 하고 $\mathbb{C}$ 상의 벡터공간을 **복소벡터공간**(complex vector space)이라 한다.

|약속| 이후로 $\mathbb{F}$상의 벡터공간 V를 논할 때 V가 실수에 관계된 것이면 $\mathbb{F}=\mathbb{R}$이고 복소수에 관계된 것이면 $\mathbb{F}=\mathbb{C}$로 약속한다. 그러나 분명하지 않은 경우는 그대로 $\mathbb{F}$를 사용한다.

|보기| 폐구간 $[a,b]$에서 연속인 실함수 $f:[a,b]\to\mathbb{R}$ 전체의 집합을 $C[a,b]$라 하자. 이때 $f,g\in C[a,b]$와 $\alpha\in\mathbb{R}$에 대해 $C[a,b]$에서 합과 스칼라곱을 각각 모든 $x\in[a,b]$에 대해

$$(f+g)(x)=f(x)+g(x),$$
$$(\alpha f)(x)=\alpha f(x)$$

로 정의하면 $C[a,b]$는 벡터공간이다. $C[a,b]$의 영벡터는 영함수 $\mathbf{0}$이고 f의 음벡터는 $(-f)(x)=-f(x)$로 정의되는 $-f$이다. 특히 $C(\mathbb{R})$은 $\mathbb{R}$에서 연속함수들의 벡터공간이다.

|보기| $\mathbb{F}$의 원소들을 계수로 갖는 x에 대한 모든 유한차수 다항식의 집합을 $\mathbb{F}[x]$라 하여 두 다항식

$$f(x)=a_0+a_1x+\cdots+a_nx^n,\qquad g(x)=b_0+b_1x+\cdots+b_nx^n$$

와 $\alpha\in\mathbb{F}$에 대해 $\mathbb{F}[x]$에서 합과 스칼라곱을 각각

$$(f+g)(x)=(a_0+b_0)+(a_1+b_1)x+\cdots+(a_n+b_n)x^n,$$
$$(\alpha f)(x)=\alpha a_0+\alpha a_1x+\cdots+\alpha a_nx^n$$

으로 정의하면 $\mathbb{F}[x]$는 벡터공간이다. 특히 $\mathbb{R}[x]$는 실벡터공간이고 $\mathbb{C}[x]$는 복소벡터공간이다.

정리 4.1.1 V가 벡터공간이면 모든 $v\in V$와 $\alpha\in\mathbb{F}$에 대해 다음이 성립한다.

(1) $\alpha\mathbf{0}=\mathbf{0}$이고 $0v=\mathbf{0}$이다.

(2) $(-\alpha)v = \alpha(-v) = -\alpha v$이다.

(3) $\alpha v = \mathbf{0}$일 필요충분조건은 $\alpha = 0$ 또는 $v = \mathbf{0}$이다.

증명 연습문제 2로 남긴다. ■

정의

벡터공간 V의 부분집합 $U(\neq \varnothing)$가 V의 합과 스칼라곱에 대해 벡터공간을 이루면 U를 V의 **부분공간**(subspace)이라 한다.

영공간이 아닌 벡터공간 V는 적어도 두 개의 부분공간

$$\{\mathbf{0}\}, \quad V$$

를 갖는다.

|참고| 벡터공간 V의 부분집합 $U(\neq \varnothing)$가 V의 부분공간일 필요충분조건은 모든 $u, v \in U$와 $\alpha \in \mathrm{F}$에 대해

① $\mathbf{0} \in U$

② $u + v \in U$

③ $-u \in U$

④ $\alpha u \in U$

이다. 이에 대한 증명은 쉽게 확인할 수 있으므로 생략한다.

정리 4.1.2 벡터공간 V의 부분집합 $U(\neq \varnothing)$에 대해 다음은 동치다.

(1) U는 V의 부분공간이다.

(2) 모든 $u, v \in U$와 $\alpha \in \mathrm{F}$에 대해 $u + v \in U$이고 $\alpha u \in U$이다.

(3) 모든 $u, v \in U$와 $\alpha \in \mathrm{F}$에 대해 $\alpha u + v \in U$이다.

증명 (1)⇔(2)와 (2)⇔(3)을 보이면 된다. 그런데 (1)⇒(2)와 (2)⇒(3)은 분명하다. (2)⇒(1)은 연습문제 3으로 남기고 (3)⇒(2)를 보이자. 이를 위해 (3)을 가정하고 $u, v \in U$, $\alpha \in \mathrm{F}$라 하자. (3)의 가정 $\alpha u + v \in U$에서 $\alpha = 1$로 택하면 $u + v \in U$이고 $v = \mathbf{0}$으로 택하면 $\alpha u \in U$이다. 따라서 (2)가 성

립한다. ■

예제 4.1.1_ $U=\{(x,y,z)\in\mathbb{R}^3 \mid x+y+z=0\}$는 $\mathbb{R}^3$의 부분공간임을 보여라.

증명 $\mathbf{u}=(x,y,z), \mathbf{v}=(a,b,c)\in U$, $\alpha\in\mathbb{R}$ 이면 $x+y+z=0=a+b+c$이다. 그러면

$$\alpha\mathbf{u}+\mathbf{v}=\alpha(x,y,z)+(a,b,c)=(\alpha x+a,\ \alpha y+b,\ \alpha z+c),$$
$$(\alpha x+a)+(\alpha y+b)+(\alpha z+c)=\alpha(x+y+z)+(a+b+c)=\alpha 0+0=0$$

이므로 $\alpha\mathbf{u}+\mathbf{v}\in U$이다. 따라서 정리 4.1.2에 의해 U는 $\mathbb{R}^3$의 부분공간이다. ■

|보기| $U=\{(x,y,z)\in\mathbb{R}^3 \mid x+y+z=1\}$는 $\mathbb{R}^3$의 부분공간이 아니다. 왜냐하면

$$(1,0,0),(0,1,0)\in U$$

에 대해 $(1,1,0)=(1,0,0)+(0,1,0)\notin U$이기 때문이다. 또 다른 이유로 U는 영벡터를 갖지 않으므로 $\mathbb{R}^3$의 부분공간이 아니다.

예제 4.1.2_ 고정된 행렬 $A\in\mathrm{M}_{m,n}(\mathrm{F})$에 대해

$$U=\{\mathbf{x}\in\mathrm{F}^n \mid A\mathbf{x}=\mathbf{0}\}$$

는 F^n의 부분공간임을 보여라.

증명 $\mathbf{x},\mathbf{y}\in U$, $\alpha\in\mathrm{F}$이면 $A\mathbf{x}=\mathbf{0}$, $A\mathbf{y}=\mathbf{0}$이므로

$$A(\alpha\mathbf{x}+\mathbf{y})=\alpha(A\mathbf{x})+A\mathbf{y}=\alpha\mathbf{0}+\mathbf{0}=\mathbf{0}$$

이 되어 $\alpha\mathbf{x}+\mathbf{y}\in U$이다. 따라서 정리 4.1.2에 의해 U는 F^n의 부분공간이다. ■

위 예제에서 U를 동차연립일차방정식 $A\mathbf{x}=\mathbf{0}$의 **해공간**(solution space)이라 한다.

예제 4.1.3_ $D[a,b]$를 폐구간 $[a,b]$에서 무한 번 미분가능한 모든 함수들의 집합이라 하자. $D[a,b]$는 $C[a,b]$의 부분공간임을 보여라.

증명 미분가능함수는 연속이므로 $D[a,b]$는 $C[a,b]$의 부분집합이다. $f,g \in D[a,b]$이고 $\alpha \in \mathbb{R}$ 이면 f,g는 모두 무한 번 미분가능하므로 $\alpha f+g$도 무한 번 미분가능하다. 즉 $\alpha f+g \in D[a,b]$가 되어 정리 4.1.2에 의해 $D[a,b]$는 $C[a,b]$의 부분공간이다. ■

예제 4.1.4_ $\mathrm{F}[x]$에서 차수가 n이하인 다항식들의 집합을 $\mathrm{F}_n[x]$라 하자. $\mathrm{F}_n[x]$는 $\mathrm{F}[x]$의 부분공간임을 보여라.

증명 $f(x), g(x) \in \mathrm{F}_n[x]$이고 $\alpha \in \mathrm{F}$이면 $f(x), g(x)$의 차수는 모두 n이하이다. 만약 $\alpha=0$이면 $\alpha f(x)=\mathbf{0} \in \mathrm{F}_n[x]$은 분명하다. 만약 $\alpha \neq 0$이면 $f(x)$와 $\alpha f(x)$의 차수는 같으므로 $\alpha f(x) \in \mathrm{F}_n[x]$이다. 또한 차수가 n이하인 두 다항식의 합도 차수가 n이하인 다항식이므로 $f(x)+g(x) \in \mathrm{F}_n[x]$이다. 따라서 정리 4.1.2에 의해 $\mathrm{F}_n[x]$는 $\mathrm{F}[x]$의 부분공간이다. ■

정리 4.1.3 $U_1, U_2, \cdots, U_n$이 벡터공간 V의 부분공간이면

$$U_1 \cap U_2 \cap \cdots \cap U_n$$

도 V의 부분공간이다.

증명 $u,v \in U_1 \cap U_2 \cap \cdots \cap U_n$이고 $\alpha \in \mathrm{F}$이면 모든 i에 대해 $u,v \in U_i$이다. 그런데 U_i는 V의 부분공간이므로 $\alpha u+v \in U_i$이다. 이는 모든 i에 대해 성립하므로

$$\alpha u+v \in U_1 \cap U_2 \cap \cdots \cap U_n$$

이다. 따라서 정리 4.1.2에 의해 $U_1 \cap U_2 \cap \cdots \cap U_n$는 V의 부분공간이다. ■

|주의| U_1, U_2가 벡터공간 V의 부분공간이면 위 정리에 의해 $U_1 \cap U_2$는 V의 부분공간이다. 그러나 $U_1 \cup U_2$도 V의 부분공간이 되는 것은 아니다. 예로 $\mathbb{R}^3$의 두 부분공간

$$U_1 = \{(x,y,z) \in \mathbb{R}^3 \mid x - y = 0\},$$
$$U_2 = \{(x,y,z) \in \mathbb{R}^3 \mid x + y = 0\}$$

를 고려하자. $U_1 \cap U_2 = \{(0,0,z) \mid z \in \mathbb{R}\}$는 $\mathbb{R}^3$의 부분공간이다. 그러나

$$\mathbf{u} = (1,1,0),\ \mathbf{v} = (1,-1,0) \in U_1 \cup U_2$$

에 대해

$$\mathbf{u} + \mathbf{v} = (2,0,0) \notin U_1 \cup U_2$$

이므로 $U_1 \cup U_2$는 $\mathbb{R}^2$의 부분공간이 아니다.

예제 4.1.5_ $\mathbb{R}^3$의 다음 두 부분공간에 대해 $U_1 \cap U_2$를 구하라.

$$U_1 = \{(x,y,z) \in \mathbb{R}^3 \mid x + y + z = 0\},$$
$$U_2 = \{(x,y,z) \in \mathbb{R}^3 \mid 2x + 3y - 4z = 0\}$$

풀이 $U_1 \cap U_2$는 다음 동차연립일차방정식의 해공간이다.

$$\begin{aligned} x + y + z &= 0 \\ 2x + 3y - 4z &= 0 \end{aligned}$$

첨가행렬 $[A:\mathbf{0}] = \begin{bmatrix} 1 & 1 & 1 & : & 0 \\ 2 & 3 & -4 & : & 0 \end{bmatrix}$ 을 기약 행사다리꼴로 변형하면

$$[C:\mathbf{0}] = \begin{bmatrix} 1 & 0 & 7 & : & 0 \\ 0 & 1 & -6 & : & 0 \end{bmatrix}$$

이다. 이에 대응되는 연립방정식은

$$\begin{aligned} x \quad + 7z &= 0 \\ y - 6z &= 0 \end{aligned}$$

이고 선두변수에 관해 풀면

$$\begin{cases} x = -7z \\ y = 6z \end{cases}$$

이다. $r \in \mathbb{R}$ 에 대해 $z = r$로 두면 $x = -7r$, $y = 6r$이다. 그러면 $U_1 \cap U_2$의

임의의 원소는 $(x,y,z)=(-7r,6r,r)=r(-7,6,1)$이므로

$$U_1 \cap U_2 = \{r(-7,6,1) \mid r \in \mathbb{R}\}$$

이다. ■

$U_1, U_2, \cdots, U_n$이 벡터공간 V의 부분집합일 때 $U_1, U_2, \cdots, U_n$의 합(sum)을

$$U_1 + U_2 + \cdots + U_n = \{u_1 + u_2 + \cdots + u_n \in V \mid u_i \in U_i\}$$

로 정의한다.

정리 4.1.4 $U_1, U_2, \cdots, U_n$이 벡터공간 V의 부분공간이면

$$U_1 + U_2 + \cdots + U_n$$

도 V의 부분공간이다.

증명 연습문제 13으로 남긴다. ■

|보기| $\mathbb{R}^3$의 세 부분공간

$$U_x = \{(x,0,0) \mid x \in \mathbb{R}\},$$
$$U_y = \{(0,y,0) \mid y \in \mathbb{R}\},$$
$$U_z = \{(0,0,z) \mid z \in \mathbb{R}\}$$

에 대해

$$U_x + U_y = \{(x,y,0) \mid x,y \in \mathbb{R}\}$$

이고 이는 $\mathbb{R}^3$에서 xy-평면이다. 유사하게 다음이 성립한다.

(1) $U_x + U_z$는 xz-평면이다.

(2) $U_y + U_z$는 yz-평면이다.

(3) $U_x + U_y + U_z$는 전체집합인 $\mathbb{R}^3$이다. 즉 $\mathbb{R}^3 = U_x + U_y + U_z$이다.

연습문제 4.1

1 V가 벡터공간일 때 $u, v, w \in V$에 대해 다음을 보여라.

(1) $u + v = u + w$이면 $v = w$이다.

(2) $-(u+v) = -u - v$이다.

(3) $\alpha u = \alpha v$이고 $\alpha \in \mathrm{F}^*$이면 $u = v$이다.

2 정리 4.1.1을 보여라.

3 정리 4.1.2에서 (2)⇒(1)을 보여라.

4 다음 집합이 $\mathbb{R}^3$의 부분공간이면 보이고 아니면 반례를 들어라.

(1) $U_1 = \{(x, y, 0) \mid x, y \in \mathbb{R}\}$

(2) $U_2 = \{(x, y, z) \in \mathbb{R}^3 \mid x + y = 2z\}$

(3) $U_3 = \{(x, y, z) \in \mathbb{R}^3 \mid x \geqq 0\}$

5 다음 집합이 $\mathbb{R}^3$의 부분공간이면 보이고 아니면 반례를 들어라.

(1) $U_1 = \{(x, y, z) \in \mathbb{R}^3 \mid x^2 + y^2 + z^2 \leqq 1\}$

(2) $U_2 = \{(x, y, x + y) \mid x, y \in \mathbb{R}\}$

(3) $U_3 = \{(x, 2x, 3x) \mid x \in \mathbb{R}\}$

6 $\mathrm{M}_n(\mathrm{F})$에서 대칭행렬 전체의 집합과 교대행렬 전체의 집합을 각각 U, W라 할 때 다음을 보여라.

(1) U, W는 모두 $\mathrm{M}_n(\mathrm{F})$의 부분공간이다.

(2) $\mathrm{M}_n(\mathrm{F}) = U + W$이다.

7 다음 집합들은 모두 $\mathrm{M}_n(\mathbb{R})$의 부분공간이 아닌 이유를 말하라.

(1) $U_1 = \{A \in \mathrm{M}_n(\mathbb{R}) \mid |A| = 0\}$

(2) $U_2 = \{A \in \mathrm{M}_n(\mathbb{R}) \mid A^2 = A\}$

8 실함수 $f:\mathbb{R}\to\mathbb{R}$ 전체의 집합 $F(\mathbb{R})$은 벡터공간이다. 다음 집합들은 $F(\mathbb{R})$의 부분공간임을 보여라.

(1) $U_1=\{f\in F(\mathbb{R})\mid$ 모든 $x\in\mathbb{R}$ 에 대해 $f(-x)=f(x)\}$

(2) $U_2=\{f\in F(\mathbb{R})\mid$ 모든 $x\in\mathbb{R}$ 에 대해 $f(-x)=-f(x)\}$

9 다음 집합은 $D[a,b]$의 부분공간임을 보여라.

$$U=\{f\in D[a,b]\mid f''(x)+f'(x)=\mathbf{0},\ x\in[a,b]\}$$

10 다음 집합이 $\mathbb{R}_3[x]$의 부분공간이면 보이고 아니면 반례를 들어라.

(1) $U_1=\{a+bx+cx^3\mid a,b,c\in\mathbb{R}\}$

(2) $U_2=\{a+bx+cx^2+x^3\mid a,b,c\in\mathbb{R}\}$

(3) $U_3=\{bx+cx^2+dx^3\mid b,c,d\in\mathbb{R},\ d\neq 0\}$

(4) $U_4=\{a+bx+cx^2+dx^3\mid a,b,c,d\in\mathbb{R},\ a+b+c+d=0\}$

11 $\mathrm{F}^n=\left\{\begin{bmatrix}a_1\\ \vdots\\ a_n\end{bmatrix}\middle|\ a_i\in\mathrm{F}\right\}$의 두 벡터 $\mathbf{x},\mathbf{y}$에 대해 $\mathbf{x}\circ\mathbf{y}$를

$$\mathbf{x}\circ\mathbf{y}=\mathbf{x}^{\mathrm{T}}\mathbf{y}$$

로 정의하자. 고정된 벡터 $\mathbf{a}\in\mathrm{F}^n$에 대해 다음 집합은 F^n의 부분공간임을 보여라.

$$U=\{\mathbf{x}\in\mathrm{F}^n\mid\mathbf{a}\circ\mathbf{x}=0\}$$

12 다음 $\mathbb{R}^3$의 두 부분공간에 대해 $U_1\cap U_2$를 구하라.

$$U_1=\{(x,y,z)\in\mathbb{R}^3\mid x+2y+3z=0\},\quad U_2=\{(x,y,z)\in\mathbb{R}^3\mid 2x+3y+4z=0\}$$

13 정리 4.1.4를 보여라.

14 다음 $\mathbb{R}^2$의 두 부분공간에 대해 $\mathbb{R}^2=U+W$를 보여라.

$$U=\{(x,0)\mid x\in\mathbb{R}\},\quad W=\{(y,y)\mid y\in\mathbb{R}\}$$

15 U, W가 벡터공간 V의 부분공간일 때 다음은 동치임을 보여라.

(1) $V = U + W$이고 $U \cap W = \{\mathbf{0}\}$이다.

(2) 임의의 $v \in V$에 대해 $v = u + w$인 $u \in U$, $w \in W$가 유일하게 존재한다.

4.2 일차결합과 생성

이 절에서는 벡터공간에서 주어진 벡터들에 대해 일차결합, 생성 그리고 일차독립 및 일차종속에 대해 알아본다.

정의

벡터공간 V에서 주어진 벡터 $v_1, \cdots, v_n$의 **일차결합**(linear combination)이란 적당한 스칼라 $a_1, \cdots, a_n \in \mathrm{F}$에 대해

$$a_1 v_1 + a_2 v_2 + \cdots + a_n v_n$$

으로 쓸 수 있는 벡터를 말한다. 또한 $v_1, \cdots, v_n$의 모든 일차결합들의 집합을

$$\langle v_1, \cdots, v_n \rangle$$

으로 나타낸다. 즉 $\langle v_1, \cdots, v_n \rangle = \{a_1 v_1 + \cdots + a_n v_n \mid a_i \in \mathrm{F}\}$이다.

|보기| $\mathbb{R}^3$의 두 벡터 $\mathbf{v}_1 = (1,0,0)$, $\mathbf{v}_2 = (0,1,0)$를 고려하자. 먼저 $\mathbf{v} = (1,2,0)$에 대해

$$(1,2,0) = (1,0,0) + 2(0,1,0)$$

이므로 $\mathbf{v} = \mathbf{v}_1 + 2\mathbf{v}_2$이다. 따라서 $\mathbf{v}$는 $\mathbf{v}_1, \mathbf{v}_2$의 일차결합이 되어 $\mathbf{v} \in \langle \mathbf{v}_1, \mathbf{v}_2 \rangle$이다. 다음으로 $\mathbf{w} = (1,2,3)$에 대해

$$(1,2,3) = a_1(1,0,0) + a_2(0,1,0)$$

인 $a_1, a_2 \in \mathbb{R}$는 존재하지 않는다. 따라서 $\mathbf{w}$는 $\mathbf{v}_1, \mathbf{v}_2$의 일차결합이 아니므로 $\mathbf{w} \notin \langle \mathbf{v}_1, \mathbf{v}_2 \rangle$이다.

정리 4.2.1 벡터공간 V의 고정된 벡터 $v_1,\cdots,v_n$에 대해 $\langle v_1,\cdots,v_n \rangle$은 $v_1,\cdots,v_n$을 포함하는 V의 가장 작은 부분공간이다.

증명 $u,v \in \langle v_1,\cdots,v_n \rangle$이고 $\alpha \in \mathbb{F}$라 하자. $u = a_1v_1 + \cdots + a_nv_n$, $v = b_1v_1 + \cdots + b_nv_n$으로 쓸 수 있으므로

$$\begin{aligned}\alpha u + v &= \alpha(a_1v_1 + \cdots + a_nv_n) + (b_1v_1 + \cdots + b_nv_n)\\ &= (\alpha b_1 + c_1)v_1 + \cdots + (\alpha b_n + c_n)v_n \in \langle v_1,\cdots,v_n \rangle\end{aligned}$$

이다. 따라서 정리 4.1.2에 의해 $\langle v_1,\cdots,v_n \rangle$은 V의 부분공간이다. 다음으로 W는 $v_1,\cdots,v_n$을 포함하는 V의 부분공간이라 하자. 그러면 모든 v_i에 대해

$$v_i = 0v_1 + \cdots + 0v_{i-1} + 1v_i + 0v_{i+1} + \cdots + 0v_n$$

이므로 $v_i \in \langle v_1,\cdots,v_n \rangle$이다. $\langle v_1,\cdots,v_n \rangle \subseteq W$를 보이기 위해 $v \in \langle v_1,\cdots,v_n \rangle$라 하면

$$v = c_1v_1 + \cdots + c_nv_n$$

으로 쓸 수 있는데 이는 W의 원소인 $v_1,\cdots,v_n$의 일차결합이다. 그러면 부분공간의 정의에 의해 $v \in W$이다. 따라서 $\langle v_1,\cdots,v_n \rangle$는 $v_1,\cdots,v_n$을 포함하는 V의 가장 작은 부분공간이다. ∎

정의

정리 4.2.1에서 V의 부분공간인 $\langle v_1,\cdots,v_n \rangle$을 $v_1,\cdots,v_n$으로 **생성된 부분공간**(subspace generated by $v_1,\cdots,v_n$)이라 한다. 특히

$$V = \langle v_1,\cdots,v_n \rangle$$

이면 $v_1,\cdots,v_n$은 V를 **생성한다**(generate)고 한다.

|보기| $\mathbb{R}^2$에서 $(a,b) \neq 0$로 생성된 부분공간 $\langle (a,b) \rangle$는 원점과 점 (a,b)를 지나는 직선이다.

|보기| $\mathbb{R}^3$에서 다음이 성립한다.

(1) $(1,0,0)$으로 생성된 부분공간은 x축인 $\{(a,0,0) \mid a \in \mathbb{R}\}$이다.

(2) $(1,0,0),(0,1,0)$으로 생성된 부분공간은 xy평면인 $\{(a,b,0) \mid a,b \in \mathbb{R}\}$이다.

(3) $(1,0,0),(0,1,0),(0,0,1)$으로 생성된 부분공간은 전체 공간인 $\mathbb{R}^3$이다. 즉 이 세 벡터는 $\mathbb{R}^3$를 생성한다.

벡터공간 V에서 주어진 벡터 $v_1,\cdots,v_n$이 V를 생성한다는 것은 $V=\langle v_1,\cdots,v_n\rangle$를 보이면 되는데 $(\supseteq)$는 분명하므로 $(\subseteq)$를 확인하면 된다. 즉 $v \in V$를 임의라 하여

$$v = a_1 v_1 + \cdots + a_n v_n$$

으로 쓸 수 있음을 보이면 된다.

예제 4.2.1_ 다음에 주어진 세 벡터는 $\mathbb{R}^3$를 생성하는가?

(1) $\mathbf{v}_1 = (1,1,1)$, $\mathbf{v}_2 = (1,1,0)$, $\mathbf{v}_3 = (1,0,0)$

(2) $\mathbf{v}_1 = (1,0,1)$, $\mathbf{v}_2 = (0,1,1)$, $\mathbf{v}_3 = (-1,1,0)$

풀이 (1) $(a,b,c) \in \mathbb{R}^3$에 대해 $(a,b,c) = x(1,1,1) + y(1,1,0) + z(1,0,0)$을 풀어보자. 그러면

$$(a,b,c) = (x+y+z, x+y, x)$$

이므로 $x+y+z=a$, $x+y=b$, $x=c$이다. 이때 $x=c$, $y=b-c$, $z=a-b$를 얻는다. 따라서 $\mathbf{v}_1,\mathbf{v}_2,\mathbf{v}_3$는 $\mathbb{R}^3$를 생성한다.

(2) $(a,b,c) \in \mathbb{R}^3$에 대해 $(a,b,c) = x(1,0,1) + y(0,1,1) + z(-1,1,0)$을 풀어보자. 그러면

$$(a,b,c) = (x-z, y+z, x+y)$$

이므로 $x-z=a$, $y+z=b$, $x+y=c$이다. 첫째와 둘째를 더하면 $x+y=a+b$이다. 그러면 셋째에 의해 $a+b=c$이다. 이 경우 $a+b \neq c$인 a,b,c를 택하면(예로 $a=b=0$, $c=1$) (a,b,c)는 $\mathbf{v}_1,\mathbf{v}_2,\mathbf{v}_3$의 일차결합이 아니다. 따라서 $\mathbf{v}_1,\mathbf{v}_2,\mathbf{v}_3$는 $\mathbb{R}^3$를 생성하지 않는다. ■

|보기| $\mathbb{F}_n[x]$에서 $n+1$개의 다항식 $1, x, x^2, \cdots, x^n$은 $\mathbb{F}_n[x]$를 생성한다.

|보기| $\mathrm{M}_{m,n}(\mathbb{F})$에서 (i,j)성분만 1이고 나머지 성분이 모두 0인 행렬을 E_{ij}로 나타내면 mn개의 행렬 $E_{11}, \cdots, E_{1n}, \cdots, E_{m1}, \cdots, E_{mn}$은 $\mathrm{M}_{m,n}(\mathbb{F})$를 생성한다.

|보기| $C[0,1]$에서 유한개의 함수는 $C[0,1]$을 생성하지 못한다.

벡터공간 V에 대해

$$V = \langle v_1, v_2, v_3, v_4 \rangle$$

라 하자. 만약 v_3가 v_1, v_2, v_4의 일차결합이면 다음 정리에 의해 $V = \langle v_1, v_2, v_4 \rangle$이다.

정리 4.2.2 V는 $v_1, \cdots, v_n$으로 생성된 벡터공간이라 하자. 만약 $v_1, \cdots, v_n$ 중에 한 벡터가 나머지 벡터의 일차결합이면 이 나머지 벡터도 V를 생성한다.

증명 편의상 그 한 벡터를 v_n이라 하면

$$v_n = b_1 v_1 + \cdots + b_{n-1} v_{n-1}$$

로 쓸 수 있다. $v \in V$를 임의라 하면 가정에 의해 $v = c_1 v_1 + \cdots + c_{n-1} v_{n-1} + c_n v_n$으로 쓸 수 있다. 그러면

$$\begin{aligned} v &= c_1 v_1 + \cdots + c_{n-1} v_{n-1} + c_n v_n \\ &= c_1 v_1 + \cdots + c_{n-1} v_{n-1} + c_n (b_1 v_1 + \cdots + b_{n-1} v_{n-1}) \\ &= (c_1 + c_n b_1) v_1 + \cdots + (c_{n-1} + c_n b_{n-1}) v_{n-1} \end{aligned}$$

이다. 따라서 v는 $v_1, \cdots, v_{n-1}$의 일차결합이므로 $v_1, \cdots, v_{n-1}$는 V를 생성한다. ■

|보기| $\mathbb{R}^3 = \langle (2,3,4), (6,9,12), (1,0,1), (0,2,-1), (4,1,7) \rangle$이다. 이를 최소화해 보자. 먼저 $(6,9,12) = 3(2,3,4)$이므로 정리 4.2.2에 의해

$$\mathbb{R}^3 = \langle (2,3,4), (1,0,1), (0,2,-1), (4,1,7) \rangle$$

이다. 또한 $(4,1,7) = (2,3,4) + 2(1,0,1) - (0,2,-1)$이므로 또 다시 정리 4.2.2에

의해

$$\mathbb{R}^3 = \langle (2,3,4), (1,0,1), (0,2,-1) \rangle$$

이다.

다음은 벡터공간 V에서 벡터들의 일차결합에 대한 특별한 정의이다.

정의

벡터공간 V에서 주어진 벡터 $v_1, v_2, \cdots, v_n$에 대해 벡터방정식

$$a_1v_1 + a_2v_2 + \cdots + a_nv_n = \mathbf{0}, \quad a_i \in \mathrm{F}$$

을 고려하면 이는 자명해

$$a_1 = a_2 = \cdots = a_n = 0$$

을 갖는다. 이때 벡터방정식이 자명해만을 가지면 $v_1, v_2, \cdots, v_n$을 **일차독립**(linearly independent)이라 한다. 그러나 자명해 이외의 해를 가지면 $v_1, v_2, \cdots, v_n$을 **일차종속**(linearly dependent)이라 한다.

즉 $v_1, \cdots, v_n$이 일차종속이면 $a_1v_1 + \cdots + a_nv_n = \mathbf{0}$을 만족하는 적어도 하나가 영이 아닌 $a_i \in \mathrm{F}$가 존재한다. 특히 $v_1, \cdots, v_n$ 중에 적어도 하나가 영벡터이면 $v_1, \cdots, v_n$은 일차종속이다(연습문제 5).

|보기| $\mathbb{R}^3$의 세 벡터 $(0,1,0), (1,1,0), (0,0,1)$에 대해

$$a(0,1,0) + b(1,1,0) + c(0,0,1) = (0,0,0)$$

으로 두면 $(b, a+b, c) = (0,0,0)$에서 $b=0$, $a+b=0$, $c=0$이다. 그러면 $a=b=c=0$이다. 따라서 세 벡터는 일차독립이다.

|보기| $\mathbb{R}^3$의 세 벡터 $(0,1,0), (1,1,0), (1,0,0)$에 대해

$$a(0,1,0) + b(1,1,0) + c(1,0,0) = (0,0,0)$$

으로 두면 $(b+c, a+b, 0) = (0,0,0)$에서 $b+c=0$, $a+b=0$이다. 이때 $b=-1$로

택하면 $a=c=1$이다. 따라서 세 벡터는 일차종속이다.

$\mathbb{R}^n$에서 주어진 벡터들의 일차독립성을 결정할 때 위 두 보기는 비교적 쉬운 계산으로 풀었다. 그러나 계산이 복잡한 경우에는 다음 예제와 같이 가우스-조르던 소거법을 사용하기도 한다.

예제 4.2.2_ $\mathbb{R}^4$에서 다음 벡터들에 대해 일차독립성을 결정하라.

(1) $(1,-2,3,2), (2,3,1,4), (4,5,-1,3)$

(2) $(1,2,3,-1), (5,6,4,3), (7,6,-1,9)$

풀이 (1) $x(1,-2,3,2)+y(2,3,1,4)+z(4,5,-1,3)=(0,0,0,0)$을 풀자. 이는

$$\begin{aligned} x+2y+4z&=0 \\ -2x+3y+5z&=0 \\ 3x+y-z&=0 \\ 2x+4y+3z&=0 \end{aligned}$$

을 풀면 된다. 첨가행렬은 $\begin{bmatrix} 1 & 2 & 4 & : & 0 \\ -2 & 3 & 5 & : & 0 \\ 3 & 1 & -1 & : & 0 \\ 2 & 4 & 3 & : & 0 \end{bmatrix}$이다. 이를 기약 행사다리꼴로 변형하면

$$\begin{bmatrix} 1 & 0 & 0 & : & 0 \\ 0 & 1 & 0 & : & 0 \\ 0 & 0 & 1 & : & 0 \\ 0 & 0 & 0 & : & 0 \end{bmatrix}$$

이고 이에 대응하는 연립방정식에서 $x=y=z=0$이다. 따라서 세 벡터는 일차독립이다.

(2) $x(1,2,3,-1)+y(5,6,4,3)+z(7,6,-1,9)=(0,0,0,0)$을 풀자. 이는

$$\begin{aligned} x+5y+7z&=0 \\ 2x+6y+6z&=0 \\ 3x+4y-z&=0 \\ -x+3y+9z&=0 \end{aligned}$$

을 풀면 된다. 첨가행렬은 $\begin{bmatrix} 1 & 2 & 4 & : & 0 \\ -2 & 3 & 5 & : & 0 \\ 3 & 1 & -1 & : & 0 \\ 2 & 4 & 3 & : & 0 \end{bmatrix}$이다. 이를 기약 행사다리꼴로 변형하면

$$\begin{bmatrix} 1 & 0 & -3 & : & 0 \\ 0 & 1 & 2 & : & 0 \\ 0 & 0 & 0 & : & 0 \\ 0 & 0 & 0 & : & 0 \end{bmatrix}$$

이고 이에 대응하는 연립방정식에서 $x-3z=0$, $y+2z=0$을 얻는다. 이때 $z=1$로 택하면 $x=3$, $y=-2$이다. 따라서 세 벡터는 일차종속이다. ▪

다음 정리는 F^n에서 주어진 n개의 벡터에 대해 일차독립성을 결정하는 유용한 결과이다.

정리 4.2.3 F^n에서 n개의 벡터

$$\mathbf{a}_1 = \begin{bmatrix} a_{11} \\ a_{21} \\ \vdots \\ a_{n1} \end{bmatrix}, \quad \mathbf{a}_2 = \begin{bmatrix} a_{12} \\ a_{22} \\ \vdots \\ a_{n2} \end{bmatrix}, \quad \cdots, \quad \mathbf{a}_n = \begin{bmatrix} a_{1n} \\ a_{2n} \\ \vdots \\ a_{nn} \end{bmatrix}$$

으로 이루어진 행렬을

$$A = \begin{bmatrix} a_{11} & a_{12} & \cdots & a_{1n} \\ a_{21} & a_{22} & \cdots & a_{2n} \\ \vdots & \vdots & & \vdots \\ a_{n1} & a_{n2} & \cdots & a_{nn} \end{bmatrix}$$

라 하면 $\mathbf{a}_1, \mathbf{a}_2, \cdots, \mathbf{a}_n$이 일차독립일 필요충분조건은 $|A| \neq 0$이다.

증명 $x_1\mathbf{a}_1 + x_2\mathbf{a}_2 + \cdots + x_n\mathbf{a}_n = \mathbf{0}$으로 두자. 이를 연립일차방정식으로 나타내면

$$\begin{aligned} a_{11}x_1 + a_{12}x_2 + \cdots + a_{1n}x_n &= 0 \\ a_{21}x_1 + a_{22}x_2 + \cdots + a_{2n}x_n &= 0 \\ &\vdots \\ a_{n1}x_1 + a_{n2}x_2 + \cdots + a_{nn}x_n &= 0 \end{aligned}$$

이다. 이를 행렬로 나타내면 $A\mathbf{x} = \mathbf{0}$이므로 $\mathbf{a}_1, \mathbf{a}_2, \cdots, \mathbf{a}_n$이 일차독립일 필요충분조건은 $\mathbf{x} = \mathbf{0}$뿐이다. 그런데 정리 2.3.4에 의해 $A\mathbf{x} = \mathbf{0}$의 해가 $\mathbf{x} = \mathbf{0}$뿐일 필요충분조건은 A는 가역이고 이는 또다시 정리 3.2.13에 의해 $|A|$

$\neq 0$과 필요충분조건이다. 결과적으로 $\mathbf{a}_1, \mathbf{a}_2, \cdots, \mathbf{a}_n$이 일차독립일 필요충분조건은 $|A| \neq 0$이다. ■

|참고| 위 정리에서 $\mathbb{F}^n$의 각 원소 $\mathbf{a}_i$는 열벡터로 나타냈지만 순서쌍 표현으로 해도 된다. 이때는 $\mathbb{F}^n$의 n개의 순서쌍을 행벡터로 간주하면 된다. 이유는 정리 3.2.5에 있다.

예제 4.2.3_ $\mathbb{R}^3$에서 다음 벡터들에 대해 일차독립성을 결정하라.

(1) $(1,1,5), (2,0,6), (1,2,7)$ (2) $(1,-1,1), (-2,0,2), (3,-2,0)$

풀이 (1) $\begin{vmatrix} 1 & 1 & 5 \\ 2 & 0 & 6 \\ 1 & 2 & 7 \end{vmatrix} = \begin{vmatrix} 1 & 1 & 5 \\ 0 & -2 & -4 \\ 0 & 1 & 2 \end{vmatrix} = \begin{vmatrix} -2 & -4 \\ 1 & 2 \end{vmatrix} = 0$이므로 정리 4.2.3에 의해 세 벡터는 일차종속이다.

(2) $\begin{vmatrix} 1 & -1 & 1 \\ -2 & 0 & 2 \\ 3 & -2 & 0 \end{vmatrix} = \begin{vmatrix} 1 & -1 & 1 \\ 0 & -2 & 4 \\ 0 & 1 & -3 \end{vmatrix} = \begin{vmatrix} -2 & 4 \\ 1 & -3 \end{vmatrix} = 2$이므로 정리 4.2.3에 의해 세 벡터는 일차독립이다. ■

예제 4.2.4_ $\mathbb{R}_2[x]$ 또는 $C(\mathbb{R})$에서 다음 함수들에 대해 일차독립성을 결정하라.

(1) $x,\ x^2+1,\ x^2-1$ (2) $x^2,\ x^2+1,\ x^2-1$ (3) $x,\ \sin x,\ e^x$

풀이 (1) $ax + b(x^2+1) + c(x^2-1) = \mathbf{0}$으로 두면

$$(b+c)x^2 + ax + (b-c) = \mathbf{0}$$

이다. 이는 x에 대한 항등식이므로 $b+c = a = b-c = 0$이다. 이를 풀면 $a = b = c = 0$이므로 세 함수는 일차독립이다.

(2) $ax^2 + b(x^2+1) + c(x^2-1) = \mathbf{0}$으로 두면

$$(a+b+c)x^2 + (b-c) = \mathbf{0}$$

이다. 이 항등식은 $a=-2,\ b=c=1$일 때 성립하므로 세 함수는 일차종속이다.

(3) $ax + b\sin x + ce^x = \mathbf{0}$으로 두자. 먼저 $x=0$을 대입하면 $ce^0 = 0$이므로 $c = 0$이고 $ax + b\sin x = \mathbf{0}$이다. 여기에 $x = \pi$를 대입하면 $a\pi = 0$이므로

$a=0$이고 $b\sin x=0$이다. 이때 $x=\pi/2$를 대입하면 $b=0$이다. 따라서 $a=b=c=0$이므로 세 함수는 일차독립이다. ■

$\mathbb{R}_n[x]$ 또는 $C(\mathbb{R})$에서 주어진 유한개의 함수들이 일차독립임을 보이는 유용한 방법이 있는데 이는 연습문제 14에 주어진다.

정리 4.2.4 $n \geq 2$일 때 벡터공간 V의 고정된 벡터 $v_1, \cdots, v_n$이 일차종속일 필요충분조건은 $v_1, \cdots, v_n$ 중에 적어도 하나는 나머지 벡터들의 일차결합이다.

증명 (⇒) $v_1, \cdots, v_n$이 일차종속이면 $a_1 v_1 + \cdots + a_n v_n = \mathbf{0}$을 만족하는 적어도 하나가 영이 아닌 $a_i \in \mathbb{F}$가 존재한다. 편의상 $a_n \neq 0$이라 하면

$$v_n = \left(-\frac{a_1}{a_n}\right)v_1 + \cdots + \left(-\frac{a_{n-1}}{a_n}\right)v_{n-1}$$

이므로 v_n은 $v_1, \cdots, v_{n-1}$의 일차결합이다.

(⇐) 편의상 가정에 의해 $v_n = b_1 v_1 + \cdots + b_{n-1} v_{n-1}$이라 하면

$$b_1 v_1 + \cdots + b_{n-1} v_{n-1} + (-1) v_n = \mathbf{0}$$

이다. 따라서 $v_1, \cdots, v_n$은 일차종속이다. ■

|보기| $\mathbb{R}^3$에서 세 벡터 $(1,1,5), (2,0,6), (1,2,7)$는 예제 4.2.3의 풀이에 의해 일차 종속이다. 이때 $(2,0,6)$은 $(1,1,5), (1,2,7)$의 일차결합으로

$$(2,0,6) = 4(1,1,5) - 2(1,2,7)$$

로 쓸 수 있다.

정리 4.2.5 벡터공간 V의 고정된 벡터 $v_1, \cdots, v_n$에 대해 다음이 성립한다.

(1) $v_1, \cdots, v_n$이 일차종속이면 여기에 몇 개의 벡터를 첨가해도 일차종속이다.

(2) $v_1, \cdots, v_n$이 일차독립이면 여기서 몇 개의 벡터를 제거해도 일차독립이다.

증명 (1) $v_1, \cdots, v_n$이 일차종속이면

$$b_1v_1 + \cdots + b_nv_n = 0$$

을 만족하는 적어도 하나가 영이 아닌 $b_i \in F$가 존재한다. 그러면 $v_1, \cdots, v_n$에 m개의 벡터 $v_{n+1}, \cdots, v_{n+m}$을 첨가해도

$$b_1v_1 + \cdots + b_nv_n + 0v_{n+1} + \cdots + 0v_{n+m} = 0$$

이다. 따라서 $v_1, \cdots, v_n, v_{n+1}, \cdots, v_{n+m}$도 일차종속이다.

(2) $v_1, \cdots, v_n$은 일차독립이고 여기서 몇 개의 벡터를 제거한 것들이 일차종속이라 하자. 이제 뺀 것들을 다시 첨가하면 (1)에 의해 $v_1, \cdots, v_n$은 일차종속이다. 이는 모순이므로 결과가 성립한다. ■

연습문제 4.2

1 다음 벡터공간에서 v를 v_1, v_2, v_3의 일차결합으로 나타내라.

(1) $\mathbb{R}^3$에서 $\mathbf{v} = (4, -1, 2)$; $\mathbf{v}_1 = (1,0,0)$, $\mathbf{v}_2 = (1,1,0)$, $\mathbf{v}_3 = (1,1,1)$

(2) $\mathbb{R}_2[x]$에서 $v = x^2 + 5x - 1$; $v_1 = x - 1$, $v_2 = 2x^2 + x - 1$, $v_3 = -3x^2 + 4$

2 다음 벡터공간에서 v를 v_1, v_2, v_3의 일차결합으로 나타내라.

(1) $\mathbb{R}^4$에서 $\mathbf{v} = (3, -8, 3, -4)$; $\mathbf{v}_1 = (1, -2, 3, 2)$, $\mathbf{v}_2 = (2, 3, 1, 4)$, $\mathbf{v}_3 = (4, 5, -1, 3)$

(2) $M_2(\mathbb{R})$에서 $v = \begin{bmatrix} -2 & 2 \\ 1 & 7 \end{bmatrix}$; $v_1 = \begin{bmatrix} 1 & 1 \\ 1 & 0 \end{bmatrix}$, $v_2 = \begin{bmatrix} 0 & 0 \\ 1 & 1 \end{bmatrix}$, $v_3 = \begin{bmatrix} 0 & 1 \\ 0 & 1 \end{bmatrix}$

3 다음에 주어진 세 벡터는 $\mathbb{R}^3$을 생성하는가?

(1) $\mathbf{v}_1 = (1,2,3)$, $\mathbf{v}_2 = (3, -1, 2)$, $\mathbf{v}_3 = (1, 0, 2)$

(2) $\mathbf{v}_1 = (1, 2, -1)$, $\mathbf{v}_2 = (3, -1, 2)$, $\mathbf{v}_3 = (1, -5, 4)$

4 네 행렬

$$A_1 = \begin{bmatrix} 1 & 0 \\ 0 & 0 \end{bmatrix}, \quad A_2 = \begin{bmatrix} 1 & 1 \\ 0 & 0 \end{bmatrix}, \quad A_3 = \begin{bmatrix} 1 & 1 \\ 1 & 0 \end{bmatrix}, \quad A_4 = \begin{bmatrix} 1 & 1 \\ 1 & 1 \end{bmatrix}$$

는 $\mathrm{M}_2(\mathbb{R})$를 생성함을 보여라.

5 벡터공간 V에서 벡터 $v_1,\cdots,v_n$이 적어도 하나의 영벡터를 포함하면 이들은 일차종속임을 보여라.

6 다음 벡터공간에서 주어진 벡터들의 일차독립성을 결정하라.

(1) $\mathbb{R}^3$에서 $\mathbf{v}_1=(2,1,3)$, $\mathbf{v}_2=(3,6,2)$, $\mathbf{v}_3=(2,9,-4)$

(2) $\mathbb{R}_2[x]$에서 $f_1(x)=-8$, $f_2(x)=2x+1$, $f_3(x)=3x^2+1$

7 다음 벡터공간에서 주어진 벡터들의 일차독립성을 결정하라.

(1) $\mathbb{R}^4$에서 $\mathbf{v}_1=(1,2,1,2)$, $\mathbf{v}_2=(2,3,1,0)$, $\mathbf{v}_3=(1,0,2,3)$, $\mathbf{v}_4=(2,1,2,1)$

(2) $\mathrm{M}_2(\mathbb{R})$에서 $A_1=\begin{bmatrix}1&0\\0&0\end{bmatrix}$, $A_2=\begin{bmatrix}1&1\\0&0\end{bmatrix}$, $A_3=\begin{bmatrix}1&1\\1&0\end{bmatrix}$, $A_4=\begin{bmatrix}1&1\\1&1\end{bmatrix}$

8 두 복소수 $1+i, -1+i$는 $\mathbb{R}$ 상에서는 일차독립이고 $\mathbb{C}$ 상에서는 일차종속임을 보여라.

9 $\mathbb{R}^2$에서 두 벡터 $\mathbf{v}_1=(a,b)$, $\mathbf{v}_2=(c,d)$가 일차독립일 필요충분조건은 $ad-bc\neq 0$임을 보여라.

10 벡터공간 V에서 v_1,v_2,v_3,v_4가 일차독립일 때 다음을 보여라.

(1) v_1+v_2, v_2+v_3, v_3+v_4는 일차독립이다.

(2) v_1+v_2, v_2+v_3, v_3+v_4, v_4+v_1은 일차종속이다.

11 벡터공간 V에서 $v_1,\cdots,v_n$ 중에 어떤 두 벡터가 비례하면 $v_1,\cdots,v_n$은 일차종속임을 보여라.

12 벡터공간 V에서 $u_1,\cdots,u_m, v_1,\cdots,v_r$이 일차독립이면

$$\langle u_1,\cdots,u_m\rangle \cap \langle v_1,\cdots,v_r\rangle = \{\mathbf{0}\}$$

을 보여라.

13 벡터공간 V에서 $v_1, \cdots, v_n$은 일차독립이고 $v_1, \cdots, v_n, w$가 일차종속이면

$$w \in \langle v_1, \cdots, v_n \rangle$$

을 보여라.

14 $f_1, f_2, \cdots, f_n \in C(\mathbb{R})$가 $n-1$번 미분가능함수이면 이들의 론스키안(Wronskian)을 행렬식

$$W(x) = \begin{vmatrix} f_1(x) & f_2(x) & \cdots & f_n(x) \\ f_1'(x) & f_2'(x) & \cdots & f_n'(x) \\ \vdots & \vdots & & \vdots \\ f_1^{(n-1)}(x) & f_2^{(n-1)}(x) & \cdots & f_n^{(n-1)}(x) \end{vmatrix}$$

로 정의한다. 단 $f_i^{(k)}(x)$는 $f_i(x)$를 k번 미분한 함수이다. 이때 $W(x)$가 영함수가 아니면 $f_1, f_2, \cdots, f_n$은 일차독립임을 보여라.

15 문제 14를 이용해서 다음에 주어진 함수들이 일차독립임을 보여라.

(1) x, x^2+1, x^2-1

(2) $1, e^x, e^{2x}$

(3) $x, \sin x, \cos x$

16 문제 14에서 역이 성립하지 않는 $f, g \in C(\mathbb{R})$의 예를 들어라. 즉 f, g는 일차독립이지만 이들의 론스키안

$$W(x) = \begin{vmatrix} f(x) & g(x) \\ f'(x) & g'(x) \end{vmatrix}$$

가 영함수가 되는 예를 들어라.

4.3 벡터공간의 기저와 차원

V가 벡터공간일 때 V를 생성하는 최소의 벡터들의 집합은 V의 다양한 특성을 살피는 데 결정적인 역할을 한다. 이 절에서는 이러한 집합을 구체적으로 결정하기 위해 벡터공간의 기저와 차원에 대해 알아보고 유한차원 벡터공간에서 부분공

간의 성질들을 살핀다.

정의

벡터공간 V의 부분집합 $B=\{v_1,\cdots,v_n\}$가 다음 두 조건을 모두 만족하면 B를 V의 기저(basis)라 한다.

(1) $v_1,\cdots,v_n$은 일차독립이다.

(2) $v_1,\cdots,v_n$은 V를 생성한다.

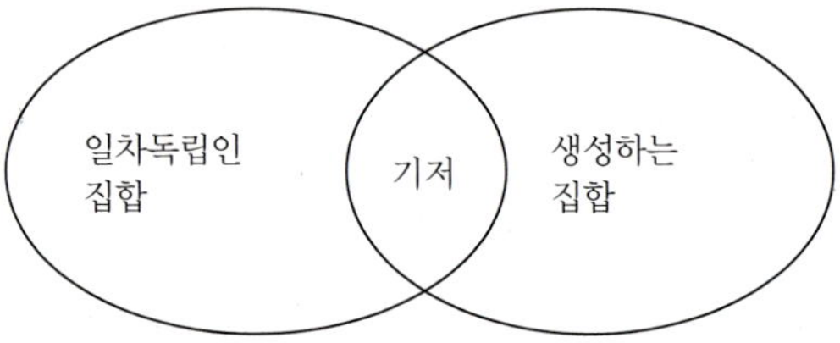

벡터공간에서 기저는 벡터들의 좌표에 밀접한 관계를 갖는다. 이는 6.2절에서 자세히 다룬다.

|주의| 위 기저의 정의에서 B는 V의 유한-부분집합으로 제한했지만 무한-부분집합일 때도 유사하게 정의된다.

|보기| F^n에서 i번째 성분만 1이고 나머지 성분은 모두 0인 벡터를 $\mathbf{e}_i$로 나타낸다. 구체적으로

$$\begin{aligned}\mathbf{e}_1 &= (1,0,0,\cdots,0),\\ \mathbf{e}_2 &= (0,1,0,\cdots,0),\\ &\vdots\\ \mathbf{e}_n &= (0,\cdots,0,0,1)\end{aligned}$$

이다. $B=\{\mathbf{e}_1,\mathbf{e}_2,\cdots,\mathbf{e}_n\}$가 F^n의 기저임을 살펴보자. 먼저

$$a_1\mathbf{e}_1+a_2\mathbf{e}_2+\cdots+a_n\mathbf{e}_n=\mathbf{0}$$

으로 두면 $(a_1,a_2,\cdots,a_n)=\mathbf{0}=(0,0,\cdots,0)$이므로 $a_1=a_2=\cdots=a_n=0$이다. 따라서 $\mathbf{e}_1,\mathbf{e}_2,\cdots,\mathbf{e}_n$은 일차독립이다. 다음으로 $\mathbf{v}=(a_1,a_2,\cdots,a_n)\in\mathrm{F}^n$이면

$$\mathbf{v} = a_1\mathbf{e}_1 + a_2\mathbf{e}_2 + \cdots + a_n\mathbf{e}_n$$

이므로 $\mathbf{e}_1, \mathbf{e}_2, \cdots, \mathbf{e}_n$은 F^n을 생성한다. 따라서 B는 F^n의 기저이다. 이때 B를 특별히 F^n의 **표준기저**(standard basis)라 한다.

예제 4.3.1_ 다음에 주어진 $B = \{\mathbf{v}_1, \mathbf{v}_2, \mathbf{v}_3\}$가 $\mathbb{R}^3$의 기저인지를 결정하라.

(1) $\mathbf{v}_1 = (1,1,1)$, $\mathbf{v}_2 = (1,1,0)$, $\mathbf{v}_3 = (1,0,0)$

(2) $\mathbf{v}_1 = (1,0,1)$, $\mathbf{v}_2 = (0,1,1)$, $\mathbf{v}_3 = (-1,1,0)$

풀이 (1)

$$\begin{vmatrix} 1 & 1 & 1 \\ 1 & 1 & 0 \\ 1 & 0 & 0 \end{vmatrix} = -\begin{vmatrix} 1 & 0 & 0 \\ 1 & 1 & 0 \\ 1 & 1 & 1 \end{vmatrix} = -1$$

이므로 정리 4.2.3에 의해 $\mathbf{v}_1, \mathbf{v}_2, \mathbf{v}_3$는 일차독립이다. 또한 예제 4.2.1의 풀이에서 세 벡터는 $\mathbb{R}^3$을 생성한다. 따라서 B는 $\mathbb{R}^3$의 기저이다.

(2)

$$\begin{vmatrix} 1 & 0 & 1 \\ 0 & 1 & 1 \\ -1 & 1 & 0 \end{vmatrix} = \begin{vmatrix} 1 & 0 & 1 \\ 0 & 1 & 1 \\ 0 & 1 & 1 \end{vmatrix} = 0$$

이므로 정리 4.2.3에 의해 $\mathbf{v}_1, \mathbf{v}_2, \mathbf{v}_3$는 일차종속이 되어 B는 $\mathbb{R}^3$의 기저가 아니다. ■

|보기| $\mathrm{F}_n[x]$에서 $B = \{1, x, \cdots, x^n\}$는 $\mathrm{F}_n[x]$의 기저임을 살펴보자. 먼저

$$a_0 + a_1x + \cdots + a_nx^n = 0$$

으로 두면 이 방정식은 모든 $x \in \mathrm{F}$에 대해 성립하므로 x에 대한 항등식이다. 따라서 $a_0 = a_1 = \cdots = a_n = 0$이 되어 $1, x, \cdots, x^n$은 일차독립이다. 다음으로 $f(x) \in \mathrm{F}_n[x]$이면

$$f(x) = b_0 + b_1x + \cdots + b_nx^n$$

형태이므로 $1, x, \cdots, x^n$은 $\mathrm{F}_n[x]$를 생성한다. 따라서 B는 $\mathrm{F}_n[x]$의 기저이다. 이때 B를 $\mathrm{F}_n[x]$의 **표준기저**라 한다.

예제 4.3.2_ $B = \{1, x-1, x^2-3x+2\}$는 $\mathbb{R}_2[x]$의 기저인지를 결정하라.

풀이 $a(1)+b(x-1)+c(x^2-3x+2)=0$으로 두면 다음과 같다.

$$cx^2+(b-3c)x+(a-b+2c)=0$$

이는 x에 대한 항등식이므로 $c=b-3c=a-b+2c=0$이다. 그러면 $a=b=c=0$이므로 주어진 세 벡터는 일차독립이다.

다음으로 $ax^2+bx+c\in\mathbb{R}_2[x]$라 하여

$$ax^2+bx+c=\alpha(1)+\beta(x-1)+\gamma(x^2-3x+2)$$

로 두자. 그러면 $ax^2+bx+c=\gamma x^2+(\beta-3\gamma)x+(\alpha-\beta+2\gamma)$에서

$$\gamma=a,\quad \beta-3\gamma=b,\quad \alpha-\beta+2\gamma=c$$

이다. 이를 풀면 $\alpha=a+b+c$, $\beta=3a+b$, $\gamma=a$이다. 즉 주어진 세 벡터는 $\mathbb{R}_2[x]$를 생성한다. 따라서 B는 $\mathbb{R}_2[x]$의 기저이다. ▪

|보기| $\mathrm{M}_{m,n}(\mathrm{F})$에서 (i,j)성분만 1이고 나머지 성분이 모두 0인 행렬을 E_{ij}로 나타내면 mn개의 행렬로 이루어진 집합

$$B=\{E_{ij}\mid i=1,\cdots,m,\ j=1,\cdots,n\}$$

는 $\mathrm{M}_{m,n}(\mathrm{F})$의 기저임을 쉽게 확인할 수 있다. 이때 B를 $\mathrm{M}_{m,n}(\mathrm{F})$의 **표준기저**라 한다. 물론 $\mathrm{M}_{m,n}(\mathrm{F})$는 표준기저 외에도 무수히 많은 기저를 갖는다. 예로

$$\left\{\begin{bmatrix}1&0\\0&0\end{bmatrix},\begin{bmatrix}1&1\\0&0\end{bmatrix},\begin{bmatrix}1&1\\1&0\end{bmatrix},\begin{bmatrix}1&1\\1&1\end{bmatrix}\right\}$$

은 $\mathrm{M}_2(\mathbb{R})$에서 표준이 아닌 기저이다.

정리 4.3.1 벡터공간 V의 고정된 벡터 $v_1,\cdots,v_n$에 대해 다음은 동치다.

(1) $B=\{v_1,\cdots,v_n\}$는 V의 기저이다.

(2) 모든 벡터 $v\in V$는 $v_1,\cdots,v_n$의 일차결합으로 유일하게 표현된다.

증명 (1)⇒(2) $v\in V$이면 B는 기저이므로 $v=a_1v_1+\cdots+a_nv_n$으로 쓸 수 있다. v의 또 다른 표현을 $v=b_1v_1+\cdots+b_nv_n$이라 하면 $a_1v_1+\cdots+$

$a_n v_n = b_1 v_1 + \cdots + b_n v_n$이므로

$$(a_1 - b_1)v_1 + \cdots + (a_n - b_n)v_n = \mathbf{0}$$

이다. 한편 $v_1, \cdots, v_n$은 일차독립이므로 $a_1 - b_1 = \cdots = a_n - b_n = 0$이 되어 $b_1 = a_1, \cdots, b_n = a_n$이다.

(2)⇒(1) 가정에 의해 $v_1, \cdots, v_n$이 V를 생성하는 것은 분명하다. $v_1, \cdots, v_n$이 일차독립임을 보이기 위해 $c_1 v_1 + \cdots + c_n v_n = \mathbf{0}$으로 두면

$$c_1 v_1 + \cdots + c_n v_n = \mathbf{0} = 0v_1 + \cdots + 0v_n$$

인데 표현의 유일성에 의해 $c_1 = \cdots = c_n = 0$이다. 즉 $v_1, \cdots, v_n$은 일차독립이 되어 B는 V의 기저이다. ■

보조정리 4.3.2 $\{v_1, \cdots, v_n\}$을 벡터공간 V의 기저라 하자. 만약 $w_1, \cdots, w_m \in V$이고 $m > n$이면 $w_1, \cdots, w_m$은 일차종속이다.

증명 $\{v_1, \cdots, v_n\}$은 기저이므로 $w_1, \cdots, w_m$을 각각

$$\begin{aligned} w_1 &= a_{11}v_1 + a_{21}v_2 + \cdots + a_{n1}v_n \\ w_2 &= a_{12}v_1 + a_{22}v_2 + \cdots + a_{n2}v_n \\ &\vdots \\ w_m &= a_{1m}v_1 + a_{2m}v_2 + \cdots + a_{nm}v_n \end{aligned}$$

으로 쓸 수 있다. 이제 $x_1 w_1 + x_2 w_2 + \cdots + x_m w_m = \mathbf{0}$으로 두면

$$\begin{aligned} &x_1(a_{11}v_1 + \cdots + a_{n1}v_n) + x_2(a_{12}v_1 + \cdots + a_{n2}v_n) + \cdots \\ &\quad + x_m(a_{1m}v_1 + \cdots + a_{nm}v_n) = \mathbf{0} \end{aligned}$$

이다. 이를 $v_1, \cdots, v_n$으로 묶어 나열하면

$$\begin{aligned} &(a_{11}x_1 + a_{12}x_2 + \cdots + a_{1m}x_m)v_1 + \cdots \\ &\quad + (a_{n1}x_1 + a_{n2}x_2 + \cdots + a_{nm}x_m)v_n = \mathbf{0} \end{aligned}$$

이다. 한편 $v_1, \cdots, v_n$은 일차독립이므로

$$a_{11}x_1 + a_{12}x_2 + \cdots + a_{1m}x_m = 0$$
$$\vdots$$
$$a_{n1}x_1 + a_{n2}x_2 + \cdots + a_{nm}x_m = 0$$

이다. 이들은 m개의 미지수를 갖는 n개의 일차방정식으로 이루어져 있다. 그런데 $m > n$이므로 따름정리 2.3.3에 의해 위 연립방정식은 자명해 이외의 해를 갖는다. 따라서 $w_1, \cdots, w_m$은 일차종속이다. ▩

정리 4.3.3 $\{v_1, \cdots, v_n\}$과 $\{w_1, \cdots, w_m\}$이 벡터공간 V의 기저이면 $m = n$이다.

증명 연습문제 4로 남긴다. ▩

위 정리에서 보듯, 벡터공간 V는 여러 개의 기저를 가질 수 있으나 그 원소들의 개수는 서로 같다. 이 사실로부터 다음을 정의한다.

정의

벡터공간 V가 n개의 벡터로 이루어진 어떤 기저를 가지면 n을 V의 **차원** (dimension)이라 하고 $\dim V = n$으로 나타낸다.

영공간인 $V = \{\mathbf{0}\}$의 기저는 공집합으로 간주하여 차원을 0으로 정의한다. 그리고 벡터공간 V의 기저가 무한개의 원소로 이루어지면 $\dim V = \infty$로 정의한다. 지금까지 다룬 벡터공간의 차원들에 대해 다음 결과를 얻는다.

(1) $\{\mathbf{e}_1, \mathbf{e}_2, \cdots, \mathbf{e}_n\}$은 F^n의 기저이므로 $\dim \mathrm{F}^n = n$이다.

(2) $\{E_{ij} \mid i = 1, \cdots, m, j = 1, \cdots, n\}$은 $\mathrm{M}_{m,n}(\mathrm{F})$의 기저이므로 $\dim \mathrm{M}_{m,n}(\mathrm{F}) = mn$이다.

(3) $\{1, x, \cdots, x^n\}$은 $\mathrm{F}_n[x]$의 기저이므로 $\dim \mathrm{F}_n[x] = n+1$이다.

(4) $\{1, x, x^2, \cdots\}$은 $\mathrm{F}[x]$의 기저이므로 $\dim \mathrm{F}[x] = \infty$이다.

정리 4.3.4 n차원 벡터공간 V의 n개의 벡터 $v_1, \cdots, v_n$에 대해 다음은 동치다.

(1) $\{v_1, \cdots, v_n\}$은 V의 기저이다.

(2) $v_1, \cdots, v_n$은 일차독립이다.

(3) $v_1, \cdots, v_n$은 V를 생성한다.

증명 (1)⇒(2) 기저의 정의에 의해 분명하다.

(2)⇒(3) $v_1,\cdots,v_n$은 일차독립이고 $v \in V$를 임의라 하면 보조정리 4.3.2에 의해 $v_1,\cdots,v_n,v$는 일차종속이다. 그러면 $a_1v_1+\cdots+a_nv_n+av=\mathbf{0}$을 만족하는 적어도 하나가 영이 아닌 $a_1,\cdots,a_n,a\in \mathrm{F}$가 존재한다. 그런데 $v_1,\cdots,v_n$는 일차독립이므로 $a=0$은 불가능하다. 즉 $a\neq 0$이므로

$$v=\left(-\frac{a_1}{a}\right)v_1+\cdots+\left(-\frac{a_n}{a}\right)v_n$$

이다. 따라서 $v_1,\cdots,v_n$은 V를 생성한다.

(3)⇒(1) $v_1,\cdots,v_n$은 V를 생성한다고 하자. 이제 $v_1,\cdots,v_n$이 일차독립임을 보이면 된다. 만약 $v_1,\cdots,v_n$이 일차종속이면 $b_1v_1+\cdots+b_nv_n=\mathbf{0}$을 만족하는 적어도 하나가 영이 아닌 $b_i\in\mathrm{F}$가 존재한다. 편의상 $b_n\neq 0$이라 하면

$$v_n=\left(-\frac{b_1}{b_n}\right)v_1+\cdots+\left(-\frac{b_{n-1}}{b_n}\right)v_{n-1}$$

이다. 즉 v_n은 $v_1,\cdots,v_{n-1}$의 일차결합이므로 정리 4.2.2에 의해 $v_1,\cdots,v_{n-1}$은 V를 생성한다. 먼저 $v_1,\cdots,v_{n-1}$이 일차독립이면

$$\{v_1,\cdots,v_{n-1}\}$$

은 V의 기저이므로 $\dim V=n-1$이 되어 모순이다. 다음으로 $v_1,\cdots,v_{n-1}$이 일차종속인 경우, 위 과정을 계속하면 $v_1,\cdots,v_k$는 V를 생성하고 $v_1,\cdots,v_k$는 일차독립이 되는 $k(<n-1)$가 존재한다. 그러면 $\{v_1,\cdots,v_k\}$는 V의 기저가 되어 $\dim V=k$이다. 이는 모순이다. 따라서 $v_1,\cdots,v_n$은 일차독립이다. ■

보조정리 4.3.5 n차원 벡터공간 V의 r개의 벡터 $v_1,\cdots,v_r$이 일차독립이고 $r<n$이면 $v_1,\cdots,v_r,w$도 일차독립이 되는 $w\in V$가 존재한다.

증명 연습문제 7로 남긴다. ■

정리 4.3.6 n차원 벡터공간 V의 r개의 벡터 $v_1, \cdots, v_r$이 일차독립이고 $r < n$이면

$$\{v_1, \cdots, v_r, v_{r+1}, \cdots, v_n\}$$

이 V의 기저가 되는 $n-r$개의 $v_{r+1}, \cdots, v_n \in V$이 존재한다.

증명 보조정리 4.3.5와 정리 4.3.4의 즉각적인 결과이다. ■

n차원 벡터공간 V에서 일차독립인 벡터 $v_1, \cdots, v_r$에 대해

$$W = \langle v_1, \cdots, v_r \rangle$$

이라 하자. 만약 $r < n$이고 $v \notin W$이면 $v_1, \cdots, v_r, v$는 일차독립이다(연습문제 8).

예제 4.3.3_ 일차독립인 두 벡터 $(1,0,1), (2,1,0)$을 포함하는 $\mathbb{R}^3$의 기저를 찾아라.

풀이 $(1,0,1), (2,1,0)$으로 생성된 부분공간은

$$W = \{x(1,0,1) + y(2,1,0) \mid x, y \in \mathbb{R}\} = \{(x+2y, y, x) \mid x, y \in \mathbb{R}\}$$

이다. 이제 W에 없는 벡터로 $(1,1,1)$을 택하면 세 벡터

$$(1,0,1), (2,1,0), (1,1,1)$$

은 일차독립이다. 따라서 정리 4.3.4에 의해 $\{(1,0,1), (2,1,0), (1,1,1)\}$은 $\mathbb{R}^3$의 기저이다. ■

정리 4.3.7 W가 n차원 벡터공간 V의 부분공간이면

$$\dim W \leqq n$$

이다. 특히 $\dim W = n$이면 $W = V$이다.

증명 $\dim W = r$이면 W는 기저 $\{w_1, \cdots, w_r\}$을 갖는다. 그러면 $w_1, \cdots, w_r$은 W에서 일차독립이므로 V에서도 일차독립이다. 만약 $r > n$이면 보조정리 4.3.2에 의해 $w_1, \cdots, w_r$은 일차종속인데 이는 모순이다. 따라서 $r \leq n$이므로 $\dim W \leqq n$이다. 특히 $\dim W = n$이면 W는 기저 $\{w_1, \cdots, w_n\}$을 가지

므로 $w_1,\cdots,w_n$은 W에서 일차독립이다. 그러면 $w_1,\cdots,w_n$은 V에서도 일차독립이다. 따라서 정리 4.3.4에 의해 $\{w_1,\cdots,w_n\}$는 V의 기저가 되어

$$W=\langle w_1,\cdots,w_n\rangle=V$$

이다. ■

정리 4.3.8 차원정리(Dimension theorem) U, W가 유한차원 벡터공간 V의 두 부분공간이면

$$\dim(U+W)=\dim U+\dim W-\dim(U\cap W)$$

이다.

증명 $\dim U=m$, $\dim W=n$, $\dim(U\cap W)=r$이고 $\{v_1,\cdots,v_r\}$을 $U\cap W$의 기저라 하자. 그러면 정리 4.3.6에 의해 U, W의 기저를 각각

$$E=\{v_1,\cdots,v_r,u_1,\cdots,u_{m-r}\},\qquad F=\{v_1,\cdots,v_r,w_1,\cdots,w_{n-r}\}$$

로 구성할 수 있다. 이제

$$B=\{v_1,\cdots,v_r,u_1,\cdots,u_{m-r},w_1,\cdots,w_{n-r}\}$$

가 $U+W$의 기저임을 보이면 된다. 그런데 $B=E\cup F$이므로 B의 모든 원소들이 $U+W$를 생성하는 것은 분명하다. 따라서 B의 모든 원소들이 일차독립임을 보이면 증명이 끝난다. 이를 위해

$$a_1v_1+\cdots+a_rv_r+b_1u_1+\cdots+b_{m-r}u_{m-r}+c_1w_1+\cdots+c_{n-r}w_{n-r}=0\quad(*)$$

으로 두면

$$a_1v_1+\cdots+a_rv_r+b_1u_1+\cdots+b_{m-r}u_{m-r}=-c_1w_1-\cdots-c_{n-r}w_{n-r}\in U\cap W$$

이다. 한편 $\{v_1,\cdots,v_r\}$은 $U\cap W$의 기저이므로

$$-c_1w_1-\cdots-c_{n-r}w_{n-r}=d_1v_1+\cdots+d_rv_r$$

로 쓸 수 있다. 그러면 $d_1v_1+\cdots+d_rv_r+c_1w_1+\cdots+c_{n-r}w_{n-r}=0$이다. 그

런데 F의 원소들은 일차독립이므로 $c_1 = \cdots = c_{n-r} = 0$이다. 이를 (*)에 대입하면

$$a_1 v_1 + \cdots + a_r v_r + b_1 u_1 + \cdots + b_{m-r} u_{m-r} = 0$$

이다. 또한 E의 원소들은 일차독립이므로 $a_1 = \cdots = a_r = b_1 = \cdots = b_{m-r} = 0$이다. 즉 (*)를 풀면 모든 벡터들의 계수는 0이므로 B의 모든 원소들은 일차독립이다. ■

예제 4.3.4_ $\mathbb{R}^4$의 두 부분공간

$$U = \{(a,b,c,d) \in \mathbb{R}^4 \mid b+c+d=0\},$$
$$W = \{(a,b,c,d) \in \mathbb{R}^4 \mid a+b=0,\ c=2d\}$$

에 대해 $U, W, U \cap W$의 기저와 차원을 구하라.

풀이 (1) $(a,b,c,d) \in U$이면 $b+c+d=0$이므로 $d=-b-c$가 되어

$$(a,b,c,d) = (a,b,c,-b-c) = a(1,0,0,0) + b(0,1,0,-1) + c(0,0,1,-1)$$

이다. 따라서 $\{(1,0,0,0), (0,1,0,-1), (0,0,1,-1)\}$은 U의 기저이고 $\dim U = 3$이다.

(2) $(a,b,c,d) \in W$이면 $a+b=0$, $c=2d$이므로 $b=-a$가 되어

$$(a,b,c,d) = (a,-a,2d,d) = a(1,-1,0,0) + d(0,0,2,1)$$

이다. 따라서 $\{(1,-1,0,0), (0,0,2,1)\}$은 W의 기저이고 $\dim W = 2$이다.

(3) $(a,b,c,d) \in U \cap W$이면 $b+c+d=0$, $a+b=0$, $c=2d$이다. 이를 연립하여 풀면 $a=3d$, $b=-3d$이다. 그러면

$$(a,b,c,d) = (3d,-3d,2d,d) = d(3,-3,2,1)$$

이다. 따라서 $\{(3,-3,2,1)\}$은 $U \cap W$의 기저이고 $\dim(U \cap W) = 1$이다. ■

정의

벡터공간 V의 부분공간 U, W에 대해 $V = U + W$라 하자. 만약 $U \cap W = \{0\}$이면 $U + W$를 $U \oplus W$로 나타내고 이를 U, W의 **직합**(direct sum)이

라 한다. 이때 U, W의 각각을 서로 다른 것의 **보공간**(complement space)이라 한다.

정리 4.3.9 U, W는 벡터공간 V의 부분공간이고 $V = U \oplus W$라 하자. 그러면 모든 벡터 $v \in V$에 대해 $v = u + w$인 $u \in U$, $w \in W$가 유일하게 존재한다.

증명 연습문제 14로 남긴다. ■

정리 4.3.10 U, W는 유한차원 벡터공간 V의 부분공간이고 $V = U + W$일 때

$$V = U \oplus W$$

일 필요충분조건은 $\dim V = \dim U + \dim W$이다.

증명 ($\Rightarrow$) $V = U \oplus W$이면 $U \cap W = \{0\}$이다. 한편 $\dim\{0\} = 0$이므로 차원정리에 의해 $\dim V = \dim(U + W) = \dim U + \dim W - \dim(U \cap W) = \dim U + \dim W$이다.

($\Leftarrow$) $\dim V = \dim U + \dim W$이면 차원정리에 의해 $U \cap W = \{0\}$이다. 그런데 $V = U + W$이므로 직합의 정의에 의해 $V = U \oplus W$이다. ■

정리 4.3.11 U가 유한차원 벡터공간 V의 부분공간이면 U의 보공간 U'이 적어도 하나 존재한다. 즉 $V = U \oplus U'$인 V의 부분공간 U'이 존재한다.

증명 $\dim V = n$, $\dim U = r$이고 $\{u_1, \cdots, u_r\}$을 U의 기저라 하면 정리 4.3.6에 의해

$$\{u_1, \cdots, u_r, u_{r+1}, \cdots, u_n\}$$

이 V의 기저가 되도록 $u_{r+1}, \cdots, u_n \in V$를 택할 수 있다. 이제 $U' = \langle u_{r+1}, \cdots, u_n \rangle$으로 두면 U'은 V의 부분공간이고

$$U + U' = \langle u_1, \cdots, u_m \rangle + \langle u_{r+1}, \cdots, u_n \rangle = \langle u_1, \cdots, u_r, u_{r+1}, \cdots, u_n \rangle = V$$

이다. 그런데

$$\dim V = n = r + (n-r) = \dim U + \dim U'$$

이므로 정리 4.3.10에 의해 $V = U \oplus U'$이다. ■

예제 4.3.5_ $\mathbb{R}^3$의 부분공간 $U = \langle (1,2,0), (0,1,1) \rangle$의 보공간 U'을 찾아라.

풀이 $\{(1,2,0), (0,1,1)\}$에 $(1,0,0)$ 또는 $(1,1,0)$을 첨가한 집합은 $\mathbb{R}^3$의 기저가 된다. 따라서

$$U' = \langle (1,0,0) \rangle \quad \text{또는} \quad U' = \langle (1,1,0) \rangle$$

으로 택할 수 있다. ■

$a_0, a_1, \cdots, a_n$은 서로 다른 실수라 하자. 3.3절에서 이들로 이루어진 $n+1$차 반데몬드행렬을 이용하여 xy-평면에서 $n+1$개의 점

$$(a_0, b_0), (a_1, b_1), \cdots, (a_n, b_n)$$

을 지나는 n차 다항식 $f(x)$를 구할 수 있음을 살폈다. 그러나 구체적으로 구하지는 않았다. 이제 정리 4.3.4를 이용해서 $f(x)$를 구하는 방법을 살펴보자.

F에서 서로 다른 $a_0, a_1, \cdots, a_n$이 주어질 때 $i = 0, 1, \cdots, n$에 대해 다항식 $f_i(x)$를

$$f_i(x) = \frac{(x-a_0)\cdots(x-a_{i-1})(x-a_{i+1})\cdots(x-a_n)}{(a_i-a_0)\cdots(a_i-a_{i-1})(a_i-a_{i+1})\cdots(a_i-a_n)} \in \mathrm{F}_n[x]$$

으로 정의하자. 이때 $f_i(x)$를 a_i에 대응하는 **라그랑즈다항식**(Lagrange polynomial)이라 한다. 특히 다음이 성립한다.

$$f_i(a_j) = \begin{cases} 1 & j = i \\ 0 & j \neq i \end{cases}$$

이제 $f_0(x), f_1(x), \cdots, f_n(x)$가 일차독립임을 살피기 위해

$$c_0 f_0(x) + c_1 f_1(x) + \cdots + c_i f_i(x) + \cdots + c_n f_n(x) = \mathbf{0}$$

으로 두자. 이 항등식에서 $x = a_i$를 대입하면

$$c_0 f_0(a_i) + c_1 f_1(a_i) + \cdots + c_i f_i(a_i) + \cdots + c_n f_n(a_i) = 0$$

인데 위 사실에 의해 $c_i=0$을 얻는다. 이는 모든 i에 대해 성립하므로 $c_0=c_1=\cdots=c_n=0$이다. 따라서 $f_0(x), f_1(x), \cdots, f_n(x)$는 일차독립이다. 한편 $\mathrm{F}_n[x]$의 차수는 $n+1$이므로 정리 4.3.4에 의해

$$\{f_0(x), f_1(x), \cdots, f_n(x)\}$$

는 $\mathrm{F}_n[x]$의 기저이다. 따라서 $\mathrm{F}_n[x]$의 임의의 다항식 $f(x)$는

$$f(x)=b_0 f_0(x)+b_1 f_1(x)+\cdots+b_n f_n(x)$$

로 유일하게 쓸 수 있다. 이와 같이 $\mathrm{F}_n[x]$의 다항식을 라그랑즈다항식들의 일차결합으로 나타내는 방법을 **라그랑즈보간법**(Lagrange interpolation)이라 한다.

정리 4.3.12 F^2에서 주어진 $n+1$개의 점 $(a_0, b_0), (a_1, b_1), \cdots, (a_n, b_n)$을 지나는 최소 차수의 유일한 다항식은

$$f(x)=b_0 f_0(x)+b_1 f_1(x)+\cdots+b_n f_n(x)$$

이다. 여기서 $a_0, a_1, \cdots, a_n$은 서로 다르고 $b_0, b_1, \cdots, b_n$은 서로 다를 필요는 없다. 또한 $f_0(x), f_1(x), \cdots, f_n(x)$는 각각 $a_0, a_1, \cdots, a_n$에 대응하는 라그랑즈다항식이다.

증명 $\{f_0(x), f_1(x), \cdots, f_n(x)\}$는 $\mathrm{F}_n[x]$의 기저이므로

$$f(x)=c_0 f_0(x)+c_1 f_1(x)+\cdots+c_n f_n(x)$$

로 유일하게 쓸 수 있다. 이 항등식에 $x=a_i$를 대입하면 $f(a_i)=c_i$이다. 그런데 가정에서 $f(x)$는 점 (a_i, b_i)를 지나므로 $f(a_i)=b_i$가 되어 $c_i=b_i$이다. 이는 모든 $i=0,1,\cdots,n$에 대해 성립하므로

$$f(x)=b_0 f_0(x)+b_1 f_1(x)+\cdots+b_n f_n(x)$$

이다. ■

예제 4.3.6_ 세 점

$$(1,8), (2,5), (3,-4)$$

를 지나는 $\mathbb{R}_2[x]$의 다항식 $f(x)$를 구하라.

풀이 정리 4.3.12에서

$$a_0 = 1,\ a_1 = 2,\ a_2 = 3, \qquad b_0 = 8,\ b_1 = 5,\ b_2 = -4$$

이다. 또한 a_0, a_1, a_2에 대응하는 라그랑즈다항식들은 각각

$$f_0(x) = \frac{(x-2)(x-3)}{(1-2)(1-3)} = \frac{1}{2}(x^2 - 5x + 6),$$
$$f_1(x) = \frac{(x-1)(x-3)}{(2-1)(2-3)} = -(x^2 - 4x + 3),$$
$$f_2(x) = \frac{(x-1)(x-2)}{(3-1)(3-2)} = \frac{1}{2}(x^2 - 3x + 2)$$

이다. 따라서 세 점을 지나는 다항식은

$$\begin{aligned} f(x) &= b_0 f_0(x) + b_1 f_1(x) + b_2 f_2(x) \\ &= 8 \cdot \frac{1}{2}(x^2 - 5x + 6) - 5(x^2 - 4x + 3) - 4 \cdot \frac{1}{2}(x^2 - 3x + 2) \\ &= -3x^2 + 6x + 5 \end{aligned}$$

이다. ■

연습문제 4.3

1 다음에 주어진 $B = \{\mathrm{v}_1, \mathrm{v}_2, \mathrm{v}_3\}$가 $\mathbb{R}^3$의 기저인지를 결정하라.

(1) $\mathrm{v}_1 = (1,5,4)$, $\mathrm{v}_2 = (2,4,9)$, $\mathrm{v}_3 = (0,-6,1)$

(2) $\mathrm{v}_1 = (1,2,5)$, $\mathrm{v}_2 = (2,3,6)$, $\mathrm{v}_3 = (2,1,4)$

2 다음에 주어진 $B = \{f_1, f_2, f_3\}$가 $\mathbb{R}_2[x]$의 기저인지를 결정하라.

(1) $f_1(x) = 3x$, $f_2(x) = 1 - x$, $f_3(x) = 2x^2$

(2) $f_1(x) = 3x$, $f_2(x) = 6 + 3x^2$, $f_3(x) = 2 - x + x^2$

3 다음에 주어진 $B=\{A_1,A_2,A_3,A_4\}$가 $\mathrm{M}_2(\mathbb{R})$의 기저인지를 결정하라.

(1) $A_1=\begin{bmatrix}1&1\\1&1\end{bmatrix},\ A_2=\begin{bmatrix}0&-1\\1&0\end{bmatrix},\ A_3=\begin{bmatrix}1&-1\\0&0\end{bmatrix},\ A_4=\begin{bmatrix}1&0\\0&0\end{bmatrix}$

(2) $A_1=\begin{bmatrix}1&1\\1&1\end{bmatrix},\ A_2=\begin{bmatrix}0&-1\\1&0\end{bmatrix},\ A_3=\begin{bmatrix}1&-1\\0&0\end{bmatrix},\ A_4=\begin{bmatrix}2&1\\0&1\end{bmatrix}$

4 정리 4.3.3을 보여라.

5 다음에 주어진 $\mathbb{R}^4$의 부분공간 U_i의 기저를 찾아 차원을 결정하라.

(1) $U_1=\{(a,b,c,d)\in\mathbb{R}^4 \mid c=a+b,\ d=a-b\}$

(2) $U_2=\{(a,b,c,d)\in\mathbb{R}^4 \mid 2a-b+3c=0\}$

6 다음에 주어진 U_i는 $\mathrm{M}_2(\mathbb{R})$의 부분공간임을 보이고 기저를 찾아 차원을 결정하라.

(1) $U_1=\left\{\begin{bmatrix}a&b\\b&c\end{bmatrix} \mid a,b,c\in\mathbb{R}\right\}$

(2) $U_2=\left\{\begin{bmatrix}a&b\\0&c\end{bmatrix} \mid a,b,c\in\mathbb{R}\right\}$

7 보조정리 4.3.5를 보여라.

8 n차원 벡터공간 V에서 일차독립인 벡터 $v_1,\cdots,v_r$에 대해

$$W=\langle v_1,\cdots,v_r\rangle$$

이라 하자. 만약 $r<n$이고 $v\notin W$이면 $v_1,\cdots,v_r,v$도 일차독립임을 보여라.

9 $\{v_1,v_2,v_3\}$가 3차원 벡터공간 V의 기저이면

$$\{v_1,\ v_1+v_2,\ v_1+v_2+v_3\}$$

도 V의 기저임을 보여라.

10 $\mathbb{R}^3$의 부분공간 $U(\neq\varnothing)$는 다음 중 하나임을 보여라.

원점을 지나는 직선, 원점을 지나는 평면, $\mathbb{R}^3$

11 벡터공간 V에서 일차독립인 벡터의 최대개수가 n이면 $\dim V = n$을 보여라.

12 U, W가 5차원 벡터공간 V의 두 3차원 부분공간이면 $U \cap W \neq \{\mathbf{0}\}$을 보여라.

13 $\mathbb{R}^5$의 다음 두 부분공간에 대해 $U, W, U \cap W$의 기저와 차원을 구하라.

$$U = \{(a,b,c,d,e) \in \mathbb{R}^5 \mid c = a - b,\ e = 2b + 3d\},$$
$$W = \{(a,b,c,d,e) \in \mathbb{R}^5 \mid a + b = 0,\ 2b - d = 0\}$$

14 정리 4.3.9를 보여라.

15 $\mathbb{R}^3$의 세 부분공간

$$U_{xy} = \{(x,y,0) \mid x,y \in \mathbb{R}\},$$
$$U_{yz} = \{(0,y,z) \mid y,z \in \mathbb{R}\},$$
$$U_z = \{(0,0,z) \mid z \in \mathbb{R}\}$$

에 대해 다음을 보여라.

(1) $\mathbb{R}^3 = U_{xy} + U_{yz}$이지만 $\mathbb{R}^3 \neq U_{xy} \oplus U_{yz}$

(2) $\mathbb{R}^3 = U_{xy} \oplus U_z$

16 (1) $(-2,-6), (-1,5), (1,3)$을 지나는 $\mathbb{R}_2[x]$의 다항식을 구하라.

(2) $(-2,3), (-1,-6), (1,0), (3,-2)$를 지나는 $\mathbb{R}_3[x]$의 다항식을 구하라.

17 (1) $(-4,35), (1,-10), (3,14)$를 지나는 $\mathbb{R}_2[x]$의 다항식을 구하라.

(2) $(-3,36), (-2,6), (0,12), (1,-24)$를 지나는 $\mathbb{R}_3[x]$의 다항식을 구하라.

18 $\mathbb{F}$에서 $a_0, a_1, \cdots, a_n$이 서로 다를 때 $\mathbb{F}_n[x]$의 다항식 $f(x)$가 모든 $i = 0, 1, \cdots, n$에 대해 $f(a_i) = 0$이면 $f(x)$는 영함수임을 보여라.

4.4 행렬의 행공간과 열공간

$A \in \mathrm{M}_{m,n}(\mathbb{F})$에 대해 각각의 행은 $\mathbb{F}^n$의 원소이고 각각의 열은 $\mathbb{F}^m$의 원소로

간주해서 다음을 정의한다. $\mathrm{M}_{m,n}(\mathrm{F})$의 행렬

$$A=\begin{bmatrix} a_{11} & a_{12} & \cdots & a_{1n} \\ a_{21} & a_{22} & \cdots & a_{2n} \\ \vdots & \vdots & & \vdots \\ a_{m1} & a_{m2} & \cdots & a_{mn} \end{bmatrix}$$

에 대해 A의 m개의 행들

$$\mathbf{r}_1=[a_{11}\,a_{12}\cdots a_{1n}],\quad \mathbf{r}_2=[a_{21}\,a_{22}\cdots a_{2n}],\quad \cdots,\quad \mathbf{r}_m=[a_{m1}\,a_{m2}\cdots a_{mn}]$$

으로 생성된 F^n의 부분공간 $\langle \mathbf{r}_1,\cdots,\mathbf{r}_m\rangle$을 A의 **행공간**(row space)이라 하고 $r(A)$로 나타내며 $r(A)$의 차원을 **행계수**(row rank)라 한다. 유사하게 A의 n개의 열들

$$\mathbf{c}_1=\begin{bmatrix} a_{11} \\ a_{21} \\ \vdots \\ a_{m1} \end{bmatrix},\quad \mathbf{c}_2=\begin{bmatrix} a_{12} \\ a_{22} \\ \vdots \\ a_{m2} \end{bmatrix},\quad \cdots,\quad \mathbf{c}_n=\begin{bmatrix} a_{1n} \\ a_{2n} \\ \vdots \\ a_{mn} \end{bmatrix}$$

으로 생성된 F^m의 부분공간 $\langle \mathbf{c}_1,\cdots,\mathbf{c}_n\rangle$을 A의 **열공간**(column space)이라 하고 $c(A)$로 나타내며 $c(A)$의 차원을 **열계수**(column rank)라 한다.

보조정리 4.4.1 $A\in\mathrm{M}_{m,n}(\mathrm{F})$에 대해 다음이 성립한다.

(1) A의 i행과 j행을 교환한 행렬을 B라 하면 $r(A)=r(B)$이다.

(2) A의 i행에 $\alpha\in\mathrm{F}^*$를 곱한 행렬을 B라 하면 $r(A)=r(B)$이다.

(3) A의 i행에 $\alpha\in\mathrm{F}$를 곱해 j행에 더한 행렬을 B라 하면 $r(A)=r(B)$이다.

증명 (1), (2)는 연습문제 1로 남기고 (3)을 보이자.

$$r(A)=\langle \mathbf{r}_1,\cdots,\mathbf{r}_i,\cdots,\mathbf{r}_j,\cdots,\mathbf{r}_m\rangle,\qquad r(B)=\langle \mathbf{r}_1,\cdots,\mathbf{r}_i,\cdots,\alpha\mathbf{r}_i+\mathbf{r}_j,\cdots,\mathbf{r}_m\rangle$$

이다. 만약 $\mathbf{v}\in r(A)$이면 $\mathbf{v}=a_1\mathbf{r}_1+\cdots+a_i\mathbf{r}_i+\cdots+a_j\mathbf{r}_j+\cdots+a_m\mathbf{r}_m$ 형태이다. 그러면

$$\mathbf{v}=a_1\mathbf{r}_1+\cdots+(a_i-\alpha a_j)\mathbf{r}_i+\cdots+a_j(\alpha\mathbf{r}_i+\mathbf{r}_j)+\cdots+a_m\mathbf{r}_m$$

이므로 $\mathbf{v}\in r(B)$이다. 역으로 $\mathbf{v}\in r(B)$이면

$$\mathbf{v} = b_1\mathbf{r}_1 + \cdots + b_i\mathbf{r}_i + \cdots + b_j(\alpha\mathbf{r}_i + \mathbf{r}_j) + \cdots + b_m\mathbf{r}_m$$

형태이다. 그러면

$$\mathbf{v} = b_1\mathbf{r}_1 + \cdots + (b_i + b_j\alpha)\mathbf{r}_i + \cdots + b_j\mathbf{r}_j + \cdots + b_m\mathbf{r}_m$$

이므로 $\mathbf{v} \in r(A)$이다. 따라서 $r(A) = r(B)$이다. ■

정리 4.4.2 $A, B \in \mathrm{M}_{m,n}(\mathrm{F})$가 행동치이면

$$r(A) = r(B)$$

이다. 특히 A의 기약 행사다리꼴이 C이면 $r(A) = r(C)$이고 C에서 영이 아닌 행들은 $r(A)$의 기저를 이룬다.

증명 보조정리 4.4.1의 즉각적인 결과이다. ■

위 정리에서 전치행렬을 이용하면 열동치인 $A, B \in \mathrm{M}_{m,n}(\mathrm{F})$에 대해

$$c(A) = c(B)$$

를 얻는다. 그런데 $c(A) = r(A^{\mathrm{T}})$이므로 $c(A)$의 기저는 $r(A^{\mathrm{T}})$에서 구하면 된다.

예제 4.4.1_ 다음 행렬의 행공간과 행계수, 그리고 열공간과 열계수를 구하라.

$$A = \begin{bmatrix} 1 & 1 & 2 & 1 \\ 1 & 0 & 1 & 2 \\ 2 & 1 & 3 & 4 \end{bmatrix}$$

풀이 (1) A의 기약 행사다리꼴을 구하면

$$\begin{bmatrix} 1 & 0 & 1 & 0 \\ 0 & 1 & 1 & 0 \\ 0 & 0 & 0 & 1 \end{bmatrix}$$

이다. 따라서 행공간은

$$r(A) = \langle [1\,0\,1\,0], [0\,1\,1\,0], [0\,0\,0\,1] \rangle$$

이다. 또한 $r(A)$의 원소들은 $r(A)$의 기저를 이루므로 행계수는 3이다.

(2) $A^{\mathrm{T}} = \begin{bmatrix} 1 & 1 & 2 \\ 1 & 0 & 1 \\ 2 & 1 & 3 \\ 1 & 2 & 4 \end{bmatrix}$의 기약 행사다리꼴을 구하면 $\begin{bmatrix} 1 & 0 & 0 \\ 0 & 1 & 0 \\ 0 & 0 & 1 \\ 0 & 0 & 0 \end{bmatrix}$이므로 열공간은

$$c(A) = \left\langle \begin{bmatrix} 1 \\ 0 \\ 0 \end{bmatrix}, \begin{bmatrix} 0 \\ 1 \\ 0 \end{bmatrix}, \begin{bmatrix} 0 \\ 0 \\ 1 \end{bmatrix} \right\rangle$$

이다. 또한 $c(A)$의 원소들은 $c(A)$의 기저를 이루므로 열계수는 3이다. ■

예제 4.4.2_ 다음 행렬의 행공간과 행계수, 그리고 열공간과 열계수를 구하라.

$$A = \begin{bmatrix} 2 & 1 & -1 & 1 \\ 1 & -1 & -2 & 5 \\ 5 & 1 & -4 & 7 \end{bmatrix}$$

풀이 (1) A의 기약 행사다리꼴을 구하면

$$\begin{bmatrix} 1 & 0 & -1 & 2 \\ 0 & 1 & 1 & -3 \\ 0 & 0 & 0 & 0 \end{bmatrix}$$

이다. 따라서 행공간은

$$r(A) = \langle [1\ 0\ -1\ 2], [0\ 1\ 1\ -3] \rangle$$

이다. 또한 $r(A)$의 원소들은 $r(A)$의 기저를 이루므로 행계수는 2이다.

(2) $A^{\mathrm{T}} = \begin{bmatrix} 2 & 1 & 5 \\ 1 & -1 & 1 \\ -1 & -2 & -4 \\ 1 & 5 & 7 \end{bmatrix}$의 기약 행사다리꼴을 구하면 $\begin{bmatrix} 1 & 0 & 2 \\ 0 & 1 & 1 \\ 0 & 0 & 0 \\ 0 & 0 & 0 \end{bmatrix}$이므로 열공간은

$$c(A) = \left\langle \begin{bmatrix} 1 \\ 0 \\ 2 \end{bmatrix}, \begin{bmatrix} 0 \\ 1 \\ 1 \end{bmatrix} \right\rangle$$

이다. 또한 $c(A)$의 원소들은 $c(A)$의 기저를 이루므로 열계수는 2이다. ■

F^n에서 벡터 $\mathbf{v}_1, \cdots, \mathbf{v}_r$로 생성된 부분공간 $W = \langle \mathbf{v}_1, \cdots, \mathbf{v}_r \rangle$에 대해 $\mathbf{v}_1, \cdots, \mathbf{v}_r$이 일차독립이면 $\{\mathbf{v}_1, \cdots, \mathbf{v}_r\}$은 W의 기저가 분명하므로

$$\dim W = r$$

이다. 그런데 일반적으로 $\mathbf{v}_1, \cdots, \mathbf{v}_r$은 일차독립이 아니다. 이때는 W의 기저와 차원을 쉽게 결정하지 못한다. 그러나 W의 원소들을 순서대로 행으로 나열한 $r \times n$ 행렬 A와 정리 4.4.2를 이용하면 W의 기저와 차원을 구할 수 있다. 다음 두 예제에서 이를 확인해보자.

예제 4.4.3_ 다음 $\mathbb{R}^3$의 부분공간의 기저와 차원을 구하라.

$$W = \langle (1,1,2), (2,3,4), (1,0,2), (1,-1,2) \rangle$$

풀이 W는

$$A = \begin{bmatrix} 1 & 1 & 2 \\ 2 & 3 & 4 \\ 1 & 0 & 2 \\ 1 & -1 & 2 \end{bmatrix}$$

의 행공간이다. 이를 기약 행사다리꼴로 변형하면

$$B = \begin{bmatrix} 1 & 0 & 2 \\ 0 & 1 & 0 \\ 0 & 0 & 0 \\ 0 & 0 & 0 \end{bmatrix}$$

이다. 따라서 $\{(1,0,2), (0,1,0)\}$는 W의 기저이고 $\dim W = 2$ 이다. ■

예제 4.4.4_ $\mathbb{R}^5$의 부분공간

$$W = \langle (1,-2,0,0,3), (2,-5,-3,-2,6), (0,5,15,10,0), (2,6,18,8,6) \rangle$$

의 기저와 차원을 구하라. 또한 W의 보공간 W'을 찾아라.

풀이 W는

$$A = \begin{bmatrix} 1 & -2 & 0 & 0 & 3 \\ 2 & -5 & -3 & -2 & 6 \\ 0 & 5 & 15 & 10 & 0 \\ 2 & 6 & 18 & 8 & 6 \end{bmatrix}$$

의 행공간이다. 이를 기약 행사다리꼴로 변형하면

$$\begin{bmatrix} 1 & 0 & 0 & -2 & 3 \\ 0 & 1 & 0 & -1 & 0 \\ 0 & 0 & 1 & 1 & 0 \\ 0 & 0 & 0 & 0 & 0 \end{bmatrix}$$

이다. 따라서

$$B = \{(1,0,0,-2,3),(0,1,0,-1,0),(0,0,1,1,0)\}$$

는 W의 기저이고 $\dim W = 3$이다. 또한 B의 원소들과 일차독립인 벡터로

$$(0,0,0,1,1),(0,0,0,0,1)$$

을 택하면 W의 보공간은 $W' = \langle(0,0,0,1,1),(0,0,0,0,1)\rangle$이다. ■

정리 4.4.3 임의의 $A \in \mathrm{M}_{m,n}(\mathrm{F})$에 대해

$$\dim r(A) = \dim c(A)$$

이다. 따라서 A의 행계수와 열계수는 같다.

증명 $\dim r(A) = r$이고 $\{\mathbf{b}_1,\cdots,\mathbf{b}_r\}$를 $r(A)$의 기저라 하자. 단 각 i에 대해 $\mathbf{b}_i = [b_{i1} \cdots b_{ij} \cdots b_{in}]$이다. 그러면

$$\begin{gathered}
[a_{11} \cdots\ a_{1j} \cdots\ a_{1n}] = c_{11}[b_{11} \cdots b_{1j} \cdots b_{1n}] + \cdots + c_{1r}[b_{r1} \cdots b_{rj} \cdots b_{rn}] \\
[a_{21} \cdots\ a_{2j} \cdots\ a_{2n}] = c_{21}[b_{11} \cdots b_{1j} \cdots b_{1n}] + \cdots + c_{2r}[b_{r1} \cdots b_{rj} \cdots b_{rn}] \\
\vdots \\
[a_{m1} \cdots a_{mj} \cdots a_{mn}] = c_{m1}[b_{11} \cdots b_{1j} \cdots b_{1n}] + \cdots + c_{mr}[b_{r1} \cdots b_{rj} \cdots b_{rn}]
\end{gathered}$$

으로 쓸 수 있다. 이제 A의 j열을 조사하면

$$\begin{gathered}
a_{1j} = c_{11}b_{1j} + \cdots + c_{1r}b_{rj} \\
a_{2j} = c_{21}b_{2j} + \cdots + c_{2r}b_{rj} \\
\vdots \\
a_{mj} = c_{m1}b_{1j} + \cdots + c_{mr}b_{rj}
\end{gathered}$$

이고 이들을 열벡터로 나타내면

$$\begin{bmatrix} a_{1j} \\ a_{2j} \\ \vdots \\ a_{mj} \end{bmatrix} = b_{1j} \begin{bmatrix} c_{11} \\ c_{21} \\ \vdots \\ c_{m1} \end{bmatrix} + \cdots + b_{rj} \begin{bmatrix} c_{1r} \\ c_{2r} \\ \vdots \\ c_{mr} \end{bmatrix}$$

이다. 즉 A의 모든 열은 고정된 r개 벡터의 일차결합이다. 그런데 $\dim r(A) = r$이므로

$$\dim c(A) \leqq \dim r(A)$$

이다. 또한 같은 논리를 A^T에 적용하면 $\dim c(A^T) \leqq \dim r(A^T)$가 되어

$$\dim r(A) \leqq \dim c(A)$$

이다. 따라서 두 부등식에 의해 $\dim r(A) = \dim c(A)$이다. ■

정의

정리 4.4.3에 의해 $A \in M_{m,n}(F)$의 행계수와 열계수는 같으므로 이들을 단순히 A의 **계수(rank)**라 하고 $\operatorname{rank} A$로 나타낸다. 그러면

$$\operatorname{rank} A = \dim r(A) = \dim c(A)$$

이다.

따름정리 4.4.4 임의의 $A \in M_{m,n}(F)$에 대해 다음이 성립한다.

$$\operatorname{rank} A^T = \operatorname{rank} A$$

증명 연습문제 8로 남긴다. ■

2장, 3장 그리고 4장의 여러 정리들을 결합하여 $A \in M_n(F)$가 가역일 필요충분조건들을 다음과 같이 종합할 수 있다.

정리 4.4.5 $A \in M_n(F)$에 대해 다음은 동치다.

(1) A는 가역이다.

(2) A의 기약 행사다리꼴은 I_n이다.

(3) A는 유한개 기본행렬의 곱이다.

(4) $A\mathbf{x}=\mathbf{0}$의 해는 $\mathbf{x}=\mathbf{0}$뿐이다.

(5) 모든 $\mathbf{b}\in F^n$에 대해 $A\mathbf{x}=\mathbf{b}$는 해를 갖는다.

(6) $|A|\neq 0$이다.

(7) A에서 n개의 행들은 일차독립이다.

(8) A에서 n개의 열들은 일차독립이다.

(9) $\text{rank}\,A=n$이다.

2.3절과 3.3절에서 연립일차방정식 $A\mathbf{x}=\mathbf{b}$를 푸는 여러 방법을 살폈다. 다음 정리는 행렬 A와 첨가행렬 $[A:\mathbf{b}]$의 계수를 이용해서 $A\mathbf{x}=\mathbf{b}$의 해가 존재하는지를 결정하게 해준다.

정리 4.4.6 $A\in M_{m,n}(F)$에 대해 연립일차방정식 $A\mathbf{x}=\mathbf{b}$의 해가 존재할 필요충분조건은 다음과 같다.

$$\text{rank}\,A=\text{rank}\,[A:\mathbf{b}]$$

증명 $A\mathbf{x}=\mathbf{b}$는

$$A\mathbf{x}=\begin{bmatrix} a_{11} & \cdots & a_{1n} \\ \vdots & & \vdots \\ a_{m1} & \cdots & a_{mn} \end{bmatrix}\begin{bmatrix} x_1 \\ \vdots \\ x_n \end{bmatrix}=x_1\begin{bmatrix} a_{11} \\ \vdots \\ a_{m1} \end{bmatrix}+\cdots+x_n\begin{bmatrix} a_{1n} \\ \vdots \\ a_{mn} \end{bmatrix}=\mathbf{b} \qquad (*)$$

로 표현된다.

($\Rightarrow$) $A\mathbf{x}=\mathbf{b}$의 해가 존재하면 $(*)$에 의해 $\mathbf{b}\in c(A)$이므로

$$c(A)=c([A:\mathbf{b}])$$

이다. 따라서 A와 $[A:\mathbf{b}]$의 열공간은 같으므로

$$\text{rank}\,A=\text{rank}\,[A:\mathbf{b}]$$

이다.

($\Leftarrow$) $\text{rank}\,A=\text{rank}\,[A:\mathbf{b}]$이면 $c(A)=c([A:\mathbf{b}])$가 되어 $\mathbf{b}\in c(A)$이다. 이는 $(*)$를 만족하는 $\mathbf{x}$가 존재함을 의미하므로 $A\mathbf{x}=\mathbf{b}$는 해를 갖는다. ■

예제 4.4.5_ 다음 연립일차방정식이 해를 갖는지를 결정하라.

$$\begin{aligned} -3x_1 + 7x_2 - x_3 + x_4 &= -3 \\ -x_1 + 2x_2 + 3x_3 - 2x_4 &= 4 \\ 2x_1 - 5x_2 + 4x_3 - 3x_4 &= 7 \\ -3x_1 + 6x_2 + 9x_3 - 6x_4 &= -1 \end{aligned}$$

풀이 연립방정식을 $A\mathbf{x} = \mathbf{b}$라 하자. 첨가행렬은

$$[A : \mathbf{b}] = \begin{bmatrix} -3 & 7 & -1 & 1 & : & -3 \\ -1 & 2 & 3 & -2 & : & 4 \\ 2 & -5 & 4 & -3 & : & 7 \\ -3 & 6 & 9 & -6 & : & -1 \end{bmatrix}$$

이고 이를 기약 행사다리꼴로 변형하면

$$\begin{bmatrix} 1 & 0 & -23 & 16 & : & 0 \\ 0 & 1 & -10 & 7 & : & 0 \\ 0 & 0 & 0 & 0 & : & 1 \\ 0 & 0 & 0 & 0 & : & 0 \end{bmatrix}$$

이다. 그러면 $\operatorname{rank} A = 2$인데

$$\operatorname{rank}[A : \mathbf{b}] = 3$$

이다. 따라서 정리 4.4.6에 의해 $A\mathbf{x} = \mathbf{b}$는 해를 갖지 않는다. ■

연습문제 4.4

1 보조정리 4.4.1에서 (1)과 (2)를 보여라.

2 $A, B \in \mathrm{M}_{m,n}(\mathrm{F})$가 열동치이면 $c(A) = c(B)$를 보여라.

3 행렬

$$A = \begin{bmatrix} 1 & 2 & 3 & 4 \\ 2 & 3 & 4 & 5 \\ 3 & 4 & 5 & 6 \end{bmatrix}$$

의 행공간과 행계수, 그리고 열공간과 열계수를 구하라.

4 행렬

$$A=\begin{bmatrix} 1 & -1 & 2 & -1 \\ -1 & 0 & -1 & 2 \\ 1 & -2 & 3 & 0 \\ 3 & 3 & 0 & -1 \\ 0 & -1 & 1 & 1 \end{bmatrix}$$

의 행공간의 기저와 행계수를 구하라.

5 문제 4의 행렬 A에서 열공간의 기저와 열계수를 구하라.

6 $\mathbb{R}^4$의 부분공간

$$W=\langle(1,3,2,2),(2,4,3,2),(1,9,5,8),(3,0,1,-3),(2,7,8,5)\rangle$$

의 기저와 차원을 구하라. 또한 W의 보공간 W'을 찾아라.

7 $\mathbb{R}^5$의 부분공간

$$W=\langle(1,-2,1,1,2),(-1,3,0,2,-2),(0,1,1,3,4),(1,2,5,13,5)\rangle$$

의 기저와 차원을 구하라. 또한 W의 보공간 W'을 찾아라.

8 따름정리 4.4.4를 보여라.

9 다음 행렬의 계수를 구하라.

$$A=\begin{bmatrix} 1 & 3 & -2 & 0 & 2 & 0 \\ 2 & 6 & -5 & -2 & 4 & -3 \\ 0 & 0 & 1 & 2 & 0 & 3 \\ 1 & 3 & 0 & 4 & 2 & 9 \\ 2 & 6 & -3 & 2 & 4 & 6 \end{bmatrix}$$

10 $A\in \mathrm{M}_{m,n}(\mathrm{F})$일 때 $m<n$이면 A에서 n개의 열들은 일차종속임을 보여라.

11 다음 연립일차방정식이 해를 갖는지를 결정하고 가지면 그 해를 구하라.

(1) $\begin{aligned} 4x_1 + 8x_2 + 28x_3 + 12x_4 &= 24 \\ 2x_1 + 3x_2 + 5x_3 + 2x_4 &= 4 \\ 7x_1 + 9x_2 + 4x_3 + x_4 &= 2 \end{aligned}$

(2) $\begin{aligned} 3x_1 - 3x_2 + 15x_3 &= 1 \\ 4x_1 - 2x_2 + x_3 &= 4 \\ 4x_1 + 3x_2 + 8x_3 &= 13 \end{aligned}$

12 $A \in \mathrm{M}_{m,n}(\mathrm{F})$와 두 가역행렬 $P \in \mathrm{M}_m(\mathrm{F})$, $Q \in \mathrm{M}_n(\mathrm{F})$에 대해

$$\mathrm{rank}(PAQ) = \mathrm{rank}\,A$$

를 보여라.

5장

EAR ALGEBRA LINEAR ALGEBRA

행렬의 대각화

LINEAR ALGEBRA LINEAR ALGEBR

5.1 행렬의 고윳값과 고유벡터

이 절에서는 정방행렬의 고윳값, 고유벡터, 고유방정식 그리고 고유공간에 대해 알아본다.

$\mathrm{M}_n(\mathrm{F})$에서 주대각성분은 $\lambda_1, \cdots, \lambda_n$이고 나머지 모든 성분들은 0인 행렬

$$D = \begin{bmatrix} \lambda_1 & 0 & \cdots & 0 \\ 0 & \lambda_2 & \cdots & 0 \\ \vdots & \vdots & & \vdots \\ 0 & 0 & \cdots & \lambda_n \end{bmatrix}$$

를 **대각행렬**(diagonal matrix)이라 하고 $D = \mathrm{diag}(\lambda_1, \cdots, \lambda_n)$으로 나타낸다.

정의

$A \in \mathrm{M}_n(\mathrm{F})$일 때 $P^{-1}AP$가 대각행렬이 되게 하는 가역행렬 $P \in \mathrm{M}_n(\mathrm{F})$가 존재하면 A는 **대각화가능**(diagonalizable)이라 한다. 만약 A가 대각화가능이 아니면 A는 **대각화불가능**(non-diagonalizable)이라 한다.

$A \in \mathrm{M}_n(\mathrm{F})$가 대각화가능이면 $k \geq 1$에 대해 A^k은 쉽게 계산된다. 이유는 다음과 같다. 먼저 적당한 가역행렬 P에 대해 $P^{-1}AP(=D)$는 대각행렬이므로 $A = PDP^{-1}$이다. 그러면

$$A^2 = (PDP^{-1})(PDP^{-1}) = PD(P^{-1}P)(DP^{-1}) = PDDP^{-1} = PD^2P^{-1}$$

이다. 이 과정을 계속해서 k번 시행하면 $A^k = PD^kP^{-1}$이다.

|보기| $P = \begin{bmatrix} 1 & 1 \\ 1 & 2 \end{bmatrix}$는 가역행렬이고 $P^{-1} = \begin{bmatrix} 2 & -1 \\ -1 & 1 \end{bmatrix}$이다. 이때 $A = \begin{bmatrix} 1 & 1 \\ -2 & 4 \end{bmatrix}$에 대해

$$P^{-1}AP = \begin{bmatrix} 2 & -1 \\ -1 & 1 \end{bmatrix}\begin{bmatrix} 1 & 1 \\ -2 & 4 \end{bmatrix}\begin{bmatrix} 1 & 1 \\ 1 & 2 \end{bmatrix} = \begin{bmatrix} 2 & 0 \\ 0 & 3 \end{bmatrix}$$

이므로 A는 대각화가능이다. A^{100}을 구해보자. $\begin{bmatrix} 2 & 0 \\ 0 & 3 \end{bmatrix} = D$라 하면 $P^{-1}AP = D$가 되어 $A = PDP^{-1}$이다. 따라서

$$
\begin{aligned}
A^{100} &= PD^{100}P^{-1} \\
&= \begin{bmatrix} 1 & 1 \\ 1 & 2 \end{bmatrix} \begin{bmatrix} 2 & 0 \\ 0 & 3 \end{bmatrix}^{100} \begin{bmatrix} 2 & -1 \\ -1 & 1 \end{bmatrix} \\
&= \begin{bmatrix} 1 & 1 \\ 1 & 2 \end{bmatrix} \begin{bmatrix} 2^{100} & 0 \\ 0 & 3^{100} \end{bmatrix} \begin{bmatrix} 2 & -1 \\ -1 & 1 \end{bmatrix} \\
&= \begin{bmatrix} 2^{101} - 3^{100} & -2^{100} + 3^{100} \\ 2^{101} - 2 \cdot 3^{100} & -2^{100} + 2 \cdot 3^{100} \end{bmatrix}
\end{aligned}
$$

$A \in \mathrm{M}_n(\mathrm{F})$가 대각화가능이면 위에서 살펴본 것 이외에도 다양한 응용가치가 있다. 그러나 A가 대각화가능일 때

$$P^{-1}AP = \mathrm{diag}(\lambda_1, \cdots, \lambda_n)$$

인 가역행렬 P와 대각행렬 $\mathrm{diag}(\lambda_1, \cdots, \lambda_n)$를 찾는 것은 쉬운 문제가 아니다. 이를 해결하는 데 결정적으로 사용되는 것이 A의 고윳값과 고유벡터이다. 물론 A의 고윳값과 고유벡터를 구하는 문제도 단순하지는 않다. 이제부터 이를 살펴보자.

다음의 연립일차방정식

$$
\begin{aligned}
a_{11}x_1 + a_{12}x_2 + \cdots + a_{1n}x_n &= \lambda x_1 \\
a_{21}x_1 + a_{22}x_2 + \cdots + a_{2n}x_n &= \lambda x_2 \\
&\vdots \\
a_{n1}x_1 + a_{n2}x_2 + \cdots + a_{nn}x_n &= \lambda x_n
\end{aligned}
$$

을 푸는 문제가 자주 발생한다. 이를 행렬로 나타내면 $A\mathbf{x} = \lambda\mathbf{x}$이다.

정의

$A \in \mathrm{M}_n(\mathrm{F})$, $\lambda \in \mathrm{F}$ 그리고 $\mathbf{x} \in \mathrm{F}^n$에 대해 다음을 고려하자.

$$A\mathbf{x} = \lambda\mathbf{x}, \quad \mathbf{x} \neq 0$$

만약 $\lambda, \mathbf{x}$가 위 방정식을 만족하면 λ는 A의 **고윳값**(eigenvalue)이라 한다. 또한 $\mathbf{x}$는 λ에 대응하는 A의 **고유벡터**(eigenvector) 또는 간단히 λ의 고유벡터라 한다.

위 정의에서 $A\mathbf{x} = \lambda\mathbf{x}$를

$$(\lambda I_n - A)\mathbf{x} = \mathbf{0} \quad \text{또는} \quad (A - \lambda I_n)\mathbf{x} = \mathbf{0}$$

으로 나타내면 편리하다.

|보기| $A = \begin{bmatrix} 7 & -4 \\ 5 & -2 \end{bmatrix}$에 대해

$$\begin{bmatrix} 7 & -4 \\ 5 & -2 \end{bmatrix}\begin{bmatrix} 1 \\ 1 \end{bmatrix} = 3\begin{bmatrix} 1 \\ 1 \end{bmatrix}$$

이므로 $\lambda = 3$은 A의 고윳값이다. 또한 $\mathbf{x} = \begin{bmatrix} 1 \\ 1 \end{bmatrix}$는 $\lambda = 3$의 고유벡터이다. 예제 5.1.1에서 살피겠지만 $\lambda = 2$도 A의 고윳값이다. 더욱이 $\lambda = 2, 3$만이 A의 모든 고윳값이다.

변수 t와 행렬 $A \in \mathrm{M}_n(\mathrm{F})$에 대해 행렬식

$$|tI_n - A| = \begin{vmatrix} t - a_{11} & -a_{12} & \cdots & -a_{1n} \\ -a_{21} & t - a_{22} & \cdots & -a_{2n} \\ \vdots & \vdots & \ddots & \vdots \\ -a_{n1} & -a_{n2} & \cdots & t - a_{nn} \end{vmatrix}$$

을 전개하면 t에 대한 n차 다항식이다. 이를 A의 **고유다항식**(eigen-polynomial) 또는 **특성다항식**(characteristic polynomial)이라 한다. 또한

$$|tI_n - A| = 0$$

을 A의 **고유방정식**(eigen-equation) 또는 **특성방정식**(characteristic equation)이라 한다.

정리 5.1.1 $\lambda \in \mathrm{F}$가 $A \in \mathrm{M}_n(\mathrm{F})$의 고윳값일 필요충분조건은 λ는 $|tI_n - A| = 0$의 해이다.

증명 고윳값의 정의와 정리 4.4.5에 의해

$$\begin{aligned} \lambda\text{는 } A\text{의 고윳값} &\Leftrightarrow A\mathbf{x} = \lambda\mathbf{x}\text{인 } \mathbf{x}(\neq \mathbf{0}) \in \mathrm{F}^n\text{가 존재한다.} \\ &\Leftrightarrow (\lambda I_n - A)\mathbf{x} = \mathbf{0}\text{인 } \mathbf{x}(\neq \mathbf{0}) \in \mathrm{F}^n\text{가 존재한다.} \\ &\Leftrightarrow \lambda I_n - A\text{는 비가역이다.} \end{aligned}$$

$$\Leftrightarrow\ |\lambda I_n - A| = 0\text{이다.}$$
$$\Leftrightarrow\ \lambda\text{는 } |tI_n - A| = 0\text{의 해이다.}$$
■

위 정리에서 알 수 있듯이 $\lambda \in \mathrm{F}$가 $A \in \mathrm{M}_n(\mathrm{F})$의 고윳값이면 λ는 n차 방정식

$$|tI_n - A| = 0$$

의 해이다. 따라서 A는 많아야 n개의 고윳값을 갖는다. 그러나 다음 정리는 A의 고윳값 λ에 대해 무수히 많은 고유벡터가 있음을 보여준다.

정리 5.1.2 $\lambda \in \mathrm{F}$는 $A \in \mathrm{M}_n(\mathrm{F})$의 고윳값이고 $\mathbf{x} \in \mathrm{F}^n$는 λ의 고유벡터라 하자. 그러면 모든 $\alpha \in \mathrm{F}^*$에 대해 $\alpha\mathbf{x}$도 λ의 고유벡터이다.

증명 가정에 의해 $A\mathbf{x} = \lambda\mathbf{x}$이므로

$$A(\alpha\mathbf{x}) = \alpha(A\mathbf{x}) = \alpha(\lambda\mathbf{x}) = \lambda(\alpha\mathbf{x})$$

이다. 그런데 $\alpha \neq 0$, $\mathbf{x} \neq \mathbf{0}$이므로 $\alpha\mathbf{x} \neq \mathbf{0}$이 되어 $\alpha\mathbf{x}$도 λ의 고유벡터이다. ■

정리 5.1.1은 $A \in \mathrm{M}_n(\mathrm{F})$의 고윳값과 고유벡터를 구하는 방법을 제공한다. 먼저 고유방정식 $|tI_n - A| = 0$을 풀어 모든 고윳값 $\lambda \in \mathrm{F}$를 구한다. 이제 각 고윳값 λ에 대해

$$(\lambda I_n - A)\mathbf{x} = \mathbf{0}$$

을 풀면 λ의 모든 고유벡터 $\mathbf{x}(\neq \mathbf{0}) \in \mathrm{F}^n$를 구할 수 있다.

예제 5.1.1_ $A = \begin{bmatrix} 7 & -4 \\ 5 & -2 \end{bmatrix}$의 모든 고윳값과 고유벡터를 구하라.

풀이 고유방정식

$$\begin{aligned} |tI_2 - A| &= \begin{vmatrix} t-7 & 4 \\ -5 & t+2 \end{vmatrix} = (t-7)(t+2) + 20 \\ &= t^2 - 5t + 6 = (t-2)(t-3) = 0 \end{aligned}$$

을 풀면 A의 모든 고윳값은 $\lambda = 2,3$이다. 먼저 $\lambda = 2$의 고유벡터를 구하기

위해

$$(2I_2 - A)\mathbf{x} = \mathbf{0}, \quad 즉 \begin{bmatrix} -5 & 4 \\ -5 & 4 \end{bmatrix}\begin{bmatrix} x \\ y \end{bmatrix} = \begin{bmatrix} 0 \\ 0 \end{bmatrix}$$

을 풀자. 대응하는 방정식은 모두 $-5x + 4y = 0$이므로 $4y = 5x$이다. 따라서 $x = 4r$로 두면 $y = 5r$이 되어

$$\begin{bmatrix} x \\ y \end{bmatrix} = \begin{bmatrix} 4r \\ 5r \end{bmatrix} = r\begin{bmatrix} 4 \\ 5 \end{bmatrix}, \quad r \neq 0$$

이 $\lambda = 2$의 모든 고유벡터이다. 유사하게 $\lambda = 3$의 모든 고유벡터는 다음이다.

$$\begin{bmatrix} x \\ y \end{bmatrix} = s\begin{bmatrix} 1 \\ 1 \end{bmatrix}, \quad s \neq 0$$

■

|주의| 5장에서 예로 제시하는 $A \in \mathrm{M}_n(\mathrm{F})$는 주로 실행렬이다. 그러면 $\mathbb{R}$ 에서 A의 고유방정식 $|tI_n - A| = 0$은 중복을 허락하여 n개의 고윳값을 갖지 않을 수도 있다. 이때는 A를 복소행렬로 다룬다. 그러면 $\mathbb{C}$ 에서 고유방정식은 중복을 허락하여 정확히 n개의 고윳값을 갖는다.

예제 5.1.2_ $A = \begin{bmatrix} 0 & 1 \\ -1 & 0 \end{bmatrix}$의 모든 고윳값과 고유벡터를 구하라.

풀이 고유방정식

$$|tI_2 - A| = \begin{vmatrix} t & -1 \\ 1 & t \end{vmatrix} = t^2 + 1 = 0$$

을 풀면 A의 모든 고윳값은 $\lambda = \pm i$이다. 먼저 $\lambda = i$의 고유벡터를 구하기 위해

$$(iI_2 - A)\mathbf{x} = \mathbf{0}, \quad 즉 \begin{bmatrix} i & -1 \\ 1 & i \end{bmatrix}\begin{bmatrix} x \\ y \end{bmatrix} = \begin{bmatrix} 0 \\ 0 \end{bmatrix}$$

을 풀자. 대응하는 방정식은 모두 $ix - y = 0$이므로 $y = ix$이다. 따라서 $x = r$로 두면 $y = ri$이므로

$$\begin{bmatrix} x \\ y \end{bmatrix} = \begin{bmatrix} r \\ ri \end{bmatrix} = r\begin{bmatrix} 1 \\ i \end{bmatrix}, \quad r \neq 0$$

이 $\lambda = i$의 모든 고유벡터이다. 유사하게 $\lambda = -i$의 모든 고유벡터는 다음이다.

$$\begin{bmatrix} x \\ y \end{bmatrix} = s\begin{bmatrix} 1 \\ -i \end{bmatrix}, \quad s \neq 0$$ ■

예제 5.1.3_ $A = \begin{bmatrix} 1 & 2 & 2 \\ 0 & 2 & 1 \\ -1 & 2 & 2 \end{bmatrix}$의 모든 고윳값과 고유벡터를 구하라.

풀이 고유방정식을 1열의 여인수전개로 구하면

$$\begin{aligned} |tI_3 - A| &= \begin{vmatrix} t-1 & -2 & -2 \\ 0 & t-2 & -1 \\ 1 & -2 & t-2 \end{vmatrix} \\ &= (t-1)\begin{vmatrix} t-2 & -1 \\ -2 & t-2 \end{vmatrix} + \begin{vmatrix} -2 & -2 \\ t-2 & -1 \end{vmatrix} \\ &= (t-1)[(t-2)^2 - 2] + [2 + 2(t-2)] \\ &= (t-1)[(t-2)^2 - 2] + 2(t-1) \\ &= (t-1)(t-2)^2 = 0 \end{aligned}$$

이다. 이를 풀면 A의 모든 고윳값은 $\lambda = 1, 2$이다. $\lambda = 1$의 고유벡터를 구하기 위해

$$(I_3 - A)\mathbf{x} = \mathbf{0}, \quad \text{즉} \quad \begin{bmatrix} 0 & -2 & -2 \\ 0 & -1 & -1 \\ 1 & -2 & -1 \end{bmatrix}\begin{bmatrix} x \\ y \\ z \end{bmatrix} = \begin{bmatrix} 0 \\ 0 \\ 0 \end{bmatrix}$$

을 풀자. 이를 방정식으로 나타내면 $y + z = 0$, $x - 2y - z = 0$이므로 $z = -y$, $x = y$이다. 따라서 $y = r$로 두면 $x = r$, $z = -r$이므로

$$\begin{bmatrix} x \\ y \\ z \end{bmatrix} = \begin{bmatrix} r \\ r \\ -r \end{bmatrix} = r\begin{bmatrix} 1 \\ 1 \\ -1 \end{bmatrix}, \quad r \neq 0$$

이 $\lambda = 1$의 모든 고유벡터이다. 유사하게 $\lambda = 2$의 모든 고유벡터는 다음이다.

$$\begin{bmatrix} x \\ y \\ z \end{bmatrix} = s\begin{bmatrix} 2 \\ 1 \\ 0 \end{bmatrix}, \quad s \neq 0$$ ■

예제 5.1.4_ $A=\begin{bmatrix}5&0&6\\3&2&6\\-2&0&-2\end{bmatrix}$의 모든 고윳값과 고유벡터를 구하라.

풀이 고유방정식을 2열의 여인수전개로 구하면

$$\begin{aligned}|tI_3-A| &= \begin{vmatrix}t-5&0&-6\\-3&t-2&-6\\2&0&t+2\end{vmatrix}=(t-2)\begin{vmatrix}t-5&-6\\2&t+2\end{vmatrix}\\&=(t-2)[(t-5)(t+2)+12]\\&=(t-2)(t^2-3t+2)\\&=(t-1)(t-2)^2=0\end{aligned}$$

이다. 이를 풀면 A의 모든 고윳값은 $\lambda=1,2$이다. 예제 5.1.3의 풀이와 유사하게 $\lambda=1$의 모든 고유벡터는

$$\begin{bmatrix}x\\y\\z\end{bmatrix}=r\begin{bmatrix}3\\3\\-2\end{bmatrix},\quad r\neq0$$

이다. $\lambda=2$의 고유벡터를 구하기 위해

$$(2I_3-A)\mathbf{x}=\mathbf{0},\quad 즉\quad \begin{bmatrix}-3&0&-6\\-3&0&-6\\2&0&4\end{bmatrix}\begin{bmatrix}x\\y\\z\end{bmatrix}=\begin{bmatrix}0\\0\\0\end{bmatrix}$$

을 풀자. 이를 방정식으로 나타내면 모두 $x+2z=0$이다. 따라서 $z=\alpha$, $y=\beta$로 두면 $x=-2\alpha$이므로

$$\begin{bmatrix}x\\y\\z\end{bmatrix}=\begin{bmatrix}-2\alpha\\\beta\\\alpha\end{bmatrix}=\alpha\begin{bmatrix}-2\\0\\1\end{bmatrix}+\beta\begin{bmatrix}0\\1\\0\end{bmatrix},\quad \alpha\neq0 \text{ 또는 } \beta\neq0$$

이 $\lambda=2$의 모든 고유벡터이다. ■

|비교| 예제 5.1.3과 5.1.4에 있는 두 행렬은 같은 고유다항식을 가져 고윳값들이 같지만 차이가 있다. 5.2절의 예제 5.2.3과 5.2.4에서 각각 보이는데 예제 5.1.3의 행렬은 대각화불가능이지만 예제 5.1.4의 행렬은 대각화가능이다.

3차 이상의 정방행렬 $A\in M_n(F)$의 고유벡터를 구할 때 가우스-조르던 소거법을 적용하면 편리한 경우도 있다. 다음 예제에서 살펴보자.

예제 5.1.5_ $A=\begin{bmatrix}1&2&2\\1&2&-1\\3&-3&0\end{bmatrix}$의 고윳값 $\lambda=-3$에 대한 모든 고유벡터를 구하라.

풀이 $\lambda=-3$의 고유벡터를 구하기 위해

$$(-3I_3-A)\mathbf{x}=\mathbf{0},\quad \text{즉}\quad \begin{bmatrix}-4&-2&-2\\-1&-5&1\\-3&3&-3\end{bmatrix}\begin{bmatrix}x\\y\\z\end{bmatrix}=\begin{bmatrix}0\\0\\0\end{bmatrix}$$

을 풀자. 이를 방정식으로 나타내면

$$\begin{cases}2x+y+z=0\\x+5y-z=0\\x-y+z=0\end{cases}$$

이다. 첨가행렬은 $\begin{bmatrix}2&1&1&:&0\\1&5&-1&:&0\\1&-1&1&:&0\end{bmatrix}$이고 이를 기약 행사다리꼴로 변형하면

$$\begin{bmatrix}1&0&\frac{2}{3}&:&0\\0&1&-\frac{1}{3}&:&0\\0&0&0&:&0\end{bmatrix}$$

이다. 이에 대응하는 연립방정식은 $x+\frac{2}{3}z=0,\ y-\frac{1}{3}z=0$이다. 따라서 $z=3s$라 두면 $x=-2s,\ y=s$이므로

$$\begin{bmatrix}x\\y\\z\end{bmatrix}=\begin{bmatrix}-2s\\s\\3s\end{bmatrix}=s\begin{bmatrix}-2\\1\\3\end{bmatrix},\quad s\neq 0$$

이 $\lambda=-3$의 모든 고유벡터이다. ■

정의

$A\in M_n(F)$의 고윳값 $\lambda\in F$에 대해

$$E(\lambda)=\{\mathbf{x}\in F^n \mid A\mathbf{x}=\lambda\mathbf{x}\}$$

를 (A에 대한) λ의 **고유공간(eigenspace)**이라 한다.

|주의| 정의에 의해 $E(\lambda)$는

$$(\lambda I_n - A)\mathbf{x} = \mathbf{0}$$

인 모든 $\mathbf{x} \in \mathrm{F}^n$의 집합이다. 따라서 $E(\lambda)$는 영벡터 $\mathbf{0} \in \mathrm{F}^n$을 포함한다. 그러나 고유벡터의 정의에 의해 $\mathbf{0}$은 λ의 고유벡터는 아니다.

정리 5.1.3 $\lambda \in \mathrm{F}$가 $A \in \mathrm{M}_n(\mathrm{F})$의 고윳값이면 λ의 고유공간 $E(\lambda)$는 F^n의 부분공간이다.

증명 연습문제 1로 남긴다. ■

|보기| 행렬

$$A = \begin{bmatrix} 7 & -4 \\ 5 & -2 \end{bmatrix}$$

의 모든 고윳값에 대한 고유공간을 구하기 위해 예제 5.1.1의 풀이를 참고하자. A의 모든 고윳값은 $\lambda = 2, 3$이다.

(1) $\lambda = 2$의 모든 고유벡터는 $\begin{bmatrix} x \\ y \end{bmatrix} = r\begin{bmatrix} 4 \\ 5 \end{bmatrix}$이므로 $E(2) = \left\langle \begin{bmatrix} 4 \\ 5 \end{bmatrix} \right\rangle$이다.

(2) $\lambda = 3$의 모든 고유벡터는 $\begin{bmatrix} x \\ y \end{bmatrix} = s\begin{bmatrix} 1 \\ 1 \end{bmatrix}$이므로 $E(3) = \left\langle \begin{bmatrix} 1 \\ 1 \end{bmatrix} \right\rangle$이다.

|보기| 다음 행렬의 모든 고윳값에 대한 고유공간을 구하기 위해 예제 5.1.2의 풀이를 참고하자.

$$A = \begin{bmatrix} 0 & 1 \\ -1 & 0 \end{bmatrix}$$

A의 모든 고윳값은 $\lambda = \pm i$이다.

(1) $\lambda = i$의 모든 고유벡터는 $\begin{bmatrix} x \\ y \end{bmatrix} = r\begin{bmatrix} 1 \\ i \end{bmatrix}$이므로 $E(i) = \left\langle \begin{bmatrix} 1 \\ i \end{bmatrix} \right\rangle$이다.

(2) $\lambda = -i$의 모든 고유벡터는 $\begin{bmatrix} x \\ y \end{bmatrix} = s\begin{bmatrix} 1 \\ -i \end{bmatrix}$이므로 $E(-i) = \left\langle \begin{bmatrix} 1 \\ -i \end{bmatrix} \right\rangle$이다.

|주의| 위 보기의 행렬을 $\mathbb{R}$에서 다루면 A는 고윳값이 없다. 따라서 $\mathbb{R}$에서 A의 고유공간도 없다.

|보기| 다음 행렬의 모든 고윳값에 대한 고유공간을 구하기 위해 예제 5.1.3의 풀이를 참고하자.

$$A=\begin{bmatrix} 1 & 2 & 2 \\ 0 & 2 & 1 \\ -1 & 2 & 2 \end{bmatrix}$$

A의 모든 고윳값은 $\lambda=1,2$이다.

(1) $\lambda=1$의 모든 고유벡터는 $\begin{bmatrix} x \\ y \\ z \end{bmatrix}=r\begin{bmatrix} 1 \\ 1 \\ -1 \end{bmatrix}$이므로 $E(1)=\left\langle \begin{bmatrix} 1 \\ 1 \\ -1 \end{bmatrix} \right\rangle$이다.

(2) $\lambda=2$의 모든 고유벡터는 $\begin{bmatrix} x \\ y \\ z \end{bmatrix}=s\begin{bmatrix} 2 \\ 1 \\ 0 \end{bmatrix}$이므로 $E(2)=\left\langle \begin{bmatrix} 2 \\ 1 \\ 0 \end{bmatrix} \right\rangle$이다.

|보기| 다음 행렬의 모든 고윳값에 대한 고유공간을 구하기 위해 예제 5.1.4의 풀이를 참고하자.

$$A=\begin{bmatrix} 5 & 0 & 6 \\ 3 & 2 & 6 \\ -2 & 0 & -2 \end{bmatrix}$$

A의 모든 고윳값은 $\lambda=1,2$이다.

(1) $\lambda=1$의 모든 고유벡터는 $\begin{bmatrix} x \\ y \\ z \end{bmatrix}=r\begin{bmatrix} 3 \\ 3 \\ -2 \end{bmatrix}$이므로 $E(1)=\left\langle \begin{bmatrix} 3 \\ 3 \\ -2 \end{bmatrix} \right\rangle$이다.

(2) $\lambda=2$의 모든 고유벡터는 $\begin{bmatrix} x \\ y \\ z \end{bmatrix}=\alpha\begin{bmatrix} -2 \\ 0 \\ 1 \end{bmatrix}+\beta\begin{bmatrix} 0 \\ 1 \\ 0 \end{bmatrix}$이므로 $E(2)=\left\langle \begin{bmatrix} -2 \\ 0 \\ 1 \end{bmatrix}, \begin{bmatrix} 0 \\ 1 \\ 0 \end{bmatrix} \right\rangle$

이다.

정의

$A,B\in \mathrm{M}_n(\mathrm{F})$에 대해 가역행렬 $P\in \mathrm{M}_n(\mathrm{F})$가 존재해서

$$B=P^{-1}AP$$

를 만족하면 A는 B와 **닮음**(similar)이라 하고 $A\sim B$로 나타낸다.

|보기| $P=\begin{bmatrix} 1 & 1 \\ 1 & 2 \end{bmatrix}$는 가역행렬이고

$$\begin{bmatrix}1&1\\1&2\end{bmatrix}^{-1}\begin{bmatrix}1&1\\-2&4\end{bmatrix}\begin{bmatrix}1&1\\1&2\end{bmatrix}=\begin{bmatrix}2&-1\\-1&1\end{bmatrix}\begin{bmatrix}1&1\\-2&4\end{bmatrix}\begin{bmatrix}1&1\\1&2\end{bmatrix}=\begin{bmatrix}2&0\\0&3\end{bmatrix}$$

이다. 따라서 $A=\begin{bmatrix}1&1\\-2&4\end{bmatrix}$는 $B=\begin{bmatrix}2&0\\0&3\end{bmatrix}$와 닮음이다.

정리 5.1.4 $\mathrm{M}_n(\mathrm{F})$에서 닮음은 동치관계이다. 즉 임의의 $A, B, C\in\mathrm{M}_n(\mathrm{F})$에 대해 다음이 성립한다.

(1) $A\sim A$이다.

(2) $A\sim B$이면 $B\sim A$이다.

(3) $A\sim B$이고 $B\sim C$이면 $A\sim C$이다.

증명 연습문제 5로 남긴다. ■

위 정리의 (2)에 의해 $A, B\in\mathrm{M}_n(\mathrm{F})$일 때

$$B=P^{-1}AP \quad \text{또는} \quad A=P^{-1}BP$$

인 가역행렬 P가 존재하면 A, B는 **닮음**이라 할 수 있다.

정리 5.1.5 $A, B\in\mathrm{M}_n(\mathrm{F})$가 닮은 행렬이면 이들의 고유다항식은 같다. 따라서 A, B는 중복을 허락해서 같은 고윳값을 갖는다.

증명 A, B는 닮음이므로 $B=P^{-1}AP$인 가역행렬 P가 존재한다. 그러면 행렬식의 성질에 의해

$$\begin{aligned}|tI_n-B|&=|tI_n-P^{-1}AP|=|P^{-1}(tI_n)P-P^{-1}AP|\\&=|P^{-1}(tI_n-A)P|=|P^{-1}||tI_n-A||P|\\&=|P|^{-1}|tI_n-A||P|=|tI_n-A|\end{aligned}$$

이다. 따라서 A, B의 고유다항식은 같다. ■

정의

$A=[a_{ij}]\in\mathrm{M}_n(\mathrm{F})$의 **주대각합**(trace)은 $\mathrm{tr}A$로 나타내고

$$\mathrm{tr}A = a_{11} + a_{22} + \cdots + a_{nn}$$

으로 정의한다.

정리 5.1.6 $A, B \in \mathrm{M}_n(\mathrm{F})$와 $\alpha \in \mathrm{F}$에 대해 다음이 성립한다.

(1) $\mathrm{tr}A^{\mathrm{T}} = \mathrm{tr}A$

(2) $\mathrm{tr}(A+B) = \mathrm{tr}A + \mathrm{tr}B$

(3) $\mathrm{tr}\alpha A = \alpha \mathrm{tr}A$

(4) $\mathrm{tr}AB = \mathrm{tr}BA$

증명 (1), (2), (3)은 주대각합의 정의에 의한다. (4)는 연습문제 7로 남긴다. ■

정리 5.1.7 $A \in \mathrm{M}_n(\mathrm{F})$의 고유다항식이

$$|tI_n - A| = t^n + c_{n-1}t^{n-1} + \cdots + c_1 t + c_0$$

이면 다음이 성립한다.

(1) $|A| = (-1)^n c_0$

(2) $\mathrm{tr}A = -c_{n-1}$

증명 (1) $|tI_n - A| = t^n + c_{n-1}t^{n-1} + \cdots + c_1 t + c_0$에서 $t=0$을 대입하면 $|-A| = c_0$이다. 그런데 $|-A| = (-1)^n|A|$이므로 $(-1)^n|A| = c_0$가 되어 $|A| = (-1)^n c_0$이다.

(2) A의 고유다항식은

$$|tI_n - A| = \begin{vmatrix} t-a_{11} & -a_{12} & \cdots & -a_{1n} \\ -a_{21} & t-a_{22} & \cdots & -a_{2n} \\ \vdots & \vdots & \ddots & \vdots \\ -a_{n1} & -a_{n2} & \cdots & t-a_{nn} \end{vmatrix}$$

이다. 이를 1행의 전개식으로 구하면 t^{n-1}항은

$$(t-a_{11})(t-a_{22})\cdots(t-a_{nn})$$

의 전개에서만 얻을 수 있고 t^{n-1}의 계수는

$$-(a_{11} + a_{22} + \cdots + a_{nn}) = -\mathrm{tr}A$$

이다. 그런데 $|tI_n - A|$에서 t^{n-1}의 원래 계수는 c_{n-1}이므로 $c_{n-1} = -\mathrm{tr}A$가 되어 $\mathrm{tr}A = -c_{n-1}$이다. ■

다음 정리는 $A \in \mathrm{M}_n(\mathrm{F})$의 행렬식이 A의 모든 n개 고윳값의 곱임을 보여준다. 이는 주의해서 접근해야 하는데 이에 앞서 다음 두 보기를 살펴보자.

|보기| 행렬

$$A = \begin{bmatrix} 1 & 2 & 2 \\ 0 & 2 & 1 \\ -1 & 2 & 2 \end{bmatrix}$$

의 행렬식은 $|A| = 4$이고 고유방정식은

$$|tI_3 - A| = (t-1)(t-2)^2 = 0$$

이다. 따라서 A의 모든 고윳값은 $\lambda = 1, 2, 2$이고 이를 모두 곱하면 A의 행렬식이다.

|보기| 행렬

$$B = \begin{bmatrix} 1 & 1 & -1 \\ 0 & 1 & 0 \\ 1 & 0 & 1 \end{bmatrix}$$

의 행렬식은 $|B| = 2$이고 고유방정식은

$$|tI_3 - B| = (t-1)(t^2 - 2t + 2) = 0$$

이다. 따라서 B의 모든 고윳값은

$$\lambda = 1, 1+i, 1-i$$

이다. 따라서 $\mathbb{R}$에서 B는 오직 한 개의 고윳값을 갖지만 $\mathbb{C}$에서는 세 개의 고윳값을 갖는다. 이때 이를 모두 곱하면 B의 행렬식이다.

정리 5.1.8 $A \in \mathrm{M}_n(\mathrm{F})$가 $\mathbb{C}$에서 중복을 허락해서 n개의 고윳값 $\lambda_1, \lambda_2, \cdots, \lambda_n$을 가지면 다음이 성립한다.

(1) $|A| = \lambda_1 \lambda_2 \cdots \lambda_n$　　(2) $\mathrm{tr}A = \lambda_1 + \lambda_2 + \cdots + \lambda_n$

증명 연습문제 10으로 남긴다. ■

정리 5.1.9 $\lambda \in \mathrm{F}$가 $A \in \mathrm{M}_n(\mathrm{F})$의 고윳값이면 다음이 성립한다.

(1) 모든 자연수 k에 대해 λ^k은 A^k의 고윳값이다.

(2) A가 가역이면 $\lambda \neq 0$이고 λ^{-1}는 A^{-1}의 고윳값이다.

증명 λ는 A의 고윳값이므로 $A\mathbf{x} = \lambda\mathbf{x}$인 $\mathbf{x}(\neq \mathbf{0}) \in \mathrm{F}^n$가 존재한다.

(1)
$$A^2\mathbf{x} = A(A\mathbf{x}) = A(\lambda\mathbf{x}) = \lambda(A\mathbf{x}) = \lambda(\lambda\mathbf{x}) = \lambda^2\mathbf{x}$$

이므로 λ^2은 A^2의 고윳값이다. λ^{k-1}이 A^{k-1}의 고윳값이라 하자. 그러면

$$A^k\mathbf{x} = A(A^{k-1}\mathbf{x}) = A(\lambda^{k-1}\mathbf{x}) = \lambda^{k-1}(A\mathbf{x}) = \lambda^{k-1}(\lambda\mathbf{x}) = \lambda^k\mathbf{x}$$

이므로 λ^k은 A^k의 고윳값이다. 따라서 귀납법에 의해 결과가 성립한다.

(2) A는 가역이므로 정리 5.1.8(1)에 의해 $\lambda \neq 0$은 분명하다. 이제 $A\mathbf{x} = \lambda\mathbf{x}$의 양변에 A^{-1}를 곱하면

$$\mathbf{x} = \lambda A^{-1}\mathbf{x}$$

이다. 즉 $A^{-1}\mathbf{x} = \lambda^{-1}\mathbf{x}$이다. 따라서 λ^{-1}는 A^{-1}의 고윳값이다. ■

연습문제 5.1

1 $A \in \mathrm{M}_n(\mathrm{F})$의 고윳값 $\lambda \in \mathrm{F}$에 대해 고유공간 $E(\lambda)$는 F^n의 부분공간임을 보여라.

2 다음 행렬의 모든 고윳값과 고유공간을 구하라.

(1) $A = \begin{bmatrix} 1 & 4 \\ 1 & 1 \end{bmatrix}$ (2) $B = \begin{bmatrix} -1 & 0 & 0 \\ 0 & 0 & -1 \\ 1 & 1 & 0 \end{bmatrix}$

3 다음 행렬의 모든 고윳값과 고유공간을 구하라.

(1) $A=\begin{bmatrix} 1 & 2 \\ -2 & 1 \end{bmatrix}$ (2) $B=\begin{bmatrix} 2 & 1 & 1 \\ 2 & 1 & -2 \\ -1 & 0 & -2 \end{bmatrix}$

4 (1) $\mathrm{M}_n(\mathrm{F})$에서 영행렬 O과 닮은 행렬을 모두 찾아라.

(2) $\mathrm{M}_n(\mathrm{F})$에서 항등행렬 I_n과 닮은 행렬을 모두 찾아라.

5 정리 5.1.4를 보여라.

6 $A, B \in \mathrm{M}_n(\mathrm{F})$에서 적어도 하나가 가역이면 AB와 BA는 중복을 허락해서 같은 고윳값을 가짐을 보여라.

7 $A, B \in \mathrm{M}_n(\mathrm{F})$에 대해 $\mathrm{tr}AB = \mathrm{tr}BA$를 보여라.

8 정리 5.1.7을 이용해서 다음 행렬의 행렬식과 주대각합을 구하라.

$$A=\begin{bmatrix} 5 & 8 & 16 \\ 4 & 1 & 8 \\ -4 & -4 & -11 \end{bmatrix}$$

9 $A \in \mathrm{M}_n(\mathrm{F})$가 가역일 필요충분조건은 A의 고유다항식 $|tI_n - A|$의 상수항이 영이 아님을 보여라.

10 정리 5.1.8을 보여라.

11 $A \in \mathrm{M}_n(\mathbb{R})$일 때 $A^5 = O$, $A^4 \neq O$이면 A의 고윳값은 0뿐임을 보여라.

12 0이 $A \in \mathrm{M}_n(\mathrm{F})$의 고윳값일 필요충분조건은 $|A| = 0$을 보여라.

13 $A \in \mathrm{M}_n(\mathrm{F})$에 대해 A와 A^{T}의 고유다항식들은 같음을 보여라.

5.2 행렬의 대각화

$A \in \mathrm{M}_n(\mathrm{F})$의 고유방정식

$$|tI_n - A| = 0$$

은 계수들이 F의 원소인 t에 대한 n차 방정식이고 해는 전적으로 F에 의존해서 결정된다. 만약 $\mathrm{F} = \mathbb{C}$ 이면 $|tI_n - A| = 0$은 중복을 허락해서 정확히 n개의 해를 갖는다. 따라서 n개의 해를 $\lambda_1, \cdots, \lambda_n \in \mathbb{C}$ 이라 하면

$$|tI_n - A| = (t - \lambda_1)(t - \lambda_2) \cdots (t - \lambda_n)$$

으로 쓸 수 있다. 그러나 $\mathrm{F} \neq \mathbb{C}$ 이면 $|tI_n - A| = 0$은 중복을 허락해서 n개의 해를 갖지 않을 수도 있다. 이때는 위와 같이 $|tI_n - A|$를 F에서 n개 일차식의 곱으로 쓸 수 없다. 그럼에도 불구하고 A가 대각화가능이면 다음이 성립한다.

정리 5.2.1 $A \in \mathrm{M}_n(\mathrm{F})$가 대각화가능이면 A는 중복을 허락해서 n개의 고윳값 $\lambda_1, \cdots, \lambda_n \in \mathrm{F}$를 가지고 A의 고유다항식은

$$|tI_n - A| = (t - \lambda_1)(t - \lambda_2) \cdots (t - \lambda_n)$$

이다.

증명 A는 대각화가능이므로 $P^{-1}AP$가 대각행렬이 되는 가역행렬 $P \in \mathrm{M}_n(\mathrm{F})$가 존재한다. 이때 $P^{-1}AP = D$로 두면 적당한 $\lambda_1, \cdots, \lambda_n \in \mathrm{F}$에 대해

$$D = \mathrm{diag}(\lambda_1, \cdots, \lambda_n)$$

이다. 그러면 A, D는 닮음이므로 정리 5.1.5에 의해 $\lambda_1, \cdots, \lambda_n \in \mathrm{F}$는 A의 고윳값이다. 특히 닮음인 두 행렬은 고유다항식이 같으므로

$$|tI_n - A| = |tI_n - D| = (t - \lambda_1) \cdots (t - \lambda_n)$$

이다. ■

|주의| $A \in \mathrm{M}_n(\mathbb{R})$의 고유방정식

$$|tI_n - A| = 0$$

이 실수가 아닌 복소수해를 가지면 정리 5.2.1에 의해 A는 $\mathbb{R}$에서 대각화불가능이다. 그러나 A를 복소행렬로 다루면 A는 $\mathbb{C}$에서 대각화가능일 수 있다. 이는 예제 5.2.2와 5.2.5에서 확인할 수 있다.

정리 5.2.2 $\lambda_1, \cdots, \lambda_k \in \mathrm{F}$가 $A \in \mathrm{M}_n(\mathrm{F})$의 서로 다른 고윳값이고

$$\mathbf{x}_1, \cdots, \mathbf{x}_k \in \mathrm{F}^n$$

의 각각이 $\lambda_1, \cdots, \lambda_k$에 대응되는 고유벡터이면 $\mathbf{x}_1, \cdots, \mathbf{x}_k$는 일차독립이다.

증명 k에 관한 귀납법으로 보이자. 만약 $k=1$이면 $\mathbf{x}_1 \neq \mathbf{0}$이므로 λ_1의 고유벡터 $\mathbf{x}_1$은 일차독립이다. 이제 $k>1$이고 서로 다른 고윳값 $\lambda_1, \cdots, \lambda_{k-1}$의 고유벡터 $\mathbf{x}_1, \cdots, \mathbf{x}_{k-1}$이 일차독립이라고 가정하여 서로 다른 고윳값 $\lambda_1, \cdots, \lambda_{k-1}, \lambda_k$의 고유벡터 $\mathbf{x}_1, \cdots, \mathbf{x}_{k-1}, \mathbf{x}_k$를 고려하자.

$$b_1\mathbf{x}_1 + \cdots + b_{k-1}\mathbf{x}_{k-1} + b_k\mathbf{x}_k = \mathbf{0} \qquad ①$$

으로 두자. 그러면

$$\begin{aligned} \mathbf{0} &= A\mathbf{0} = A(b_1\mathbf{x}_1 + \cdots + b_{k-1}\mathbf{x}_{k-1} + b_k\mathbf{x}_k) \\ &= b_1(A\mathbf{x}_1) + \cdots + b_{k-1}(A\mathbf{x}_{k-1}) + b_k(A\mathbf{x}_k) \\ &= b_1(\lambda_1\mathbf{x}_1) + \cdots + b_{k-1}(\lambda_{k-1}\mathbf{x}_{k-1}) + b_k(\lambda_k\mathbf{x}_k) \end{aligned}$$

이므로

$$b_1\lambda_1\mathbf{x}_1 + \cdots + b_{k-1}\lambda_{k-1}\mathbf{x}_{k-1} + b_k\lambda_k\mathbf{x}_k = \mathbf{0} \qquad ②$$

이다. 이제 ①에 λ_k를 곱해서 ②를 빼면

$$b_1(\lambda_k - \lambda_1)\mathbf{x}_1 + \cdots + b_{k-1}(\lambda_k - \lambda_{k-1})\mathbf{x}_{k-1} = \mathbf{0}$$

이다. 한편 $\mathbf{x}_1, \cdots, \mathbf{x}_{k-1}$은 일차독립이므로

$$b_1(\lambda_k - \lambda_1) = \cdots = b_{k-1}(\lambda_k - \lambda_{k-1}) = 0$$

이다. 그런데 $\lambda_1, \cdots, \lambda_{k-1}, \lambda_k$은 서로 다르므로 $b_1 = \cdots = b_{k-1} = 0$이다. 이를

①에 대입하면 $b_k\mathbf{x}_k=\mathbf{0}$이다. 그러나 $\mathbf{x}_k\neq\mathbf{0}$이므로 $b_k=0$이다. 따라서 $\mathbf{x}_1,\cdots,\mathbf{x}_{k-1},\mathbf{x}_k$는 일차독립이다. 그러므로 귀납법에 의해 결과가 성립한다. ■

정리 5.2.3 $A\in\mathrm{M}_n(\mathrm{F})$가 대각화가능일 필요충분조건은 A는 중복을 허락해서 n개의 고윳값 $\lambda_1,\cdots,\lambda_n\in\mathrm{F}$를 갖고 이에 대응되는 일차독립인 고유벡터 $\mathbf{p}_1,\cdots,\mathbf{p}_n$이 존재한다.

증명 (⇒) A가 대각화가능이면 $P^{-1}AP$가 대각행렬이 되는 가역행렬 $P\in\mathrm{M}_n(\mathrm{F})$가 존재한다. 이때 $P^{-1}AP=D$로 두면 적당한 $\lambda_1,\cdots,\lambda_n\in\mathrm{F}$에 대해

$$D=\mathrm{diag}(\lambda_1,\cdots,\lambda_n)$$

이고 $AP=PD$이다. 이제 P의 열들을 $\mathbf{p}_1,\cdots,\mathbf{p}_n$으로 나타내어 $P=[\mathbf{p}_1\ \cdots\ \mathbf{p}_n]$로 두면

$$AP=A[\mathbf{p}_1\ \cdots\ \mathbf{p}_n]=[A\mathbf{p}_1\ \cdots\ A\mathbf{p}_n],$$

$$PD=[\mathbf{p}_1\ \cdots\ \mathbf{p}_n]\begin{bmatrix}\lambda_1 & & O\\ & \ddots & \\ O & & \lambda_n\end{bmatrix}=[\lambda_1\mathbf{p}_1\ \cdots\ \lambda_n\mathbf{p}_n]$$

이므로

$$A\mathbf{p}_1=\lambda_1\mathbf{p}_1,\cdots,A\mathbf{p}_n=\lambda_n\mathbf{p}_n$$

이다. 따라서 $\lambda_1,\cdots,\lambda_n$은 A의 고윳값이고 $\mathbf{p}_1,\cdots,\mathbf{p}_n$은 각각 $\lambda_1,\cdots,\lambda_n$의 고유벡터이다. 그런데 P는 가역이므로 $\mathbf{p}_1,\cdots,\mathbf{p}_n$은 일차독립이다.

(⇐) A는 고윳값 $\lambda_1,\cdots,\lambda_n\in\mathrm{F}$를 갖고 $\mathbf{p}_1,\cdots,\mathbf{p}_n$을 각각 $\lambda_1,\cdots,\lambda_n$에 대응되는 일차독립인 고유벡터라 하자. 그러면

$$A\mathbf{p}_1=\lambda_1\mathbf{p}_1,\cdots,A\mathbf{p}_n=\lambda_n\mathbf{p}_n$$

이고 $P=[\mathbf{p}_1\ \cdots\ \mathbf{p}_n]\in\mathrm{M}_n(\mathrm{F})$는 가역이다. 이제 $D=\mathrm{diag}(\lambda_1,\cdots,\lambda_n)$로 두면 행렬연산에 의해

$$AP=A[\mathbf{p}_1\ \cdots\ \mathbf{p}_n]=[A\mathbf{p}_1\ \cdots\ A\mathbf{p}_n]=[\lambda_1\mathbf{p}_1\ \cdots\ \lambda_n\mathbf{p}_n]=PD$$

이다. 그러면 $P^{-1}AP=D$가 되어 A는 대각화가능이다. ■

따름정리 5.2.4 $A \in \mathrm{M}_n(\mathrm{F})$가 서로 다른 n개의 고윳값 $\lambda_1, \cdots, \lambda_n \in \mathrm{F}$를 가지면 A는 대각화가능이다.

증명 $\mathbf{p}_1, \cdots, \mathbf{p}_n$을 각각 $\lambda_1, \cdots, \lambda_n$의 고유벡터라 하면 정리 5.2.2에 의해 $\mathbf{p}_1, \cdots, \mathbf{p}_n$은 일차독립이다. 따라서 정리 5.2.3에 의해 A는 대각화가능이다. ■

위 따름정리의 역으로 $A \in \mathrm{M}_n(\mathrm{F})$가 대각화가능이라 해서 A가 서로 다른 n개의 고윳값을 갖는 것은 아니다. 예로 $\alpha \in \mathrm{F}$와 항등행렬 I_n의 스칼라곱 αI_n을 **스칼라행렬**(scalar matrix)이라 하는데 이는 대각화가능이지만 αI_n의 고윳값은 α가 n개로 모두 같다.

정리 5.2.3의 증명과정은 대각화가능인 $A \in \mathrm{M}_n(\mathrm{F})$를 어떻게 대각화하는지에 대한 순서를 다음과 같이 제공한다.

1단계: 중복을 허락해서 A의 모든 고윳값 $\lambda_1, \cdots, \lambda_n \in \mathrm{F}$를 구한다.

2단계: $\lambda_1, \cdots, \lambda_n$에 대한 각각의 일차독립인 고유벡터 $\mathbf{p}_1, \cdots, \mathbf{p}_n$을 찾는다.

3단계: $P = [\mathbf{p}_1 \cdots \mathbf{p}_n]$로 둔다. 그러면

$$P^{-1}AP = \begin{bmatrix} \lambda_1 & & O \\ & \ddots & \\ O & & \lambda_n \end{bmatrix}$$

이다. 이때 P는 A를 **대각화하는 행렬**이라 한다.

예제 5.2.1_ $A = \begin{bmatrix} 1 & 2 \\ 3 & 2 \end{bmatrix}$의 대각화가능성을 결정하고 가능이면 대각화하라.

풀이 고유방정식

$$|tI_2 - A| = \begin{vmatrix} t-1 & -2 \\ -3 & t-2 \end{vmatrix} = t^3 - 3t - 4 = (t+1)(t-4) = 0$$

을 풀면 A의 고윳값은 $\lambda = -1, 4$이다. 따라서 따름정리 5.2.4에 의해 A는 대각화가능이다. 먼저 $\lambda_1 = -1$의 고유벡터를 찾기 위해

$$(-I_2 - A)\mathbf{x} = \mathbf{0}, \quad \text{즉} \begin{bmatrix} -2 & -2 \\ -3 & -3 \end{bmatrix} \begin{bmatrix} x \\ y \end{bmatrix} = \begin{bmatrix} 0 \\ 0 \end{bmatrix}$$

을 풀자. 이를 방정식으로 나타내면 둘 모두 $x+y=0$이다. 이때 $x=1$, $y=-1$로 택하면 $\mathbf{p}_1=\begin{bmatrix}1\\-1\end{bmatrix}$은 $\lambda_1=-1$의 고유벡터이다. 다음으로 $\lambda_2=4$의 고유벡터를 찾기 위해

$$(4I_2-A)\mathbf{x}=\mathbf{0},\quad \text{즉 } \begin{bmatrix}3 & -2\\-3 & 2\end{bmatrix}\begin{bmatrix}x\\y\end{bmatrix}=\begin{bmatrix}0\\0\end{bmatrix}$$

을 풀자. 이를 방정식으로 나타내면 둘 모두 $3x-2y=0$이다. 이때 $x=2$, $y=3$으로 택하면 $\mathbf{p}_2=\begin{bmatrix}2\\3\end{bmatrix}$는 $\lambda_2=4$의 고유벡터이다. 따라서

$$P=[\mathbf{p}_1\ \mathbf{p}_2]=\begin{bmatrix}1 & 2\\-1 & 3\end{bmatrix}$$

는 A를 대각화하는 행렬이고 다음 결과를 얻는다.

$$P^{-1}AP=\begin{bmatrix}\lambda_1 & 0\\0 & \lambda_2\end{bmatrix}=\begin{bmatrix}-1 & 0\\0 & 4\end{bmatrix}$$ ■

|주의| 위 예제의 풀이에서 A를 대각화하는 행렬 P는 무수히 많은 방법으로 택할 수 있다. 첫째 예로, 고윳값의 순서를 바꿔 $\lambda_1=4$, $\lambda_2=-1$이라 하면 이에 대응하는 고윳값은 각각 $\mathbf{p}_1=\begin{bmatrix}2\\3\end{bmatrix}$, $\mathbf{p}_2=\begin{bmatrix}1\\-1\end{bmatrix}$로 택해지므로 $P=\begin{bmatrix}2 & 1\\3 & -1\end{bmatrix}$이다. 이때는

$$P^{-1}AP=\begin{bmatrix}4 & 0\\0 & -1\end{bmatrix}$$

이다. 둘째 예로, 고윳값의 순서를 유지해서 $\lambda_1=-1$의 고유벡터로 $\mathbf{p}_1=\begin{bmatrix}1\\-1\end{bmatrix}$을 택한다고 해도 $\lambda_2=4$의 고유벡터로 $\mathbf{p}_2=\begin{bmatrix}6\\9\end{bmatrix}$를 택할 수 있다. 이때 $P=\begin{bmatrix}1 & 6\\-1 & 9\end{bmatrix}$이지만 여전히 $P^{-1}AP=\begin{bmatrix}-1 & 0\\0 & 4\end{bmatrix}$이다.

예제 5.2.2_ $A=\begin{bmatrix}0 & 1\\-1 & 0\end{bmatrix}$의 대각화가능성을 결정하고 가능이면 대각화하라.

풀이 고유방정식

$$|tI_2-A|=\begin{vmatrix}t & -1\\1 & t\end{vmatrix}=t^2+1=0$$

을 풀면 A의 모든 고윳값은 $\lambda=\pm i$이다. 따라서 A는 $\mathbb{R}$에서 대각화불가능이지만 따름정리 5.2.4에 의해 A는 $\mathbb{C}$에서는 대각화가능이다. 예제 5.1.2의 풀이에서

$$\mathbf{p}_1=\begin{bmatrix}1\\i\end{bmatrix},\quad \mathbf{p}_2=\begin{bmatrix}1\\-i\end{bmatrix}$$

는 각각 $\lambda_1=i$, $\lambda_2=-i$의 고유벡터이다. 따라서

$$P=[\mathbf{p}_1\ \mathbf{p}_2]=\begin{bmatrix}1&1\\i&-i\end{bmatrix}$$

는 A를 대각화하는 행렬이고 $P^{-1}AP=\begin{bmatrix}i&0\\0&-i\end{bmatrix}$이다. ■

$n\geq 3$일 때 $A\in \mathrm{M}_n(\mathrm{F})$의 대각화가능성을 결정하는 것은 결코 쉬운 문제가 아니다. 이를 체계적으로 살피기 위해 전적으로 다음의 정의가 필요하다.

정의

$\lambda\in\mathrm{F}$가 $A\in\mathrm{M}_n(\mathrm{F})$의 고윳값이면 A의 고유다항식은

$$|tI_n-A|=(t-\lambda)^k g(t),\quad k\geq 1,\quad g(\lambda)\neq 0$$

로 쓸 수 있다. 이때 k를 λ의 **대수중복도**(algebraic multiplicity)라 하고 고유공간 $E(\lambda)$의 차원을 λ의 **기하중복도**(geometric multiplicity)라 한다.

|보기| 행렬

$$A=\begin{bmatrix}1&2&2\\0&2&1\\-1&2&2\end{bmatrix}$$

에 대해 예제 5.1.3의 풀이에서 A의 고유다항식은 $|tI_3-A|=(t-1)(t-2)^2$이다. 따라서 고윳값 $\lambda=2$의 대수중복도는 2이다. 그런데

$$E(2)=\left\langle \begin{bmatrix}2\\1\\0\end{bmatrix}\right\rangle$$

이므로 $\lambda=2$의 기하중복도는 1이다.

|보기|| 행렬

$$A=\begin{bmatrix} 5 & 0 & 6 \\ 3 & 2 & 6 \\ -2 & 0 & -2 \end{bmatrix}$$

에 대해 예제 5.1.4의 풀이에서 A의 고유다항식은 $|tI_3-A|=(t-1)(t-2)^2$이다. 따라서 고윳값 $\lambda=2$의 대수중복도는 2이다. 그런데

$$E(2)=\left\langle \begin{bmatrix} -2 \\ 0 \\ 1 \end{bmatrix}, \begin{bmatrix} 0 \\ 1 \\ 0 \end{bmatrix} \right\rangle$$

이므로 $\lambda=2$의 기하중복도도 2이다.

정리 5.2.5 $A\in\mathrm{M}_n(\mathrm{F})$의 고윳값 $\lambda\in\mathrm{F}$의 기하중복도와 대수중복도를 각각 r,k라 하면 $1\leq r\leq k$이다.

증명 λ는 A의 고윳값이므로 $A\mathbf{x}=\lambda\mathbf{x}$인 고유벡터 $\mathbf{x}(\neq\mathbf{0})\in\mathrm{F}^n$가 존재한다. 따라서

$$r=\dim E(\lambda)\geqq 1$$

이다. 한편 $\dim E(\lambda)=r$이므로 $\{\mathbf{p}_1,\cdots,\mathbf{p}_r\}$을 $E(\lambda)$의 기저라 하자. 그러면 $i=1,\cdots,r$에 대해 $\mathbf{p}_i\neq\mathbf{0}$이고 $\mathbf{p}_i$는 λ의 고유벡터이므로

$$A\mathbf{p}_1=\lambda\mathbf{p}_1,\ \cdots,\ A\mathbf{p}_r=\lambda\mathbf{p}_r$$

이다. 또한 정리 4.3.6에 의해 $\{\mathbf{p}_1,\cdots,\mathbf{p}_r\}$에 $n-r$개의 벡터 $\mathbf{p}_{r+1},\cdots,\mathbf{p}_n\in\mathrm{F}^n$을 첨가해서

$$\{\mathbf{p}_1,\cdots,\mathbf{p}_r,\mathbf{p}_{r+1},\cdots,\mathbf{p}_n\}$$

을 F^n의 기저가 되도록 할 수 있다. 그러면 $P=[\mathbf{p}_1\ \cdots\ \mathbf{p}_n]\in\mathrm{M}_n(\mathrm{F})$는 가역행렬이다. 더욱이 $A\mathbf{p}_{r+1},\cdots,A\mathbf{p}_n$을 각각

$$A\mathbf{p}_{r+1}=b_{1r+1}\mathbf{p}_1+\cdots+b_{rr+1}\mathbf{p}_r+b_{r+1r+1}\mathbf{p}_{r+1}+\cdots+b_{nr+1}\mathbf{p}_n$$

$$A\mathbf{p}_{r+2} = b_{1r+2}\mathbf{p}_1 + \cdots + b_{rr+2}\mathbf{p}_r + b_{r+1r+2}\mathbf{p}_{r+1} + \cdots + b_{nr+2}\mathbf{p}_n$$

$$\vdots$$

$$A\mathbf{p}_n = b_{1n}\mathbf{p}_1 + \cdots + b_{rn}\mathbf{p}_r + b_{r+1n}\mathbf{p}_{r+1} + \cdots + b_{nn}\mathbf{p}_n$$

으로 쓸 수 있다. 그러면 행렬연산에 의해

$$\begin{aligned} AP &= A[\mathbf{p}_1 \cdots \mathbf{p}_r\ \mathbf{p}_{r+1} \cdots \mathbf{p}_n] \\ &= [A\mathbf{p}_1 \cdots A\mathbf{p}_r\ A\mathbf{p}_{r+1} \cdots A\mathbf{p}_n] \\ &= [\lambda\mathbf{p}_1 \cdots \lambda\mathbf{p}_r\ A\mathbf{p}_{r+1} \cdots A\mathbf{p}_n] \\ &= [\mathbf{p}_1 \cdots \mathbf{p}_r\ \mathbf{p}_{r+1} \cdots \mathbf{p}_n]\begin{bmatrix} \lambda I_r & B \\ O & C \end{bmatrix} \\ &= P\begin{bmatrix} \lambda I_r & B \\ O & C \end{bmatrix} \end{aligned}$$

형태이다. 단 $B \in \mathrm{M}_{r,n-r}(\mathrm{F})$이고 $C \in \mathrm{M}_{n-r}(\mathrm{F})$이다. 그런데 P는 가역이므로

$$P^{-1}AP = \begin{bmatrix} \lambda I_r & B \\ O & C \end{bmatrix}$$

이다. 따라서 A와 $D = \begin{bmatrix} \lambda I_r & B \\ O & C \end{bmatrix}$는 닮음이므로 정리 5.1.5에 의해 A, D의 고유다항식은 같다. 그러면

$$\begin{aligned} |tI_n - A| &= |tI_n - D| \\ &= \begin{vmatrix} (t-\lambda)I_r & -B \\ O & tI_{n-r} - C \end{vmatrix} \\ &= |(t-\lambda)I_r||tI_{n-r} - C| \\ &= (t-\lambda)^r|tI_{n-r} - C| \end{aligned}$$

이다. 한편 λ의 대수중복도는 k이고 $|tI_n - A|$는 적어도 $(t-\lambda)^r$을 포함하므로 $k \geq r$이다. ■

따름정리 5.2.6 $A \in \mathrm{M}_n(\mathrm{F})$의 고윳값 $\lambda \in \mathrm{F}$의 대수중복도가 1이면 λ의 기하중복도도 1이다.

증명 연습문제 6으로 남긴다. ■

위 따름정리의 역으로 $A \in \mathrm{M}_n(\mathrm{F})$의 고윳값 $\lambda \in \mathrm{F}$의 기하중복도가 1이면 λ의 대수중복도가 1인 것은 아니다. 예로 $A = \begin{bmatrix} 1 & 2 & 2 \\ 0 & 2 & 1 \\ -1 & 2 & 2 \end{bmatrix}$에 대해 A의 고유다항식은

$$|tI_3 - A| = (t-1)(t-2)^2$$

이다. 따라서 고윳값 $\lambda = 2$에 대한 대수중복도는 2이지만 예제 5.1.3의 풀이에서

$$E(2) = \left\langle \begin{bmatrix} 2 \\ 1 \\ 0 \end{bmatrix} \right\rangle$$

이므로 $\lambda = 2$에 대한 기하중복도는 1이다.

정리 5.2.7 $A \in \mathrm{M}_n(\mathrm{F})$가 대각화가능이면 A의 모든 고윳값 $\lambda \in \mathrm{F}$에 대해 λ의 대수중복도와 기하중복도는 같다.

증명 A는 대각화가능이므로 정리 5.2.1에 의해 A의 고유다항식은

$$|tI_n - A| = (t-\lambda_1)^{m_1} \cdots (t-\lambda_k)^{m_k}$$

형태이다. 단 $\lambda_1, \cdots, \lambda_k \in \mathrm{F}$는 A의 서로 다른 고윳값이고 $m_1 + \cdots + m_k = n$이다. 이때 각각의 고윳값 λ_i의 대수중복도는 m_i이다. 이제 각각의 고윳값 λ_i의 기하중복도를 $\dim E(\lambda_i) = d_i$로 두면 정리 5.2.5에 의해 $d_i \leq m_i$이다. 또한 A의 일차독립인 고유벡터를 택할 수 있는 최대 개수는 $d_1 + \cdots + d_k$이다. 그런데 $d_i < m_i$인 i가 존재하면

$$d_1 + \cdots + d_i + \cdots + d_k < m_1 + \cdots + m_i + \cdots + m_k = n$$

이므로 A는 n개의 일차독립인 고유벡터를 택할 수 없다. 따라서 정리 5.2.3에 의해 A는 대각화가능이 아니다. 이는 모순이므로 모든 $i = 1, \cdots, k$에 대해 $d_i = m_i$가 되어 결과가 성립한다. ∎

|주의| 위 정리는 다음을 보여준다. 만약 $A \in \mathrm{M}_n(\mathrm{F})$의 어떤 고윳값 $\lambda \in \mathrm{F}$에 대해 대수중복도는 m인데 기하중복도가 m보다 작으면, 즉

$$\dim E(\lambda) < m$$

이면 A는 대각화불가능이다.

예제 5.2.3_ $A = \begin{bmatrix} 1 & 2 & 2 \\ 0 & 2 & 1 \\ -1 & 2 & 2 \end{bmatrix}$의 대각화가능성을 결정하고 가능이면 대각화하라.

풀이 예제 5.1.3의 풀이를 참고하자. 고유방정식 $|tI_3 - A| = (t-1)(t-2)^2 = 0$을 풀면 A의 모든 고윳값은 $\lambda = 1, 2$이다. 그런데

$$E(2) = \left\langle \begin{bmatrix} 2 \\ 1 \\ 0 \end{bmatrix} \right\rangle$$

에서 $\dim E(2) = 1 < 2$이므로 정리 5.2.7에 의해 A는 대각화불가능이다. ■

보조정리 5.2.8 $A \in \mathrm{M}_n(\mathrm{F})$의 서로 다른 고윳값 $\lambda_1, \lambda_2 \in \mathrm{F}$에 대해 $\{\mathbf{p}_1, \cdots, \mathbf{p}_k\}$는 $E(\lambda_1)$의 기저이고 $\{\mathbf{q}_1, \cdots, \mathbf{q}_r\}$은 $E(\lambda_2)$의 기저라 하자. 그러면 $k+r$개의 벡터

$$\mathbf{p}_1, \cdots, \mathbf{p}_k, \mathbf{q}_1, \cdots, \mathbf{q}_r$$

은 일차독립이다.

증명 주어진 벡터들이 일차독립임을 보이기 위해 $a_1, \cdots, a_k, b_1, \cdots, b_r \in \mathrm{F}$에 대해

$$a_1\mathbf{p}_1 + \cdots + a_k\mathbf{p}_k + b_1\mathbf{q}_1 + \cdots + b_r\mathbf{q}_r = \mathbf{0}$$

으로 두자. 여기서

$$\mathbf{x}_1 = a_1\mathbf{p}_1 + \cdots + a_k\mathbf{p}_k, \quad \mathbf{x}_2 = b_1\mathbf{q}_1 + \cdots + b_r\mathbf{q}_r$$

이라 하면 고유공간의 정의에 의해 $i = 1, 2$에 대해 $\mathbf{x}_i \in E(\lambda_i)$는 분명하고 $\mathbf{x}_1 + \mathbf{x}_2 = \mathbf{0}$이다. 만약 $\mathbf{x}_1 \neq \mathbf{0}$, $\mathbf{x}_2 \neq \mathbf{0}$이면 $\mathbf{x}_1, \mathbf{x}_2$는 각각 λ_1, λ_2의 고유벡터가 되어 이들은 정리 5.2.2에 의해 일차독립이므로 $\mathbf{x}_1 + \mathbf{x}_2 = \mathbf{0}$은 불가능하다. 따라서 $\mathbf{x}_1 = \mathbf{0}$, $\mathbf{x}_2 = \mathbf{0}$이다. 즉

$$a_1\mathbf{p}_1 + \cdots + a_k\mathbf{p}_k = \mathbf{0}, \qquad b_1\mathbf{q}_1 + \cdots + b_r\mathbf{q}_r = \mathbf{0}$$

이다. 한편 $\mathbf{p}_1, \cdots, \mathbf{p}_k$는 일차독립이므로 $a_1 = \cdots = a_k = 0$이고 $\mathbf{q}_1, \cdots, \mathbf{q}_r$도 일

차독립이므로 $b_1 = \cdots = b_r = 0$이다. 따라서 $\mathbf{p}_1, \cdots, \mathbf{p}_k, \mathbf{q}_1, \cdots, \mathbf{q}_r$은 일차독립이다. ■

다음 결과는 정리 5.2.7의 역도 성립함을 보여준다.

정리 5.2.9 $\lambda_1, \cdots, \lambda_k \in \mathrm{F}$를 $A \in \mathrm{M}_n(\mathrm{F})$의 서로 다른 고윳값이라 하여 A의 고유다항식을

$$|tI_n - A| = (t-\lambda_1)^{m_1} \cdots (t-\lambda_k)^{m_k}, \qquad m_1 + \cdots + m_k = n$$

이라 하자. 만약 모든 $i = 1, \cdots, k$에 대해 $\dim E(\lambda_i) = m_i$이면 A는 대각화가능이다.

증명 각각의 $i = 1, \cdots, k$에 대해 B_i를 $E(\lambda_i)$의 기저라 하면 가정에서 $\dim E(\lambda_i) = m_i$이므로 B_i는 m_i개의 일차독립인 고유벡터를 갖는다. 그러면 $B_1 \cup \cdots \cup B_k$에는

$$m_1 + \cdots + m_k = n$$

개의 고유벡터들이 있고 이들은 보조정리 5.2.8에 의해 일차독립이다. 따라서 정리 5.2.3에 의해 A는 대각화가능이다. ■

예제 5.2.4_ 다음 행렬의 대각화가능성을 결정하고 가능이면 대각화하라.

$$A = \begin{bmatrix} 5 & 0 & 6 \\ 3 & 2 & 6 \\ -2 & 0 & -2 \end{bmatrix}$$

풀이 예제 5.1.4의 풀이를 참고하자. 고유방정식 $|tI_3 - A| = (t-1)(t-2)^2 = 0$을 풀면 A의 모든 고윳값은 $\lambda = 1, 2$이다. 그런데

$$E(1) = \left\langle \begin{bmatrix} 3 \\ 3 \\ -2 \end{bmatrix} \right\rangle, \quad E(2) = \left\langle \begin{bmatrix} -2 \\ 0 \\ 1 \end{bmatrix}, \begin{bmatrix} 0 \\ 1 \\ 0 \end{bmatrix} \right\rangle$$

이므로

$$\dim E(1) = 1, \quad \dim E(2) = 2$$

가 되어 정리 5.2.9에 의해 A는 대각화가능이다. $\lambda_1 = 1$의 고유벡터로 $\mathbf{p}_1 = \begin{bmatrix} 3 \\ 3 \\ -2 \end{bmatrix}$을 택하고 $\lambda_2 = 2$의 두 고유벡터로

$$\mathbf{p}_2 = \begin{bmatrix} -2 \\ 0 \\ 1 \end{bmatrix}, \quad \mathbf{p}_3 = \begin{bmatrix} 0 \\ 1 \\ 0 \end{bmatrix}$$

를 택하자. 그러면

$$P = [\mathbf{p}_1\ \mathbf{p}_2\ \mathbf{p}_3] = \begin{bmatrix} 3 & -2 & 0 \\ 3 & 0 & 1 \\ -2 & 1 & 0 \end{bmatrix}$$

는 A를 대각화하는 행렬이고 $P^{-1}AP = \begin{bmatrix} 1 & 0 & 0 \\ 0 & 2 & 0 \\ 0 & 0 & 2 \end{bmatrix}$이다. ■

예제 5.2.5_ 다음 행렬의 대각화가능성을 결정하고 가능이면 대각화하라.

$$A = \begin{bmatrix} 1 & 1 & -1 \\ 0 & 1 & 0 \\ 1 & 0 & 1 \end{bmatrix}$$

풀이 고유방정식

$$\begin{aligned} |tI_3 - A| &= \begin{vmatrix} t-1 & -1 & 1 \\ 0 & t-1 & 0 \\ -1 & 0 & t-1 \end{vmatrix} \\ &= (t-1)\begin{vmatrix} t-1 & 1 \\ -1 & t-1 \end{vmatrix} \\ &= (t-1)(t^2 - 2t + 2) = 0 \end{aligned}$$

을 풀면 A의 모든 고윳값은 $\lambda = 1, 1+i, 1-i$이다. 따라서 A는 $\mathbb{R}$에서 대각화불가능이지만 따름정리 5.2.4(또는 정리 5.2.9)에 의해 A는 $\mathbb{C}$에서는 대각화가능이다. $\lambda_1 = 1$의 고유벡터를 구하기 위해

$$(I_3 - A)\mathbf{x} = \mathbf{0}, \quad \text{즉} \quad \begin{bmatrix} 0 & -1 & 1 \\ 0 & 0 & 0 \\ -1 & 0 & 0 \end{bmatrix}\begin{bmatrix} x \\ y \\ z \end{bmatrix} = \begin{bmatrix} 0 \\ 0 \\ 0 \end{bmatrix}$$

을 풀면 $x=0$, $y=z$이다. 이때 $y=z=1$로 택하면 $\mathbf{p}_1=\begin{bmatrix}0\\1\\1\end{bmatrix}$은 $\lambda_1=1$의 고유벡터이다. $\lambda_2=1+i$의 고유벡터를 구하기 위해

$$[(1+i)I_3-A]\mathbf{x}=\mathbf{0}, \quad 즉 \begin{bmatrix}i & -1 & 1\\0 & i & 0\\-1 & 0 & i\end{bmatrix}\begin{bmatrix}x\\y\\z\end{bmatrix}=\begin{bmatrix}0\\0\\0\end{bmatrix}$$

을 풀면 $y=0$, $ix+z=0$이다. 이때 $x=1$로 택하면 $\mathbf{p}_2=\begin{bmatrix}1\\0\\-i\end{bmatrix}$는 $\lambda_2=1+i$의 고유벡터이다. 유사하게 $\lambda_3=1-i$의 고유벡터 $\mathbf{p}_3=\begin{bmatrix}1\\0\\i\end{bmatrix}$를 얻는다. 따라서

$$P=[\mathbf{p}_1\ \mathbf{p}_2\ \mathbf{p}_3]=\begin{bmatrix}0 & 1 & 1\\1 & 0 & 0\\1 & -i & i\end{bmatrix}$$

는 A를 대각화하는 행렬이고 $P^{-1}AP=\begin{bmatrix}1 & 0 & 0\\0 & 1+i & 0\\0 & 0 & 1-i\end{bmatrix}$이다. ■

정리 5.2.10 $A\in \mathrm{M}_n(\mathrm{F})$와 $\lambda\in\mathrm{F}$에 대해 A의 고유다항식이

$$|tI_n-A|=(t-\lambda)^n$$

이고 A가 대각화가능이면 A는 스칼라행렬 $A=\lambda I_n$이다.

증명 연습문제 13으로 남긴다. ■

$A\in \mathrm{M}_n(\mathrm{F})$가 주대각성분이 모두 $\lambda\in\mathrm{F}$인 삼각행렬이면 A의 고유다항식은

$$|tI_n-A|=(t-\lambda)^n$$

이므로 정리 5.2.10에 의해 A가 대각화가능이려면 $A=\lambda I_n$이어야 한다. 따라서 삼각행렬

$$\begin{bmatrix}1 & 2\\0 & 1\end{bmatrix},\quad \begin{bmatrix}2 & 0\\1 & 2\end{bmatrix},\quad \begin{bmatrix}3 & 0 & 1\\0 & 3 & 0\\0 & 0 & 3\end{bmatrix},\quad \begin{bmatrix}4 & 0 & 0\\1 & 4 & 0\\2 & 3 & 4\end{bmatrix}$$

들은 모두 대각화불가능이다.

예제 5.2.6_ 다음 행렬의 대각화가능성을 결정하고 가능이면 대각화하라.

$$A=\begin{bmatrix}3&4&-1\\0&2&0\\1&5&1\end{bmatrix}$$

풀이 고유다항식은

$$\begin{aligned}|tI_3-A|&=\begin{vmatrix}t-3&-4&1\\0&t-2&0\\-1&-5&t-1\end{vmatrix}\\&=(t-2)\begin{vmatrix}t-3&1\\-1&t-1\end{vmatrix}\\&=(t-2)^3\end{aligned}$$

이다. 만약 A가 대각화가능이면 정리 5.2.10에 의해 $A=2I_3$인데 이는 불가능하다. 따라서 A는 대각화불가능이다. ■

연습문제 5.2

1 다음 행렬의 대각화가능성을 결정하고 가능이면 대각화하라.

(1) $A=\begin{bmatrix}1&4\\1&1\end{bmatrix}$ (2) $B=\begin{bmatrix}1&2\\-2&1\end{bmatrix}$

2 다음 행렬의 대각화가능성을 결정하고 가능이면 대각화하라.

(1) $A=\begin{bmatrix}1&2\\-2&5\end{bmatrix}$ (2) $B=\begin{bmatrix}-i&2\\1&i\end{bmatrix}$

3 대각화가능인 행렬 $A=\begin{bmatrix}1&0\\-1&2\end{bmatrix}$에 대해 A^{100}을 구하라.

4 실행렬 $A=\begin{bmatrix}a&b\\c&d\end{bmatrix}$에 대해 다음을 보여라.

(1) $(a-d)^2+4bc>0$이면 A는 $\mathbb{R}$에서 대각화가능이다.

(2) $(a-d)^2+4bc<0$이면 A는 $\mathbb{R}$에서 대각화불가능이다.

5 $A \in \mathrm{M}_3(\mathbb{R})$가 실수가 아닌 복소고윳값을 가지면 A는 $\mathbb{C}$에서 대각화가능임을 보여라.

6 따름정리 5.2.6을 보여라.

7 다음 행렬의 대각화가능성을 결정하고 가능이면 대각화하라.

(1) $A=\begin{bmatrix} 1 & 2 & 2 \\ 0 & 2 & 1 \\ -1 & 2 & 2 \end{bmatrix}$ (2) $B=\begin{bmatrix} 2 & 1 & 1 \\ 1 & 2 & 1 \\ 1 & 1 & 2 \end{bmatrix}$

8 다음 행렬의 대각화가능성을 결정하고 가능이면 대각화하라.

(1) $A=\begin{bmatrix} 2 & 0 & 0 \\ -1 & 1 & 1 \\ 1 & 1 & 1 \end{bmatrix}$ (2) $B=\begin{bmatrix} 2 & 0 & 0 & 0 \\ 0 & 2 & 0 & 0 \\ 0 & 0 & -3 & 0 \\ 0 & 0 & 1 & -3 \end{bmatrix}$

9 다음 행렬의 대각화가능성을 결정하고 가능이면 대각화하라.

(1) $A=\begin{bmatrix} 1 & 0 & -2 \\ 4 & 3 & 1 \\ 2 & 0 & 5 \end{bmatrix}$ (2) $B=\begin{bmatrix} 1 & 0 & 0 \\ 0 & 0 & -1 \\ 1 & 1 & 0 \end{bmatrix}$

10 $A \in \mathrm{M}_n(\mathrm{F})$가 대각화가능일 때 다음을 보여라.

(1) A^{T}는 대각화가능이다.

(2) A가 가역이면 A^{-1}도 대각화가능이다.

11 $A \in \mathrm{M}_n(\mathrm{F})$가 대각화가능일 때 다음을 보여라.

(1) A의 모든 고윳값이 $1, -1$이면 $A^{-1}=A$이다.

(2) A의 모든 고윳값이 $0, 1$이면 $A^2=A$이다.

12 $A \in \mathrm{M}_n(\mathrm{F})$는 대각화가능이고 A의 모든 고윳값 $\lambda \in \mathrm{F}$에 대해

$$\lambda^2 = 2\lambda$$

이면 $A^2=2A$를 보여라.

13 정리 5.2.10을 보여라.

5.3 행렬의 최소다항식

F상에서

$$p(t)=a_k t^k + a_{k-1}t^{k-1}+\cdots+a_1 t + a_0$$

는 $a_k \neq 0$인 다항식이라 하자. 이때 a_k를 $p(t)$의 **선두계수**(leading coefficient)라 하고 k를 $p(t)$의 **차수**(degree)라 하여 $\deg p(t)=k$로 나타낸다. 이때 $A\in \mathrm{M}_n(\mathrm{F})$에 대해 $p(A)$는

$$p(A)=a_k A^k + a_{k-1}A^{k-1}+\cdots+a_1 A + a_0 I_n$$

으로 정의한다.

정리 5.3.1 $\lambda \in \mathrm{F}$는 $A\in \mathrm{M}_n(\mathrm{F})$의 고윳값이고 $\mathbf{x}\in \mathrm{F}^n$가 λ의 고유벡터일 때

$$p(t)=a_k t^k + a_{k-1}t^{k-1}+\cdots+a_1 t + a_0$$

가 임의의 다항식이면 $p(\lambda)$는 $p(A)$의 고윳값이고 $\mathbf{x}$는 $p(\lambda)$의 고유벡터이다.

증명 가정에 의해 $A\mathbf{x}=\lambda\mathbf{x}$이므로

$$A^2\mathbf{x}=A(A\mathbf{x})=A(\lambda\mathbf{x})=\lambda(A\mathbf{x})=\lambda(\lambda\mathbf{x})=\lambda^2\mathbf{x}$$

이다. 이 과정을 계속하면 모든 $i=0,1,2,\cdots$에 대해

$$A^i\mathbf{x}=\lambda^i\mathbf{x}$$

가 되어 λ^i은 A^i의 고윳값이고 $\mathbf{x}$는 λ^i의 고유벡터이다. 그러면

$$\begin{aligned} p(A)\mathbf{x} &= (a_k A^k + \cdots + a_1 A + a_0 I_n)\mathbf{x} \\ &= a_k A^k \mathbf{x} + \cdots + a_1 A\mathbf{x} + a_0 \mathbf{x} \\ &= a_k(\lambda^k \mathbf{x}) + \cdots + a_1(\lambda \mathbf{x}) + a_0 \mathbf{x} \\ &= p(\lambda)\mathbf{x} \end{aligned}$$

이다. 따라서 $p(\lambda)$는 $p(A)$의 고윳값이고 $\mathbf{x}$는 $p(\lambda)$의 고유벡터이다. ■

|보기| 행렬

$$A = \begin{bmatrix} 7 & -4 \\ 5 & -2 \end{bmatrix}$$

와 다항식 $p(t) = t^3 - 2t^2 + 1$에 대해 $p(A)$의 모든 고윳값을 구해보자. 먼저 고유방정식

$$|tI_2 - A| = (t-2)(t-3) = 0$$

을 풀면 A의 모든 고윳값은 $\lambda = 2, 3$이다. 그러면 정리 5.3.1에 의해 $p(A)$의 모든 고윳값은

$$2^3 - 2(2)^2 + 1, \quad 3^3 - 2(3)^2 + 1$$

이다. 즉 $p(A)$의 모든 고윳값은 1과 10이다.

독자는 2차 정방행렬 $A = \begin{bmatrix} a & b \\ c & d \end{bmatrix}$에 대해 **"케일리-해밀턴정리"**로 불리는 공식

$$A^2 - (a+d)A + (ad-bc)I_2 = O$$

을 알고 있을 것이다. 그런데 이는 A의 고유다항식에 근거를 두고 있다. 왜냐하면

$$|tI_2 - A| = \begin{vmatrix} t-a & -b \\ -c & t-d \end{vmatrix} = (t-a)(t-d) - bc = t^2 - (a+d)t + ad - bc$$

이기 때문이다.

예제 5.3.1_ $A = \begin{bmatrix} 2 & 3 \\ 1 & 2 \end{bmatrix}$에 대해 다음을 계산하라.

$$2A^5 - 8A^4 + 3A^3 - 5A^2 + 7A - 4I_2$$

풀이 케일리-해밀턴정리에 의해 $A^2 - 4A + I_2 = O$이다. 또한 나눗셈에 의해

$$\text{준식} = (2A^3 + A - I_2)(A^2 - 4A + I_2) + 2A - 3I_2$$

이다. 따라서 다음과 같다.

$$\text{준식} = 2A - 3I_2 = \begin{bmatrix} 4 & 6 \\ 2 & 4 \end{bmatrix} - \begin{bmatrix} 3 & 0 \\ 0 & 3 \end{bmatrix} = \begin{bmatrix} 1 & 6 \\ 2 & 1 \end{bmatrix}$$ ■

2차에 대한 케일리-해밀턴정리를 n차 정방행렬로 확장하여 다음 결과를 얻는다.

정리 5.3.2 케일리-해밀턴정리(Cayley-Hamilton theorem)

$A \in \mathrm{M}_n(\mathrm{F})$의 고유다항식이

$$|tI_n - A| = t^n + c_{n-1}t^{n-1} + \cdots + c_1 t + c_0$$

이면 $A^n + c_{n-1}A^{n-1} + \cdots + c_1 A + c_0 I_n = O$이다.

증명 $tI_n - A$의 여인수행렬을

$$B = \mathrm{co}(tI_n - A)$$

로 두면 B의 모든 성분은 $tI_n - A$의 여인수로 $n-1$차 이하의 t에 관한 다항식이다. 이제 B의 성분들에서 상수로만 이루어진 행렬을 B_0라 하고 t의 계수로만 이루어진 행렬을 B_1이라 하자. 계속해서 $t = 0, 1, \cdots, n-1$에 대해 t^i의 계수로만 이루어진 행렬을 B_i라 하자. 그러면 $B_0, B_1, \cdots, B_{n-1} \in \mathrm{M}_n(\mathrm{F})$이고 다음과 같이 쓸 수 있다.

$$B = t^{n-1}B_{n-1} + \cdots + tB_1 + B_0$$

그런데 정리 3.3.5에 의해 $(tI_n - A)\mathrm{co}(tI_n - A) = |tI_n - A| I_n$이므로

$$(tI_n - A)(t^{n-1}B_{n-1} + \cdots + tB_1 + B_0) = (t^n + c_{n-1}t^{n-1} + \cdots + c_1 t + c_0)I_n$$

이다. 이 식을 전개해서 t에 대한 다항식을 만들고 계수들을 비교하면

$$B_{n-1} = I_n,\ B_{n-2} - AB_{n-1} = c_{n-1}I_n,\ \cdots,\ B_0 - AB_1 = c_1 I_n,\ -AB_0 = c_0 I_n$$

이다. 이 식들에서 순서대로 각각 $A^n, A^{n-1}, \cdots, A, I_n$을 곱해 변끼리 더하면

$$\begin{aligned} &\text{좌변의 합} \\ &= A^n B_{n-1} + A^{n-1}(B_{n-2} - AB_{n-1}) + \cdots + A(B_0 - AB_1) + I_n(-AB_0) \\ &= A^n B_{n-1} + (A^{n-1}B_{n-2} - A^n B_{n-1}) + \cdots + (AB_0 - A^2 B_1) - AB_0 \\ &= O \end{aligned}$$

이고,

$$\text{우변의 합} = A^n + c_{n-1}A^{n-1} + \cdots + c_1 A + c_0 I_n$$

이다. 그런데 좌변의 합과 우변의 합은 같으므로

$$A^n + c_{n-1}A^{n-1} + \cdots + c_1 A + c_0 I_n = O$$

이다. ■

예제 5.3.2_ $A = \begin{bmatrix} 1 & 2 & 2 \\ 0 & 2 & 1 \\ -1 & 2 & 2 \end{bmatrix}$에 대해 다음을 계산하라.

$$A^7 - 5A^6 + 8A^5 - 3A^4 - 5A^3 + 8A^2 - 2A + 5I_3$$

풀이 A의 고유다항식은

$$|tI_3 - A| = t^3 - 5t^2 + 8t - 4$$

이다. 그러면 케일리-해밀턴정리에 의해 $A^3 - 5A^2 + 8A - 4I_3 = O$이다. 또한 나눗셈에 의해

$$\text{준식} = (A^4 + A)(A^3 - 5A^2 + 8A - 4I_3) + 2A + 5I_3$$

이다. 따라서 다음과 같다.

$$\text{준식} = 2A + 5I_3 = \begin{bmatrix} 2 & 4 & 4 \\ 0 & 4 & 4 \\ -2 & 4 & 4 \end{bmatrix} + \begin{bmatrix} 5 & 0 & 0 \\ 0 & 5 & 0 \\ 0 & 0 & 5 \end{bmatrix} = \begin{bmatrix} 7 & 4 & 4 \\ 0 & 9 & 4 \\ -2 & 4 & 9 \end{bmatrix}$$ ■

정의

두 다항식 $a(t), b(t)$에 대해 다항식 $c(t)$가 존재해서

$$a(t) = b(t)c(t)$$

이면 $b(t)$는 $a(t)$의 인수(factor)라 하고 $b(t) | a(t)$로 나타낸다.

|보기| $t^2 - 3t + 2 = (t-1)(t-2)$이므로 $t-1$은 $t^2 - 3t + 2$의 인수이다. 따라서

$$(t-1) | (t^2 - 3t + 2)$$

이다. 마찬가지로 $(t-2) | (t^2 - 3t + 2)$이다.

정리 5.3.3 $A \in \mathrm{M}_n(\mathrm{F})$이면 $m(A) = O$이 되는 최소차수의 선두계수가 1인 다항식 $m(t)$가 유일하게 존재한다. 특히 $p(t)$가 $p(A) = O$인 다항식이면 $m(t) | p(t)$이다.

증명 (1) 존재성: A의 고유다항식

$$e(t) = |tI_n - A|$$

는 선두계수가 1인 다항식이다. 그런데 케일리-해밀턴정리에 의해 $e(A) = O$이다. 따라서 $m(A) = O$이 되는 최소차수의 선두계수가 1인 다항식 $m(t)$가 존재한다.

(2) $p(t)$가 $p(A) = O$인 다항식이면 (1)에 의해 $\deg m(t) \leqq \deg p(t)$이므로

$$p(t) = m(t)c(t) + r(t)$$

로 쓸 수 있다. 단 $r(t) = 0$ 또는 $\deg r(t) < \deg m(t)$이다. 그러면 $m(A) = O$이므로

$$O = p(A) = m(A)c(A) + r(A) = Oc(A) + r(A) = r(A)$$

이다. 따라서 (1)에 의해 $\deg r(t) < \deg m(t)$는 불가능하므로 $r(t) = 0$이다. 그러면 $p(t) = m(t)c(t)$가 되어 $m(t) | p(t)$이다.

(3) 유일성: $s(t)$를 $s(A) = O$이 되는 최소차수의 선두계수가 1인 다항식이라 하자. 그러면 (2)에 의해 $m(t) | s(t)$, $s(t) | m(t)$가 되어

$$s(t) = \pm m(t)$$

이다. 그런데 $s(t), m(t)$는 모두 선두계수가 1인 다항식이므로 $s(t) = m(t)$이다. ■

정의

$A \in \mathrm{M}_n(\mathrm{F})$일 때 정리 5.3.3에서 $m(A) = O$이 되는 유일한 최소차수의 선두계수가 1인 다항식 $m(t)$를 A의 **최소다항식**(minimal polynomial)이라 한다.

따름정리 5.3.4 $A \in \mathrm{M}_n(\mathrm{F})$의 고유다항식과 최소다항식을 각각 $e(t), m(t)$라 하면 다음이 성립한다.

(1) $m(t) | e(t)$이다.

(2) $\lambda \in \mathrm{F}$가 A의 고윳값일 필요충분조건은 $m(\lambda) = 0$이다.

증명 (1)은 정리 5.3.3에서 보였다. (2)는 연습문제 6으로 남긴다. ■

$A \in \mathrm{M}_n(\mathrm{F})$의 최소다항식 $m(t)$를 찾는 것은 결코 쉽지 않은 문제이다. 다만 따름정리 5.3.4(1)에서 $m(t)$는 A의 고유다항식 $e(t)$의 인수인 것만 알 뿐이다. 그럼에도 불구하고 최소다항식은 A의 대각화가능성을 결정하는 데 중요한 도구로 사용된다. 이를 살펴보자.

$\lambda_1, \cdots, \lambda_k \in \mathrm{F}$를 $A \in \mathrm{M}_n(\mathrm{F})$의 서로 다른 고윳값이라 하여 A의 고유다항식을

$$e(t) = |tI_n - A| = (t - \lambda_1)^{m_1} \cdots (t - \lambda_k)^{m_k}$$

라 하자. 단 $m_1 + \cdots + m_k = n$이다. 그러면 A의 최소다항식 $m(t)$는 $m(t) | e(t)$를 만족하므로 따름정리 5.3.4(2)에 의해

$$m(t) = (t - \lambda_1)^{s_1} \cdots (t - \lambda_k)^{s_k}$$

로 둘 수 있다. 단 $i = 1, \cdots, k$에 대해 $1 \leq s_i \leq m_i$이다. 그러면 $m(A) = O$이므로

$$(A - \lambda_1 I_n)^{s_1} \cdots (A - \lambda_k I_n)^{s_k} = O$$

이 성립한다.

|보기| 행렬

$$A=\begin{bmatrix} 1 & 2 & 2 \\ 0 & 2 & 1 \\ -1 & 2 & 2 \end{bmatrix}$$

의 최소다항식 $m(t)$를 찾아보자. A의 고유다항식은

$$e(t)=|tI_3-A|=(t-1)(t-2)^2$$

이므로 $m(t)$는 $(t-1)(t-2)$, $(t-1)(t-2)^2$의 둘 중 하나이다. 그런데

$$(A-I_n)(A-2I_n)=\begin{bmatrix} 0 & 2 & 2 \\ 0 & 1 & 1 \\ -1 & 2 & 1 \end{bmatrix}\begin{bmatrix} -1 & 2 & 2 \\ 0 & 0 & 1 \\ -1 & 2 & 0 \end{bmatrix}=\begin{bmatrix} -2 & 4 & 2 \\ -1 & 2 & 1 \\ 0 & 0 & 0 \end{bmatrix}\neq O$$

이므로 $(t-1)(t-2)$는 최소다항식이 아니다. 따라서 최소다항식은 $m(t)=(t-1)(t-2)^2$이다. 실제로

$$\begin{aligned}(A-I_n)(A-2I_n)^2 &= [(A-I_n)(A-2I_n)](A-2I_n) \\ &= \begin{bmatrix} -2 & 4 & 2 \\ -1 & 2 & 1 \\ 0 & 0 & 0 \end{bmatrix}\begin{bmatrix} -1 & 2 & 2 \\ 0 & 0 & 1 \\ -1 & 2 & 0 \end{bmatrix}=O\end{aligned}$$

이다. 참고로 예제 5.2.3의 풀이에서 A는 대각화불가능이다.

|보기| 행렬

$$B=\begin{bmatrix} 5 & 0 & 6 \\ 3 & 2 & 6 \\ -2 & 0 & -2 \end{bmatrix}$$

의 최소다항식 $m(t)$를 찾아보자. B의 고유다항식은

$$e(t)=|tI_3-B|=(t-1)(t-2)^2$$

이므로 $m(t)$는 $(t-1)(t-2)$, $(t-1)(t-2)^2$의 둘 중 하나이다. 그런데

$$(B-I_n)(B-2I_n)=\begin{bmatrix} 4 & 0 & 6 \\ 3 & 1 & 6 \\ -2 & 0 & -3 \end{bmatrix}\begin{bmatrix} 3 & 0 & 6 \\ 3 & 0 & 6 \\ -2 & 0 & -4 \end{bmatrix}=O$$

이므로 B의 최소다항식은 $m(t)=(t-1)(t-2)$이다. 참고로 예제 5.2.4의 풀이

에서 B는 대각화가능이다.

위 두 보기는 다음 정리를 이해하는 데 도움이 될 것이다. 증명은 교재 범위를 벗어나므로 생략한다.

정리 5.3.5 $\lambda_1, \cdots, \lambda_k \in \mathrm{F}$를 $A \in \mathrm{M}_n(\mathrm{F})$의 서로 다른 고윳값이라 하면 A가 대각화가능일 필요충분조건은 A의 최소다항식은 $m(t) = (t-\lambda_1)\cdots(t-\lambda_k)$이다.

|참고| 위 정리는 $A \in \mathrm{M}_n(\mathrm{F})$의 대각화가능성을 결정하는 데 유용하다. 먼저 A의 고유방정식으로부터 A의 서로 다른 모든 고윳값 $\lambda_1, \cdots, \lambda_k$를 구해

$$p(t) = (t-\lambda_1)\cdots(t-\lambda_k)$$

로 둔다. 이제

$$p(A) = (A-\lambda_1 I_n)(A-\lambda_2 I_n)\cdots(A-\lambda_k I_n)$$

를 계산하다. 만약 $p(A) = O$이면 $p(t)$는 A의 최소다항식이 되어 A는 대각화가능이다. 그러나 $p(A) \neq O$이면 $p(t)$는 A의 최소다항식이 아니므로 A는 대각화불가능이다.

F상에서 선두계수가 1인 n차 다항식 $p(t) = t^n + a_{n-1}t^{n-1} + \cdots + a_1 t + a_0$가 주어질 때

$$A = \begin{bmatrix} 0 & 0 & \cdots & 0 & -a_0 \\ 1 & 0 & \cdots & 0 & -a_1 \\ 0 & 1 & \cdots & 0 & -a_2 \\ \vdots & \vdots & & \vdots & \vdots \\ 0 & 0 & \cdots & 1 & -a_{n-1} \end{bmatrix} \in \mathrm{M}_n(\mathrm{F})$$

를 $p(t)$의 **동반행렬**(companion matrix)이라 한다.

|보기| $p(t) = t^3 - 5t^2 + 6t + 8$의 동반행렬은

$$A = \begin{bmatrix} 0 & 0 & -8 \\ 1 & 0 & -6 \\ 0 & 1 & 5 \end{bmatrix}$$

이다. 그런데

$$|tI_3 - A| = \begin{vmatrix} t & 0 & 8 \\ -1 & t & 6 \\ 0 & -1 & t-5 \end{vmatrix} = t\begin{vmatrix} t & 6 \\ -1 & t-5 \end{vmatrix} + 8\begin{vmatrix} -1 & t \\ 0 & -1 \end{vmatrix}$$
$$= t(t^2 - 5t + 6) + 8 = t^3 - 5t^2 + 6t + 8$$

이므로 A의 고유다항식은 $p(t)$이다.

|보기| $q(t) = t^4 - 5t^3 - 2t^2 + 7t + 4$의 동반행렬은

$$B = \begin{bmatrix} 0 & 0 & 0 & -4 \\ 1 & 0 & 0 & -7 \\ 0 & 1 & 0 & 2 \\ 0 & 0 & 1 & 5 \end{bmatrix}$$

이다. 그런데

$$|tI_3 - B| = \begin{vmatrix} t & 0 & 0 & 4 \\ -1 & t & 0 & 7 \\ 0 & -1 & t & -2 \\ 0 & 0 & -1 & t-5 \end{vmatrix}$$
$$= t\begin{vmatrix} t & 0 & 7 \\ -1 & t & -2 \\ 0 & -1 & t-5 \end{vmatrix} - 4\begin{vmatrix} -1 & t & 0 \\ 0 & -1 & t \\ 0 & 0 & -1 \end{vmatrix}$$
$$= t\left[t\begin{vmatrix} t & -2 \\ -1 & t-5 \end{vmatrix} + 7\begin{vmatrix} -1 & t \\ 0 & -1 \end{vmatrix}\right] + 4$$
$$= t(t^3 - 5t^2 - 2t + 7) + 4$$
$$= t^4 - 5t^3 - 2t^2 + 7t + 4$$

이므로 B의 고유다항식은 $q(t)$이다.

앞 두 보기를 일반화하여 다음 결과를 얻는다.

정리 5.3.6 F상에서 선두계수가 1인 다항식

$$p(t) = t^n + a_{n-1}t^{n-1} + \cdots + a_1 t + a_0$$

의 동반행렬을 $A \in \mathrm{M}_n(\mathrm{F})$라 하면 A의 고유다항식과 최소다항식은 모두 $p(t)$로 같다.

증명 $p(t)$의 동반행렬은

$$A=\begin{bmatrix} 0 & 0 & \cdots & 0 & -a_0 \\ 1 & 0 & \cdots & 0 & -a_1 \\ 0 & 1 & \cdots & 0 & -a_2 \\ \vdots & \vdots & & \vdots & \vdots \\ 0 & 0 & \cdots & 1 & -a_{n-1} \end{bmatrix}$$

이다. 이제 $p(t)$가 A의 최소다항식임을 보이면 증명이 끝난다. 먼저 $p(A)=O$을 보이기 위해 F^n의 표준기저 $\{\mathbf{e}_1,\cdots,\mathbf{e}_n\}$을 고려하면 $i=1,\cdots,n-1$에 대해 $A\mathbf{e}_i=\mathbf{e}_{i+1}$이므로

$$\mathbf{e}_2=A\mathbf{e}_1,\quad \mathbf{e}_3=A\mathbf{e}_2=A^2\mathbf{e}_1,\quad \cdots,\quad \mathbf{e}_n=A\mathbf{e}_{n-1}=A^{n-1}\mathbf{e}_1 \qquad (*)$$

이다. 한편

$$A\mathbf{e}_n=-\begin{bmatrix} a_0 \\ a_1 \\ \vdots \\ a_{n-1} \end{bmatrix}$$

이므로 $(*)$에 의해

$$\begin{aligned} A\mathbf{e}_n &=-(a_{n-1}\mathbf{e}_n+\cdots+a_1\mathbf{e}_2+a_0\mathbf{e}_1) \\ &=-(a_{n-1}A^{n-1}\mathbf{e}_1+\cdots+a_1A\mathbf{e}_1+a_0I_n\mathbf{e}_1) \\ &=-(a_{n-1}A^{n-1}+\cdots+a_1A+a_0I_n)\mathbf{e}_1 \\ &=-[p(A)-A^n]\mathbf{e}_1=[A^n-p(A)]\mathbf{e}_1 \end{aligned}$$

이다. 그런데 $\mathbf{e}_n=A^{n-1}\mathbf{e}_1$이므로 $A\mathbf{e}_n=A^n\mathbf{e}_1$이 되어 앞 결과에 의해

$$A^n\mathbf{e}_1=[A^n-p(A)]\mathbf{e}_1$$

이다. 따라서 $p(A)\mathbf{e}_1=\mathbf{0}$이다. 그러면 모든 $i=1,\cdots,n$에 대해

$$p(A)\mathbf{e}_i=p(A)A^{i-1}\mathbf{e}_1=A^{i-1}p(A)\mathbf{e}_1=\mathbf{0}$$

이므로 $p(A)=O$이다. 다음으로 $m<n$인 다항식

$$q(t)=t^m+b_{m-1}t^{m-1}+\cdots+b_1t+b_0$$

에 대해 $q(A)=O$이라 하자. 그러면 (*)에 의해

$$\begin{aligned}\mathbf{0} &= q(A)\mathbf{e}_1 = (A^m + b_{m-1}A^{m-1} + \cdots + b_1 A + b_0 I_n)\mathbf{e}_1 \\ &= A^m\mathbf{e}_1 + b_{m-1}A^{m-1}\mathbf{e}_1 + b_1 A\mathbf{e}_1 + b_0\mathbf{e}_1 \\ &= \mathbf{e}_{m+1} + b_{m-1}\mathbf{e}_m + \cdots + b_1\mathbf{e}_2 + b_0\mathbf{e}_1\end{aligned}$$

이 되어 $\mathbf{e}_1, \cdots, \mathbf{e}_{m+1}$은 일차종속이다. 이는 모순이다. 따라서 $p(t)$는 A의 최소다항식이다. ■

$p(t)$가 F상에서 선두계수가 1인 임의의 다항식이면 정리 5.3.6에 의해 $p(t)$를 고유다항식으로 갖는 행렬은 항상 존재한다. 그러나 이 행렬이 $p(t)$의 동반행렬임을 의미하는 것은 아니다. 예로 다항식 $p(t)=t^3-5t^2+8t-4$의 동반행렬은

$$A=\begin{bmatrix}0&0&4\\1&0&-8\\0&1&5\end{bmatrix}$$

이다. 그러나 예제 5.1.4에서 살폈듯이

$$B=\begin{bmatrix}5&0&6\\3&2&6\\-2&0&-2\end{bmatrix}$$

의 고유다항식도 $p(t)=t^3-5t^2+8t-4$이다.

연습문제 5.3

1 행렬 A와 다항식 $p(t)$가 다음과 같이 주어질 때 $p(A)$의 모든 고윳값을 구하라.

(1) $A=\begin{bmatrix}1&4\\1&1\end{bmatrix}$, $p(t)=t^3+t^2+t+1$

(2) $A=\begin{bmatrix}2&1&1\\1&2&1\\1&1&2\end{bmatrix}$, $p(t)=t^3+t^2+t+1$

2 행렬 A와 다항식 $p(t)$가 다음과 같이 주어질 때 $p(A)$의 모든 고윳값을 구하라.

(1) $A=\begin{bmatrix} 1 & 2 \\ -2 & 5 \end{bmatrix}$, $p(t)=t^3-t^2+t-1$

(2) $A=\begin{bmatrix} 1 & 0 & 0 \\ 0 & 0 & -1 \\ 1 & 1 & 0 \end{bmatrix}$, $p(t)=t^3-t^2+t-1$

3 (1) $A=\begin{bmatrix} 1 & 4 \\ 1 & 1 \end{bmatrix}$일 때 $A^5-2A^4-2A^3-4A^2+A+8I_2$를 계산하라.

(2) $B=\begin{bmatrix} 1 & 2 \\ -2 & 1 \end{bmatrix}$일 때 $2B^7-4B^6+10B^5-B^2+3B-3I_2$를 계산하라.

4 $A=\begin{bmatrix} 5 & 8 & 16 \\ 4 & 1 & 8 \\ -4 & -4 & -11 \end{bmatrix}$일 때 다음을 계산하라.

$$A^8+5A^7+3A^6-9A^5-2A^4-9A^3-A^2+22A-8I_3$$

5 가역행렬 $A\in \mathrm{M}_n(\mathrm{F})$의 고유다항식이 $e(t)=t^n+c_{n-1}t^{n-1}+\cdots+c_1t+c_0$일 때 다음을 보여라.

$$A^{-1}=-\frac{1}{c_0}(A^{n-1}+c_{n-1}A^{n-2}+\cdots+c_1I_n)$$

6 $A\in \mathrm{M}_n(\mathrm{F})$의 고유다항식과 최소다항식을 각각 $e(t), m(t)$라 할 때 $\lambda\in\mathrm{F}$가 A의 고윳값일 필요충분조건은 $m(\lambda)=0$을 보여라.

7 $A, P\in \mathrm{M}_n(\mathrm{F})$일 때 P가 가역이면 다항식 $s(t)=a_kt^k+a_{k-1}t^{k-1}+\cdots+a_1t+a_0$에 대해 $s(P^{-1}AP)=P^{-1}s(A)P$를 보여라.

8 $A, B\in \mathrm{M}_n(\mathrm{F})$가 닮음이면 A, B의 최소다항식은 같음을 보여라.

9 정리 5.3.5를 이용해서 다음 행렬의 대각화가능성을 결정하라.

(1) $A=\begin{bmatrix} 2 & 0 & 0 \\ -1 & 1 & 1 \\ 1 & 1 & 1 \end{bmatrix}$ (2) $B=\begin{bmatrix} 2 & 0 & 0 & 0 \\ 0 & 2 & 0 & 0 \\ 0 & 0 & -3 & 0 \\ 0 & 0 & 1 & -3 \end{bmatrix}$

10 $A=\begin{bmatrix}2&1&1\\1&2&1\\1&1&2\end{bmatrix}$의 최소다항식 $m(t)$와 $m(t)$의 동반행렬을 구하라.

11 $A=\begin{bmatrix}1&2&2\\0&2&1\\-1&2&2\end{bmatrix}$의 최소다항식 $m(t)$와 $m(t)$의 동반행렬을 구하라.

12 F상의 다항식 $p(t)=t^n+a_{n-1}t^{n-1}+\cdots+a_1t+a_0$의 동반행렬 A에 대해 다음을 보여라.

(1) $p(t)=0$이 서로 다른 n개의 근을 가지면 A는 대각화가능이다.

(2) $p(t)=0$이 적어도 하나의 중근을 가지면 A는 대각화불가능이다.

6장

선형 사상

AR ALGEBRA LINEAR ALGEBRA LINEAR ALGEBRA LINEAR ALGEBRA LINEAR ALGEBRA

6.1 선형사상의 예와 기본성질

이 절에서는 체 F상의 두 벡터공간 V, W에 대한 **사상**(mapping) $T: V \to W$ 중에 특별히 두 연산을 보존하는 선형사상과 이에 대한 예를 살핀다. 또한 선형사상의 핵과 상에 대해 알아보고 이들을 이용한 벡터공간의 차원에 대해서도 살핀다.

|약속| 이후로

$$T: V \to W$$

가 사상이면 언급하지 않아도 V, W는 체 F상의 벡터공간이다.

정의

$T: V \to W$가 사상일 때 모든 $v_1, v_2 \in V$와 $\alpha \in \mathrm{F}$에 대해

$$T(v_1 + v_2) = T(v_1) + T(v_2),$$
$$T(\alpha v_1) = \alpha T(v_1)$$

이면 T를 **선형**(linear)이라 한다.

|주의| V, W가 벡터공간일 때 이들의 영벡터를 구분하여 각각

$$0_V, \quad 0_W$$

로 나타내기도 한다. 그러나 이들 모두를 단순히 0으로 사용하자. 이때 사용된 0이 0_V인지 또는 0_W인지는 문맥에 따라 결정하면 된다.

정리 6.1.1 $T: V \to W$가 선형사상이면 모든 $v, v_1, v_2 \in V$에 대해 다음이 성립한다.

(1) $T(0) = 0$

(2) $T(-v) = -T(v)$

(3) $T(v_1 - v_2) = T(v_1) - T(v_2)$

증명 (1) $T(0) = T(0+0) = T(0) + T(0)$ 이므로 양변에 $-T(0)$을 더하면 $T(0) = 0$이다.

(2) $T(-v) = T((-1)v) = (-1)T(v) = -T(v)$이다.

(3) $T(v_1 - v_2) = T(v_1 + (-1)v_2) = T(v_1) + (-1)T(v_2) = T(v_1) - T(v_2)$이다. ■

선형사상의 정의에서 두 조건을 하나의 식으로 묶어

$$T(\alpha v_1 + v_2) = \alpha T(v_1) + T(v_2)$$

로 쓸 수 있다. 왜냐하면 $\alpha = 1$로 두면 첫째 조건이 성립하고 $v_2 = \mathbf{0}$으로 두면 정리 6.1.1(1)에 의해 둘째 조건이 성립하기 때문이다. 특히 귀납법을 적용하면 모든 $v_1, v_2, \cdots, v_n \in V$와 $\alpha_1, \alpha_2, \cdots, \alpha_n \in \mathrm{F}$에 대해

$$T(\alpha_1 v_1 + \alpha_2 v_2 + \cdots + \alpha_n v_n) = \alpha_1 T(v_1) + \alpha_2 T(v_2) + \cdots + \alpha_n T(v_n)$$

이 성립한다.

|보기| 다음 사상을 고려하자.

$$1_V : V \to V, \quad 1_V(v) = v$$

모든 $v_1, v_2 \in V$와 $\alpha \in \mathrm{F}$에 대해

$$1_V(\alpha v_1 + v_2) = \alpha v_1 + v_2 = \alpha 1_V(v_1) + 1_V(v_2)$$

이므로 1_V는 선형이다. 이를 **항등사상**(identity linear mapping)이라 한다.

|보기| 다음 사상을 고려하자.

$$\mathrm{O}: V \to W, \quad \mathrm{O}(v) = \mathbf{0}$$

모든 $v_1, v_2 \in V$와 $\alpha \in \mathrm{F}$에 대해

$$\mathrm{O}(\alpha v_1 + v_2) = \mathbf{0} = \alpha \mathbf{0} + \mathbf{0} = \alpha \mathrm{O}(v_1) + \mathrm{O}(v_2)$$

이므로 O은 선형이다. 이를 **영사상**(zero linear mapping)이라 한다.

이제부터 여러 가지 선형사상의 예를 살펴본다.

|보기| 다음 사상을 고려하자.

$$T: \mathbb{R}^3 \to \mathbb{R}^2, \quad T(x,y,z) = (x+2y, 3z)$$

모든 $\mathbf{v}_1 = (x,y,z), \mathbf{v}_2 = (a,b,c) \in \mathbb{R}^3$와 $\alpha \in \mathbb{R}$ 에 대해

$$\begin{aligned} T(\alpha\mathbf{v}_1 + \mathbf{v}_2) &= T(\alpha(x,y,z) + (a,b,c)) = T(\alpha x + a, \alpha y + b, \alpha z + c) \\ &= ((\alpha x + a) + 2(\alpha y + b), 3(\alpha z + c)) \\ &= \alpha(x + 2y, 3z) + (a + 2b, 3c) \\ &= \alpha T(x,y,z) + T(a,b,c) = \alpha T(\mathbf{v}_1) + T(\mathbf{v}_2) \end{aligned}$$

이다. 따라서 T는 선형이다.

|보기|| $A \in \mathrm{M}_{m,n}(\mathrm{F})$일 때 다음 사상을 고려하자.

$$T: \mathrm{F}^n \to \mathrm{F}^m, \quad T(\mathbf{x}) = A\mathbf{x}$$

모든 $\mathbf{x}_1, \mathbf{x}_2 \in \mathrm{F}^n$와 $\alpha \in \mathrm{F}$에 대해

$$T(\alpha\mathbf{x}_1 + \mathbf{x}_2) = A(\alpha\mathbf{x}_1 + \mathbf{x}_2) = \alpha(A\mathbf{x}_1) + A\mathbf{x}_2 = \alpha T(\mathbf{x}_1) + T(\mathbf{x}_2)$$

이다. 따라서 T는 선형이다.

예제 6.1.1_ 고정된 각 θ에 대해

$$A = \begin{bmatrix} \cos\theta & -\sin\theta \\ \sin\theta & \cos\theta \end{bmatrix}$$

이면 사상 $T: \mathbb{R}^2 \to \mathbb{R}^2$, $T(\mathbf{x}) = A\mathbf{x}$ 는 선형이다. 이때 $T(\mathbf{x})$는 $\mathbf{x}$를 θ만큼 회전한 벡터임을 보여라.

증명 $\mathbf{x} = \begin{bmatrix} x \\ y \end{bmatrix}$와 x축의 양의 방향 사이의 각을 α라 하자. 또한 $\mathbf{x}$를 θ만큼 회전한 벡터를 $\mathbf{x}' = \begin{bmatrix} x' \\ y' \end{bmatrix}$이라 하자.

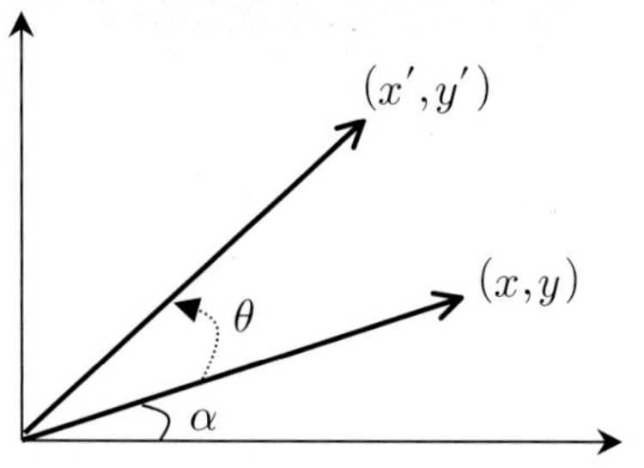

이제 $\mathbf{x}' = T(\mathbf{x})$를 보이면 된다. 이를 위해 $\mathbf{x}$의 길이를 r이라 하면

$$x = r\cos\alpha,\quad x' = r\cos(\alpha+\theta),$$
$$y = r\sin\alpha,\quad y' = r\sin(\alpha+\theta)$$

이므로

$$\begin{aligned}\mathbf{x}' &= \begin{bmatrix} x' \\ y' \end{bmatrix} = \begin{bmatrix} r\cos(\alpha+\theta) \\ r\sin(\alpha+\theta) \end{bmatrix} \\ &= \begin{bmatrix} r\cos\alpha\cos\theta - r\sin\alpha\sin\theta \\ r\cos\alpha\sin\theta + r\sin\alpha\cos\theta \end{bmatrix} \\ &= \begin{bmatrix} x\cos\theta - y\sin\theta \\ x\sin\theta + y\cos\theta \end{bmatrix} = \begin{bmatrix} \cos\theta & -\sin\theta \\ \sin\theta & \cos\theta \end{bmatrix} \begin{bmatrix} x \\ y \end{bmatrix} \\ &= A\mathbf{x} = T(\mathbf{x})\end{aligned}$$

이다. ■

|보기| 다음 사상을 고려하자.

$$\mathrm{D}: \mathbb{R}[x] \to \mathbb{R}[x],\quad \mathrm{D}(f(x)) = f'(x)$$

모든 $f(x), g(x) \in \mathbb{R}[x]$와 $\alpha \in \mathbb{R}$에 대해

$$\begin{aligned}\mathrm{D}(\alpha f(x) + g(x)) &= (\alpha f(x) + g(x))' = \alpha f'(x) + g'(x) \\ &= \alpha\mathrm{D}(f(x)) + \mathrm{D}(g(x))\end{aligned}$$

이다. 따라서 D는 선형이다. 이를 **미분연산자**(differential operator)라 한다.

|보기| 다음 사상을 고려하자.

$$\mathrm{I}: C[a,b] \to \mathbb{R},\quad \mathrm{I}(f(x)) = \int_a^b f(x)\,dx$$

모든 $f(x), g(x) \in C[a,b]$와 $\alpha \in \mathbb{R}$에 대해

$$\begin{aligned} \mathrm{I}(\alpha f(x)+g(x)) &= \int_a^b (\alpha f(x)+g(x))dx \\ &= \alpha \int_a^b f(x)dx + \int_a^b g(x)dx \\ &= \alpha \mathrm{I}(f(x)) + \mathrm{I}(g(x)) \end{aligned}$$

이다. 따라서 I는 선형이다. 이를 **적분연산자**(integral operator)라 한다.

정의

$T: V \to W$가 사상일 때 W의 영벡터에 대한 T의 역상 $T^{-1}(\mathbf{0})$을 T의 핵(kernel)이라 하고 $\ker T$로 나타낸다.

$$\ker T = \{v \in V \mid T(v) = \mathbf{0}\}$$

또한 T에 대한 V의 **상**(image)을 $\operatorname{Im} T$로 나타낸다.

$$\operatorname{Im} T = \{T(v) \mid v \in V\}$$

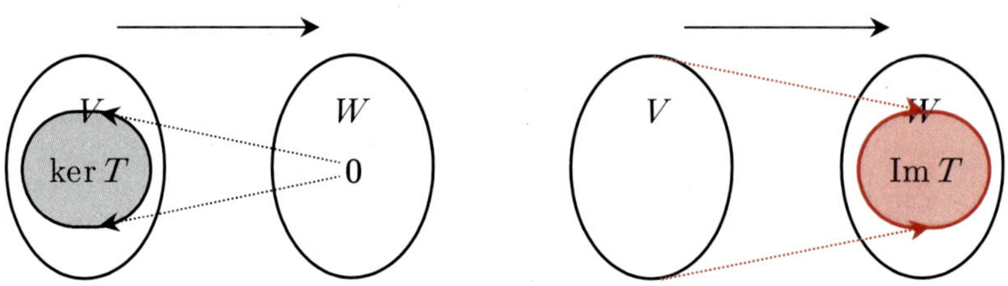

$\ker T$는 V의 부분공간이고 $\operatorname{Im} T$는 W의 부분공간이다(연습문제 4).

정리 6.1.2 $T: V \to W$가 선형사상일 때 T가 단사일 필요충분조건은 다음과 같다.

$$\ker T = \{\mathbf{0}\}$$

증명 $(\Rightarrow)$ $v \in \ker T$이면 $T(v) = \mathbf{0}$이다. 그런데 $T(\mathbf{0}) = \mathbf{0}$이므로 $T(v) = T(\mathbf{0})$이다. 한편 T는 단사이므로 $v = \mathbf{0}$이 되어 $\ker T = \{\mathbf{0}\}$이다.

$(\Leftarrow)$ $u, v \in V$에 대해 $T(u) = T(v)$이면 $T(u-v) = \mathbf{0}$이므로 $u - v \in \ker T$

이다. 그런데 $\ker T = \{\mathbf{0}\}$이므로 $u - v = \mathbf{0}$이 되어 $u = v$이다. 따라서 T는 단사이다. ■

예제 6.1.2_ 다음 선형사상에서 $\ker T$를 구해 T가 단사인지를 결정하라.

(1) $T: \mathbb{R}^2 \to \mathbb{R}^2,\ \ T(x,y) = (x-y, x+y)$

(2) $T: \mathbb{R}^3 \to \mathbb{R}^2,\ \ T(x,y,z) = (x-z, z-y)$

풀이 (1)
$$\begin{aligned}\ker T &= \{(x,y) \in \mathbb{R}^2 \mid T(x,y) = (0,0)\} \\ &= \{(x,y) \in \mathbb{R}^2 \mid (x-y, x+y) = (0,0)\} \\ &= \{(x,y) \in \mathbb{R}^2 \mid x = y = 0\} \\ &= \{(0,0)\}\end{aligned}$$

이다. 따라서 정리 6.1.2에 의해 T는 단사이다.

(2)
$$\begin{aligned}\ker T &= \{(x,y,z) \in \mathbb{R}^3 \mid T(x,y,z) = (0,0)\} \\ &= \{(x,y,z) \in \mathbb{R}^3 \mid (x-z, z-y) = (0,0)\} \\ &= \{(x,y,z) \in \mathbb{R}^3 \mid x = y = z\} \\ &= \{(x,x,x) \mid x \in \mathbb{R}\} \\ &= \langle (1,1,1) \rangle\end{aligned}$$

이다. 따라서 정리 6.1.2에 의해 T는 단사가 아니다. ■

정리 6.1.3 $T: V \to W$는 선형사상이고 $v_1, \cdots, v_n \in V$라 하자.

(1) $V = \langle v_1, \cdots, v_n \rangle$이면 $\operatorname{Im} T = \langle T(v_1), \cdots, T(v_n) \rangle$이다.

(2) $\{v_1, \cdots, v_n\}$이 V의 기저일 때 T가 단사이면 $\{T(v_1), \cdots, T(v_n)\}$은 $\operatorname{Im} T$의 기저이다.

증명 (1) ($\supseteq$)는 분명하므로 ($\subseteq$)를 보이자. $w \in \operatorname{Im} T$이면 $T(v) = w$인 $v \in V$가 존재한다. 한편 $V = \langle v_1, \cdots, v_n \rangle$이므로

$$v = a_1 v_1 + \cdots + a_n v_n$$

으로 쓸 수 있다. 그러면 T는 선형이므로

$$w = T(v) = T(a_1 v_1 + \cdots + a_n v_n) = a_1 T(v_1) + \cdots + a_n T(v_n)$$

이다. 따라서 $w \in \langle T(v_1), \cdots, T(v_n) \rangle$ 이다.

(2) (1)에 의해 $T(v_1), \cdots, T(v_n)$ 이 일차독립임을 보이면 된다. 이를 위해

$$b_1 T(v_1) + \cdots + b_n T(v_n) = \mathbf{0}$$

으로 두면 T는 선형이므로 $T(b_1 v_1 + \cdots + b_n v_n) = \mathbf{0}$이 되어

$$b_1 v_1 + \cdots + b_n v_n \in \ker T$$

이다. 한편 T는 단사이므로 정리 6.1.2에 의해 $\ker T = \{\mathbf{0}\}$이 되어

$$b_1 v_1 + \cdots + b_n v_n = \mathbf{0}$$

이다. 그런데 $v_1, \cdots, v_n$은 일차독립이므로 $b_1 = \cdots = b_n = 0$이다. 따라서 $T(v_1), \cdots, T(v_n)$은 일차독립이다. ▪

위 정리에서 (2)의 역도 성립한다. 즉 $\{v_1, \cdots, v_n\}$이 V의 기저일 때

$$\{T(v_1), \cdots, T(v_n)\}$$

이 $\operatorname{Im} T$의 기저이면 T는 단사이다(연습문제 7).

예제 6.1.3_ 다음 선형사상에서 $\operatorname{Im} T$를 구하라.

$$T : \mathbb{R}^3 \to \mathbb{R}^2, \quad T(x, y, z) = (x - z, z - y)$$

풀이 $\mathbb{R}^3$의 표준기저 $\{\mathbf{e}_1, \mathbf{e}_2, \mathbf{e}_3\}$를 택하면 $\mathbb{R}^3 = \langle \mathbf{e}_1, \mathbf{e}_2, \mathbf{e}_3 \rangle$이므로 정리 6.1.3에 의해

$$\operatorname{Im} T = \langle T(\mathbf{e}_1), T(\mathbf{e}_2), T(\mathbf{e}_3) \rangle$$

이다. 그런데

$$T(\mathbf{e}_1) = T(1,0,0) = (1,0),$$
$$T(\mathbf{e}_2) = T(0,1,0) = (0,-1),$$
$$T(\mathbf{e}_3) = T(0,0,1) = (-1,1)$$

이므로 $\operatorname{Im} T = \langle (1,0), (0,-1), (-1,1) \rangle = \langle (1,0), (0,1) \rangle$이다. ▪

위 예제에서 $\operatorname{Im} T$를 구할 때 $\mathbb{R}^3$의 표준기저 $\{\mathbf{e}_1, \mathbf{e}_2, \mathbf{e}_3\}$를 사용했다. 그러나 기저를

$$\{(1,0,0),(1,1,0),(1,1,1)\}$$

로 택하거나 임의의 기저를 택해도 정리 6.1.3(1)은 $\operatorname{Im} T$가 같음을 보장한다. 그러나 표준기저를 택하는 것이 계산하기에는 편리하다.

$T: \mathrm{F}^n \to \mathrm{F}^m$가 선형사상이면 $\operatorname{Im} T$와 $\ker T$는 행렬을 이용해서 구할 수도 있다. 다음 예제에서 이를 확인하자.

예제 6.1.4_ 선형사상

$$T: \mathbb{R}^4 \to \mathbb{R}^3, \quad T(x,y,z,w) = (x-y+z+w,\ x+2z-w,\ x+y+3z-3w)$$

에 대해 $\operatorname{Im} T$와 $\ker T$를 구하고 이들의 차원을 결정하라.

풀이 $\operatorname{Im} T$를 구하기 위해 $\mathbb{R}^4$의 표준기저 $\{\mathbf{e}_1, \mathbf{e}_2, \mathbf{e}_3, \mathbf{e}_4\}$를 택하면 정리 6.1.3에 의해

$$\operatorname{Im} T = \langle T(\mathbf{e}_1), T(\mathbf{e}_2), T(\mathbf{e}_3), T(\mathbf{e}_4) \rangle$$

이다. 그런데

$$\begin{aligned} T(\mathbf{e}_1) &= (1,1,1), & T(\mathbf{e}_2) &= (-1,0,1), \\ T(\mathbf{e}_3) &= (1,2,3), & T(\mathbf{e}_4) &= (1,-1,-3) \end{aligned}$$

이므로

$$\operatorname{Im} T = \langle (1,1,1), (-1,0,1), (1,2,3), (1,-1,-3) \rangle$$

이다. 이를 최소화하기 위해 $\operatorname{Im} T$의 벡터들을 행렬로 나타내면

$$\begin{bmatrix} 1 & 1 & 1 \\ -1 & 0 & 1 \\ 1 & 2 & 3 \\ 1 & -1 & -3 \end{bmatrix}$$

이고 기약 행사다리꼴로 변형하면 $\begin{bmatrix} 1 & 0 & -1 \\ 0 & 1 & 2 \\ 0 & 0 & 0 \\ 0 & 0 & 0 \end{bmatrix}$ 이다. 따라서

$$\{(1,0,-1),(0,1,2)\}$$

는 $\operatorname{Im} T$의 기저가 되어 $\dim(\operatorname{Im} T)=2$이다. 다음으로 $\ker T$를 구하기 위해 $(x,y,z,w)\in\ker T$라 하면 $T(x,y,z,w)=(0,0,0)$이므로

$$(x-y+z+w,\ x+2z-w,\ x+y+3z-3w)=(0,0,0)$$

이다. 이를 행렬로 나타내면

$$\begin{bmatrix} 1 & -1 & 1 & 1 \\ 1 & 0 & 2 & -1 \\ 1 & 1 & 3 & -3 \end{bmatrix}\begin{bmatrix} x \\ y \\ z \\ w \end{bmatrix}=\begin{bmatrix} 0 \\ 0 \\ 0 \end{bmatrix}$$

이고 첨가행렬 $\begin{bmatrix} 1 & -1 & 1 & 1 & : & 0 \\ 1 & 0 & 2 & -1 & : & 0 \\ 1 & 1 & 3 & -3 & : & 0 \end{bmatrix}$ 을 기약 행사다리꼴로 변형하면

$$\begin{bmatrix} 1 & 0 & 2 & -1 & : & 0 \\ 0 & 1 & 1 & -2 & : & 0 \\ 0 & 0 & 0 & 0 & : & 0 \end{bmatrix}$$

이다. 따라서

$$\{(1,0,2,-1),(0,1,1,-2)\}$$

는 $\ker T$의 기저가 되어 $\dim(\ker T)=2$이다. ■

위 예제의 선형사상 $T:\mathbb{R}^4\to\mathbb{R}^3$에 대해

$$\dim\mathbb{R}^4=\dim(\ker T)+\dim(\operatorname{Im} T)$$

이다. 이는 다음 정리를 확인해 주는 하나의 예이다.

정리 6.1.4 유한차원 벡터공간 V, W에 대해 $T: V\to W$가 선형사상이면

$$\dim V=\dim(\ker T)+\dim(\operatorname{Im} T)$$

이다.

증명 $\dim V=n$, $\dim(\ker T)=r$로 두면 $\ker T$는 V의 부분공간이므로 $r \leqq n$이다. 결과를

$$r=n, \quad r=0, \quad 1 \leqq r < n$$

의 세 경우로 나누어 보이자.

(1) $r=n$이면 $\ker T=V$이므로 T는 영사상이 되어 $\operatorname{Im} T=\{\mathbf{0}\}$이다. 따라서

$$\dim V=n=n+0=\dim(\ker T)+\dim(\operatorname{Im} T)$$

(2) $r=0$이면 $\ker T=\{\mathbf{0}\}$ 이므로 정리 6.1.2에 의해 T는 단사이다. 따라서 정리 6.1.3(2)에 의해 $\dim(\operatorname{Im} T)=n$이 되어

$$\dim V=n=0+n=\dim(\ker T)+\dim(\operatorname{Im} T)$$

(3) $1 \leqq r < n$이고 $\{v_1,\cdots,v_r\}$를 $\ker T$의 기저라 하면 정리 4.3.6에 의해

$$\{v_1,\cdots,v_r,v_{r+1},\cdots,v_n\}$$

이 V의 기저가 되도록 $v_{r+1},\cdots,v_n \in V$을 택할 수 있다. $\{T(v_{r+1}),\cdots,T(v_n)\}$이 $\operatorname{Im} T$의 기저임을 보이자. 먼저 생성을 보이기 위해 $w \in \operatorname{Im} T$라 하면 $T(v)=w$인 $v \in V$가 존재한다. 그러면

$$v=a_1v_1+\cdots+a_rv_r+a_{r+1}v_{r+1}+\cdots+a_nv_n$$

으로 쓸 수 있다. 그런데 $v_1,\cdots,v_r$은 $\ker T$의 원소들이므로 $T(v_1)=\cdots=T(v_r)=\mathbf{0}$이 되어

$$\begin{aligned} w &= T(v)=T(a_1v_1+\cdots+a_rv_r+a_{r+1}v_{r+1}+\cdots+a_nv_n) \\ &= a_1T(v_1)+\cdots+a_rT(v_r)+a_{r+1}T(v_{r+1})+\cdots+a_nT(v_n) \\ &= a_{r+1}T(v_{r+1})+\cdots+a_nT(v_n) \end{aligned}$$

이다. 따라서 $\{T(v_{r+1}),\cdots,T(v_n)\}$은 $\operatorname{Im} T$를 생성한다. 다음으로 일차독립임을 보이기 위해

$$b_{r+1}T(v_{r+1})+\cdots+b_nT(v_n)=\mathbf{0}$$

으로 두면 $T(b_{r+1}v_{r+1}+\cdots+b_nv_n)=\mathbf{0}$이다. 그러면 $b_{r+1}v_{r+1}+\cdots+$

$b_n v_n \in \ker T$이므로

$$b_{r+1}v_{r+1} + \cdots + b_n v_n = b_1 v_1 + \cdots + b_r v_r$$

로 쓸 수 있다. 이 등식에서 우변을 좌변으로 이항하면

$$(-b_1)v_1 + \cdots + (-b_r)v_r + b_{r+1}v_{r+1} + \cdots + b_n v_n = \mathbf{0}$$

이다. 한편 $v_1, \cdots, v_n$은 일차독립이므로 $b_1 = \cdots = b_n = 0$이다. 즉 $T(v_{r+1})$, $\cdots$, $T(v_n)$은 일차독립이다. 따라서 $\{T(v_{r+1}), \cdots, T(v_n)\}$은 $\operatorname{Im} T$의 기저이므로

$$\dim V = n = r + (n-r) = \dim(\ker T) + \dim(\operatorname{Im} T)$$

이다. ■

|보기| 선형사상

$$T : \mathbb{R}^3 \to \mathbb{R}^2, \quad T(x, y, z) = (x - z, z - y)$$

에 대해 예제 6.1.3의 풀이에서 $\operatorname{Im} T = \langle (1,0), (0,1) \rangle$이므로

$$\dim(\operatorname{Im} T) = 2$$

이다. 그러면 $\ker T$를 구하지 않고도 $\dim(\ker T) = 1$을 알 수 있다. 왜냐하면 정리 6.1.4에 의해

$$3 = \dim \mathbb{R}^3 = \dim(\ker T) + \dim(\operatorname{Im} T)$$

이기 때문이다. 실제로 $\ker T$를 구하면 예제 6.1.2(2)의 풀이에서 $\ker T = \langle (1,1,1) \rangle$이다.

예제 4.1.2에서 $A \in \mathrm{M}_{m,n}(\mathrm{F})$에 대해

$$U = \{\mathbf{x} \in \mathrm{F}^n \mid A\mathbf{x} = \mathbf{0}\}$$

는 F^n의 부분공간임을 보였고 이를 동차연립일차방정식 $A\mathbf{x} = \mathbf{0}$의 해공간이라 하였다.

예제 6.1.5_ $A \in \mathrm{M}_{m,n}(\mathrm{F})$일 때 $A\mathbf{x}=\mathbf{0}$의 해공간 $U=\{\mathbf{x} \in \mathrm{F}^n \mid A\mathbf{x}=\mathbf{0}\}$에 대해

$$\dim U = n - \operatorname{rank} A$$

를 보여라.

증명 선형사상 $T : \mathrm{F}^n \to \mathrm{F}^m$, $T(\mathbf{x}) = A\mathbf{x}$를 고려하면

$$\ker T = \{\mathbf{x} \in \mathrm{F}^n \mid A\mathbf{x} = \mathbf{0}\} = U$$

이다. 또한 A의 열들을 $\mathbf{c}_1, \cdots, \mathbf{c}_n$으로 나타내면

$$\begin{aligned} \operatorname{Im} T &= \{T(\mathbf{x}) \mid \mathbf{x} \in \mathrm{F}^n\} = \{A\mathbf{x} \mid \mathbf{x} \in \mathrm{F}^n\} \\ &= \{x_1\mathbf{c}_1 + \cdots + x_n\mathbf{c}_n \mid x_i \in \mathrm{F}\} \\ &= \langle \mathbf{c}_1, \cdots, \mathbf{c}_n \rangle \end{aligned}$$

이 되어 $\dim(\operatorname{Im} T) = \operatorname{rank} A$이다. 그런데 정리 6.1.4에 의해

$$\dim \mathrm{F}^n = \dim(\ker T) + \dim(\operatorname{Im} T)$$

이므로 $\dim U = \dim(\ker T) = \dim \mathrm{F}^n - \dim(\operatorname{Im} T) = n - \operatorname{rank} A$이다. ■

정리 6.1.5 V, W가 모두 n차원 벡터공간일 때 $T: V \to W$가 선형사상이면 다음은 동치다.

(1) T는 단사이다.

(2) T는 전사이다.

(3) T는 전단사이다.

증명 (1)⇔(2)를 보이면 충분하다. 정리 6.1.4에 의해

$$\dim V = \dim(\ker T) + \dim(\operatorname{Im} T)$$

이다. 그러면 정리 6.1.2에 의해

$$\begin{aligned} T\text{는 단사} &\Leftrightarrow \ker T = \{\mathbf{0}\} \\ &\Leftrightarrow \dim V = \dim(\operatorname{Im} T) \\ &\Leftrightarrow \operatorname{Im} T = W \end{aligned}$$

$$\Leftrightarrow \ T\text{는 전사}$$

이다. ■

정리 6.1.6 $\{v_1, \cdots, v_n\}$은 벡터공간 V의 기저이고 $\{w_1, \cdots, w_n\}$은 벡터공간 W의 부분집합이면 다음을 만족하는 선형사상 $T: V \to W$가 유일하게 존재한다.

$$T(v_1) = w_1, \quad T(v_2) = w_2, \quad \cdots, \quad T(v_n) = w_n$$

단 $w_1, \cdots, w_n$은 서로 다를 필요는 없다.

증명 (1) 존재성: $v \in V$이면 $\{v_1, \cdots, v_n\}$은 V의 기저이므로 $v = b_1v_1 + \cdots + b_nv_n$으로 쓸 수 있다. 이때 사상 $T: V \to W$를

$$T(v) = b_1w_1 + \cdots + b_nw_n$$

으로 정의하자. 그러면

$$T(v_1) = w_1, \quad T(v_2) = w_2, \quad \cdots, \quad T(v_n) = w_n$$

은 분명하다. 또한 $u = a_1v_1 + \cdots + c_nv_n$, $v = b_1v_1 + \cdots + b_nv_n \in V$와 $\alpha \in \mathbb{F}$에 대해

$$\begin{aligned} T(\alpha u + v) &= T(\alpha(a_1v_1 + \cdots + a_nv_n) + (b_1v_1 + \cdots + b_nv_n)) \\ &= T((\alpha a_1 + b_1)v_1 + \cdots + (\alpha a_n + b_n)v_n) \\ &= (\alpha a_1 + b_1)T(v_1) + \cdots + (\alpha a_n + b_n)T(v_n) \\ &= (\alpha a_1 + b_1)w_1 + \cdots + (\alpha a_n + b_n)w_n \\ &= \alpha(a_1w_1 + \cdots + a_nw_n) + (b_1w_1 + \cdots + b_nw_n) \\ &= \alpha T(u) + T(v) \end{aligned}$$

이다. 따라서 T는 선형이다.

(2) 유일성: 또 다른 선형사상 $L: V \to W$이 존재해서

$$L(v_1) = w_1, \quad L(v_2) = w_2, \quad \cdots, \quad L(v_n) = w_n$$

을 만족한다고 하자. 그러면 임의의 $v = c_1v_1 + \cdots + c_nv_n \in V$에 대해

$$
\begin{aligned}
L(v) &= L(c_1v_1 + \cdots + c_nv_n) = c_1L(v_1) + \cdots + c_nL(v_n) \\
&= c_1w_1 + \cdots + c_nw_n = c_1T(v_1) + \cdots + c_nT(v_n) \\
&= T(c_1v_1 + \cdots + c_nv_n) = T(v)
\end{aligned}
$$

이다. 따라서 $L = T$이다. ▪

예제 6.1.6_ 다음을 만족하는 선형사상 $T: \mathbb{R}^3 \to \mathbb{R}^2$는 유일함을 보이고 T를 구하라.

$$T(\mathbf{e}_1) = (1,3), \quad T(\mathbf{e}_2) = (2,0), \quad T(\mathbf{e}_3) = (1,-1)$$

풀이 $\{\mathbf{e}_1, \mathbf{e}_2, \mathbf{e}_3\}$는 $\mathbb{R}^3$의 표준기저이다. 따라서 정리 6.1.6에 의해 세 조건을 만족하는 선형사상 $T: \mathbb{R}^3 \to \mathbb{R}^2$는 유일하게 존재한다. $(x,y,z) \in \mathbb{R}^3$이면

$$(x,y,z) = x\mathbf{e}_1 + y\mathbf{e}_2 + z\mathbf{e}_3$$

이므로

$$
\begin{aligned}
T(x,y,z) &= T(x\mathbf{e}_1 + y\mathbf{e}_2 + z\mathbf{e}_3) \\
&= xT(\mathbf{e}_1) + yT(\mathbf{e}_2) + zT(\mathbf{e}_3) \\
&= x(1,3) + y(2,0) + z(1,-1) \\
&= (x + 2y + z,\ 3x - z)
\end{aligned}
$$

이다. ▪

예제 6.1.7_ 다음을 만족하는 선형사상 $T: \mathbb{R}^2 \to \mathbb{R}^3$는 유일함을 보이고 T를 구하라.

$$T(1,1) = (1,1,0), \qquad T(0,1) = (2,0,-1)$$

풀이 $\{(1,1),(0,1)\}$는 $\mathbb{R}^2$의 기저이다. 그러면 정리 6.1.6에 의해 두 조건을 만족하는 선형사상 $T: \mathbb{R}^2 \to \mathbb{R}^3$는 유일하게 존재한다. $(x,y) \in \mathbb{R}^2$에 대해

$$(x,y) = a(1,1) + b(0,1)$$

로 두면 $(x,y) = (a, a+b)$이므로 $a = x$, $b = y - x$이다. 그러면

$$(x,y) = x(1,1) + (y-x)(0,1)$$

이 되어

$$\begin{aligned} T(x,y) &= T(x(1,1)+(y-x)(0,1)) \\ &= xT(1,1)+(y-x)T(0,1) \\ &= x(1,1,0)+(y-x)(2,0,-1) \\ &= (-x+2y,\ x,\ x-y) \end{aligned}$$

이다. ■

두 사상 $T: V \to W$와 $S: W \to U$에 대해

$$(S \circ T)(v) = S(T(v))$$

로 정의된 사상 $S \circ T: V \to U$를 T와 S의 **합성사상**(composite mapping)이라 한다.

정리 6.1.7 두 선형사상 $T: V \to W$, $S: W \to U$에 대해 이들의 합성사상

$$S \circ T: V \to U$$

도 선형이다.

증명 $v_1, v_2 \in V$, $\alpha \in \mathbb{F}$에 대해

$$\begin{aligned} (S \circ T)(\alpha v_1 + v_2) &= S(T(\alpha v_1 + v_2)) = S(\alpha T(v_1) + T(v_2)) \\ &= \alpha S(T(v_1)) + S(T(v_2)) \\ &= \alpha(S \circ T)(v_1) + (S \circ T)(v_2) \end{aligned}$$

이다. 따라서 $S \circ T$는 선형사상이다. ■

|보기| 다음 두 선형사상에 대해 $S \circ T$와 $T \circ S$를 구해보자.

$$\begin{aligned} &T: \mathbb{R}^2 \to \mathbb{R}^3, \quad T(x,y) = (y,0,x) \\ &S: \mathbb{R}^3 \to \mathbb{R}^2, \quad S(x,y,z) = (x+y,\ x-z) \end{aligned}$$

(1) $(S \circ T)(x,y) = S(T(x,y)) = S(y,0,x) = (y,\ y-x)$이다.

(2) $(T \circ S)(x,y,z) = T(S(x,y,z)) = T(x+y,\ x-z) = (x-z,\ 0,\ x+y)$이다.

정의

사상 $T: V \to W$가 전단사이면 정의역은 W이고 공역이 V인 새로운 사상

$$T^{-1}: W \to V$$

를 얻는데 이를 T의 **역사상**(inverse mapping)이라 한다.

사상 $T: V \to W$가 전단사이면 정리 1.3.8에 의해

$$T^{-1} \circ T = 1_V, \qquad T \circ T^{-1} = 1_W$$

가 성립한다.

정의

선형사상 $T: V \to W$가 전단사이면 T를 **동형사상**(isomorphism)이라 한다. 특히 두 벡터공간 V, W에 대해 동형사상 $T: V \to W$가 존재하면 V는 W에 **동형**(isomorphic)이라 하고 $V \cong W$로 나타낸다.

정리 6.1.8 $T: V \to W$, $S: W \to U$가 동형사상이면 다음이 성립한다.

(1) T의 역사상 $T^{-1}: W \to V$도 동형사상이다.

(2) T와 S의 합성사상 $S \circ T: V \to U$도 동형사상이다.

증명 (1) T는 동형사상이므로 전단사이다. 따라서 T^{-1}도 전단사이다. 이제 T^{-1}가 선형임을 보이면 T^{-1}는 동형사상이다. $w_1, w_2 \in W$이고 $\alpha \in \mathrm{F}$라 하자. 한편 T는 전사이므로

$$T(v_1) = w_1, \qquad T(v_2) = w_2$$

인 $v_1, v_2 \in V$가 존재한다. 그러면 $T^{-1}(w_1) = v_1$, $T^{-1}(w_2) = v_2$이므로

$$\begin{aligned} T^{-1}(\alpha w_1 + w_2) &= T^{-1}(\alpha T(v_1) + T(v_2)) = T^{-1}(T(\alpha v_1 + v_2)) \\ &= (T^{-1} \circ T)(\alpha v_1 + v_2) = 1_V(\alpha v_1 + v_2) \\ &= \alpha v_1 + v_2 = \alpha T^{-1}(w_1) + T^{-1}(w_2) \end{aligned}$$

이다. 따라서 T^{-1}은 선형이다.

(2) T, S는 동형사상이므로 둘 모두 전단사가 되어 $S \circ T$도 전단사이다. 그런데 정리 6.1.7에 의해 $S \circ T$는 선형이므로 동형사상이다. ■

예제 6.1.8_ 선형사상

$$T: \mathbb{R}^3 \to \mathbb{R}^3, \quad T(x, y, z) = (x+z, x-z, y)$$

는 동형사상임을 보이고 역사상 T^{-1}를 구하라.

풀이 $(x, y, z) \in \ker T$이면 $T(x, y, z) = (0, 0, 0)$, 즉 $(x+z, x-z, y) = (0, 0, 0)$이다. 이를 풀면 $x = y = z = 0$이므로 $\ker T = \{\mathbf{0}\}$이다. 따라서 정리 6.1.2에 의해 T는 단사이다. 그러면 정리 6.1.5에 의해 T는 전단사가 되어 T는 동형사상이다. 역사상 T^{-1}를 구하기 위해

$$T^{-1}(x, y, z) = (a, b, c)$$

로 두면 $T(a, b, c) = (x, y, z)$이므로 $(a+c, a-c, b) = (x, y, z)$이다. 즉

$$a + c = x, \ a - c = y, \ b = z$$

이다. 이를 풀면 $a = \dfrac{x+y}{2}$, $b = z$, $c = \dfrac{x-y}{2}$이다. 따라서 역사상은

$$T^{-1}(x, y, z) = \left(\frac{x+y}{2}, z, \frac{x-y}{2}\right)$$

이다. ■

다음 정리의 선행적인 예로 차원이 모두 mn으로 같은 두 벡터공간 $\mathrm{M}_{m,n}(\mathrm{F})$와 $\mathrm{M}_{n,m}(\mathrm{F})$에 대해

$$\mathrm{M}_{m,n}(\mathrm{F}) \cong \mathrm{M}_{n,m}(\mathrm{F})$$

임을 확인해보자. 이를 위해 $T: \mathrm{M}_{m,n}(\mathrm{F}) \to \mathrm{M}_{n,m}(\mathrm{F})$를 $T(A) = A^{\mathrm{T}}$로 정의하면 $A^{\mathrm{T}} \in \mathrm{M}_{n,m}(\mathrm{F})$이므로 T는 사상이다. 그리고 $A, B \in \mathrm{M}_{m,n}(\mathrm{F})$, $\alpha \in \mathrm{F}$이면

$$T(\alpha A + B) = (\alpha A + B)^{\mathrm{T}} = \alpha A^{\mathrm{T}} + B^{\mathrm{T}} = \alpha T(A) + T(B)$$

이므로 T는 선형이다. 또한 임의의 $C \in \mathrm{M}_{n,m}(\mathrm{F})$에 대해 $C^{\mathrm{T}} \in \mathrm{M}_{m,n}(\mathrm{F})$가 존재해서

$$T(C^{\mathrm{T}}) = (C^{\mathrm{T}})^{\mathrm{T}} = C$$

이므로 T는 전사이다. 그러면 정리 6.1.5에 의해 T는 전단사이다. 따라서 T는 동형사상이 되어 $\mathrm{M}_{m,n}(\mathrm{F}) \cong \mathrm{M}_{n,m}(\mathrm{F})$이다.

정리 6.1.9 두 유한차원 벡터공간 V, W에 대해 $V \cong W$일 필요충분조건은

$$\dim V = \dim W$$

이다.

증명 $(\Rightarrow)$ $V \cong W$이면 동형사상 $T: V \to W$가 존재한다. $\{v_1, \cdots, v_n\}$을 V의 기저라 하자. 한편 T는 단사이므로 정리 6.1.3(2)에 의해

$$\{T(v_1), \cdots, T(v_n)\}$$

은 $\mathrm{Im}\, T$의 기저이다. 그런데 T는 전사이므로 $W = \mathrm{Im}\, T$가 되어

$$\dim V = n = \dim(\mathrm{Im}\, T) = \dim W$$

$(\Leftarrow)$ $\dim V = \dim W = n$이고 $\{v_1, \cdots, v_n\}$, $\{w_1, \cdots, w_n\}$을 각각 V, W의 기저라 하면 정리 6.1.6에 의해

$$T(v_1) = w_1, \cdots, T(v_n) = w_n$$

인 선형사상 $T: V \to W$가 존재한다. 그런데 정리 6.1.3(1)에 의해 $\mathrm{Im}\, T = \langle T(v_1), \cdots, T(v_n) \rangle$이므로

$$\mathrm{Im}\, T = \langle T(v_1), \cdots, T(v_n) \rangle = \langle w_1, \cdots, w_n \rangle = W$$

이다. 즉 T는 전사이다. 따라서 정리 6.1.5에 의해 T는 전단사이다. 그러면 T는 동형사상이므로 $V \cong W$이다. ■

$\mathrm{M}_{m,n}(\mathrm{F})$, $\mathrm{M}_{n,m}(\mathrm{F})$ 그리고 F^{mn}은 모두 차원이 mn인 벡터공간들이다. 따라

서 정리 6.1.9에 의해

$$\mathrm{M}_{m,n}(\mathrm{F}) \cong \mathrm{M}_{n,m}(\mathrm{F}), \qquad \mathrm{M}_{m,n}(\mathrm{F}) \cong \mathrm{F}^{mn}$$

이다.

연습문제 6.1

1 다음 사상이 선형임을 보여라.

(1) $T: \mathbb{R}^2 \to \mathbb{R}^2$, $T(x,y) = (-y,x)$

(2) $T: \mathrm{M}_n(\mathbb{R}) \to \mathbb{R}$, $T(A) = \mathrm{tr}A$

2 다음 사상이 선형임을 보여라.

(1) $T: \mathbb{R}^3 \to \mathbb{R}^2$, $T(x,y,z) = (x-z, y+z)$

(2) $T: \mathbb{R}_2[x] \to \mathbb{R}_1[x]$, $T(ax^2+bx+c) = ax+b$

3 다음 사상이 선형이 아닌 이유를 들어라.

(1) $T: \mathbb{R}^2 \to \mathbb{R}$, $T(x,y) = xy$

(2) $T: \mathbb{R}_1[x] \to \mathbb{R}_1[x]$, $T(ax+b) = ax-1$

(3) $T: \mathbb{R}^2 \to \mathbb{R}^2$, $T(x,y) = (x^2, y)$

(4) $T: \mathrm{M}_n(\mathbb{R}) \to \mathbb{R}$, $T(A) = |A|$

4 $T: V \to W$가 선형사상일 때 다음을 보여라.

(1) $\ker T$는 V의 부분공간이다.

(2) $\mathrm{Im}\, T$는 W의 부분공간이다.

5 $T: V \to W$는 선형사상이고 $v_1, \cdots, v_n \in V$가 일차종속이면 $T(v_1), \cdots, T(v_n)$도 일차종속임을 보여라.

6 $T: V \to W$는 선형사상이고 $\{v_1, \cdots, v_n\}$이 V의 기저일 때 모든 $i = 1, \cdots, n$에 대해

$T(v_i)=\mathbf{0}$이면 T는 영사상임을 보여라.

7 $T: V \to W$는 선형사상이고 $\{v_1, \cdots, v_n\}$이 V의 기저일 때 $\{T(v_1), \cdots, T(v_n)\}$이 $\operatorname{Im} T$의 기저이면 T는 단사임을 보여라.

8 다음 선형사상에 대해 $\operatorname{Im} T$와 $\ker T$를 구하고 이들의 차원을 결정하라.

$$T: \mathbb{R}^3 \to \mathbb{R}^3, \quad T(x,y,z)=(x+2y-z,\ y+z,\ x+y-2z)$$

9 다음 선형사상에 대해 $\operatorname{Im} T$와 $\ker T$를 구하고 이들의 차원을 결정하라.

$$T: \mathbb{R}_2[x] \to \mathbb{R}_2[x], \quad T(f(x))=f'(x)$$

10 다음을 만족하는 선형사상 $T: \mathbb{R}^3 \to \mathbb{R}^3$는 유일함을 보이고 T를 구하라.

$$T(1,0,0)=(1,1,2), \quad T(1,1,0)=(2,1,1), \quad T(1,1,1)=(1,-1,1)$$

11 다음을 만족하는 선형사상 $T: \mathbb{R}_2[x] \to \mathbb{R}^3$는 유일함을 보이고 T를 구하라.

$$T(1)=(1,0,-1), \quad T(x-1)=(0,1,0), \quad T(x^2-3x+2)=(0,1,1)$$

12 $\operatorname{Im} T=\langle (1,2,0,4), (2,1,1,0) \rangle$인 선형사상 $T: \mathbb{R}^3 \to \mathbb{R}^4$를 구하라.

13 벡터공간에서 동형은 동치관계임을 보여라. 즉 임의의 벡터공간 V, W, U에 대해 다음을 보여라.

(1) $V \cong V$이다.

(2) $V \cong W$이면 $W \cong V$이다.

(3) $V \cong W$이고 $W \cong U$이면 $V \cong U$이다.

14 다음 선형사상은 동형사상임을 보이고 역사상 T^{-1}를 구하라.

$$T: \mathbb{R}^3 \to \mathbb{R}^3, \quad T(x,y,z)=(2x,\ 4x-y,\ 2x+3y-z)$$

15 다음 선형사상은 동형사상임을 보이고 역사상 T^{-1}를 구하라.

$$T: \mathbb{R}^3 \to \mathbb{R}_2[x], \quad T(a,b,c) = a + (a-b)x + (a+b-c)x^2$$

16 $T \circ T = T$인 선형사상 $T: V \to V$를 **멱등사상**(idempotent mapping)이라 한다. $T: V \to V$가 멱등사상일 때 다음에 답하라.

(1) $1_V - T$는 멱등사상임을 보이고 $\ker(1_V - T)$를 구하라.

(2) $T \circ (1_V - T)$는 영사상임을 보여라.

17 유한차원 벡터공간 V, W에 대한 선형사상 $T: V \to W$가 전사이면 다음을 보여라.

$$\dim W \leq \dim V$$

6.2 벡터의 좌표와 선형사상의 행렬

3차원 벡터공간 V에서 $E = \{v_1, v_2, v_3\}$는 기저이고 $F = \{v_3, v_1, v_2\}$라 하면 집합의 관점에서 $E = F$는 분명하다. 그러나 E, F의 각각에서 벡터들의 순서를 인정한다면 이들은 V의 서로 다른 기저들이다. 이와 같이 벡터공간 V에서 순서를 인정한 기저 $E = \{v_1, \cdots, v_n\}$를 **순서기저**(ordered basis)라 한다. 이후로 벡터공간에서 다루는 모든 기저는 순서기저이다.

|주의| $\{\mathrm{e}_1, \mathrm{e}_2, \cdots, \mathrm{e}_n\}$은 F^n의 표준기저이다. 그러나 $\mathrm{e}_1, \mathrm{e}_2$의 순서를 바꾼

$$\{\mathrm{e}_2, \mathrm{e}_1, \cdots, \mathrm{e}_n\}$$

은 F^n에서 표준이 아닌 기저이다.

정의

$E = \{v_1, \cdots, v_n\}$가 벡터공간 V의 기저이면 임의의 벡터 $v \in V$는 정리 4.3.1에 의해 $v_1, \cdots, v_n$의 일차결합으로 유일하게 표현된다. 즉

$$v = a_1 v_1 + \cdots + a_n v_n$$

으로 표현되는 유일한 $a_1, \cdots, a_n \in \mathbb{F}$이 존재한다. 이때

$$(a_1, \cdots, a_n) \quad \text{또는} \quad \begin{bmatrix} a_1 \\ \vdots \\ a_n \end{bmatrix}$$

을 E에 대한 v의 **좌표**(coordinate)라 하고 $[v]_E$로 나타낸다.

위 정의를 계속해서 사상 $\phi_E : V \to \mathbb{F}^n$를 $\phi_E(a_1v_1 + \cdots + a_nv_n) = (a_1, \cdots, a_n)$ 또는

$$\phi_E(a_1v_1 + \cdots + a_nv_n) = \begin{bmatrix} a_1 \\ \vdots \\ a_n \end{bmatrix}$$

으로 정의하면 ϕ_E는 동형사상이다(연습문제 1). 이때 ϕ_E를 E에 대한 V의 **좌표 사상**(coordinate mapping)이라 한다.

|보기| $E = \{\mathbf{e}_1, \cdots, \mathbf{e}_n\}$를 $\mathbb{F}^n$의 표준기저라 하면 E에 대한 $\mathbf{v} = (a_1, \cdots, a_n) \in \mathbb{F}^n$의 좌표는

$$[\mathbf{v}]_E = (a_1, \cdots, a_n) = \mathbf{v}$$

이다. 왜냐하면 $\mathbf{v} = a_1\mathbf{e}_1 + \cdots + a_n\mathbf{e}_n$이기 때문이다. 그러나 E가 $\mathbb{F}^n$의 표준이 아닌 기저이면 $[\mathbf{v}]_E \neq \mathbf{v}$인 $\mathbf{v} \in \mathbb{F}^n$가 항상 존재한다. 예로 $\mathbb{R}^2$에서 기저를 $E = \{(1,1), (1,2)\}$로 택하면

$$(1,2) = 0(1,1) + 1(1,2)$$

이므로 $(1,2)$의 E에 대한 좌표는 $[(1,2)]_E = (0,1)$이다.

예제 6.2.1_ $\mathbb{R}_2[x]$에서 다음 기저에 대한 $f(x) = 1 + x + x^2$의 좌표를 구하라.

(1) $E = \{1, x, x^2\}$ (2) $F = \{1, x-1, x^2 - 3x + 2\}$

풀이 (1) $f(x) = 1(1) + 1(x) + 1(x^2)$이므로 E에 대한 $f(x)$의 좌표는 다음과 같다.

$$[f(x)]_E = (1,1,1)$$

(2) $1 + x + x^2 = a(1) + b(x-1) + c(x^2 - 3x + 2)$로 두자. 이 항등식에서

$x=1$을 대입하면 $a=3$이다. 그러면

$$1+x+x^2=3+b(x-1)+c(x^2-3x+2)$$

이다. 여기에 $x=2$를 대입하면 $b=4$가 되고 또다시 $x=0$을 대입하면 $c=1$이다. 즉

$$f(x)=3(1)+4(x-1)+1(x^2-3x+2)$$

이다. 따라서 F에 대한 $f(x)$의 좌표는 $[f(x)]_F=(3,4,1)$이다. ■

예제 6.2.2_ $M_2(\mathbb{R})$에서 다음 기저에 대한 $A=\begin{bmatrix}1&2\\2&3\end{bmatrix}$의 좌표를 구하라.

(1) $E=\left\{\begin{bmatrix}1&0\\0&0\end{bmatrix},\begin{bmatrix}0&1\\0&0\end{bmatrix},\begin{bmatrix}0&0\\1&0\end{bmatrix},\begin{bmatrix}0&0\\0&1\end{bmatrix}\right\}$ (2) $F=\left\{\begin{bmatrix}1&0\\0&0\end{bmatrix},\begin{bmatrix}1&1\\0&0\end{bmatrix},\begin{bmatrix}1&1\\1&0\end{bmatrix},\begin{bmatrix}1&1\\1&1\end{bmatrix}\right\}$

풀이 (1)

$$\begin{bmatrix}1&2\\2&3\end{bmatrix}=1\begin{bmatrix}1&0\\0&0\end{bmatrix}+2\begin{bmatrix}0&1\\0&0\end{bmatrix}+2\begin{bmatrix}0&0\\1&0\end{bmatrix}+3\begin{bmatrix}0&0\\0&1\end{bmatrix}$$

이므로 E에 대한 A의 좌표는 $[A]_E=(1,2,2,3)$이다.

(2)

$$\begin{bmatrix}1&2\\2&3\end{bmatrix}=a\begin{bmatrix}1&0\\0&0\end{bmatrix}+b\begin{bmatrix}1&1\\0&0\end{bmatrix}+c\begin{bmatrix}1&1\\1&0\end{bmatrix}+d\begin{bmatrix}1&1\\1&1\end{bmatrix}$$

로 두면

$$a+b+c+d=1,\quad b+c+d=2,\quad c+d=2,\quad d=3$$

이다. 그러면 $a=-1$, $b=0$, $c=-1$, $d=3$이므로 F에 대한 A의 좌표는 $[A]_F=(-1,0,-1,3)$이다. ■

$T: V\to W$는 선형사상이고

$$E=\{v_1,\cdots,v_n\},\qquad F=\{w_1,\cdots,w_m\}$$

를 각각 V, W의 기저라 하자. 그러면 모든 $i=1,\cdots,n$에 대해 $T(v_i)$는 $w_1,\cdots,w_m$의 일차결합으로 유일하게 표현된다. 즉

$$T(v_1)=a_{11}w_1+a_{21}w_2+\cdots+a_{m1}w_m$$
$$T(v_2)=a_{12}w_1+a_{22}w_2+\cdots+a_{m2}w_m$$

$$\vdots$$
$$T(v_n) = a_{1n}w_1 + a_{2n}w_2 + \cdots + a_{mn}w_m$$

으로 표현되는 $a_{11}, \cdots, a_{mn} \in \mathrm{F}$이 유일하게 존재한다. 이때 T로 유일하게 결정되는 행렬

$$A = \begin{bmatrix} a_{11} & a_{12} & \cdots & a_{1n} \\ a_{21} & a_{22} & \cdots & a_{2n} \\ \vdots & \vdots & & \vdots \\ a_{m1} & a_{m2} & \cdots & a_{mn} \end{bmatrix} \in \mathrm{M}_{m,n}(\mathrm{F})$$

를 **기저 E,F에 관한 T의 행렬**(matrix of T with respect to the bases E and F)이라 하고

$$A = [T]_E^F$$

로 나타낸다. 여기서 $[T]_E^F$의 (i,j)성분은 $T(v_j)$를 $w_1, \cdots, w_m$으로 전개했을 때 w_i의 계수이다. 특히 $W = V$이고 $F = E$이면 $[T]_E^E$를 간단히 **E에 관한 T의 행렬**이라 한다.

|주의| 위에서 V, W의 기저들이 E, F에서 G, H로 바뀌면 행렬 A도 바뀐다. 즉 $[T]_E^F \neq [T]_G^H$이다. 다음 보기에서 이를 확인하자.

|보기| $\mathbb{R}^2$의 세 기저

$$E = \{(1,0), (0,1)\}, \quad F = \{(1,0), (1,1)\}, \quad G = \{(1,-1), (0,1)\}$$

와 선형사상

$$T : \mathbb{R}^2 \to \mathbb{R}^2, \quad T(x,y) = (x+y, x-y)$$

에 대해 $[T]_E^F$와 $[T]_E^G$를 각각 구해보자. 먼저

$$T(1,0) = (1, \ \ 1) = 0(1,0) + 1(1,1),$$
$$T(0,1) = (1, -1) = 2(1,0) - 1(1,1)$$

이므로 $[T]_E^F = \begin{bmatrix} 0 & 2 \\ 1 & -1 \end{bmatrix}$이다. 다음으로

$$T(1,0)=(1,\ \ 1)=1(1,-1)+2(0,1),$$
$$T(0,1)=(1,-1)=1(1,-1)+0(0,1)$$

이므로 $[T]_E^G=\begin{bmatrix}1&1\\2&0\end{bmatrix}$이다. 따라서 $[T]_E^F\neq[T]_E^G$이다.

예제 6.2.3_ $E=\{(1,0,0),(1,1,0),(1,1,1)\}$, $F=\{(1,1),(1,-1)\}$는 각각 $\mathbb{R}^3$, $\mathbb{R}^2$의 기저들이다. 다음 선형사상에 대해 $[T]_E^F$를 구하라.

$$T:\mathbb{R}^3\to\mathbb{R}^2,\quad T(x,y,z)=(x+y-2z,\ 3x-y+4z)$$

풀이

$$T(1,0,0)=(1,3)=2(1,1)-1(1,-1),$$
$$T(1,1,0)=(2,2)=2(1,1)+0(1,-1),$$
$$T(1,1,1)=(0,6)=3(1,1)-3(1,-1)$$

이므로 $[T]_E^F=\begin{bmatrix}2&2&3\\-1&0&-3\end{bmatrix}$이다. ■

예제 6.2.4_ $E=\{-3+x^2,-3+x,7-x-x^2\}$는 $\mathbb{R}_2[x]$의 기저이다. 선형사상

$$T:\mathbb{R}_2[x]\to\mathbb{R}_2[x],\quad T(f(x))=f'(x)$$

에 대해 $[T]_E^E$를 구하라.

풀이

$$T(-3+x^2)=2x=6(-3+x^2)+8(-3+x)+6(7-x-x^2),$$
$$T(-3+x)=1=1(-3+x^2)+1(-3+x)+1(7-x-x^2),$$
$$T(7-x-x^2)=-1-2x=-7(-3+x^2)-9(-3+x)-7(7-x-x^2)$$

이므로 $[T]_E^E=\begin{bmatrix}6&1&-7\\8&1&-9\\6&1&-7\end{bmatrix}$이다. ■

정리 6.2.1 E,F,G를 각각 유한차원 벡터공간 V,W,U의 기저라 하자. 그러면 선형사상 $T:V\to W$와 $S:W\to U$에 대해

$$[S\circ T]_E^G=[S]_F^G[T]_E^F$$

이다.

증명 $E=\{v_1,\cdots,v_n\}$, $F=\{w_1,\cdots,w_m\}$, $G=\{u_1,\cdots,u_r\}$로 두자. 또한

$$[T]_E^F=[a_{ij}]\in \mathrm{M}_{m,n}(\mathrm{F}),\qquad [S]_F^G=[b_{ij}]\in \mathrm{M}_{r,m}(\mathrm{F})$$

로 두면

$$T(v_j)=a_{1j}w_1+\cdots+a_{mj}w_m\quad (j=1,\cdots,n),$$
$$S(w_k)=b_{1k}u_1+\cdots+b_{rk}u_r\qquad (k=1,\cdots,m)$$

이다. 이제 $[S\circ T]_E^G$와 $[S]_F^G[T]_E^F$의 모든 (k,j)성분이 같음을 보이면 증명이 끝난다. 먼저 $[S]_F^G[T]_E^F$의 (k,j)성분은 $[S]_F^G$의 k행인 $[b_{k1}\cdots b_{km}]$과 $[T]_E^F$의 j열인 $\begin{bmatrix} a_{1j}\\ \vdots \\ a_{mj}\end{bmatrix}$에서 얻어지는 $b_{k1}a_{1j}+\cdots+b_{km}a_{mj}$이다.

다음으로 $[S\circ T]_E^G$의 (k,j)성분은 $(S\circ T)(v_j)$를 $u_1,\cdots,u_r$로 전개했을 때 u_k의 계수이다. 그러면

$$\begin{aligned}(S\circ T)(v_j)&=S(T(v_j))=S(a_{1j}w_1+\cdots+a_{mj}w_m)\\ &=a_{1j}S(w_1)+\cdots+a_{mj}S(w_m)\\ &=a_{1j}(b_{11}u_1+\cdots+b_{r1}u_r)+\cdots+a_{mj}(b_{1m}u_1+\cdots+b_{rm}u_r)\\ &=(b_{11}a_{1j}+\cdots+b_{1m}a_{mj})u_1+\cdots+(b_{k1}a_{1j}+\cdots+b_{km}a_{mj})u_k\\ &\quad +\cdots+(b_{r1}a_{1j}+\cdots+b_{rm}a_{mj})u_r\end{aligned}$$

에서 $[S\circ T]_E^G$의 (k,j)성분은 $b_{k1}a_{1j}+\cdots+b_{km}a_{mj}$이다. 그런데 이는 $[S]_F^G[T]_E^F$의 (k,j)성분이므로

$$[S\circ T]_E^G=[S]_F^G[T]_E^F$$

이다. ■

|보기| $\mathbb{R}^3$, $\mathbb{R}^2$, $\mathbb{R}$의 각각의 기저

$$E=\{(1,1,1),(1,1,0),(1,0,0)\},\quad F=\{(2,1),(3,1)\},\quad G=\{1\}$$

와 두 선형사상

$$T:\mathbb{R}^3\to\mathbb{R}^2,\quad T(x,y,z)=(x,y)$$

$$S: \mathbb{R}^2 \to \mathbb{R}, \quad S(x,y) = x + y$$

에 대해 $[T]_E^F$, $[S]_F^G$, $[S \circ T]_E^G$를 각각 구해 $[S \circ T]_E^G = [S]_F^G [T]_E^F$ 를 확인해 보자. 먼저

$$\begin{aligned} T(1,1,1) &= (1,1) = 2(2,1) - 1(3,1), \\ T(1,1,0) &= (1,1) = 2(2,1) - 1(3,1), \\ T(1,0,0) &= (1,0) = -1(2,1) + 1(3,1) \end{aligned}$$

이므로

$$[T]_E^F = \begin{bmatrix} 2 & 2 & -1 \\ -1 & -1 & 1 \end{bmatrix}$$

이다. 또한 $S(2,1) = 3 = 3(1)$, $S(3,1) = 4 = 4(1)$이므로 $[S]_F^G = [3 \ 4]$ 이다. 마지막으로

$$\begin{aligned} (S \circ T)(1,1,1) &= S(1,1) = 2, \\ (S \circ T)(1,1,0) &= S(1,1) = 2, \\ (S \circ T)(1,0,0) &= S(1,0) = 1 \end{aligned}$$

이므로 $[S \circ T]_E^G = [2 \ 2 \ 1]$ 이다. 따라서

$$[S]_F^G [T]_E^F = [3 \ 4] \begin{bmatrix} 2 & 2 & -1 \\ -1 & -1 & 1 \end{bmatrix} = [2 \ 2 \ 1] = [S \circ T]_E^G$$

를 알 수 있다.

벡터공간 V에서 벡터공간 W로의 모든 선형사상의 집합을 $L(V, W)$로 나타낸다. 즉

$$L(V, W) = \{T \mid T: V \to W\text{는 선형사상}\}$$

이다. 이때 $S, T \in L(V, W)$에 대해 $S + T$를

$$S + T: V \to W, \qquad (S + T)(v) = S(v) + T(v)$$

로 정의하자. 그러면 모든 $v_1, v_2 \in V$와 $\alpha \in \mathbb{F}$에 대해

$$\begin{aligned}(S+T)(\alpha v_1+v_2) &= S(\alpha v_1+v_2)+T(\alpha v_1+v_2)\\ &= [\alpha S(v_1)+S(v_2)]+[\alpha T(v_1)+T(v_2)]\\ &= \alpha[S(v_1)+T(v_1)]+[S(v_2)+T(v_2)]\\ &= \alpha(S+T)(v_1)+(S+T)(v_2)\end{aligned}$$

이므로 $S+T$는 선형사상이 되어 $S+T\in L(V,W)$이다. 즉 $L(V,W)$에서 합은 연산이다. 유사하게 $T\in L(V,W)$와 $\beta\in \mathrm{F}$에 대해 βT를

$$\beta T: V\to W, \qquad (\beta T)(v)=\beta T(v)$$

로 정의하면 $\beta T\in L(V,W)$이므로 $L(V,W)$에서 스칼라곱도 연산이다. 또한 $L(V,W)$는 벡터공간 정의의 모든 성질이 만족됨을 쉽게 확인할 수 있다. 따라서 $L(V,W)$는 벡터공간이다. $L(V,W)$의 영벡터는 영사상인 $\mathrm{O}: V\to W$이고 $T: V\to W$의 음벡터는 $(-T)(v)=-T(v)$로 정의되는 $-T: V\to W$이다.

보조정리 6.2.2 $E=\{v_1,\cdots,v_n\}$, $F=\{w_1,\cdots,w_m\}$가 각각 벡터공간 V, W의 기저일 때 선형사상 $S, T: V\to W$와 $\alpha\in\mathrm{F}$에 대해

$$[\alpha S+T]_E^F=\alpha[S]_E^F+[T]_E^F$$

이다.

증명 연습문제 10으로 남긴다. ■

정리 6.2.3 벡터공간 V, W의 차원이 각각 n, m이면

$$L(V,W)\cong \mathrm{M}_{m,n}(\mathrm{F})$$

이다.

증명 $E=\{v_1,\cdots,v_n\}$, $F=\{w_1,\cdots,w_m\}$를 각각 V, W의 기저라 하여 사상

$$\Phi: L(V,W)\to \mathrm{M}_{m,n}(\mathrm{F}), \quad \Phi(T)=[T]_E^F$$

를 정의하자. 먼저 $S, T\in L(V,W)$, $\alpha\in\mathrm{F}$이면 보조정리 6.2.2에 의해

$$\Phi(\alpha S+T)=[\alpha S+T]_E^F=\alpha[S]_E^F+[T]_E^F=\alpha\Phi(S)+\Phi(T)$$

이다. 따라서 Φ는 선형이다. 다음으로 $T\in\ker\Phi$이면 $\Phi(T)=O$이므로 $[T]_E^F=O$이다. 그러면 모든 $j=1,\cdots,n$에 대해 $T(v_j)=0$이므로 T는 영사상이다. 따라서 $\ker\Phi=\{O\}$이므로 정리 6.1.2에 의해 Φ는 단사이다. $A=[a_{ij}]\in\mathrm{M}_{m,n}(\mathrm{F})$이면 정리 6.1.6에 의해

$$T(v_j)=a_{1j}w_1+\cdots+a_{mj}w_m\quad(j=1,\cdots,n)$$

인 선형사상 $T\colon V\to W$가 유일하게 존재한다. 이때 $[T]_E^F=A$이다. 그러면 $\Phi(T)=[T]_E^F=A$이므로 Φ는 전사이다. 따라서 Φ는 동형사상이 되어

$$L(V,W)\cong\mathrm{M}_{m,n}(\mathrm{F})$$

이다. ■

위 정리에 의해 $\dim L(V,W)=mn$이고 특히 $m=n$이면 $L(V,W)\cong\mathrm{M}_n(\mathrm{F})$이다.

$E=\{v_1,\cdots,v_n\}$가 벡터공간 V의 임의의 기저이면 E에 관한 항등사상 $1_V\colon V\to V$의 행렬이

$$[1_V]_E^E=I_n$$

인 것은 분명하다. 이를 이용해서 다음을 보인다.

정리 6.2.4 E,F가 각각 n차원 벡터공간 V,W의 기저일 때 선형사상 $T\colon V\to W$가 동형사상일 필요충분조건은 $[T]_E^F\in\mathrm{M}_n(\mathrm{F})$는 가역이다.

증명 ($\Rightarrow$) T가 동형사상이면 정리 6.1.8에 의해 T^{-1}도 동형사상이고

$$T\circ T^{-1}=1_W$$

이다. 그런데 $[1_W]_F^F=I_n$이므로 정리 6.2.1에 의해

$$I_n=[1_W]_F^F=[T\circ T^{-1}]_F^F=[T]_E^F[T^{-1}]_F^E$$

이다. 따라서 $[T]_E^F$는 가역이다.

($\Leftarrow$) $A=[T]_E^F$가 가역이면 A^{-1}가 존재하고 정리 6.2.3에 의해 $[S]_F^E=A^{-1}$인 선형사상 $S: W\to V$도 존재한다. 이제 $S\circ T$에 정리 6.2.1을 적용하면

$$[S\circ T]_E^E=[S]_F^E[T]_E^F=A^{-1}A=I_n$$

이고 유사하게 $[T\circ S]_F^F=I_n$이다. 이 두 등식에 의해 $S\circ T=1_V$이고 $T\circ S=1_W$이다. 따라서 T는 동형사상이다. ■

지금까지 주어진 선형사상의 행렬을 정의해서 이에 대해 살펴보았다. 반대로 주어진 행렬의 선형사상도 정의할 수 있다.

$$E=\{v_1,\cdots,v_n\},\qquad F=\{w_1,\cdots,w_m\}$$

는 각각 벡터공간 V, W의 기저이고 $A=[a_{ij}]\in \mathrm{M}_{m,n}(\mathbb{F})$가 주어졌다고 하자. 그러면 정리 6.1.6에 의해

$$\begin{aligned}
L_A(v_1)&=a_{11}w_1+a_{21}w_2+\cdots+a_{m1}w_m,\\
L_A(v_2)&=a_{12}w_1+a_{22}w_2+\cdots+a_{m2}w_m,\\
&\vdots\\
L_A(v_n)&=a_{1n}w_1+a_{2n}w_2+\cdots+a_{mn}w_m
\end{aligned}$$

을 만족하는 선형사상 $L_A: V\to W$가 유일하게 존재한다. 이때 L_A를 **기저 $\boldsymbol{E}, \boldsymbol{F}$에 관한 행렬 $\boldsymbol{A}$의 선형사상**(linear mapping of A with respect to the bases E and F)이라 한다.

예제 6.2.5_ E, F는 각각 $\mathbb{R}^3$, $\mathbb{R}^2$의 표준기저, $G=\{(1,0),(1,1)\}$는 $\mathbb{R}^2$의 기저라 하자.

(1) E, F에 관한 $A=\begin{bmatrix}1&0&-1\\0&-1&1\end{bmatrix}$의 선형사상 $L_A:\mathbb{R}^3\to\mathbb{R}^2$를 구하라.

(2) E, G에 관한 $A=\begin{bmatrix}1&0&-1\\0&-1&1\end{bmatrix}$의 선형사상 $L_A:\mathbb{R}^3\to\mathbb{R}^2$를 구하라.

풀이 (1) L_A의 정의에 의해

$$L_A(1,0,0)=1(1,0)+0(0,1)=(1,0),$$

$$L_A(0,1,0) = 0(1,0) - 1(0,1) = (0,-1),$$
$$L_A(0,0,1) = -1(1,0) + 1(0,1) = (-1,1)$$

이다. 따라서

$$\begin{aligned} L_A(x,y,z) &= L_A(x\mathbf{e}_1 + y\mathbf{e}_2 + z\mathbf{e}_3) \\ &= xL_A(\mathbf{e}_1) + yL_A(\mathbf{e}_2) + zL_A(\mathbf{e}_3) \\ &= (x-z,\ z-y) \end{aligned}$$

이다.

(2) L_A의 정의에 의해

$$L_A(1,0,0) = 1(1,0) + 0(1,1) = (1,0),$$
$$L_A(0,1,0) = 0(1,0) - 1(1,1) = (-1,-1),$$
$$L_A(0,0,1) = -1(1,0) + 1(1,1) = (0,1)$$

이다. 따라서

$$\begin{aligned} L_A(x,y,z) &= L_A(x\mathbf{e}_1 + y\mathbf{e}_2 + z\mathbf{e}_3) \\ &= xL_A(\mathbf{e}_1) + yL_A(\mathbf{e}_2) + zL_A(\mathbf{e}_3) \\ &= x(1,0) + y(-1,-1) + z(0,1) \\ &= (x-y,\ z-y) \end{aligned}$$

이다. ■

E, F를 각각 $\mathrm{F}^n, \mathrm{F}^m$의 기저라 하자. 예제 6.2.5에서 살폈듯이 기저 E, F에 관한 $A \in \mathrm{M}_{m,n}(\mathrm{F})$의 선형사상 $L_A : \mathrm{F}^n \to \mathrm{F}^m$는 기저들의 선택에 따라 다르다. 그러나 우리는 $\mathrm{F}^n, \mathrm{F}^m$의 기저들을 표준기저들로 다루기 원한다. 이 경우 특별히 "기저 E, F에 관한"을 생략하여 $A \in \mathrm{M}_{m,n}(\mathrm{F})$의 선형사상 $L_A : \mathrm{F}^n \to \mathrm{F}^m$로 사용한다. 이때 $\mathrm{F}^n, \mathrm{F}^m$의 원소를 열벡터로 간주하면 L_A는

$$L_A(\mathbf{x}) = A\mathbf{x}$$

로 정의된다. 확인을 위해 예제 6.2.5(1)을 다시 살피면

$$L_A(\mathbf{x}) = A\mathbf{x} = \begin{bmatrix} 1 & 0 & -1 \\ 0 & -1 & 1 \end{bmatrix} \begin{bmatrix} x \\ y \\ z \end{bmatrix} = \begin{bmatrix} x-z \\ z-y \end{bmatrix}$$

이므로 $L_A(x,y,z) = (x-z, z-y)$이다.

|보기| (1) $A = \begin{bmatrix} -1 & 0 \\ 0 & 1 \end{bmatrix}$에 관한 선형사상 $L_A : \mathbb{R}^2 \to \mathbb{R}^2$를 구해보자.

$$L_A(\mathbf{x}) = A\mathbf{x} = \begin{bmatrix} -1 & 0 \\ 0 & 1 \end{bmatrix} \begin{bmatrix} x \\ y \end{bmatrix} = \begin{bmatrix} -x \\ y \end{bmatrix}$$

이므로 $L_A(x,y) = (-x,y)$이다.

(2) $B = \begin{bmatrix} 1 & 0 \\ 0 & -1 \end{bmatrix}$에 관한 선형사상 $L_B : \mathbb{R}^2 \to \mathbb{R}^2$를 구해보자.

$$L_B(\mathbf{x}) = B\mathbf{x} = \begin{bmatrix} 1 & 0 \\ 0 & -1 \end{bmatrix} \begin{bmatrix} x \\ y \end{bmatrix} = \begin{bmatrix} x \\ -y \end{bmatrix}$$

이므로 $L_B(x,y) = (x,-y)$이다.

(3) $C = \begin{bmatrix} 0 & 1 \\ 1 & 0 \end{bmatrix}$에 관한 선형사상 $L_C : \mathbb{R}^2 \to \mathbb{R}^2$를 구해보자.

$$L_C(\mathbf{x}) = C\mathbf{x} = \begin{bmatrix} 0 & 1 \\ 1 & 0 \end{bmatrix} \begin{bmatrix} x \\ y \end{bmatrix} = \begin{bmatrix} y \\ x \end{bmatrix}$$

이므로 $L_C(x,y) = (y,x)$이다.

(4) $D = \begin{bmatrix} 1 & 2 \\ 3 & 4 \end{bmatrix}$에 관한 선형사상 $L_D : \mathbb{R}^2 \to \mathbb{R}^2$를 구해보자.

$$L_D(\mathbf{x}) = D\mathbf{x} = \begin{bmatrix} 1 & 2 \\ 3 & 4 \end{bmatrix} \begin{bmatrix} x \\ y \end{bmatrix} = \begin{bmatrix} x+2y \\ 3x+4y \end{bmatrix}$$

이므로 $L_D(x,y) = (x+2y, 3x+4y)$이다.

예제 6.2.6_ $E = \{1, x, x^2\}$, $F = \{1, x\}$를 각각 $\mathbb{R}_2[x]$, $\mathbb{R}_1[x]$의 기저라 하자.

(1) 선형사상 $T : \mathbb{R}_2[x] \to \mathbb{R}_1[x]$, $T(f(x)) = f'(x)$에 대해 $[T]_E^F$를 구하라.

(2) E, F에 관한 $A = \begin{bmatrix} 0 & -1 & 0 \\ 1 & 1 & 1 \end{bmatrix}$의 선형사상 $L_A : \mathbb{R}_2[x] \to \mathbb{R}_1[x]$를 구하라.

풀이 (1) $$T(1) = 0 = 0(1) + 0(x),$$

$$T(x) = 1 = 0(1) + 1(x),$$
$$T(x^2) = 2x = 0(1) + 2(x)$$

이므로 $[T]_E^F = \begin{bmatrix} 0 & 1 & 0 \\ 0 & 0 & 2 \end{bmatrix}$ 이다.

(2) L_A의 정의에 의해

$$L_A(1) = 0(1) + 1(x) = x,$$
$$L_A(x) = -1(1) + 1(x) = -1 + x,$$
$$L_A(x^2) = 0(1) + 1(x) = x$$

이다. 따라서

$$\begin{aligned} L_A(a + bx + cx^2) &= aL_A(1) + bL_A(x) + cL_A(x^2) \\ &= a(x) + b(-1 + x) + c(x) \\ &= -b + (a + b + c)x \end{aligned}$$

이다. ■

$E = \{v_1, \cdots, v_n\}$, $F = \{w_1, \cdots, w_m\}$는 각각 벡터공간 V, W의 기저이고 $T: V \to W$는 선형사상이라 하자. 먼저 $v \in V$는 $v = b_1v_1 + \cdots + b_nv_n$으로 나타낼 수 있으므로 E에 대한 v의 좌표는 $(b_1, \cdots, b_n)$이다. 그렇다면 F에 대한 $T(v) \in W$의 좌표는 무엇인가? 이는

$$T(v) = c_1w_1 + \cdots + c_mw_m$$

을 만족하는 $c_1, \cdots, c_m \in \mathrm{F}$을 찾으면 되는데 일반적으로 이러한 $c_1, \cdots, c_m$을 구하기는 쉽지 않다. 그러나 이를 쉽게 해결하는 방법이 있는데 바로 다음 정리이다. 결과적으로 E에 대한 v의 좌표를 알면 F에 대한 $T(v)$의 좌표는 쉽게 구할 수 있다.

정리 6.2.5 $E = \{v_1, \cdots, v_n\}$, $F = \{w_1, \cdots, w_m\}$는 각각 벡터공간 V, W의 기저이고 선형사상 $T: V \to W$에 대해 $[T]_E^F = A \in \mathrm{M}_{m,n}(\mathrm{F})$라 하자. 그러면 모든 $v \in V$에 대해 $[T(v)]_F = A[v]_E$이다.

증명 $v=b_1v_1+\cdots+b_nv_n$으로 두면

$$\begin{aligned}T(v) &= T(b_1v_1+\cdots+b_nv_n)=b_1T(v_1)+\cdots+b_nT(v_n)\\ &=b_1(a_{11}w_1+\cdots+a_{m1}w_m)+\cdots+b_n(a_{1n}w_1+\cdots+a_{mn}w_m)\\ &=(b_1a_{11}+\cdots+b_na_{1n})w_1+\cdots+(b_1a_{m1}+\cdots+b_na_{mn})w_m\end{aligned}$$

이다. 따라서

$$[T(v)]_F=\begin{bmatrix}a_{11}b_1+\cdots+a_{1n}b_n\\ \vdots\\ a_{m1}b_1+\cdots+a_{mn}b_n\end{bmatrix}=\begin{bmatrix}a_{11}&\cdots&a_{1n}\\ \vdots&&\vdots\\ a_{m1}&\cdots&a_{mn}\end{bmatrix}\begin{bmatrix}b_1\\ \vdots\\ b_n\end{bmatrix}=A[v]_E$$

이다. ■

예제 6.2.7_ 다음은 $\mathbb{R}^3$의 기저들이다.

$$E=\{\mathbf{e}_1,\mathbf{e}_2,\mathbf{e}_3\},\qquad F=\{(1,1,1),(1,1,0),(1,0,0)\}$$

선형사상 $T:\mathbb{R}^3\to\mathbb{R}^3$, $T(x,y,z)=(2y+z,\ x-4y,\ 3x)$에 대해 다음에 답하라.

(1) $[T]_E^F$를 구하라.

(2) $v=(a,b,c)$일 때 직접 계산으로 F에 대한 $T(v)$의 좌표를 구하라.

(3) $v=(a,b,c)$일 때 정리 6.2.5를 이용해서 F에 대한 $T(v)$의 좌표를 구하라.

풀이 (1)

$$\begin{aligned}T(1,0,0)&=(0,\ 1,3)\ =3(1,1,1)-2(1,1,0)-1(1,0,0),\\ T(0,1,0)&=(2,-4,0)=0(1,1,1)-4(1,1,0)+6(1,0,0),\\ T(0,0,1)&=(1,\ 0,0)\ =0(1,1,1)+0(1,1,0)+1(1,0,0)\end{aligned}$$

이므로 $[T]_E^F=\begin{bmatrix}3&0&0\\-2&-4&0\\-1&6&1\end{bmatrix}$이다.

(2) $T(v)=T(a,b,c)=(2b+c,\ a-4b,\ 3a)=x(1,1,1)+y(1,1,0)+z(1,0,0)$이면 $(2b+c,\ a-4b,\ 3a)=(x+y+z,\ x+y,\ x)$이므로 $x+y+z=2b+c$, $x+y=a-4b$, $x=3a$이다. 이를 풀면

$$x=3a,\quad y=-2a-4b,\quad z=-a+6b+c$$

이다. 따라서 F에 대한 $T(v)$의 좌표는

$$(3a, -2a-4b, -a+6b+c)$$

이다.

(3) E에 관한 $v=(a,b,c)$의 좌표는

$$[v]_E = \begin{bmatrix} a \\ b \\ c \end{bmatrix}$$

이므로 (1)과 정리 6.2.5에 의해

$$[T(v)]_F = \begin{bmatrix} 3 & 0 & 0 \\ -2 & -4 & 0 \\ -1 & 6 & 1 \end{bmatrix} [v]_E = \begin{bmatrix} 3 & 0 & 0 \\ -2 & -4 & 0 \\ -1 & 6 & 1 \end{bmatrix} \begin{bmatrix} a \\ b \\ c \end{bmatrix} = \begin{bmatrix} 3a \\ -2a-4b \\ -a+6b+c \end{bmatrix}$$

이다. 따라서 F에 관한 $T(v)$의 좌표는 $(3a, -2a-4b, -a+6b+c)$ 이다. ▩

$E=\{v_1,\cdots,v_n\}$, $F=\{w_1,\cdots,w_n\}$를 벡터공간 V의 두 기저라 하자. 그러면 임의의 $v\in V$는

$$v=b_1v_1+\cdots+b_nv_n, \qquad v=c_1w_1+\cdots+c_nw_n$$

으로 나타낼 수 있다. 따라서 E에 대한 v의 좌표는 $(b_1,\cdots,b_n)$이고 F에 관한 v의 좌표는 $(c_1,\cdots,c_n)$이다. 문제는 이렇다. 만약 $v\in V$에 대해 $(b_1,\cdots,b_n)$을 알았다면 이를 이용해서 $(c_1,\cdots,c_n)$을 구할 수 있는가? 방법이 있다. 먼저

$$\begin{aligned} v_1 &= p_{11}w_1 + p_{21}w_2 + \cdots + p_{n1}w_n \\ v_2 &= p_{12}w_1 + p_{22}w_2 + \cdots + p_{n2}w_n \\ &\vdots \\ v_n &= p_{1n}w_1 + p_{2n}w_2 + \cdots + p_{nn}w_n \end{aligned} \tag{$*$}$$

으로 쓸 수 있는 $p_{ij}\in F$들이 유일하게 존재한다. 이때 p_{ij}들로 결정되는 행렬

$$P=[p_{ij}] = \begin{bmatrix} p_{11} & p_{12} & \cdots & p_{1n} \\ p_{21} & p_{22} & \cdots & p_{2n} \\ \vdots & \vdots & & \vdots \\ p_{n1} & p_{n2} & \cdots & p_{nn} \end{bmatrix}$$

를 E에서 F로의 **전이행렬**(transition matrix)이라 한다. $v \in V$에 대해

$$v = b_1 v_1 + \cdots + b_n v_n$$

이면 $[v]_E = \begin{bmatrix} b_1 \\ \vdots \\ b_n \end{bmatrix}$이다. 이제 $[v]_F$를 구해보자. 먼저 (*)에 의해

$$\begin{aligned} v &= b_1 v_1 + \cdots + b_n v_n \\ &= b_1 (p_{11} w_1 + \cdots + p_{n1} w_n) + \cdots + b_n (p_{1n} w_1 + \cdots + p_{nn} w_n) \\ &= (b_1 p_{11} + \cdots + b_n p_{1n}) w_1 + \cdots + (b_1 p_{n1} + \cdots + b_n p_{nn}) w_n \end{aligned}$$

이다. 따라서

$$[v]_F = \begin{bmatrix} p_{11} b_1 + \cdots + p_{1n} b_n \\ \vdots \\ p_{n1} b_1 + \cdots + p_{nn} b_n \end{bmatrix} = \begin{bmatrix} p_{11} & \cdots & p_{1n} \\ \vdots & & \vdots \\ p_{n1} & \cdots & p_{nn} \end{bmatrix} \begin{bmatrix} b_1 \\ \vdots \\ b_n \end{bmatrix} = P[v]_E$$

이다. 이를 종합하면 다음과 같다. $E = \{v_1, \cdots, v_n\}$, $F = \{w_1, \cdots, w_n\}$를 n차원 벡터공간 V의 두 기저라 하자.

(1) 먼저 E에서 F로의 전이행렬 $P \in \mathrm{M}_n(\mathrm{F})$를 구한다.
(2) 이제 $v \in V$에 대해 E에 관한 v의 좌표를 얻어 열벡터 $[v]_E$로 나타낸다.
(3) 그러면 F에 관한 v의 좌표는 $[v]_F = P[v]_E$이다.

사실 위 결과에서 전이행렬 $P \in \mathrm{M}_n(F)$는 E, F에 관한 항등사상 $1_V : V \to V$의 행렬 $[1_V]_E^F$, 즉 $P = [1_V]_E^F$이다. 마찬가지로 F에서 E로의 전이행렬을 $Q \in \mathrm{M}_n(F)$라 하면 $Q = [1_V]_F^E$이다. 특히 P는 가역행렬이고 $Q = P^{-1}$이다. 이는 정리 6.2.6에서 보인다.

예제 6.2.8_ E는 $\mathbb{R}^3$의 표준기저, $F = \{(1,0,0), (1,1,0), (1,1,1)\}$는 $\mathbb{R}^3$의 기저이다.
(1) E에서 F로의 전이행렬 $P \in \mathrm{M}_3(\mathbb{R})$를 구하라.
(2) P를 이용해서 F에 대한 $v = (a,b,c) \in \mathbb{R}^3$의 좌표 $[v]_F$를 구하라.

풀이 (1) $(1,0,0) = 1(1,0,0) + 0(1,1,0) + 0(1,1,1)$,

$$(0,1,0) = -1(1,0,0) + 1(1,1,0) + 0(1,1,1),$$
$$(0,0,1) = \ 0(1,0,0) - 1(1,1,0) + 1(1,1,1)$$

이므로 $P = \begin{bmatrix} 1 & -1 & 0 \\ 0 & 1 & -1 \\ 0 & 0 & 1 \end{bmatrix}$ 이다.

(2) $[v]_E = \begin{bmatrix} a \\ b \\ c \end{bmatrix}$ 이므로 $[v]_F = P[v]_E = \begin{bmatrix} 1 & -1 & 0 \\ 0 & 1 & -1 \\ 0 & 0 & 1 \end{bmatrix} \begin{bmatrix} a \\ b \\ c \end{bmatrix} = \begin{bmatrix} a-b \\ b-c \\ c \end{bmatrix}$ 이다. ■

정리 6.2.6 E, F는 n차원 벡터공간 V의 기저이고 $P \in \mathrm{M}_n(\mathrm{F})$는 E에서 F로의 전이행렬이라 하자.

(1) P는 가역이고 P^{-1}는 F에서 E로의 전이행렬이다.

(2) 모든 선형사상 $T: V \to V$에 대해 $P^{-1}[T]_F^F P = [T]_E^E$이다.

증명 P는 E에서 F로의 전이행렬이므로 항등사상 $1_V: V \to V$에 대해 $P = [1_V]_E^F$ 이다. 마찬가지로 $Q \in \mathrm{M}_n(\mathrm{F})$를 F에서 E로의 전이행렬이라 하면 $Q = [1_V]_F^E$이다.

(1) 합성사상 $1_V \circ 1_V$에 정리 6.2.1을 적용하면

$$[1_V]_F^E [1_V]_E^F = [1_V \circ 1_V]_E^E$$

가 되어 $QP = [1_V \circ 1_V]_E^E$이다. 한편 $1_V \circ 1_V = 1_V$이고 $[1_V]_E^E = I_n$이므로 $QP = I_n$이 되어 P는 가역이다. 그러면 $Q = P^{-1}$이므로 P^{-1}는 F에서 E로의 전이행렬이다.

(2) $1_V \circ T = T \circ 1_V$에 정리 6.2.1을 적용하면

$$[1_V]_F^E [T]_F^F = [T]_E^E [1_V]_F^E$$

이다. 그러면 $P^{-1}[T]_F^F = [T]_E^E P^{-1}$가 되어 $P^{-1}[T]_F^F P = [T]_E^E$이다. ■

예제 6.2.9_ $E = \{v_1, v_2, v_3\}$, $F = \{w_1, w_2, w_3\}$는 3차원 벡터공간 V의 기저이고 E에서 F로의 전이행렬 P와 선형사상 $T: V \to V$에 대해 $[T]_F^F$가 다음과 같이 주어졌다고 하자.

$$P=\begin{bmatrix}1&1&1\\0&1&1\\0&0&1\end{bmatrix},\qquad [T]_F^F=\begin{bmatrix}1&1&2\\1&2&1\\2&1&1\end{bmatrix}$$

(1) $i=1,2,3$에 대해 $T(w_i)$를 w_1,w_2,w_3의 일차결합으로 나타내라.

(2) $i=1,2,3$에 대해 $T(v_i)$를 v_1,v_2,v_3의 일차결합으로 나타내라.

풀이 (1) $[T]_F^F$의 정의에 의해

$$\begin{aligned}T(w_1)&=w_1+w_2+2w_3,\\T(w_2)&=w_1+2w_2+w_3,\\T(w_3)&=2w_1+w_2+w_3\end{aligned}$$

이다.

(2) $[T]_E^E$를 알아야 한다. 이를 위해 정리 6.2.6에서

$$[T]_E^E=P^{-1}[T]_F^FP$$

를 이용하자. P의 역행렬은 $P^{-1}=\begin{bmatrix}1&-1&0\\0&1&-1\\0&0&1\end{bmatrix}$이다. 따라서

$$[T]_E^E=P^{-1}[T]_F^FP=\begin{bmatrix}1&-1&0\\0&1&-1\\0&0&1\end{bmatrix}\begin{bmatrix}1&1&2\\1&2&1\\2&1&1\end{bmatrix}\begin{bmatrix}1&1&1\\0&1&1\\0&0&1\end{bmatrix}=\begin{bmatrix}0&-1&0\\-1&0&0\\2&3&4\end{bmatrix}$$

이다. 그러면 $[T]_E^E$의 정의에 의해

$$\begin{aligned}T(v_1)&=-v_2+2v_3,\\T(v_2)&=-v_1+3v_3,\\T(v_3)&=4v_3\end{aligned}$$

이다. ■

따름정리 6.2.7 $E=\{v_1,\cdots,v_n\}$는 벡터공간 V의 기저이고 $w_1,\cdots,w_n\in V$에 대해

$$\begin{aligned}w_1&=p_{11}v_1+p_{21}v_2+\cdots+p_{n1}v_n\\&\vdots\\w_n&=p_{1n}v_1+p_{2n}v_2+\cdots+p_{nn}v_n\end{aligned}$$

일 때 $F=\{w_1,\cdots,w_n\}$가 V의 기저일 필요충분조건은 $P=[p_{ij}]$는 가역행렬이다.

증명 ($\Rightarrow$) F가 V의 기저이면 P는 E에서 F로의 전이행렬이다. 따라서 정리 6.2.6에 의해 P는 가역행렬이다.

($\Leftarrow$) P는 가역행렬이라 하자. 먼저 정리 6.1.6에 의해

$$T(v_1)=w_1,\cdots,\ T(v_n)=w_n$$

인 선형사상 $T: V\to V$가 존재한다. 그러면 E에 관한 T의 행렬은 $[T]_E^E=P$ 이다. 그런데 P는 가역이므로 정리 6.2.4에 의해 T는 동형사상이 되어 T는 전사이다. 즉 $V=\mathrm{Im}\,T$이다. 그런데 정리 6.1.3에 의해 $\mathrm{Im}\,T=\langle T(v_1),\cdots,T(v_n)\rangle$이므로

$$V=\langle T(v_1),\cdots,T(v_n)\rangle=\langle w_1,\cdots,w_n\rangle$$

이다. 따라서 정리 4.3.4에 의해 $F=\{w_1,\cdots,w_n\}$는 V의 기저이다.■

정리 6.2.8 $E=\{v_1,\cdots,v_n\}$, $F=\{w_1,\cdots,w_m\}$는 각각 벡터공간 V, W의 기저이고 선형사상 $T: V\to W$에 대해 $[T]_E^F=A\in \mathrm{M}_{m,n}(\mathrm{F})$ 라 하자. 만약 ϕ_E, ϕ_F가 각각 E, F에 대한 좌표사상이면 다음이 성립한다.

$$T=\phi_F^{-1}\circ L_A\circ \phi_E$$

단 $L_A:\mathrm{F}^n\to\mathrm{F}^m$는 $L_A(\mathbf{x})=A\mathbf{x}$로 주어지는 선형사상이다.

증명 $\phi_F\circ T=L_A\circ\phi_E$를 보이면 된다.

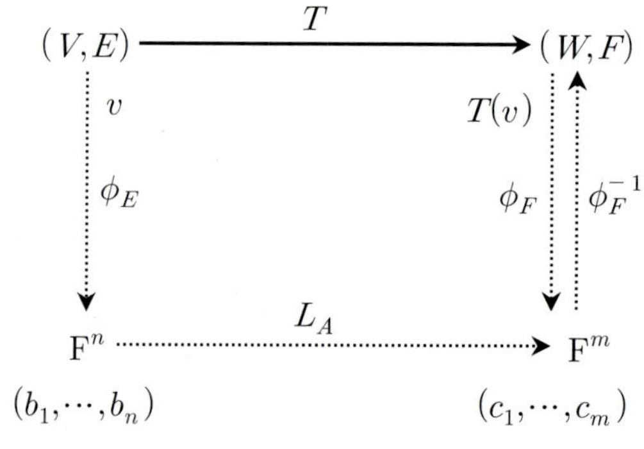

$v \in V$에 대해 $v = b_1v_1 + \cdots + b_nv_n$, $T(v) = c_1w_1 + \cdots + c_mw_m$으로 두면

$$[v]_E = \begin{bmatrix} b_1 \\ \vdots \\ b_n \end{bmatrix}, \qquad [T(v)]_F = \begin{bmatrix} c_1 \\ \vdots \\ c_m \end{bmatrix}$$

이다. 또한 정리 6.2.5에 의해 $[T(v)]_F = A[v]_E$ 이므로

$$\begin{bmatrix} c_1 \\ \vdots \\ c_m \end{bmatrix} = A\begin{bmatrix} b_1 \\ \vdots \\ b_n \end{bmatrix} = L_A\left(\begin{bmatrix} b_1 \\ \vdots \\ b_n \end{bmatrix}\right)$$

이다. 그러면

$$(L_A \circ \phi_E)(v) = L_A(\phi_E(b_1v_1 + \cdots + b_nv_n)) = L_A\left(\begin{bmatrix} b_1 \\ \vdots \\ b_n \end{bmatrix}\right) = \begin{bmatrix} c_1 \\ \vdots \\ c_m \end{bmatrix},$$

$$(\phi_F \circ T)(v) = \phi_F(T(v)) = \phi_F(c_1w_1 + \cdots + c_mw_m) = \begin{bmatrix} c_1 \\ \vdots \\ c_m \end{bmatrix}$$

이다. 따라서 모든 $v \in V$에 대해

$$(\phi_F \circ T)(v) = (L_A \circ \phi_E)(v)$$

이므로 $\phi_F \circ T = L_A \circ \phi_E$이다. ■

연습문제 6.2

1 $E = \{v_1, \cdots, v_n\}$가 벡터공간 V의 기저이면 임의의 벡터 $v \in V$는

$$v = a_1v_1 + \cdots + a_nv_n$$

으로 유일하게 표현된다. 다음 좌표사상 ϕ_E는 동형사상임을 보여라.

$$\phi_E : V \to \mathrm{F}^n, \quad \phi_E(v) = (a_1, \cdots, a_n)$$

2 $\mathbb{R}^3$에서 다음 기저에 대한 $(3,-4,7)$의 좌표를 구하라.

(1) $E=\{(1,0,0),(1,1,0),(1,1,1)\}$

(2) $F=\{(1,2,2),(1,2,-1),(1,-1,-1)\}$

3 $\mathbb{R}_2[x]$에서 기저

$$E=\{1+x,2+x^2,3x+x^2\}$$

에 대한 $f(x)=1+x+x^2$의 좌표를 구하라.

4 다음 선형사상을 고려하자.

$$T:\mathbb{R}^3\to\mathbb{R}^2,\quad T(x,y,z)=(3x+2y-4z,\ x-5y+3z)$$

$\mathbb{R}^3,\mathbb{R}^2$의 각각의 기저 E,F에 대해 $[T]_E^F$를 구하라.

(1) $E=\{(1,0,0),(0,1,0),(0,0,1)\}$, $F=\{(1,0),(0,1)\}$

(2) $E=\{(1,0,0),(0,1,0),(0,0,1)\}$, $F=\{(1,3),(2,5)\}$

(3) $E=\{(1,0,0),(1,1,0),(1,1,1)\}$, $F=\{(1,0),(0,1)\}$

5 다음 선형사상을 고려하자.

$$T:\mathbb{R}_1[x]\to\mathbb{R}_2[x],\quad T(f(x))=xf(x)$$

$\mathbb{R}_1[x],\mathbb{R}_2[x]$의 각각의 기저 E,F에 대해 $[T]_E^F$를 구하라.

(1) $E=\{1,x\}$, $F=\{1,x,x^2\}$

(2) $E=\{1,x\}$, $F=\{1,x-1,x^2-3x+2\}$

(3) $E=\{1-x,2+x\}$, $F=\{1,x,x^2\}$

6 $\mathbb{R}^2$의 기저 $E=\{(1,3),(2,5)\}$와 $\mathbb{R}^3$의 기저 $F=\{(1,0,0),(1,1,0),(1,1,1)\}$에 대해 E,F에 관한 선형사상 $T:\mathbb{R}^2\to\mathbb{R}^3$의 행렬이

$$[T]_E^F=\begin{bmatrix}-1&1\\2&0\\1&2\end{bmatrix}$$

일 때 $T(x,y)$를 구하라.

7 $\mathbb{R}^2$의 기저 $E=\{(1,3),(2,5)\}$에 관한 $T:\mathbb{R}^2\to\mathbb{R}^2$의 행렬이

$$[T]_E^E=\begin{bmatrix}1 & 2\\ 2 & -3\end{bmatrix}$$

일 때 $T(x,y)$를 구하라.

8 $\mathbb{R}_2[x]$의 기저 $E=\{1,x-1,x^2\}$에 관한 $T:\mathbb{R}_2[x]\to\mathbb{R}_2[x]$의 행렬이

$$[T]_E^E=\begin{bmatrix}1 & 0 & 1\\ 0 & 1 & 0\\ 1 & 1 & 1\end{bmatrix}$$

일 때 $T(a+bx+cx^2)$을 구하라.

9 다음 두 선형사상에 대해 $[T]_E^F$, $[S]_F^G$ 그리고 $[S\circ T]_E^G$를 구하라.

$$T:\mathbb{R}^3\to\mathbb{R}^2,\quad T(a,b,c)=(a-b,b-c)$$
$$S:\mathbb{R}^2\to\mathbb{R}_1[x],\quad S(a,b)=b+(a+b)x$$

단 $E=\{(1,0,0),(1,1,0),(1,1,1)\}$, $F=\{(1,2),(2,3)\}$, $G=\{1,x\}$이다.

10 보조정리 6.2.2를 보여라.

11 E,F는 각각 $\mathbb{R}^2$, $\mathbb{R}^3$의 표준기저이고 $G=\{(1,3),(2,5)\}$라 하자.

(1) E,F에 관한 행렬 $A=\begin{bmatrix}1 & -1\\ 1 & 1\\ -1 & 1\end{bmatrix}$의 선형사상 $L_A:\mathbb{R}^2\to\mathbb{R}^3$를 구하라.

(2) G,F에 관한 행렬 $A=\begin{bmatrix}1 & -1\\ 1 & 1\\ -1 & 1\end{bmatrix}$의 선형사상 $L_A:\mathbb{R}^2\to\mathbb{R}^3$를 구하라.

12 $E=\{1,x,x^2\}$, $F=\{1,x-1,x^2-3x+2\}$는 $\mathbb{R}_2[x]$의 기저이다. E,F에 관한 행렬

$$A=\begin{bmatrix}1 & -2 & 0\\ 3 & 0 & -1\\ 0 & -1 & 2\end{bmatrix}$$

의 선형사상 $L_A:\mathbb{R}_2[x]\to\mathbb{R}_2[x]$를 구하라.

13 E는 $\mathbb{R}^3$의 표준기저이고

$$F = \{(1,2,3), (1,3,2), (1,4,2)\}$$

는 $\mathbb{R}^3$의 기저이다. 선형사상 $T: \mathbb{R}^3 \to \mathbb{R}^3$, $T(x,y,z) = (y+z,\ 2x-3y,\ 3x+z)$에 대해 다음에 답하라.

(1) $[T]_E^F$를 구하라.

(2) 정리 6.2.5를 이용해서 F에 대한 $T(2,4,7)$의 좌표를 구하라.

14 $E = \{(1,0,0), (0,1,0), (0,0,1)\}$, $F = \{(1,2,3), (1,3,2), (1,4,2)\}$는 $\mathbb{R}^3$의 기저이다.

(1) E에서 F로의 전이행렬 $P \in \mathrm{M}_3(\mathbb{R})$를 구하라.

(2) P를 이용해서 F에 관한 $\mathbf{v} = (2,3,4)$의 좌표 $[\mathbf{v}]_F$를 구하라.

15 $E = \{v_1, v_2\}$, $F = \{w_1, w_2\}$는 2차원 실벡터공간 V의 기저이고 E에서 F로의 전이 행렬 P와 선형사상 $T: V \to V$에 대해 $[T]_F^F$가 다음과 같이 주어졌다고 하자.

$$P = \begin{bmatrix} 1 & -1 \\ -2 & 3 \end{bmatrix}, \qquad [T]_F^F = \begin{bmatrix} 1 & 2 \\ 3 & 4 \end{bmatrix}$$

(1) $T(w_1)$과 $T(w_2)$를 각각 w_1, w_2의 일차결합으로 나타내라.

(2) $T(v_1)$과 $T(v_2)$를 각각 v_1, v_2의 일차결합으로 나타내라.

16 $E = \{v_1, \cdots, v_n\}$는 벡터공간 V의 기저이고 $T: V \to V$는 선형사상이라 하자. 만약 $B \in \mathrm{M}_n(\mathrm{F})$가 $[T]_E^E$와 닮음이면 $B = [T]_F^F$가 되는 V의 기저 $F = \{w_1, \cdots, w_n\}$가 존재함을 보여라.

6.3 선형사상의 고윳값과 고유벡터

이 절에서는 5장에서 살폈던 정방행렬의 고윳값, 고유벡터, 고유방정식, 고유공간 등을 선형사상 $T: V \to V$에서 정의하고 이에 대한 여러 성질들을 알아본다.

정의

$T: V \to V$가 선형사상일 때 $\lambda \in \mathbb{F}$와 $v \in V$에 대해 다음을 고려하자.

$$T(v) = \lambda v, \quad v \neq \mathbf{0}$$

만약 λ, v가 위 방정식을 만족하면 λ는 T의 **고윳값**(eigenvalue)이라 한다. 또한 v는 λ에 대응하는 T의 **고유벡터**(eigenvector) 또는 간단히 λ의 고유벡터라 한다.

$T: V \to V$가 선형사상일 때 W가

$$T(W) \subseteq W$$

인 V의 부분공간이면 W를 **T-불변**(T-invariant)이라 한다.

예제 6.3.1_ $T: V \to V$는 선형사상이고 W는 V의 일차원 부분공간이라 하자. 만약 W가 T-불변이면 모든 $w \in W$에 대해

$$T(w) = \lambda w$$

인 $\lambda \in \mathbb{F}$가 존재함을 보여라.

증명 $\dim W = 1$이므로

$$W = \langle v \rangle$$

인 $v(\neq \mathbf{0}) \in W$가 존재한다. 그런데 W는 T-불변이므로 $T(v) \in W$가 되어 $T(v) = \lambda v$인 $\lambda \in \mathbb{F}$가 존재한다. 만약 $w \in W$가 임의이면 $w = \alpha v$ 형태가 되어

$$T(w) = T(\alpha v) = \alpha T(v) = \alpha(\lambda v) = \lambda(\alpha v) = \lambda w$$

이다. 따라서 결과가 성립한다. ■

|보기| 선형사상

$$T: \mathbb{R}^2 \to \mathbb{R}^2, \quad T(x, y) = (7x - 4y, 5x - 2y)$$

의 모든 고윳값을 구해보자. $\lambda \in \mathbb{R}$ 가 T의 고윳값이면 $T(a,b)=\lambda(a,b)$인 고유벡터 $(a,b)\in\mathbb{R}^2$가 존재한다. 그러면 $(7a-4b, 5a-2b)=(\lambda a, \lambda b)$가 되어

$$(\lambda-7)a+4b=0, \qquad -5a+(\lambda+2)b=0$$

이다. 이를 풀기 위해 두 식을 행렬로 나타내면

$$\begin{bmatrix} \lambda-7 & 4 \\ -5 & \lambda+2 \end{bmatrix}\begin{bmatrix} a \\ b \end{bmatrix}=\begin{bmatrix} 0 \\ 0 \end{bmatrix}$$

이다. 그런데 $\begin{bmatrix} a \\ b \end{bmatrix}\neq\begin{bmatrix} 0 \\ 0 \end{bmatrix}$이므로 $\begin{bmatrix} \lambda-7 & 4 \\ -5 & \lambda+2 \end{bmatrix}$는 비가역이 되어 행렬식이 0이다. 즉

$$0=\begin{vmatrix} \lambda-7 & 4 \\ -5 & \lambda+2 \end{vmatrix}=\lambda^2-5\lambda+6=(\lambda-2)(\lambda-3)$$

이다. 따라서 T의 모든 고윳값은 $\lambda=2,3$이다.

E를 $\mathbb{R}^2$의 표준기저라 하여 위 보기를 다시 살피자. E에 관한 T의 행렬은

$$[T]_E^E=\begin{bmatrix} 7 & -4 \\ 5 & -2 \end{bmatrix}$$

이다. 그런데 $\begin{bmatrix} 7 & -4 \\ 5 & -2 \end{bmatrix}$의 고윳값은 $\lambda=2,3$이다. 즉 T의 고윳값은 행렬 $[T]_E^E$의 고윳값으로 결정된다. 이는 다음 정리를 이해하기 위해 예로 살핀 것이다.

정리 6.3.1 $T: V\to V$는 선형사상이고 $E=\{v_1,\cdots,v_n\}$가 V의 기저일 때 $\lambda\in F$가 T의 고윳값일 필요충분조건은 λ는 $[T]_E^E$의 고윳값이다.

증명 $[T]_E^E$의 정의에 의해

$$\begin{aligned} T(v_1)&=a_{11}v_1+a_{21}v_2+\cdots+a_{n1}v_n, \\ T(v_2)&=a_{12}v_1+a_{22}v_2+\cdots+a_{n2}v_n, \\ &\vdots \\ T(v_n)&=a_{1n}v_1+a_{2n}v_2+\cdots+a_{nn}v_n \end{aligned}$$

인 $a_{ij} \in F$가 존재해서 $[T]_E^E = [a_{ij}]$이다. 그러면 $v = b_1 v_1 + \cdots + b_n v_n \in V$에 대해

$$
\begin{aligned}
T(v) = \lambda v &\Leftrightarrow\ b_1 T(v_1) + \cdots + b_n T(v_n) = \lambda v \\
&\Leftrightarrow\ b_1 (a_{11} v_1 + \cdots + a_{n1} v_n) + \cdots + b_n (a_{1n} v_1 + \cdots + a_{nn} v_n) = \lambda v \\
&\Leftrightarrow\ (b_1 a_{11} + \cdots + b_n a_{1n}) v_1 + \cdots + (b_1 a_{n1} + \cdots + b_n a_{nn}) v_n \\
&\qquad = \lambda (b_1 v_1 + \cdots + b_n v_n) \\
&\Leftrightarrow\ \begin{bmatrix} a_{11} b_1 + \cdots + a_{1n} b_n \\ \vdots \\ a_{n1} b_1 + \cdots + a_{nn} b_n \end{bmatrix} = \lambda \begin{bmatrix} b_1 \\ \vdots \\ b_n \end{bmatrix} \\
&\Leftrightarrow\ \begin{bmatrix} a_{11} & \cdots & a_{1n} \\ \vdots & & \vdots \\ a_{n1} & \cdots & a_{nn} \end{bmatrix} \begin{bmatrix} b_1 \\ \vdots \\ b_n \end{bmatrix} = \lambda \begin{bmatrix} b_1 \\ \vdots \\ b_n \end{bmatrix}
\end{aligned}
$$

이다. 이때 $\mathbf{x} = \begin{bmatrix} b_1 \\ \vdots \\ b_n \end{bmatrix} \in F^n$로 두면 $T(v) = \lambda v \Leftrightarrow [T]_E^E \mathbf{x} = \lambda \mathbf{x}$이다. 그런데 $v \neq 0 \Leftrightarrow \mathbf{x} \neq \mathbf{0}$이므로 λ가 T의 고윳값일 필요충분조건은 λ는 $[T]_E^E$의 고윳값이다. ■

위 정리에서 T의 고윳값은 벡터공간 V에서 기저의 선택에 무관하다. 즉 정리에서 기저 E를 또 다른 기저 F로 대처해도 T의 고윳값은 $[T]_F^F$의 고윳값으로 결정된다. 이유는 다음 정리에 있다.

정리 6.3.2 E, F는 n차원 벡터공간 V의 기저이고 $T: V \to V$가 선형사상이면

$$[T]_E^E, \quad [T]_F^F$$

의 고윳값은 같다.

증명 $P \in \mathrm{M}_n(\mathrm{F})$를 E에서 F로의 전이행렬이라 하면 정리 6.2.6(1)에 의해 P는 가역이다. 더욱이 정리 6.2.6(2)에 의해

$$P^{-1} [T]_F^F P = [T]_E^E$$

이므로 $[T]_E^E$와 $[T]_F^F$는 닮음이다. 따라서 정리 5.1.5에 의해 $[T]_E^E$와 $[T]_F^F$

의 고윳값은 같다. ■

예제 6.3.2 다음 선형사상 $T: \mathbb{R}^3 \to \mathbb{R}^3$의 모든 고윳값을 구하라.

(1) $T(x,y,z) = (x+2y+2z,\ 2y+z,\ -x+2y+2z)$

(2) $T(x,y,z) = (5x+6z,\ 3x+2y+6z,\ -2x-2z)$

풀이 E를 $\mathbb{R}^3$의 표준기저라 하자.

(1) $[T]_E^E$를 구하면

$$[T]_E^E = \begin{bmatrix} 1 & 2 & 2 \\ 0 & 2 & 1 \\ -1 & 2 & 2 \end{bmatrix}$$

이고 예제 5.1.3의 풀이에서 $[T]_E^E$의 고윳값은 $\lambda = 1,2$이다. 따라서 T의 모든 고윳값은 $\lambda = 1,2$이다.

(2) $[T]_E^E$를 구하면

$$[T]_E^E = \begin{bmatrix} 5 & 0 & 6 \\ 3 & 2 & 6 \\ -2 & 0 & -2 \end{bmatrix}$$

이고 예제 5.1.4의 풀이에서 $[T]_E^E$의 고윳값은 $\lambda = 1,2$이다. 따라서 T의 모든 고윳값은 $\lambda = 1,2$이다. ■

5장에서 행렬 $A \in \mathrm{M}_n(\mathrm{F})$의 고윳값 $\lambda \in \mathrm{F}$에 대해 고유공간 $E(\lambda)$를 정의했다. 이는 선형사상 $T: V \to V$에 대해서도 유사하게 정의되는데 다음과 같다.

정의

선형사상 $T: V \to V$의 고윳값 $\lambda \in \mathrm{F}$에 대해

$$E(\lambda) = \{v \in V \mid T(v) = \lambda v\}$$

를 (T에 대한) λ의 **고유공간**(eigenspace)이라 한다.

$E(\lambda)$는 V의 부분공간이다(연습문제 2). 특히 $E(\lambda)$는 영벡터 $\mathbf{0} \in \mathrm{F}^n$을 포함하지만 고유벡터의 정의에 의해 $\mathbf{0}$은 T에 대한 λ의 고유벡터는 아니다.

|보기| 예제 6.3.2(1)에서 선형사상

$$T: \mathbb{R}^3 \to \mathbb{R}^3, \quad T(x,y,z) = (x+2y+2z,\ 2y+z,\ -x+2y+2z)$$

의 모든 고윳값은 $\lambda = 1,2$이다. 이들의 고유공간을 구해보자.

$$\begin{aligned} E(1) &= \{(a,b,c) \in \mathbb{R}^3 \mid T(a,b,c) = (a,b,c)\} \\ &= \{(a,b,c) \in \mathbb{R}^3 \mid (a+2b+2c,\ 2b+c,\ -a+2b+2c) = (a,b,c)\} \\ &= \{(a,b,c) \in \mathbb{R}^3 \mid (2b+2c,\ b+c,\ a-2b-c) = (0,0,0)\} \\ &= \{(a,b,c) \in \mathbb{R}^3 \mid b+c=0,\ a-2b-c=0\} \\ &= \{(a,b,c) \in \mathbb{R}^3 \mid c=-b,\ a=b\} \\ &= \{(b,b,-b) \mid b \in \mathbb{R}\} = \langle (1,1,-1) \rangle \end{aligned}$$

이다. 같은 방법으로 $E(2) = \langle (2,1,0) \rangle$이다.

E를 $\mathbb{R}^3$의 표준기저라 하면 위 보기의 선형사상 T에 대해

$$[T]_E^E = \begin{bmatrix} 1 & 2 & 2 \\ 0 & 2 & 1 \\ -1 & 2 & 2 \end{bmatrix}$$

이고 $[T]_E^E$의 고윳값은 $\lambda = 1,2$이다. 그런데 예제 5.1.3의 풀이에서 $[T]_E^E$에 대해

$$E(1) = \left\langle \begin{bmatrix} 1 \\ 1 \\ -1 \end{bmatrix} \right\rangle, \quad E(2) = \left\langle \begin{bmatrix} 2 \\ 1 \\ 0 \end{bmatrix} \right\rangle$$

이다. 이때 선형사상 T의 고유공간은 행렬 $[T]_E^E$의 고유공간으로 얻어짐을 알 수 있다. 이는 일반적으로 성립한다. E를 F^n의 표준기저라 하고 $T: F^n \to F^n$를 선형사상이라 하자. 그러면 T의 고유공간은 행렬 $[T]_E^E$의 고유공간으로 얻을 수 있다.

예제 6.3.3_ 다음 선형사상의 모든 고유공간을 구하라.

$$T: \mathbb{R}^3 \to \mathbb{R}^3, \quad T(x,y,z) = (5x+6z,\ 3x+2y+6z,\ -2x-2z)$$

풀이 E를 $\mathbb{R}^3$의 표준기저라 하면

$$[T]_E^E = \begin{bmatrix} 5 & 0 & 6 \\ 3 & 2 & 6 \\ -2 & 0 & -2 \end{bmatrix}$$

이고 예제 5.1.4의 풀이에서 $[T]_E^E$의 모든 고윳값은 $\lambda = 1, 2$이다. 또한

$$E(1) = \left\langle \begin{bmatrix} 3 \\ 3 \\ -2 \end{bmatrix} \right\rangle, \quad E(2) = \left\langle \begin{bmatrix} -2 \\ 0 \\ 1 \end{bmatrix}, \begin{bmatrix} 0 \\ 1 \\ 0 \end{bmatrix} \right\rangle$$

이다. 따라서 T의 모든 고유공간은 다음이다.

$$E(1) = \langle (3, 3, -2) \rangle, \quad E(2) = \langle (-2, 0, 1), (0, 1, 0) \rangle$$ ■

예제 6.3.4_ 다음 선형사상의 모든 고윳값과 고유공간을 구하라.

$$T : \mathbb{R}_2[x] \to \mathbb{R}_2[x], \quad T(f(x)) = f(x) + xf'(x) + f'(x)$$

풀이 $E = \{1, x, x^2\}$는 $\mathbb{R}_2[x]$의 (표준)기저이다. $[T]_E^E$를 구하자.

$$\begin{aligned} T(1) &= 1 = 1(1) + 0(x) + 0(x^2), \\ T(x) &= 1 + 2x = 1(1) + 2(x) + 0(x^2), \\ T(x^2) &= 2x + 3x^2 = 0(1) + 2(x) + 3(x^2) \end{aligned}$$

이므로

$$[T]_E^E = \begin{bmatrix} 1 & 1 & 0 \\ 0 & 2 & 2 \\ 0 & 0 & 3 \end{bmatrix}$$

이다. 그러면 $[T]_E^E$의 모든 고윳값은 $\lambda = 1, 2, 3$이므로 T의 모든 고윳값도 $\lambda = 1, 2, 3$이다.

$$\begin{aligned} E(2) &= \{a + bx + cx^2 \in \mathbb{R}_2[x] \mid T(a + bx + cx^2) = 2(a + bx + cx^2)\} \\ &= \{a + bx + cx^2 \in \mathbb{R}_2[x] \mid (a + b) + 2(b + c)x + 3cx^2 = 2a + 2bx + 2cx^2\} \\ &= \{a + bx + cx^2 \in \mathbb{R}_2[x] \mid (-a + b) + 2cx + cx^2 = 0\} \\ &= \{a + bx + cx^2 \in \mathbb{R}_2[x] \mid b = a,\ c = 0\} \\ &= \{a + ax \mid a \in \mathbb{R}\} = \langle 1 + x \rangle \end{aligned}$$

이다. 같은 방법으로 $E(1) = \langle 1 \rangle$, $E(3) = \langle 1 + 2x + x^2 \rangle$이다. ■

정의

E는 n차원 벡터공간 V의 기저이고 $T: V \to V$는 선형사상일 때 행렬식

$$e(t) = |tI_n - [T]_E^E|$$

를 T의 **고유다항식**(eigen-polynomial)이라 한다. 또한 $e(t) = 0$을 T의 **고유방정식**(eigen-equation)이라 한다.

$T: V \to V$가 사상일 때 합성사상 $T \circ T$에서 연산 $\circ$를 생략해서 $T \circ T = T^2$으로 나타낸다. 그러면 모든 양의 정수 k에 대해 T^k이 정의된다. 이때 다항식

$$p(t) = a_k t^k + a_{k-1} t^{k-1} + \cdots + a_1 t + a_0$$

에 대해 사상 $p(T): V \to V$는

$$p(T) = a_k T^k + a_{k-1} T^{k-1} + \cdots + a_1 T + a_0 1_V$$

로 정의한다.

다음 정리는 행렬에 대한 케일리–해밀턴정리를 선형사상에 적용한 결과이다.

정리 6.3.3 케일리–해밀턴정리 V가 n차원 벡터공간일 때 선형사상 $T: V \to V$의 고유다항식 $e(t)$에 대해 $e(T): V \to V$는 영사상이다. 즉 $e(T) = O$이다.

증명 $E = \{v_1, \cdots, v_n\}$를 V의 기저라 하면 T의 고유다항식은

$$e(t) = |tI_n - [T]_E^E| = t^n + c_{n-1} t^{n-1} + \cdots + c_1 t + c_0$$

형태이다. 그런데 정리 5.3.2에 의해 $e([T]_E^E)$는 영행렬이므로

$$\begin{aligned} [e(T)]_E^E &= [T^n + c_{n-1} T^{n-1} + \cdots + c_1 T + c_0 1_V]_E^E \\ &= ([T]_E^E)^n + c_{n-1}([T]_E^E)^{n-1} + \cdots + c_1 [T]_E^E + c_0 [1_V]_E^E \\ &= e([T]_E^E) = O \end{aligned}$$

이다. 이는 모든 i에 대해 $e(T)(v_i) = 0$을 의미하므로 $e(T)$는 영사상이다. ■

|보기| 선형사상

$$T: \mathbb{R}^3 \to \mathbb{R}^3,\quad T(x,y,z) = (5x+6z,\ 3x+2y+6z,\ -2x-2z)$$

에 대해 $\mathbb{R}^3$의 기저를 표준기저 E로 택하면

$$[T]_E^E = \begin{bmatrix} 5 & 0 & 6 \\ 3 & 2 & 6 \\ -2 & 0 & -2 \end{bmatrix}$$

는 대각행렬이 아니다. 그러나 $\mathbb{R}^3$의 기저를

$$F = \{(3,3,-2), (-2,0,1), (0,1,0)\}$$

로 택하면

$$\begin{aligned} T(3,3,-2) &= (3,3,-2) = 1(3,3,-2) + 0(-2,0,1) + 0(0,1,0), \\ T(-2,0,1) &= (-4,0,2) = 0(3,3,-2) + 2(-2,0,1) + 0(0,1,0), \\ T(0,1,0) &= (0,2,0) = 0(3,3,-2) + 0(-2,0,1) + 2(0,1,0) \end{aligned}$$

이므로

$$[T]_F^F = \begin{bmatrix} 1 & 0 & 0 \\ 0 & 2 & 0 \\ 0 & 0 & 2 \end{bmatrix}$$

는 대각행렬이다. 이 예를 통해 다음을 정의한다.

정의

V가 유한차원 벡터공간일 때 선형사상 $T: V \to V$에 대해 $[T]_F^F$가 대각행렬이 되는 V의 기저 F가 존재하면 T를 **대각화가능**(diagonalizable)이라 한다.

정리 6.3.4 유한차원 벡터공간 V의 선형사상 $T: V \to V$에 대해 다음은 동치다.

(1) T는 대각화가능이다.

(2) V의 임의의 기저 G에 대해 $[T]_G^G$는 대각화가능이다.

(3) V의 적당한 기저 G에 대해 $[T]_G^G$는 대각화가능이다.

증명 (1)⇒(2) T는 대각화가능이므로 V의 적당한 기저 F에 대해 $[T]_F^F$는 대각행렬이다. G를 V의 임의의 기저라 하고 F에서 G로의 전이행렬을 P라 하면 정리 6.2.6에 의해 P는 가역이고

$$P^{-1}[T]_G^G P = [T]_F^F$$

이다. 따라서 $[T]_G^G$는 대각화가능이다.

(2)⇒(3) 분명하다.

(3)⇒(1) 가정에 의해 $P^{-1}[T]_G^G P = D$는 대각행렬이 되게 하는 가역행렬 P가 존재한다. 그러면 D와 $[T]_G^G$는 닮음이므로 6.2절 연습문제 16에 의해

$$D = [T]_F^F$$

가 되는 V의 기저 F가 존재한다. 따라서 T는 대각화가능이다. ■

V가 유한차원 벡터공간일 때 선형사상 $T: V \to V$가 대각화가능이면 $[T]_F^F$가 대각행렬이 되게 하는 V의 기저 F를 어떻게 찾을까? 방법은 다음과 같다.

(1) 먼저 V의 기저 E(가능하면 표준기저)를 택해 $[T]_E^E$를 계산한다.

(2) 만약 $[T]_E^E$가 대각화불가능이면 정리 6.3.4에 의해 T는 대각화불가능이다.

(3) 만약 $[T]_E^E$가 대각화가능이면 정리 6.3.4에 의해 T는 대각화가능이다. 이때 $[T]_E^E$가 대각행렬이 아니면 $[T]_E^E$를 대각화하는 행렬 P를 찾는다. 그러면 $P^{-1}[T]_E^E P$는 대각행렬이다. 이때 P의 열들로 V의 기저 F를 만들면 $[T]_F^F$는 대각행렬이다.

예제 6.3.5_ 다음 선형사상 $T: \mathbb{R}^2 \to \mathbb{R}^2$는 대각화가능인가? 만약 가능이면 $[T]_F^F$가 대각행렬이 되게 하는 $\mathbb{R}^2$의 기저 F를 찾아라.

(1) $T(x,y) = (y, -x)$ (2) $T(x,y) = (x+2y, 3x+2y)$

풀이 E를 $\mathbb{R}^2$의 표준기저라 하자.

(1) $[T]_E^E = \begin{bmatrix} 0 & 1 \\ -1 & 0 \end{bmatrix}$이다. T의 고유방정식

$$|tI_2 - [T]_E^E| = \begin{vmatrix} t & -1 \\ 1 & t \end{vmatrix} = t^2 + 1 = 0$$

은 $\mathbb{R}$ 에서 해를 갖지 않는다. 즉 $[T]_E^E$는 고윳값이 없으므로 $[T]_E^E$는 대각화불가능이다. 따라서 정리 6.3.4에 의해 T는 대각화불가능이다.

(2) $[T]_E^E = \begin{bmatrix} 1 & 2 \\ 3 & 2 \end{bmatrix}$ 이다. T의 고유방정식

$$|tI_2 - [T]_E^E| = \begin{vmatrix} t-1 & -2 \\ -3 & t-2 \end{vmatrix} = (t+1)(t-4) = 0$$

을 풀면 $[T]_E^E$의 모든 고윳값은 $\lambda = -1, 4$이다. 따라서 따름정리 5.2.4에 의해 $[T]_E^E$는 대각화가능이다. 그러면 정리 6.3.4에 의해 T는 대각화가능이다. 또한 단순계산으로 $[T]_E^E$에 대해

$$\lambda_1 = -1 \text{의 고유벡터 } \mathbf{p}_1 = \begin{bmatrix} 1 \\ -1 \end{bmatrix},$$

$$\lambda_2 = 4 \text{의 고유벡터 } \mathbf{p}_2 = \begin{bmatrix} 2 \\ 3 \end{bmatrix}$$

를 택할 수 있다. 그러면 $P = [\mathbf{p}_1\ \mathbf{p}_2] = \begin{bmatrix} 1 & 2 \\ -1 & 3 \end{bmatrix}$는 가역행렬이다. 따라서

$$F = \{(1, -1), (2, 3)\}$$

로 두면 F는 $\mathbb{R}^2$의 기저이고 $[T]_F^F = \begin{bmatrix} -1 & 0 \\ 0 & 4 \end{bmatrix}$ 이다. ■

|주의| 예제 6.3.5(1)의 풀이에서 선형사상 $T: \mathbb{R}^2 \to \mathbb{R}^2$, $T(x, y) = (y, -x)$는 대각화불가능이다. 그러나 선형사상

$$T: \mathbb{C}^2 \to \mathbb{C}^2, \quad T(x, y) = (y, -x)$$

는 대각화가능이다(연습문제 11).

행렬에서와 마찬가지로 V가 3차 이상의 벡터공간이면 선형사상

$$T: V \to V$$

의 대각화가능성을 결정하는 것도 결코 쉽지 않은 문제이다. 이때 행렬에서 정의

된 대수중복도와 기하중복도를 선형사상에서도 다음과 같이 정의하여 이를 이용한다.

정의

E는 n차원 벡터공간 V의 기저이고 $\lambda \in \mathrm{F}$가 선형사상 $T: V \to V$의 고윳값이면 T의 고유다항식은

$$|tI_n - [T]_E^E| = (t-\lambda)^k g(t), \quad k \geqq 1, \quad g(\lambda) \neq 0$$

로 쓸 수 있다. 이때 k를 λ의 **대수중복도**라 하고 고유공간 $E(\lambda)$의 차원을 λ의 **기하중복도**라 한다.

정리 6.3.5 V가 유한차원 벡터공간일 때 선형사상 $T: V \to V$의 고윳값 $\lambda \in \mathrm{F}$의 기하중복도와 대수중복도를 각각 r, k라 하면

$$1 \leqq r \leqq k$$

이다. 특히 T가 대각화가능이면 $r = k$이다.

증명 E를 V의 기저라 하면 T와 $[T]_E^E$의 고윳값은 같다. 즉 λ는 $[T]_E^E$의 고윳값이다. 따라서 정리 5.2.5에 의해 $1 \leqq r \leqq k$이다. 만약 T가 대각화가능이면 정리 6.3.4에 의해 $[T]_E^E$도 대각화가능이다. 따라서 정리 5.2.7에 의해 $r = k$이다. ■

정리 6.3.6 E는 n차원 벡터공간 V의 기저이고 $T: V \to V$는 선형사상이라 하자. 또한 $\lambda_1, \cdots, \lambda_k \in \mathrm{F}$를 T의 서로 다른 모든 고윳값이라 하여 T의 고유다항식을

$$|tI_n - [T]_E^E| = (t-\lambda_1)^{m_1} \cdots (t-\lambda_k)^{m_k}, \qquad m_1 + \cdots + m_k = n$$

이라 하자. 만약 모든 $i = 1, \cdots, k$에 대해 $\dim E(\lambda_i) = m_i$이면 T는 대각화가능이다.

증명 $\lambda_1, \cdots, \lambda_k$는 T의 고윳값이므로 정리 6.3.1에 의해 $\lambda_1, \cdots, \lambda_k$는 $[T]_E^E$의 고윳값이다. 그러면 정리 5.2.9에 의해 $[T]_E^E$는 대각화가능이다. 따라서 정리 6.3.4에 의해 T는 대각화가능이다. ■

정리 6.3.7 E는 n차원 벡터공간 V의 기저이고 $T: V \to V$는 선형사상이라 하자. 또한 $\lambda_1, \cdots, \lambda_k \in \mathrm{F}$를 T의 서로 다른 고윳값이라 하여 T의 고유다항식을

$$|tI_n - [T]_E^E| = (t-\lambda_1)^{m_1} \cdots (t-\lambda_k)^{m_k}, \qquad m_1 + \cdots + m_k = n$$

이라 하자. 그러면 다음은 동치다.

(1) T는 대각화가능이다.

(2) 모든 $i = 1, \cdots, k$에 대해 $\dim E(\lambda_i) = m_i$이다.

(3) $V = E(\lambda_1) \oplus E(\lambda_2) \oplus \cdots \oplus E(\lambda_k)$이다.

(4) 각 $E(\lambda_i)$의 기저를 E_i라 하면 $E_1 \cup E_2 \cup \cdots \cup E_k$는 V의 기저이다.

증명 두 정리 6.3.5와 6.3.6의 직접적인 결과이다. ■

|보기| 대각화가능인 선형사상

$$T: \mathbb{R}^3 \to \mathbb{R}^3, \quad T(x,y,z) = (5x+6z,\ 3x+2y+6z,\ -2x-2z)$$

로 정리 6.3.7을 확인해 보자. $\mathbb{R}^3$의 표준기저 E에 대해 $[T]_E^E$를 구하면

$$[T]_E^E = \begin{bmatrix} 5 & 0 & 6 \\ 3 & 2 & 6 \\ -2 & 0 & -2 \end{bmatrix}$$

이다. 예제 6.3.3의 풀이를 참고하자. $[T]_E^E$의 고유다항식은

$$|tI_3 - [T]_E^E| = (t-1)(t-2)^2$$

이므로 T의 고윳값은 $\lambda = 1, 2$이다. 또한 T의 모든 고유공간은 다음이다.

$$E(1) = \langle (3,3,-2) \rangle,$$
$$E(2) = \langle (-2,0,1), (0,1,0) \rangle$$

연습문제 6.3

1 선형사상 $T: V \to V$의 고윳값 $\lambda \in \mathbb{F}$에 대해 $v \in V$가 λ의 고유벡터이면 $\alpha \in \mathbb{F}^*$에 대해 αv도 λ의 고유벡터임을 보여라.

2 $\lambda \in \mathbb{F}$가 선형사상 $T: V \to V$의 고윳값이면 $E(\lambda)$는 V의 부분공간임을 보여라.

3 0이 선형사상 $T: V \to V$의 고윳값이면 T는 동형사상이 아님을 보여라.

4 $\lambda \in \mathbb{F}$가 선형사상 $T: V \to V$의 고윳값일 때 다음을 보여라.

(1) 모든 자연수 k에 대해 λ^k은 T^k의 고윳값이다.

(2) T가 동형사상이면 $\lambda \neq 0$이고 λ^{-1}는 T^{-1}의 고윳값이다.

5 $E = \{v_1, v_2, v_3\}$는 3차원 벡터공간 V의 기저라 하자. 선형사상 $T: V \to V$가

$$T(v_1) = v_2, \quad T(v_2) = v_3, \quad T(v_3) = \mathbf{0}$$

을 만족할 때 $\ker T$와 T^3을 구하라.

6 선형사상 $T: V \to V$에 대해 $T^5 = O$, $T^4 \neq O$이면 T의 고윳값은 0뿐임을 보여라.

7 다음 선형사상 $T: \mathbb{R}^3 \to \mathbb{R}^3$의 모든 고윳값과 고유공간을 구하라.

(1) $T(x, y, z) = (3x - 2y, -2x + 3y, 5z)$

(2) $T(x, y, z) = (3x + 4y - z, 2y, x + 5y + z)$

8 선형사상

$$T: \mathrm{M}_2(\mathbb{R}) \to \mathrm{M}_2(\mathbb{R}), \quad T\left(\begin{bmatrix} a & b \\ c & d \end{bmatrix}\right) = \begin{bmatrix} 2c & a+c \\ b-2c & d \end{bmatrix}$$

의 모든 고윳값과 가장 큰 고윳값의 고유공간을 구하라.

9 선형사상 $T: V \to V$의 고윳값 $\lambda \in \mathbb{F}$의 대수중복도가 1이면 기하중복도도 1임을

보여라.

10 $\dim V = n$일 때 선형사상 $T: V \to V$가 서로 다른 고윳값 $\lambda_1, \cdots, \lambda_n \in \mathbb{F}$을 가지면 T는 대각화가능임을 보여라.

11 선형사상

$$T: \mathbb{C}^2 \to \mathbb{C}^2, \quad T(x,y) = (y, -x)$$

는 대각화가능임을 보이고 $[T]_F^F$가 대각행렬이 되는 $\mathbb{C}^2$의 기저 F를 찾아라.

12 연습문제 7에 있는 선형사상 $T: \mathbb{R}^3 \to \mathbb{R}^3$는 대각화가능인가? 만약 대각화가능이면 $[T]_F^F$가 대각행렬이 되는 $\mathbb{R}^3$의 기저 F를 찾아라.

13 선형사상

$$T: \mathbb{R}_2[x] \to \mathbb{R}_2[x], \quad T(f(x)) = f(x) + xf'(x) + f'(x)$$

는 대각화가능인가? 만약 대각화가능이면 $[T]_F^F$가 대각행렬이 되는 $\mathbb{R}_2[x]$의 기저 F를 찾아라.

14 유한차원 벡터공간 V에 대한 선형사상 $T: V \to V$가 대각화가능일 때 T의 모든 고윳값 $\lambda \in \mathbb{F}$에 대해 $\lambda^2 = 2\lambda$이면 $T^2 = 2T$를 보여라.

15 n차원 벡터공간 V에 대한 선형사상 $T: V \to V$에 대해 다음은 동치임을 보여라.
(1) T는 대각화가능이다.
(2) T의 고유벡터로 이루어진 V의 기저 $E = \{v_1, \cdots, v_n\}$가 존재한다.

7장

내적 공간

AR ALGEBRA LINEAR ALGEBRA LINEAR ALGEBRA LINEAR ALGEBRA

7.1 내적의 정의와 예제들

이 장에서 체 F는 주로 실수체 $\mathbb{R}$ 또는 복소수체 $\mathbb{C}$ 이다. 특히 복소수 $z=a+bi$에 대해

$$\overline{z}=a-bi$$

를 z의 **켤레복소수**(conjugate complex number)라 한다.

정의

V가 벡터공간일 때 사상

$$\langle\ ,\ \rangle : V\times V\to \mathrm{F}$$

가 다음 네 조건을 만족하면 $\langle\ ,\ \rangle$는 V의 **내적**(inner product)이라 한다. 모든 $u,v,w\in V$와 $\alpha\in\mathrm{F}$에 대해

① $\langle u,v\rangle=\overline{\langle v,u\rangle}$

② $\langle u+v,w\rangle=\langle u,w\rangle+\langle v,w\rangle$

③ $\langle \alpha u,v\rangle=\alpha\langle u,v\rangle$

④ $\langle u,u\rangle\geq 0$이고 등식은 $u=0$일 때만 성립한다.

적어도 하나의 내적을 갖는 벡터공간 V를 **내적공간**(inner space)이라 한다. 이때 $\mathrm{F}=\mathbb{R}$ 이면 V를 **실내적공간**이라 하고 $\mathrm{F}=\mathbb{C}$ 이면 V를 **복소내적공간**이라 한다. 특히 V가 실내적공간이면 위 정의의 조건 ①은 $\langle u,v\rangle=\langle v,u\rangle$이다.

이후로 V가 $\langle\ ,\ \rangle$을 내적으로 갖는 내적공간이면 이를 $(V,\langle\ ,\ \rangle)$로 나타내자.

예제 7.1.1_ $(V,\langle\ ,\ \rangle)$가 복소내적공간일 때 모든 $u,v,w\in V$와 $\alpha,\beta\in\mathbb{C}$ 에 대해 다음을 보여라.

(1) $\langle \alpha u+\beta v, w\rangle=\alpha\langle u,w\rangle+\beta\langle v,w\rangle$

(2) $\langle u, \alpha v+\beta w\rangle=\overline{\alpha}\langle u,v\rangle+\overline{\beta}\langle u,w\rangle$

증명 (1) 조건 ②, ③에 의해

$$\langle \alpha u+\beta v, w\rangle=\langle \alpha u,w\rangle+\langle \beta v,w\rangle=\alpha\langle u,w\rangle+\beta\langle v,w\rangle$$

이다.

(2) 순서대로 조건 ①, (1)의 결과, 복소수성질 그리고 조건 ③에 의해

$$\begin{aligned}\langle u, \alpha v+\beta w\rangle &= \overline{\langle \alpha v+\beta w, u\rangle} = \overline{\alpha\langle v,u\rangle+\beta\langle w,u\rangle} \\ &= \overline{\alpha}\,\overline{\langle v,u\rangle}+\overline{\beta}\,\overline{\langle w,u\rangle} = \overline{\alpha}\langle u,v\rangle+\overline{\beta}\langle u,w\rangle\end{aligned}$$

이다. ■

위 예제는 $(V,\langle\ ,\ \rangle)$가 실내적공간일 때도 성립한다. 다만 (2)에서 $^{-}$는 사라진다.

예제 7.1.2_ $\mathbb{R}^n$의 두 벡터 $\mathbf{x}=(x_1,\cdots,x_n)$, $\mathbf{y}=(y_1,\cdots,y_n)$에 대해

$$\langle \mathbf{x},\mathbf{y}\rangle = x_1y_1+x_2y_2+\cdots+x_ny_n = \sum_{i=1}^{n} x_iy_i$$

로 정의된 $\langle\ ,\ \rangle$는 $\mathbb{R}^n$의 내적임을 보여라.

증명 조건 ①, ②, ③은 쉽게 보일 수 있으므로 ④를 보이자. $\mathbf{x}=(x_1,\cdots,x_n)$에 대해

$$\langle \mathbf{x},\mathbf{x}\rangle = \sum_{i=1}^{n} x_ix_i = \sum_{i=1}^{n} x_i^2 \geqq 0$$

이다. 만약 $\langle \mathbf{x},\mathbf{x}\rangle=0$이면 $\sum_{i=1}^{n} x_i^2=0$이므로 모든 i에 대해 $x_i=0$이 되어 $\mathbf{x}=\mathbf{0}$이다. 따라서 조건 ④도 만족되므로 $\langle\ ,\ \rangle$는 $\mathbb{R}^n$의 내적이다. ■

위 예제의 내적을 $\mathbb{R}^n$의 **표준내적**(standard inner product)이라 한다. 이때 $\langle\ ,\ \rangle$는 특별히 $\circ$로 나타낸다. 그러면 $\mathbf{x}=(x_1,\cdots,x_n)$, $\mathbf{y}=(y_1,\cdots,y_n)$에 대해

$$\mathbf{x}\circ\mathbf{y} = (x_1,\cdots,x_n)\circ(y_1,\cdots,y_n) = x_1y_1+\cdots+x_ny_n$$

이다. 특히 표준내적을 갖는 $\mathbb{R}^n$을 **표준내적공간**이라 한다. 또한 $\mathbb{R}^n$의 원소들을 열벡터

$$\mathbf{x} = \begin{bmatrix} x_1 \\ \vdots \\ x_n \end{bmatrix}, \quad \mathbf{y} = \begin{bmatrix} y_1 \\ \vdots \\ y_n \end{bmatrix}$$

로 나타내면 표준내적 $\mathbf{x} \circ \mathbf{y}$는 $\mathbf{x} \circ \mathbf{y} = \mathbf{x}^{\mathrm{T}}\mathbf{y}$로도 정의된다. 이때

$$\mathbf{x}^{\mathrm{T}}\mathbf{y} = (\mathbf{x}^{\mathrm{T}}\mathbf{y})^{\mathrm{T}} = \mathbf{y}^{\mathrm{T}}\mathbf{x}$$

이므로 $\mathbf{x} \circ \mathbf{y} = \mathbf{y} \circ \mathbf{x}$는 분명하다. 다음은 $\mathbb{R}^n$에서 표준이 아닌 내적의 예이다.

예제 7.1.3_ $\mathbb{R}^2$의 두 벡터 $\mathbf{x} = (x_1, x_2)$, $\mathbf{y} = (y_1, y_2)$에 대해

$$\langle \mathbf{x}, \mathbf{y} \rangle = x_1y_1 - x_1y_2 - x_2y_1 + 2x_2y_2$$

로 정의된 $\langle \, , \rangle$는 $\mathbb{R}^2$의 내적임을 보여라.

증명 $\mathbf{x} = (x_1, x_2)$, $\mathbf{y} = (y_1, y_2)$, $\mathbf{z} = (z_1, z_2)$이고 $\alpha \in \mathbb{R}$라 하자.

$$\langle \mathbf{x}, \mathbf{y} \rangle = x_1y_1 - x_1y_2 - x_2y_1 + 2x_2y_2 = y_1x_1 - y_2x_1 - y_1x_2 + 2y_2x_2 = \langle \mathbf{y}, \mathbf{x} \rangle$$

이므로 조건 ①이 성립한다.

$$\begin{aligned} \langle \mathbf{x}+\mathbf{y}, \mathbf{z} \rangle &= \langle (x_1+y_1, x_2+y_2), (z_1, z_2) \rangle \\ &= (x_1+y_1)z_1 - (x_1+y_1)z_2 - (x_2+y_2)z_1 + 2(x_2+y_2)z_2 \\ &= (x_1z_1 - x_1z_2 - x_2z_1 + 2x_2z_2) + (y_1z_1 - y_1z_2 - y_2z_1 + 2y_2z_2) \\ &= \langle \mathbf{x}, \mathbf{z} \rangle + \langle \mathbf{y}, \mathbf{z} \rangle \end{aligned}$$

이므로 조건 ②가 성립한다.

$$\begin{aligned} \langle \alpha\mathbf{x}, \mathbf{y} \rangle &= \alpha x_1y_1 - \alpha x_1y_2 - \alpha x_2y_1 + 2\alpha x_2y_2 \\ &= \alpha(x_1y_1 - x_1y_2 - x_2y_1 + 2x_2y_2) = \alpha\langle \mathbf{x}, \mathbf{y} \rangle \end{aligned}$$

이므로 조건 ③이 성립된다. 또한

$$\begin{aligned} \langle \mathbf{x}, \mathbf{x} \rangle &= x_1x_1 - x_1x_2 - x_2x_1 + 2x_2x_2 = x_1^2 - 2x_1x_2 + 2x_2^2 \\ &= (x_1 - x_2)^2 + x_2^2 \geqq 0 \end{aligned}$$

이다. 만약 $\langle \mathbf{x}, \mathbf{x} \rangle = 0$이면

$$(x_1 - x_2)^2 + x_2^2 = 0$$

이므로 $x_1 - x_2 = 0$, $x_2 = 0$이다. 그러면 $x_1 = x_2 = 0$이 되어 $\mathbf{x} = \mathbf{0}$이다. 즉 조건 ④가 성립한다. 따라서 $\langle\ ,\ \rangle$는 $\mathbb{R}^2$의 내적이다. ■

|보기| $\mathbb{R}^2$의 두 벡터 $\mathbf{x} = (x_1, x_2)$, $\mathbf{y} = (y_1, y_2)$에 대해 $\langle\ ,\ \rangle$를

$$\langle \mathbf{x}, \mathbf{y} \rangle = x_1 y_1 - x_1 y_2 - x_2 y_1 + x_2 y_2$$

로 정의하자. 그러면 예제 7.1.3의 증명과 마찬가지로 $\langle\ ,\ \rangle$는 조건 ①, ②, ③을 만족한다. 또한

$$\langle \mathbf{x}, \mathbf{x} \rangle = x_1^2 - 2x_1 x_2 + x_2^2 = (x_1 - x_2)^2 \geqq 0$$

도 성립한다. 그러나 영이 아닌 벡터 $\mathbf{x} = (1, 1)$에 대해

$$\langle \mathbf{x}, \mathbf{x} \rangle = 0$$

이므로 $\langle\ ,\ \rangle$는 조건 ④를 만족하지 않는다. 따라서 $\langle\ ,\ \rangle$는 $\mathbb{R}^2$의 내적이 아니다.

예제 7.1.4_ $\mathbb{C}^n$의 두 벡터 $\mathbf{x} = (x_1, \cdots, x_n)$, $\mathbf{y} = (y_1, \cdots, y_n)$에 대해

$$\langle \mathbf{x}, \mathbf{y} \rangle = x_1 \overline{y_1} + x_2 \overline{y_2} + \cdots + x_n \overline{y_n} = \sum_{k=1}^{n} x_k \overline{y_k}$$

로 정의된 $\langle\ ,\ \rangle$는 $\mathbb{C}^n$의 내적임을 보여라.

증명 조건 ①, ②, ③은 쉽게 보일 수 있으므로 ④를 보이자. $\mathbf{x} = (x_1, \cdots, x_n)$에 대해

$$\langle \mathbf{x}, \mathbf{x} \rangle = \sum_{k=1}^{n} x_k \overline{x_k} = \sum_{k=1}^{n} |x_k|^2 \geqq 0$$

이다. 만약 $\langle \mathbf{x}, \mathbf{x} \rangle = 0$이면 $\sum_{k=1}^{n} |x_k|^2 = 0$이므로 모든 k에 대해 $x_k = 0$이 되어 $\mathbf{x} = \mathbf{0}$이다. 따라서 조건 ④도 만족되므로 $\langle\ ,\ \rangle$는 $\mathbb{C}^n$의 내적이다. ■

|참고| $\mathbb{R}^n$과 마찬가지로 위 예제에 주어진 내적을 $\mathbb{C}^n$의 **표준내적**이라 하고 $\langle\ ,\ \rangle$는 $\circ$로 사용한다. 또한 표준내적을 갖는 $\mathbb{C}^n$을 **표준내적공간**이라 한다.

5.1절에서 정방행렬 $A=[a_{ij}]\in\mathrm{M}_n(\mathbb{R})$의 주대각합을

$$\mathrm{tr}A=a_{11}+a_{22}+\cdots+a_{nn}$$

로 정의했다. 그러면 $A,B\in\mathrm{M}_n(\mathbb{R})$에 대해 다음이 성립함을 쉽게 알 수 있다.

$$\mathrm{tr}AB^{\mathrm{T}}=\sum_{i=1}^{n}\sum_{j=1}^{n}a_{ij}b_{ij}$$

예제 7.1.5_ $\mathrm{M}_n(\mathbb{R})$의 두 행렬 A,B에 대해

$$\langle A,B\rangle=\mathrm{tr}AB^{\mathrm{T}}$$

로 정의된 $\langle\ ,\ \rangle$는 $\mathrm{M}_n(\mathbb{R})$의 내적임을 보여라.

증명 정리 5.1.6을 이용하면 조건 ①, ②, ③은 쉽게 보일 수 있으므로 조건 ④를 보이자. $A=[a_{ij}]$로 두면

$$\langle A,A\rangle=\mathrm{tr}AA^{\mathrm{T}}=\sum_{i=1}^{n}\sum_{j=1}^{n}a_{ij}a_{ij}=\sum_{i=1}^{n}\sum_{j=1}^{n}a_{ij}^2\geq 0$$

이다. 만약 $\langle A,A\rangle=0$이면 $\sum_{i=1}^{n}\sum_{j=1}^{n}a_{ij}^2=0$에서 모든 $i,j=1,\cdots,n$에 대해 $a_{ij}=0$이 되어 $A=O$이다. 따라서 조건 ④도 만족되므로 $\langle\ ,\ \rangle$는 $\mathrm{M}_n(\mathbb{R})$의 내적이다. ■

위 예제의 내적을 $\mathrm{M}_n(\mathbb{R})$의 **표준내적**이라 하고 이때 $\mathrm{M}_n(\mathbb{R})$을 **표준내적공간**이라 한다.

|주의| $\mathrm{M}_n(\mathbb{C})$의 두 행렬 A,B에 대해

$$\langle A,B\rangle=\mathrm{tr}AB^{\mathrm{T}}$$

로 정의된 $\langle\ ,\ \rangle$는 조건 ④가 만족되지 못해 $\mathrm{M}_n(\mathbb{C})$에서 내적이 아니다.

예로 $M_2(\mathbb{C})$에서 $A=\begin{bmatrix} i & 0 \\ 0 & 0 \end{bmatrix}$에 대해

$$\langle A, A \rangle = \operatorname{tr} AA^{\mathrm{T}} = i^2 + 0^2 + 0^2 + 0^2 = -1 < 0$$

이기 때문이다.

예제 7.1.6_ $C[a,b]$의 두 함수 f, g에 대해

$$\langle f, g \rangle = \int_a^b f(x) g(x) dx$$

로 정의된 $\langle \ , \ \rangle$는 $C[a,b]$의 내적임을 보여라.

증명 조건 ①, ②, ③은 쉽게 보일 수 있으므로 ④를 보이자. $f \in C[a,b]$에 대해

$$\langle f, f \rangle = \int_a^b f(x)^2 dx \geq 0$$

이다. 만약 $\langle f, f \rangle = 0$이면 $\int_a^b f(x)^2 dx = 0$이므로 모든 $x \in [a,b]$에 대해 $f(x) = 0$이 되어 $f = \mathbf{0}$이다. 따라서 조건 ④도 만족되므로 $\langle \ , \ \rangle$는 $C[a,b]$의 내적이다. ■

$\mathbb{R}^n$에서 벡터의 크기와 두 벡터의 거리의 개념을 임의의 내적공간 $(V, \langle \ , \ \rangle)$으로 일반화하여 다음을 정의한다.

정의

$(V, \langle \ , \ \rangle)$가 내적공간일 때 임의의 벡터 $v \in V$의 **길이**(length) 또는 **노름**(norm)을 $\|v\|$로 나타내고

$$\|v\| = \sqrt{\langle v, v \rangle}$$

로 정의한다. 특히 $\|v\| = 1$이면 v를 **단위벡터**(unit vector)라 한다. 또한 두 벡터 $u, v \in V$의 **거리**(distance)는 $d(u,v)$로 나타내고

$$d(u,v) = \|u - v\|$$

로 정의한다.

위 정의에서 $\|v\|^2 = \langle v, v \rangle$이다.

정리 7.1.1 $(V, \langle\ ,\ \rangle)$가 내적공간이면 $u, v \in V$, $\alpha \in \mathrm{F}$에 대해 다음이 성립한다.

(1) $\|\alpha u\| = |\alpha| \|u\|$

(2) $|\langle u, v \rangle| \leq \|u\| \|v\|$ 코시-슈왈츠 부등식(Cauchy-Schwartz inequality)

(3) $\|u + v\| \leq \|u\| + \|v\|$ 삼각부등식(Triangle inequality)

증명 V를 복소내적공간이라 해도 충분하다. 증명은 내적의 성질과 예제 7.1.1에 의한다.

(1) $\|\alpha u\| = \sqrt{\langle \alpha u, \alpha u \rangle} = \sqrt{\alpha \bar{\alpha} \langle u, u \rangle} = |\alpha| \|u\|$이다.

(2) $u = \mathbf{0}$이면 분명하므로 $u \neq \mathbf{0}$이라 하여 $w = v - \dfrac{\langle v, u \rangle}{\|u\|^2} u$로 두면

$$0 \leq \|w\|^2 = \langle w, w \rangle = \left\langle v - \frac{\langle v, u \rangle}{\|u\|^2} u,\ v - \frac{\langle v, u \rangle}{\|u\|^2} u \right\rangle$$

$$= \langle v, v \rangle - \frac{\overline{\langle v, u \rangle}}{\|u\|^2} \langle v, u \rangle - \frac{\langle v, u \rangle}{\|u\|^2} \langle u, v \rangle + \frac{\langle v, u \rangle}{\|u\|^2} \frac{\overline{\langle v, u \rangle}}{\|u\|^2} \langle u, u \rangle$$

$$= \|v\|^2 - \frac{\langle u, v \rangle}{\|u\|^2} \langle v, u \rangle - \frac{\langle v, u \rangle}{\|u\|^2} \langle u, v \rangle + \frac{\langle v, u \rangle}{\|u\|^2} \frac{\langle u, v \rangle}{\|u\|^2} \|u\|^2$$

$$= \|v\|^2 - \frac{\langle v, u \rangle}{\|u\|^2} \langle u, v \rangle = \|v\|^2 - \frac{|\langle u, v \rangle|^2}{\|u\|^2}$$

이다. 즉 $\|v\|^2 - \dfrac{|\langle u, v \rangle|^2}{\|u\|^2} \geq 0$이 되어 $\|u\|^2 \|v\|^2 \geq |\langle u, v \rangle|^2$ 이므로 $|\langle u, v \rangle| \leq \|u\| \|v\|$이다.

(3) 내적의 성질, 예제 7.1.1 그리고 코시-슈왈츠 부등식에 의해

$$\begin{aligned}\|u + v\|^2 &= \langle u + v, u + v \rangle = \langle u, u \rangle + \langle u, v \rangle + \langle v, u \rangle + \langle v, v \rangle \\ &= \|u\|^2 + \langle u, v \rangle + \overline{\langle u, v \rangle} + \|v\|^2 \leq \|u\|^2 + 2|\langle u, v \rangle| + \|v\|^2 \\ &\leq \|u\|^2 + 2\|u\| \|v\| + \|v\|^2 = (\|u\| + \|v\|)^2\end{aligned}$$

이다. 따라서 $\|u + v\| \leq \|u\| + \|v\|$이다. ■

정리 7.1.1을 표준내적공간 $\mathbb{R}^n$에 적용하면 다음을 얻는다.

코시-슈왈츠 부등식:

$$(a_1b_1+a_2b_2+\cdots+a_nb_n)^2 \leqq (a_1^2+a_2^2+\cdots+a_n^2)(b_1^2+b_2^2+\cdots+b_n^2)$$

삼각부등식:

$$\sqrt{(a_1+b_1)^2+\cdots+(a_n+b_n)^2} \leqq \sqrt{a_1^2+\cdots+a_n^2}+\sqrt{b_1^2+\cdots+b_n^2}$$

|참고| 표준내적공간 $\mathbb{R}^n$에서 $\mathbf{u},\mathbf{v}\in\mathbb{R}^n$에 대해 코시-슈왈츠 부등식

$$|\mathbf{u}\circ\mathbf{v}| \leqq \|\mathbf{u}\|\|\mathbf{v}\|$$

를 보이는 것은 더 간결한데 이를 소개한다.

증명 $\mathbf{u}=\mathbf{0}$ 또는 $\mathbf{v}=\mathbf{0}$ 이면 결과는 분명하므로 $\mathbf{u},\mathbf{v}\neq\mathbf{0}$이라 하자. $x\in\mathbb{R}$를 임의의 실수라 하면

$$0 \leqq \|x\mathbf{u}+\mathbf{v}\|^2=(x\mathbf{u}+\mathbf{v})\circ(x\mathbf{u}+\mathbf{v})=\|\mathbf{u}\|^2x^2+2(\mathbf{u}\circ\mathbf{v})x+\|\mathbf{v}\|^2$$

이다. 그런데 이 부등식은 절대부등식이므로

$$[2(\mathbf{u}\circ\mathbf{v})]^2-4\|\mathbf{u}\|^2\|\mathbf{v}\|^2 \leqq 0$$

이다. 따라서 $|\mathbf{u}\circ\mathbf{v}| \leqq \|\mathbf{u}\|\|\mathbf{v}\|$이다. ∎

정리 7.1.2 $(V,\langle\ ,\ \rangle)$는 내적공간이고 $u,v,w\in V$일 때 거리 d에 대해 다음이 성립한다.

(1) $d(u,v)\geqq 0$이고 등식은 $u=v$일 때만 성립한다.

(2) $d(u,v)=d(v,u)$

(3) $d(u,v)\leqq d(u,w)+d(w,v)$

증명 연습문제 7로 남긴다. ∎

정의

$(V,\langle\ ,\ \rangle)$가 내적공간일 때

$$\langle u,v\rangle=0$$

인 $u,v\in V$를 서로 **직교**(orthogonal) 또는 서로 **수직**(perpendicular)이라 한다.

위 정의에서 $\langle u,v\rangle=0$이면 $\overline{\langle v,u\rangle}=\langle u,v\rangle=0$이므로 $\langle v,u\rangle=0$이다.

|보기| $\mathbb{R}^2$의 세 벡터

$$\mathbf{x}=(1,-2),\quad \mathbf{y}=(4,2),\quad \mathbf{z}=(5,3)$$

를 고려하자. 만약 $\mathbb{R}^2$의 내적이 표준내적으로 주어지면

$$\mathbf{x}\circ\mathbf{y}=(1)(4)+(-2)(2)=0,$$
$$\mathbf{x}\circ\mathbf{z}=(1)(5)+(-2)(3)=-1$$

이므로 $\mathbf{x},\mathbf{y}$는 수직이고 $\mathbf{x},\mathbf{z}$는 수직이 아니다. 그러나 $\mathbb{R}^2$의 내적이 예제 7.1.3에 있는 $\langle\mathbf{x},\mathbf{y}\rangle=x_1y_1-x_1y_2-x_2y_1+2x_2y_2$로 주어지면

$$\langle\mathbf{x},\mathbf{y}\rangle=(1)(4)-(1)(2)-(-2)(4)+2(-2)(2)=2,$$
$$\langle\mathbf{x},\mathbf{z}\rangle=(1)(5)-(1)(3)-(-2)(5)+2(-2)(3)=0$$

이므로 $\mathbf{x},\mathbf{y}$는 수직이 아니고 $\mathbf{x},\mathbf{z}$는 수직이다.

정리 7.1.3 피타고라스정리(Pythagoras Theorem) $(V,\langle\ ,\ \rangle)$가 내적공간일 때 $u,v\in V$가 수직이면 다음이 성립한다.

$$\|u+v\|^2=\|u\|^2+\|v\|^2$$

증명 u,v는 수직이므로 $\langle u,v\rangle=\langle v,u\rangle=0$이 되어

$$\begin{aligned}\|u+v\|^2&=\langle u+v,u+v\rangle\\&=\langle u,u\rangle+\langle u,v\rangle+\langle v,u\rangle+\langle v,v\rangle\\&=\|u\|^2+0+0+\|v\|^2=\|u\|^2+\|v\|^2\end{aligned}$$

이다. ■

$(V,\langle\ ,\ \rangle)$는 실내적공간이고 $u,v\in V$는 모두 영이 아닌 벡터라 하자. 그러면

코시-슈왈츠 부등식 $|\langle u,v\rangle| \leq \|u\|\|v\|$에 의해

$$-1 \leq \frac{\langle u,v\rangle}{\|u\|\|v\|} \leq 1$$

이다. 그러면

$$\frac{\langle u,v\rangle}{\|u\|\|v\|} = \cos\theta$$

인 $\theta(0 \leq \theta \leq \pi)$가 유일하게 결정된다. 이때 θ를 두 벡터 u,v가 이루는 각(angle)이라 한다. 특히 u,v가 수직일 필요충분조건은 $\theta = \frac{\pi}{2}$이다.

예제 7.1.7_ 표준내적공간 $\mathbb{R}^4$에서 다음 두 벡터 $\mathbf{u},\mathbf{v}$가 이루는 각 θ와 거리 $d(\mathbf{u},\mathbf{v})$를 구하라.

(1) $\mathbf{u} = (1,0,2,1)$, $\mathbf{v} = (0,1,1,-2)$

(2) $\mathbf{u} = (1,0,2,1)$, $\mathbf{v} = (0,0,1,1)$

풀이 (1) $\mathbf{u} \circ \mathbf{v} = 0$이므로 $\mathbf{u},\mathbf{v}$는 수직이 되어 $\theta = \frac{\pi}{2}$이다. 거리는

$$\begin{aligned} d(\mathbf{u},\mathbf{v}) &= \|\mathbf{u}-\mathbf{v}\| = \|(1,-1,1,3)\| \\ &= \sqrt{1^2+(-1)^2+1^2+3^2} = \sqrt{12} = 2\sqrt{3} \end{aligned}$$

이다.

(2) $\mathbf{u} \circ \mathbf{v} = 3$, $\|\mathbf{u}\| = \sqrt{6}$, $\|\mathbf{v}\| = \sqrt{2}$이므로

$$\cos\theta = \frac{\mathbf{u} \circ \mathbf{v}}{\|\mathbf{u}\|\|\mathbf{v}\|} = \frac{3}{\sqrt{6}\sqrt{2}} = \frac{\sqrt{3}}{2}$$

이다. 따라서 $\theta = \frac{\pi}{6}$이다. 거리는

$$\begin{aligned} d(\mathbf{u},\mathbf{v}) &= \|\mathbf{u}-\mathbf{v}\| = \|(1,0,1,0)\| \\ &= \sqrt{1^2+0^2+1^2+0^2} = \sqrt{2} \end{aligned}$$

이다. ■

예제 7.1.8_ 표준내적공간 $\mathrm{M}_2(\mathbb{R})$에서

$$A = \begin{bmatrix} 1 & -1 \\ 0 & 1 \end{bmatrix}, \quad B = \begin{bmatrix} 1 & 2 \\ 0 & 1 \end{bmatrix}$$

에 대해 A, B가 이루는 각 θ와 거리 $d(A, B)$를 구하라.

풀이 $X = \begin{bmatrix} a_1 & a_2 \\ a_3 & a_4 \end{bmatrix}$, $Y = \begin{bmatrix} b_1 & b_2 \\ b_3 & b_4 \end{bmatrix}$이면 내적은

$$\langle X, Y \rangle = \operatorname{tr} XY^{\mathrm{T}} = a_1b_1 + a_2b_2 + a_3b_3 + a_4b_4$$

로 정의된다. 그러면 주어진 A, B에 대해

$$\langle A, B \rangle = (1)(1) + (-1)(2) + (0)(0) + (1)(1) = 0$$

이므로 A, B는 수직이 되어 각은 $\theta = \frac{\pi}{2}$이다. 또한 거리는

$$d(A, B) = \|A - B\| = \left\| \begin{bmatrix} 0 & -3 \\ 0 & 0 \end{bmatrix} \right\| = \sqrt{9} = 3$$

이다. ■

위 예제에서 살폈듯이 행렬공간에 내적을 주면 주어진 두 행렬의 이루는 각과 거리를 계산할 수 있다. 이는 함수공간에도 유사하게 적용된다(연습문제 14).

연습문제 7.1

1 $\mathbb{R}^2$의 두 벡터 $\mathbf{x} = (x_1, x_2)$, $\mathbf{y} = (y_1, y_2)$에 대해

$$\langle \mathbf{x}, \mathbf{y} \rangle = ax_1y_1 - bx_2y_2$$

로 정의된 $\langle\ ,\ \rangle$이 $\mathbb{R}^2$의 내적이 되는 $a, b \in \mathbb{R}$의 조건을 찾아라.

2 $\mathbb{R}^2$의 두 벡터 $\mathbf{x} = (x_1, x_2)$, $\mathbf{y} = (y_1, y_2)$에 대해

$$\langle \mathbf{x}, \mathbf{y} \rangle = x_1y_1 - 2x_1y_2 - 2x_2y_1 + kx_2y_2$$

로 정의된 $\langle\ ,\ \rangle$이 $\mathbb{R}^2$의 내적이 되는 $k \in \mathbb{R}$의 조건을 찾아라.

3 $D = \mathrm{diag}(\lambda_1, \cdots, \lambda_n) \in \mathrm{M}_n(\mathbb{R})$일 때 $\mathbf{x}, \mathbf{y} \in \mathbb{R}^n$에 대해

$$\langle \mathbf{x}, \mathbf{y} \rangle = \mathbf{x}^{\mathrm{T}} D \mathbf{y}$$

로 정의된 $\langle\ ,\ \rangle$이 $\mathbb{R}^n$의 내적이 되기 위한 $\lambda_1, \cdots, \lambda_n$의 조건을 찾아라.

4 $A \in \mathrm{M}_n(\mathbb{R})$가 가역행렬일 때 $\mathbf{x}, \mathbf{y} \in \mathbb{R}^n$에 대해

$$\langle \mathbf{x}, \mathbf{y} \rangle = (A\mathbf{x})^{\mathrm{T}} (A\mathbf{y})$$

로 정의된 $\langle\ ,\ \rangle$는 $\mathbb{R}^n$의 내적임을 보여라.

5 $\mathbb{R}_2[x]$의 두 함수 $f(x) = a_0 + a_1 x + a_2 x^2$, $g(x) = b_0 + b_1 x + b_2 x^2$에 대해

$$\langle f, g \rangle = a_0 b_0 + a_1 b_1 + a_2 b_2$$

으로 정의된 $\langle\ ,\ \rangle$는 $\mathbb{R}_2[x]$의 내적임을 보여라.

6 내적공간 $(V, \langle\ ,\ \rangle)$에서 $v \in V$가 영벡터가 아니면 $\frac{v}{\|v\|}$는 단위벡터임을 보여라.

7 정리 7.1.2를 보여라.

8 $(V, \langle\ ,\ \rangle)$가 내적공간일 때 영벡터는 모든 벡터 $v \in V$에 수직임을 보여라.

9 $\{v_1, \cdots, v_n\}$를 내적공간 $(V, \langle\ ,\ \rangle)$의 기저라 하자. 만약 $v \in V$가 모든 $i = 1, \cdots, n$에 대해 $\langle v, v_i \rangle = 0$이면 $v = \mathbf{0}$을 보여라.

10 $(V, \langle\ ,\ \rangle)$는 내적공간이고 $u, v \in V$라 하자. 만약 모든 $w \in V$에 대해

$$\langle u, w \rangle = \langle v, w \rangle$$

이면 $u = v$를 보여라.

11 $(V, \langle\ ,\ \rangle)$는 내적공간이고 $u, v \in V$에 대해 $\|u\| = \|v\|$라 하자. 만약 V가 실내적공간이면 $u+v$, $u-v$는 수직임을 보여라. 그러나 V가 복소내적공간이면 $u+v$, $u-v$가 수직이 되지 않는 예를 표준내적공간 $\mathbb{C}$ 에서 찾아라.

12 $(V, \langle\ ,\ \rangle)$가 실내적공간일 때 $u, v \in V$에 대해 다음을 보여라.

(1) $\langle u+v, u-v \rangle = \|u\|^2 - \|v\|^2$

(2) $\|u+v\|^2 + \|u-v\|^2 = 2(\|u\|^2 + \|v\|^2)$ **평행사변형의 법칙**

(3) $\langle u, v \rangle = \dfrac{1}{4}(\|u+v\|^2 - \|u-v\|^2)$

13 $(V, \langle\ ,\ \rangle)$가 실내적공간일 때 $u, v \in V$에 대해 다음은 동치임을 보여라.

(1) u, v는 수직이다.

(2) $\|u+v\| = \|u-v\|$

(3) $\|u+v\|^2 = \|u\|^2 + \|v\|^2$

그러나 V가 복소내적공간이면 위 결과가 성립하지 않는 예를 표준내적공간 $\mathbb{C}$ 에서 찾아라.

14 $C[-1,1]$의 두 함수 f, g에 대해

$$\langle f, g \rangle = \int_{-1}^{1} f(x)g(x)dx$$

로 정의된 $\langle\ ,\ \rangle$는 $C[-1,1]$의 내적이다.

(1) $f(x) = x^2 + 1$, $g(x) = x$가 이루는 각 θ를 구하라.

(2) $f(x) = x^2 + 1$, $g(x) = x^2 - x$가 이루는 거리 $d(f, g)$를 구하라.

15 $C[a,b]$의 두 함수 f, g에 대해 다음을 보여라.

$$\left[\int_a^b f(x)g(x)dx\right]^2 \leq \int_a^b f(x)^2 dx \int_a^b g(x)^2 dx$$

7.2 정규직교기저

이 절에서는 유한차원 내적공간에서 특별한 기저인 정규직교기저와 그램-슈미트의 직교화과정에 대해 알아본다.

정의

내적공간 V의 영벡터가 없는 부분집합 $S=\{v_1, \cdots, v_n\}$에서 임의의 서로 다른 두 원소가 직교하면 S를 **직교집합**(orthogonal set)이라 한다. 덧붙여 S의 모든 원소가 단위벡터이면 S를 **정규직교집합**(orthonormal set)이라 한다.

위 정의를 수식으로 말하면 다음과 같다.

(1) S가 직교집합일 필요충분조건은 모든 $i \neq j$에 대해 $\langle v_i, v_j \rangle = 0$이다.

(2) S가 정규직교집합일 필요충분조건은 모든 $i \neq j$에 대해 $\langle v_i, v_j \rangle = 0$이고 모든 i에 대해 $\langle v_i, v_i \rangle = 1$이다.

특히 S가 내적공간 V의 기저일 때 S가 직교집합이면 S를 **직교기저**(orthogonal basis)라 하고 S가 정규직교집합이면 S를 **정규직교기저**(orthonormal basis)라 한다.

|주의| $S=\{\mathbf{e}_1, \cdots, \mathbf{e}_n\}$는 $\mathbb{R}^n$의 표준기저라 하자. 만약 $\mathbb{R}^n$이 표준내적공간이면 S가 (정규)직교기저인 것은 분명하다. 그러나 $\mathbb{R}^n$이 표준내적공간이 아니면 다음 보기에 의해 S는 (정규)직교기저가 아닐 수도 있다.

|보기| $\mathbb{R}^2$에서 $\mathbf{x}=(x_1, x_2)$, $\mathbf{y}=(y_1, y_2)$에 대해

$$\langle \mathbf{x}, \mathbf{y} \rangle = x_1y_1 - x_1y_2 - x_2y_1 + 2x_2y_2$$

로 정의된 $\langle\ ,\ \rangle$는 예제 7.1.3에 의해 $\mathbb{R}^2$의 내적이다. 그러나

$$\langle \mathbf{e}_1, \mathbf{e}_2 \rangle = \langle (1,0), (0,1) \rangle = (1)(0) - (1)(1) - (0)(1) + 2(0)(1) = -1$$

이므로 $\{\mathbf{e}_1, \mathbf{e}_2\}$는 직교집합이 아니다. 따라서 $\{\mathbf{e}_1, \mathbf{e}_2\}$는 직교기저가 아니다.

예제 7.2.1_ $\mathbb{R}^3$에서

$$\mathbf{v}_1 = (0,1,0), \quad \mathbf{v}_2 = (1,0,-1), \quad \mathbf{v}_3 = (1,0,1)$$

일 때 $S=\{\mathbf{v}_1,\mathbf{v}_2,\mathbf{v}_3\}$는 표준내적공간 $\mathbb{R}^3$의 직교기저인지를 결정하라.

풀이 $\mathbf{v}_1 \circ \mathbf{v}_2 = (0,1,0) \circ (1,0,-1) = (0)(1)+(1)(0)+(0)(-1) = 0$이다. 유사하게

$$\mathbf{v}_1 \circ \mathbf{v}_3 = 0, \quad \mathbf{v}_2 \circ \mathbf{v}_3 = 0$$

이므로 S는 직교집합이다. 그런데 S는 $\mathbb{R}^3$의 기저이므로 직교기저이다. ■

위 예제에서 $i=1,2,3$에 대해

$$\mathbf{u}_i = \frac{\mathbf{v}_i}{\|\mathbf{v}_i\|}$$

로 두면 $\mathbf{u}_i$는 단위벡터이므로 $S' = \{\mathbf{u}_1,\mathbf{u}_2,\mathbf{u}_3\}$은 표준내적공간 $\mathbb{R}^3$에서 정규직교집합이 되어 정규직교기저이다. 실제로 $\|\mathbf{v}_1\|=1$, $\|\mathbf{v}_2\|=\sqrt{2}$, $\|\mathbf{v}_3\|=\sqrt{2}$이므로

$$\mathbf{u}_1 = (0,1,0), \quad \mathbf{u}_2 = \left(\frac{1}{\sqrt{2}},0,-\frac{1}{\sqrt{2}}\right), \quad \mathbf{u}_3 = \left(\frac{1}{\sqrt{2}},0,\frac{1}{\sqrt{2}}\right)$$

$C[a,b]$에서 n차 이하의 모든 다항식의 집합을 $P_n[a,b]$으로 나타낸다. 이때 $P_n[a,b]$는 $C[a,b]$의 부분공간임을 쉽게 알 수 있는데 이는 독자가 확인하기 바란다.

예제 7.2.2_ $P_2[-1,1]$의 내적

$$\langle f,g\rangle = \int_{-1}^{1} f(x)g(x)dx$$

에 대해 기저 $S=\left\{1, x, \frac{3}{2}x^2-\frac{1}{2}\right\}$는 $P_2[-1,1]$의 직교기저인지를 결정하라.

풀이 $\langle 1,x\rangle = \int_{-1}^{1} x\,dx = \left[\frac{1}{2}x^2\right]_{-1}^{1} = 0,$

$$\left\langle 1, \frac{3}{2}x^2-\frac{1}{2}\right\rangle = \int_{-1}^{1}\left(\frac{3}{2}x^2-\frac{1}{2}\right)dx = \left[\frac{1}{2}x^3-\frac{1}{2}x\right]_{-1}^{1} = 0,$$

$$\left\langle x, \frac{3}{2}x^2 - \frac{1}{2} \right\rangle = \int_{-1}^{1} \left(\frac{3}{2}x^3 - \frac{1}{2}x\right)dx = \left[\frac{3}{8}x^4 - \frac{1}{4}x^2\right]_{-1}^{1} = 0$$

이므로 S는 직교집합이다. 따라서 S는 직교기저이다. ∎

|주의| $P_2[0,1]$에서 내적

$$\langle f, g \rangle = \int_0^1 f(x)g(x)dx$$

에 대해 예제 7.2.2에 있는 집합 $S = \left\{1, x, \frac{3}{2}x^2 - \frac{1}{2}\right\}$는 $P_2[0,1]$의 기저이다. 그러나 직교기저는 아니다. 왜냐하면

$$\langle 1, x \rangle = \int_0^1 x dx = \left[\frac{1}{2}x^2\right]_0^1 = \frac{1}{2}$$

이기 때문이다.

|보기| 표준내적공간 $M_2(\mathbb{R})$에서 표준기저

$$\left\{\begin{bmatrix}1 & 0\\0 & 0\end{bmatrix}, \begin{bmatrix}0 & 1\\0 & 0\end{bmatrix}, \begin{bmatrix}0 & 0\\1 & 0\end{bmatrix}, \begin{bmatrix}0 & 0\\0 & 1\end{bmatrix}\right\}$$

이 정규직교기저인 것은 분명하다. 또 다른 예로

$$\left\{\begin{bmatrix}1 & 0\\0 & 0\end{bmatrix}, \begin{bmatrix}0 & \frac{2}{3}\\ \frac{1}{3} & -\frac{2}{3}\end{bmatrix}, \begin{bmatrix}0 & \frac{2}{3}\\ -\frac{2}{3} & \frac{1}{3}\end{bmatrix}, \begin{bmatrix}0 & \frac{1}{3}\\ \frac{2}{3} & \frac{2}{3}\end{bmatrix}\right\}$$

도 정규직교기저이다. 이는 독자가 쉽게 확인할 수 있다. 그러나

$$S = \left\{\begin{bmatrix}1 & 0\\0 & 0\end{bmatrix}, \begin{bmatrix}1 & 1\\0 & 0\end{bmatrix}, \begin{bmatrix}1 & 1\\1 & 0\end{bmatrix}, \begin{bmatrix}1 & 1\\1 & 1\end{bmatrix}\right\}$$

는 기저이지만

$$\left\langle \begin{bmatrix}1 & 0\\0 & 0\end{bmatrix}, \begin{bmatrix}1 & 1\\0 & 0\end{bmatrix} \right\rangle = (1)(1) + (0)(1) + (0)(0) + (0)(0) = 1$$

이므로 S는 직교기저가 아니다.

정리 7.2.1 $S=\{v_1,\cdots,v_n\}$는 내적공간 V의 영벡터가 없는 부분집합이라 하자.

(1) S가 직교집합이면 $v_1,\cdots,v_n$은 일차독립이다.

(2) $\dim V=n$이고 S가 (정규)직교집합이면 S는 (정규)직교기저이다.

증명 (1) $b_1v_1+\cdots+b_nv_n=\mathbf{0}$으로 두면 임의의 $k=1,\cdots,n$에 대해

$$\begin{aligned}0&=\langle \mathbf{0},v_k\rangle=\langle b_1v_1+\cdots+b_kv_k+\cdots+b_nv_n,v_k\rangle\\&=b_1\langle v_1,v_k\rangle+\cdots+b_k\langle v_k,v_k\rangle+\cdots+b_n\langle v_n,v_k\rangle\\&=b_k\langle v_k,v_k\rangle\end{aligned}$$

이다. 한편 $\langle v_k,v_k\rangle\neq 0$이므로 $b_k=0$이다. 즉 $b_1=\cdots=b_n=0$이므로 $v_1,\cdots,v_n$은 일차독립이다.

(2) (1)에 의해 $v_1,\cdots,v_n$은 일차독립이므로 정리 4.3.4에 의해 S는 V의 기저이다. 따라서 결과가 성립한다. ■

$\{v_1,\cdots,v_n\}$이 벡터공간 V의 기저이면 정리 4.3.1에 의해 $v\in V$는

$$v=b_1v_1+b_2v_2+\cdots+b_nv_n$$

으로 유일하게 나타낼 수 있다. 이때 $b_1,\cdots,b_n\in\mathbb{F}$을 구하는 것은 단순한 계산은 아니다. 그러나 $\{v_1,\cdots,v_n\}$이 (정규)직교기저이면 다음 정리에 의해 $b_1,\cdots,b_n$은 쉽게 구할 수 있다.

정리 7.2.2 $S=\{v_1,\cdots,v_n\}$가 V의 직교기저이면 임의의 $v\in V$에 대해

$$v=\frac{\langle v,v_1\rangle}{\|v_1\|^2}v_1+\cdots+\frac{\langle v,v_n\rangle}{\|v_n\|^2}v_n$$

이다. 특히 S가 정규직교기저이면 $v=\langle v,v_1\rangle v_1+\cdots+\langle v,v_n\rangle v_n$이다.

증명 S는 V의 기저이므로

$$v=b_1v_1+\cdots+b_nv_n$$

으로 쓸 수 있다. 따라서 모든 $k=1,\cdots,n$에 대해

$$b_k=\frac{\langle v,v_k\rangle}{\|v_k\|^2},\quad \text{즉 } \langle v,v_k\rangle=b_k\|v_k\|^2$$

을 보이면 된다. 그런데 S는 직교기저이므로

$$\begin{aligned}\langle v,v_k\rangle&=\langle b_1v_1+\cdots+b_kv_k+\cdots+b_nv_n,\, v_k\rangle\\&=b_1\langle v_1,v_k\rangle+\cdots+b_k\langle v_k,v_k\rangle+\cdots+b_n\langle v_n,v_k\rangle\\&=b_k\langle v_k,v_k\rangle=b_k\|v_k\|^2\end{aligned}$$

이다. ■

|보기| 예제 7.2.1에서 $S=\{\mathbf{v}_1,\mathbf{v}_2,\mathbf{v}_3\}$는 표준내적공간 $\mathbb{R}^3$의 정규직교기저이다. 단

$$\mathbf{v}_1=(0,1,0),\ \mathbf{v}_2=\left(\frac{1}{\sqrt{2}},0,-\frac{1}{\sqrt{2}}\right),\ \mathbf{v}_3=\left(\frac{1}{\sqrt{2}},0,\frac{1}{\sqrt{2}}\right)$$

$\mathbf{v}=(1,2,3)$를 $\mathbf{v}_1,\mathbf{v}_2,\mathbf{v}_3$의 일차결합으로 나타내보자. 정리 7.2.2에 의해

$$\mathbf{v}=(\mathbf{v}\circ\mathbf{v}_1)\mathbf{v}_1+(\mathbf{v}\circ\mathbf{v}_2)\mathbf{v}_2+(\mathbf{v}\circ\mathbf{v}_3)\mathbf{v}_3$$

이다. 그런데 $\mathbf{v}\circ\mathbf{v}_1=2$, $\mathbf{v}\circ\mathbf{v}_2=2\sqrt{2}$, $\mathbf{v}\circ\mathbf{v}_3=-\sqrt{2}$이므로

$$\mathbf{v}=2\mathbf{v}_1+2\sqrt{2}\,\mathbf{v}_2-\sqrt{2}\,\mathbf{v}_3$$

이다.

보조정리 7.2.3 $\{v_1,\cdots,v_m\}$은 내적공간 V에서 직교집합이고 $u\notin\langle v_1,\cdots,v_m\rangle$에 대해

$$v_{m+1}=u-\frac{\langle u,v_1\rangle}{\|v_1\|^2}v_1-\frac{\langle u,v_2\rangle}{\|v_2\|^2}v_2-\cdots-\frac{\langle u,v_m\rangle}{\|v_m\|^2}v_m$$

으로 두면 $v_{m+1}\neq 0$이고 $\{v_1,\cdots,v_m,v_{m+1}\}$도 직교집합이다.

증명 $v_{m+1}=0$이면 $u\in\langle v_1,\cdots,v_m\rangle$이므로 모순이다. 따라서 $v_{m+1}\neq 0$이다. 각

각의 $k=1,\cdots,m$에 대해 $b_k = \dfrac{\langle u, v_k \rangle}{\|v_k\|^2}$로 두면

$$v_{m+1} = u - b_1 v_1 - \cdots - b_m v_m$$

이다. 그런데 $\{v_1, \cdots, v_m\}$은 직교집합이므로 모든 $k=1,\cdots,m$에 대해

$$\begin{aligned}\langle v_{m+1}, v_k \rangle &= \langle u - b_1 v_1 - \cdots - b_m v_m, v_k \rangle \\ &= \langle u, v_k \rangle - b_k \langle v_k, v_k \rangle \\ &= \langle u, v_k \rangle - b_k \|v_k\|^2 \\ &= \langle u, v_k \rangle - \frac{\langle u, v_k \rangle}{\|v_k\|^2} \|v_k\|^2 \\ &= \langle u, v_k \rangle - \langle u, v_k \rangle = 0\end{aligned}$$

이다. 따라서 $\{v_1, \cdots, v_m, v_{m+1}\}$도 직교집합이다. ■

정리 7.2.4 그램-슈미트의 직교화과정(Gram-Schmidt orthogonalization process)

$\{w_1, w_2, \cdots, w_n\}$을 내적공간 V의 기저라 하여

$$\begin{aligned} u_1 &= w_1 \\ u_2 &= w_2 - \frac{\langle w_2, u_1 \rangle}{\|u_1\|^2} u_1 \\ u_3 &= w_3 - \frac{\langle w_3, u_1 \rangle}{\|u_1\|^2} u_1 - \frac{\langle w_3, u_2 \rangle}{\|u_2\|^2} u_2 \\ &\vdots \\ u_n &= w_n - \frac{\langle w_n, u_1 \rangle}{\|u_1\|^2} u_1 - \cdots - \frac{\langle w_n, u_{n-1} \rangle}{\|u_{n-1}\|^2} u_{n-1} \end{aligned}$$

으로 두자. 그러면 $\{u_1, \cdots, u_n\}$은 직교기저이다. 또한 $k=1,\cdots,n$에 대해

$$v_k = \frac{u_k}{\|u_k\|}$$

로 두면 $\{v_1, \cdots, v_n\}$은 정규직교기저이다.

증명 $\{w_1\} = \{u_1\}$은 직교집합이고 $w_2 \notin \langle w_1 \rangle$이다. 이제

$$u_2 = w_2 - \frac{\langle w_2, u_1 \rangle}{\|u_1\|^2} u_1$$

으로 두면 보조정리 7.2.3에 의해 $u_2 \neq \mathbf{0}$이고 $\{u_1, u_2\}$는 직교집합이다. 만약 $w_3 \in \langle u_1, u_2 \rangle$이면

$$w_3 = b_1 u_1 + b_2 u_2$$

형태이므로

$$\begin{aligned} w_3 = b_1 u_1 + b_2 u_2 &= b_1 u_1 + b_2 \left(w_2 - \frac{\langle w_2, u_1 \rangle}{\|u_1\|^2} u_1 \right) \\ &= b_1 w_1 + b_2 \left(w_2 - \frac{\langle w_2, u_1 \rangle}{\|u_1\|^2} w_1 \right) \in \langle w_1, w_2 \rangle \end{aligned}$$

이다. 이는 w_1, w_2, w_3가 일차독립이라는 사실에 모순이다. 따라서 $w_3 \notin \langle u_1, u_2 \rangle$이다. 다음으로

$$u_3 = w_3 - \frac{\langle w_3, u_1 \rangle}{\|u_1\|^2} u_1 - \frac{\langle w_3, u_2 \rangle}{\|u_2\|^2} u_2$$

로 두면 보조정리 7.2.3에 의해 $u_3 \neq \mathbf{0}$이고 $\{u_1, u_2, u_3\}$는 직교집합이다. 이 과정을 계속하면 $\{u_1, \cdots, u_n\}$은 직교집합이 되어 직교기저이다. ■

|참고| V가 유한차원 내적공간이면 그램–슈미트의 직교화과정에 의해 V는 항상 (정규)직교기저를 갖는다.

예제 7.2.3_ 표준내적공간 $\mathbb{R}^3$의 기저 $\{\mathbf{w}_1, \mathbf{w}_2, \mathbf{w}_3\}$로부터 직교기저를 구하라.

$$\mathbf{w}_1 = (1,1,0), \quad \mathbf{w}_2 = (2,0,1), \quad \mathbf{w}_3 = (-1,2,1)$$

풀이 직교화과정을 이용하면

$$\mathbf{u}_1 = \mathbf{w}_1 = (1,1,0) \qquad \|\mathbf{u}_1\|^2 = 2$$

$$\mathbf{u}_2 = \mathbf{w}_2 - \frac{\mathbf{w}_2 \circ \mathbf{u}_1}{\|\mathbf{u}_1\|^2} \mathbf{u}_1 = (1,-1,1) \qquad \|\mathbf{u}_2\|^2 = 3$$

$$\mathbf{u}_3 = \mathbf{w}_3 - \frac{\mathbf{w}_3 \circ \mathbf{u}_1}{\|\mathbf{u}_1\|^2}\mathbf{u}_1 - \frac{\mathbf{w}_3 \circ \mathbf{u}_2}{\|\mathbf{u}_2\|^2}\mathbf{u}_2 = \frac{5}{6}(-1,1,2) \quad \|\mathbf{u}_3\|^2 = \frac{25}{6}$$

을 얻는다. 따라서 $\{\mathbf{u}_1, \mathbf{u}_2, \mathbf{u}_3\}$는 $\mathbb{R}^3$의 직교기저이다. ■

위 예제의 풀이에서 $k=1,2,3$에 대해 $\mathbf{v}_k = \dfrac{\mathbf{u}_k}{\|\mathbf{u}_k\|}$로 두면

$$\mathbf{v}_1 = \frac{1}{\sqrt{2}}(1,1,0), \quad \mathbf{v}_2 = \frac{1}{\sqrt{3}}(1,-1,1), \quad \mathbf{v}_3 = \frac{1}{\sqrt{6}}(-1,1,2)$$

이고 $\{\mathbf{v}_1, \mathbf{v}_2, \mathbf{v}_3\}$는 $\mathbb{R}^3$의 정규직교기저이다.

예제 7.2.4_ $P_2[-1,1]$에서

$$\langle f, g \rangle = \int_{-1}^{1} f(x)g(x)dx$$

로 정의된 내적에 대해 기저 $\{1, x, x^2\}$로부터 직교기저를 구하라.

풀이 $w_1 = 1$, $w_2 = x$, $w_3 = x^2$로 놓자. 직교화과정에 의해

$$u_1 = w_1 = 1 \qquad \|u_1\|^2 = 2$$

$$u_2 = w_2 - \frac{\langle w_2, u_1 \rangle}{\|u_1\|^2}u_1 = x \qquad \|u_2\|^2 = \frac{2}{3}$$

$$u_3 = w_3 - \frac{\langle w_3, u_1 \rangle}{\|u_1\|^2}u_1 - \frac{\langle w_3, u_2 \rangle}{\|u_2\|^2}u_2 = x^2 - \frac{1}{3} \qquad \|u_3\|^2 = \frac{8}{45}$$

을 얻는다. 따라서 $\{u_1, u_2, u_3\}$는 $P_2[-1,1]$의 직교기저이다. ■

정리 7.2.5 $S = \{v_1, \cdots, v_n\}$가 내적공간 V에서 정규직교집합일 때 다음은 동치다.

(1) S의 모든 벡터와 수직인 벡터는 영벡터뿐이다.

(2) 모든 벡터 $v \in V$는 $v = \overline{\langle v_1, v \rangle} v_1 + \cdots + \overline{\langle v_n, v \rangle} v_n$으로 표현된다.

증명 (1)$\Rightarrow$(2) $v \in V$에 대해

$$w = v - (\overline{\langle v_1, v\rangle} v_1 + \cdots + \overline{\langle v_n, v\rangle} v_n)$$

으로 두어 $w = \mathbf{0}$을 보이면 된다. 편의상 각 $k = 1, \cdots, n$에 대해 $\overline{\langle v_k, v\rangle} = b_k$로 두자. 그러면 S는 정규집합이므로 모든 $k = 1, \cdots, n$ 에 대해

$$\begin{aligned}\langle v_k, w\rangle &= \langle v_k, v - b_1 v_1 - \cdots - b_n v_n\rangle \\ &= \langle v_k, v\rangle - \overline{b_k}\langle v_k, v_k\rangle \\ &= \overline{b_k} - \overline{b_k} = 0\end{aligned}$$

이다. 따라서 w는 S의 모든 원소와 수직이므로 (1)에 의해 $w = \mathbf{0}$이다.

(2)⇒(1) $v \in V$를 S의 모든 벡터와 수직인 벡터라 하자. 그런데 (2)에 의해

$$v = \overline{\langle v_1, v\rangle} v_1 + \cdots + \overline{\langle v_n, v\rangle} v_n$$

으로 쓸 수 있다. 한편 모든 $k = 1, \cdots, n$에 대해 $\langle v_k, v\rangle = 0$이므로 $v = \mathbf{0}$이다. ■

정의

내적공간 V에서 부분집합 $S(\neq \varnothing)$의 모든 원소와 수직인 벡터들의 집합을

$$S^{\perp} = \{v \in V \mid \langle v, s\rangle = 0,\ s \in S\}$$

로 나타내고 이를 S의 **직교보공간**(orthogonal complement space)이라 한다.

위 정의에서 $S^{\perp} \neq \varnothing$ 이다. 왜냐하면 모든 $s \in S$에 대해 $\langle \mathbf{0}, s\rangle = 0$이므로 $\mathbf{0} \in S^{\perp}$ 이기 때문이다. 특히 S가 단집합 $S = \{w\}$이면 $w^{\perp} = \{v \in V \mid \langle v, w\rangle = 0\}$ 이다.

|보기| 표준내적공간 $\mathbb{R}^3$에서 $\mathbf{v} = (2,1,3)$의 직교보공간은 다음과 같다.

$$\begin{aligned}\mathbf{v}^{\perp} &= \{(a,b,c) \in \mathbb{R}^3 \mid (a,b,c) \circ (2,1,3) = 0\} \\ &= \{(a,b,c) \in \mathbb{R}^3 \mid 2a + b + 3c = 0\} \\ &= \{(a,b,c) \in \mathbb{R}^3 \mid b = -2a - 3c\}\end{aligned}$$

$$= \{(a, -2a-3c, c) \mid a, c \in \mathbb{R}\}$$
$$= \{a(1,-2,0) + c(0,-3,1) \mid a, c \in \mathbb{R}\}$$
$$= \langle (1,-2,0), (0,-3,1) \rangle$$

정리 7.2.6 내적공간 V에서 부분집합 $S(\neq \varnothing)$의 직교보공간 $S^{\perp}$는 V의 부분공간이다. 단 S는 V의 부분공간일 필요는 없다.

증명 연습문제 12로 남긴다. ■

정리 7.2.7 n차원 내적공간 V의 부분공간 W에 대해

$$V = W \oplus W^{\perp}, \qquad \dim W + \dim W^{\perp} = n$$

이다.

증명 $W = \{0\}$이면 $W^{\perp} = V$이므로 결과는 분명하다. $W \neq \{0\}$이면 $\dim W = m \geqq 1$이다. 따라서 직교화과정에 의해 W는 정규직교기저 $\{w_1, \cdots, w_m\}$을 갖는다. 더욱이 보조정리 7.2.3에 의해 V의 정규직교기저

$$\{w_1, \cdots, w_m, w_{m+1}, \cdots, w_n\}$$

을 얻을 수 있다. 이제 $\{w_{m+1}, \cdots, w_n\}$이 $W^{\perp}$의 기저임을 보이자. 먼저 $w_1, \cdots, w_n$은 일차독립이므로 정리 4.2.5에 의해 $w_{m+1}, \cdots, w_n$은 일차독립이다. $v \in W^{\perp}$이면

$$v = b_1 w_1 + \cdots + b_m w_m + b_{m+1} w_{m+1} + \cdots + b_n w_n$$

으로 나타내자. 모든 $k = 1, \cdots, m$에 대해 $\langle v, w_k \rangle = 0$이므로

$$0 = \langle v, w_k \rangle = \langle b_1 w_1 + \cdots + b_n w_n, w_k \rangle = b_k \langle w_k, w_k \rangle = b_k$$

이다. 즉 $v = b_{m+1} w_{m+1} + \cdots + b_n w_n$이므로 $w_{m+1}, \cdots, w_n$은 $W^{\perp}$를 생성한다. 따라서 $\{w_{m+1}, \cdots, w_n\}$은 $W^{\perp}$의 기저이다. 이제

$$W \cap W^{\perp} = \{0\}$$

을 보이면 증명이 끝난다. 이를 위해 $v \in W \cap W^{\perp}$라 하면 $v \in W$이고 $v \in W^{\perp}$이므로 $\langle v, v \rangle = 0$이 되어 $v = \mathbf{0}$이다. ■

따름정리 7.2.8 W가 유한차원 내적공간 V의 부분공간이면 임의의 $v \in V$에 대해

$$v = w_1 + w_2$$

인 $w_1 \in W$, $w_2 \in W^{\perp}$가 유일하게 존재한다.

증명 정리 7.2.7에 의해 $V = W \oplus W^{\perp}$이므로 결과는 분명하다. ■

위 따름정리에서 w_1을 (W에 대한) $v \in V$의 **정사영**(projection)이라 하고

$$w_1 = \mathrm{proj}_W v$$

로 나타낸다. 또한 w_2를 (W에 대한) v의 **직교성분**(orthogonal component)이라 한다.

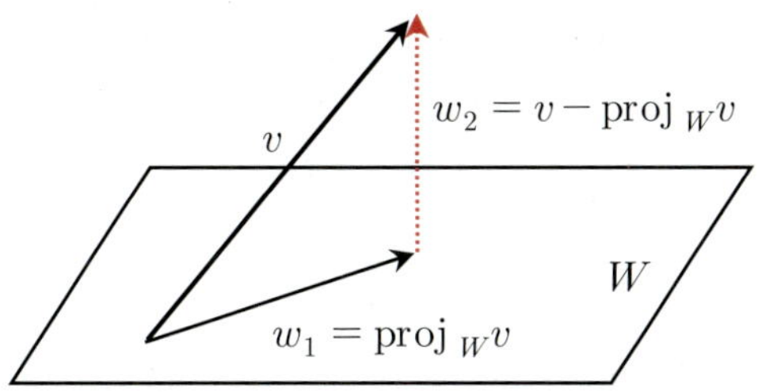

특히 $\|v - \mathrm{proj}_W v\| = \|\mathrm{proj}_{W^{\perp}} v\|$가 성립한다. 이는 w_2가 $W^{\perp}$에 대한 v의 정사영이기 때문이다.

정리 7.2.9 W는 유한차원 내적공간 V의 부분공간이고 $S = \{v_1, \cdots, v_m\}$가 W의 직교기저이면 W에 대한 $v \in V$의 정사영은

$$\mathrm{proj}_W v = \frac{\langle v, v_1 \rangle}{\|v_1\|^2} v_1 + \cdots + \frac{\langle v, v_m \rangle}{\|v_m\|^2} v_m$$

이다. 특히 S가 정규직교기저이면 $\mathrm{proj}_W v = \langle v, v_1 \rangle v_1 + \cdots + \langle v, v_m \rangle v_m$이다.

증명 따름정리 7.2.8에 의해 $v = w_1 + w_2$인 $w_1 \in W$, $w_2 \in W^{\perp}$가 존재한다. 이때 $w_1 = \text{proj}_W v$이다. 그러면 $w_1 \in W$이므로 정리 7.2.2에 의해

$$w_1 = \frac{\langle w_1, v_1 \rangle}{\|v_1\|^2} v_1 + \cdots + \frac{\langle w_1, v_m \rangle}{\|v_m\|^2} v_m$$

이다. 한편 $w_2 \in W^{\perp}$이므로 $k = 1, \cdots, m$에 대해 $\langle w_2, v_k \rangle = 0$이 되어

$$\langle v, v_k \rangle = \langle w_1 + w_2, v_k \rangle = \langle w_1, v_k \rangle + \langle w_2, v_k \rangle = \langle w_1, v_k \rangle$$

이다. 따라서 결과가 성립한다. ■

예제 7.2.5_ 표준내적공간 $\mathbb{R}^3$의 부분공간

$$W = \langle (1,1,1), (0,1,-1) \rangle$$

에 대한 $\mathbf{v} = (1,2,3)$의 정사영과 직교성분을 구하라.

풀이 $\mathbf{v}_1 = (1,1,1)$, $\mathbf{v}_2 = (0,1,-1)$로 두면 $\{\mathbf{v}_1, \mathbf{v}_2\}$는 W의 직교기저이다. 따라서 정리 7.2.9에 의해 $\mathbf{v} = (1,2,3)$의 정사영은

$$\text{proj}_W \mathbf{v} = \frac{\mathbf{v} \circ \mathbf{v}_1}{\|\mathbf{v}_1\|^2}\mathbf{v}_1 + \frac{\mathbf{v} \circ \mathbf{v}_2}{\|\mathbf{v}_2\|^2}\mathbf{v}_2 = \frac{6}{3}(1,1,1) + \frac{-1}{2}(0,1,-1) = \left(2, \frac{3}{2}, \frac{5}{2}\right)$$

이다. 또한 $\mathbf{v}$의 직교성분은 $\mathbf{v} - \text{proj}_W \mathbf{v} = \left(-1, \frac{1}{2}, -\frac{1}{2}\right)$이다. ■

정의

내적공간 V의 부분공간 W와 고정된 벡터 $v \in V$에 대해 $\hat{w} \in W$가 존재해서 모든 $w \in W - \{\hat{w}\}$에 대해

$$d(v, \hat{w}) < d(v, w)$$

이면 $\hat{w}$를 W에 대한 v의 **최적근사벡터**(best approximation vector)라 한다.

정리 7.2.10 최적근사(best approximation) W가 유한차원 내적공간 V의 부분공

간이면 임의의 $v \in V$는 W에 대한 유일한 최적근사벡터 $\text{proj}_W v$를 갖는다.

증명 따름정리 7.2.8에 의해 $v = w_1 + w_2$인 $w_1 \in W$, $w_2 \in W^{\perp}$가 유일하게 존재한다. 이때 $w_1 = \text{proj}_W v$이다. $w \in W - \{w_1\}$를 임의라 하자. 이제 $d(v, w_1) < d(v, w)$, 즉

$$\|v - w_1\| < \|v - w\|$$

을 보이면 w_1은 최적근사벡터이다. 한편 $w_1 - w \in W$이고 $w_2 \in W^{\perp}$이므로 $\langle w_1 - w, w_2 \rangle = 0$이다. 따라서 피타고라스정리에 의해

$$\|v - w\|^2 = \|w_2 + (w_1 - w)\|^2 = \|w_2\|^2 + \|w_1 - w\|^2$$

이므로

$$\|v - w\|^2 - \|v - w_1\|^2 = \|v - w\|^2 - \|w_2\|^2 = \|w_1 - w\|^2$$

이다. 그런데 $w \neq w_1$이므로 $\|w_1 - w\|^2 > 0$이 되어 $\|v - w\|^2 - \|v - w_1\|^2 > 0$이다. 따라서 $\|v - w_1\| < \|v - w\|$이다. ■

위 정리의 증명에서 계산된

$$\|v - w_1\| = \|v - \text{proj}_W v\|$$

를 $v \in V$와 W의 거리라 하고 $d(v, W)$로 나타낸다. 즉 $d(v, W) = \|v - \text{proj}_W v\|$이다. 한편 $v - \text{proj}_W v$는 v의 직교성분이므로 $d(v, W)$는 v의 직교성분의 크기이다.

예제 7.2.6_ 표준내적공간 $\mathbb{R}^3$에서 $\mathbf{v} = (1,2,3)$와 부분공간

$$W = \langle (1,1,1), (0,1,-1) \rangle$$

의 거리 $d(v, W)$를 구하라.

풀이 $d(\mathbf{v}, W) = \|\mathbf{v} - \text{proj}_W \mathbf{v}\|$이다. 한편 예제 7.2.5의 풀이에서

$$\mathbf{v} - \text{proj}_W \mathbf{v} = \left(-1, \frac{1}{2}, -\frac{1}{2}\right)$$

이므로 거리는

$$d(\mathbf{v}, W) = \|\mathbf{v} - \mathrm{proj}_W \mathbf{v}\| = \sqrt{1^2 + \left(\frac{1}{2}\right)^2 + \left(-\frac{1}{2}\right)^2} = \sqrt{\frac{6}{4}} = \frac{\sqrt{6}}{2}$$

이다. ■

정리 7.2.11 W가 내적공간 V의 부분공간이면

$$W \subseteq (W^{\perp})^{\perp}$$

이고 V가 유한차원이면 $W = (W^{\perp})^{\perp}$이다.

증명 연습문제 18로 남긴다. ■

연습문제 7.2

1 표준내적공간 $\mathbb{R}^2$에서

$$S = \{(\cos\theta, \sin\theta), (-\sin\theta, \cos\theta)\}$$

는 정규직교기저임을 보여라.

2 $\mathbb{R}^3$의 기저 $S = \{(2, -1, 0), (0, 1, 1), (0, -1, 2)\}$에 대해 다음을 보여라.

(1) $\mathbb{R}^3$가 표준내적공간이면 S는 직교기저가 아니다.

(2) $\mathbf{x} = (x_1, x_2, x_3)$, $\mathbf{y} = (y_1, y_2, y_3)$에 대해

$$\langle \mathbf{x}, \mathbf{y} \rangle = x_1 y_1 + x_1 y_2 + x_2 y_1 + 2x_2 y_2 + x_3 y_3$$

로 정의된 $\langle\ ,\ \rangle$는 $\mathbb{R}^3$의 내적임을 보이고 S는 직교기저임을 보여라.

3 $\{v_1, \cdots, v_n\}$이 실내적공간 V의 정규직교기저일 때 모든 $v \in V$에 대해

$$\|v\|^2 = \langle v, v_1 \rangle^2 + \cdots + \langle v, v_n \rangle^2$$

을 보여라.

4 표준내적공간 $\mathbb{R}^4$의 네 벡터

$$\mathbf{v}_1=(1,0,0,1),\quad \mathbf{v}_2=(-1,2,-1,1),\quad \mathbf{v}_3=(2,3,2,-2),\quad \mathbf{v}_4=(-1,0,2,1)$$

에 대해 $S=\{\mathbf{v}_1,\mathbf{v}_2,\mathbf{v}_3,\mathbf{v}_4\}$는 직교기저임을 보이고 $\mathbf{v}=(1,1,1,1)$를 $\mathbf{v}_1,\mathbf{v}_2,\mathbf{v}_3,\mathbf{v}_4$의 일차결합으로 나타내라.

5 표준내적공간 $\mathrm{M}_2(\mathbb{R})$에서

$$S=\{E_1,E_2,E_3,E_4\}$$

는 직교기저임을 보이고 $A=\begin{bmatrix}1&2\\3&4\end{bmatrix}$를 E_1,E_2,E_3,E_4의 일차결합으로 나타내라.

$$E_1=\begin{bmatrix}1&0\\0&0\end{bmatrix},\quad E_2=\begin{bmatrix}0&1\\0&0\end{bmatrix},\quad E_3=\begin{bmatrix}0&0\\1&1\end{bmatrix},\quad E_4=\begin{bmatrix}0&0\\1&-1\end{bmatrix}$$

6 표준내적공간 $\mathbb{R}^3$의 기저 $S=\{\mathbf{w}_1,\mathbf{w}_2,\mathbf{w}_3\}$로부터 정규직교기저를 구하라.

$$\mathbf{w}_1=(1,1,1),\quad \mathbf{w}_2=(0,1,1),\quad \mathbf{w}_3=(0,0,1)$$

7 $\mathbb{R}_2[x]$에서 $f(x)=a_0+a_1x+a_2x^2$, $g(x)=b_0+b_1x+b_2x^2$에 대해

$$\langle f,g\rangle=a_0b_0+a_1b_1+a_2b_2$$

로 정의된 내적에 대해 기저 $S=\{w_1,w_2,w_3\}$로부터 정규직교기저를 구하라.

$$w_1=1,\quad w_2=\frac{1}{\sqrt{2}}x+\frac{1}{\sqrt{2}}x^2,\quad w_3=x^2$$

8 내적공간 V의 정규직교기저 $\{v_1,\cdots,v_n\}$와 벡터 $v,w\in V$에 대해 다음을 보여라.

$$\langle v,w\rangle=\langle v,v_1\rangle\overline{\langle w,v_1\rangle}+\langle v,v_2\rangle\overline{\langle w,v_2\rangle}+\cdots+\langle v,v_n\rangle\overline{\langle w,v_n\rangle}$$

9 내적공간 V의 정규직교집합 $\{v_1,\cdots,v_n\}$와 벡터 $v\in V$에 대해 다음을 보여라.

(1) $\sum_{k=1}^{n} |\langle v, v_k \rangle|^2 \leqq \|v\|^2$

(2) $\|v\|^2 = \sum_{k=1}^{n} |\langle v, v_k \rangle|^2 \;\Leftrightarrow\; v = \sum_{k=1}^{n} \langle v, v_k \rangle v_k$

10 $\mathbb{R}^3$는 표준내적공간이다.

(1) $S = \{(1,1,1), (1,-1,1)\}$의 직교보공간 $S^{\perp}$를 구하라.

(2) $\mathbf{v} = (1,2,3)$의 직교보공간 $\mathbf{v}^{\perp}$를 구하라.

11 표준내적공간 $\mathrm{M}_2(\mathbb{R})$에서

$$S = \left\{ \begin{bmatrix} 1 & 1 \\ 0 & 0 \end{bmatrix}, \begin{bmatrix} 1 & -1 \\ 1 & 0 \end{bmatrix} \right\}$$

의 직교보공간 $S^{\perp}$를 구하라.

12 정리 7.2.6을 보여라.

13 U, W가 내적공간 V의 부분공간일 때 $(U+W)^{\perp} = U^{\perp} \cap W^{\perp}$를 보여라.

14 표준내적공간 $\mathbb{R}^3$의 부분공간

$$W = \langle (0,1,0), (1,0,-1) \rangle$$

에 대한 $\mathbf{v} = (1,2,3)$의 정사영과 직교성분을 구하라.

15 표준내적공간 $\mathbb{R}^4$의 부분공간

$$W = \langle (-1,0,1,2), (0,1,0,1) \rangle$$

의 직교기저를 찾아 W에 대한 $\mathbf{v} = (1,2,3,2)$의 정사영과 직교성분을 구하라.

16 (1) 표준내적공간 $\mathbb{R}^3$에서 문제 14에 있는 $\mathbf{v}$와 W의 거리를 구하라.

(2) 표준내적공간 $\mathbb{R}^4$에서 문제 15에 있는 $\mathbf{v}$와 W의 거리를 구하라.

17 표준내적공간 $M_2(\mathbb{R})$에서

$$E_1=\begin{bmatrix}1&-1\\2&1\end{bmatrix},\quad E_2=\begin{bmatrix}2&1\\-1&1\end{bmatrix}$$

에 대해 $\{E_1,E_2\}$는 직교집합이다.

(1) $W=\langle E_1,E_2\rangle$에 대한 $A=\begin{bmatrix}7&7\\7&7\end{bmatrix}$의 정사영과 직교성분을 구하라.

(2) A와 W의 거리를 구하라.

18 정리 7.2.11을 보여라.

7.3 표준내적공간 $\mathbb{R}^n$

이 절에서는 표준내적공간 $\mathbb{R}^n$에 대한 중요한 내용들을 좀 더 살피는데 구체적으로

직선의 방정식, 평면의 방정식

과 벡터의 정사영에 대해 알아보고 $\mathbb{R}^n$의 한 점과 평면의 거리도 알아본다.

$\mathbb{R}^n$의 두 점 $A(a_1,\cdots,a_n)$와 $B(b_1,\cdots,b_n)$에 대해 A에서 B로의 벡터는 $\overrightarrow{AB}$로 나타내고

$$\overrightarrow{AB}=B-A=(b_1-a_1,\cdots,b_n-a_n)$$

으로 정의한다. 이때 A를 **시점**(beginning point), B를 **종점**(terminal point)이라 한다. 또한 두 벡터 $\overrightarrow{AB}$와 $\overrightarrow{CD}$에 대해 $\overrightarrow{CD}=t\overrightarrow{AB}$인 $t\in\mathbb{R}$가 존재하면 두 벡터는 **평행**(parallel)이라 한다.

정리 7.3.1 $\mathbb{R}^3$에서 점 $P_0(x_0,y_0,z_0)$를 지나고 벡터 $\mathbf{u}=(a,b,c)\neq\mathbf{0}$에 평행한 직선의 **매개변수방정식**(parametric equation)은 매개변수 $t\in\mathbb{R}$에 대해

$$x=x_0+ta$$
$$y=y_0+tb$$
$$z=z_0+tc$$

이다. 이때 **u**를 이 직선의 **방향벡터**(direction vector)라 한다. 이 결과는 $\mathbb{R}^n$으로 확장할 수 있다.

증명 아래 그림을 참고하자.

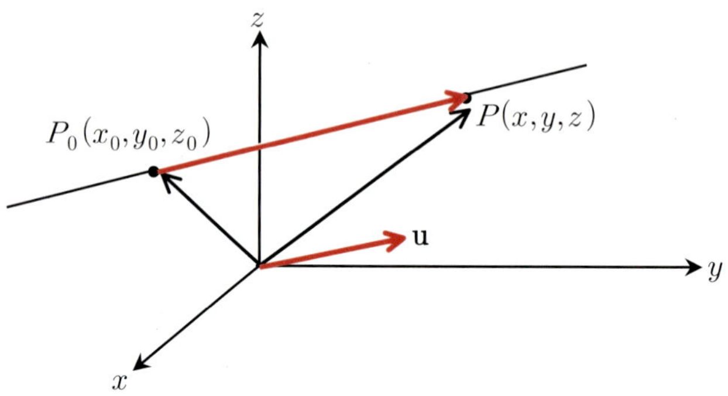

$P(x,y,z)$가 직선의 임의의 점이면 $\overrightarrow{P_0P}$, **u**는 평행하므로 $\overrightarrow{P_0P} = t\mathbf{u}$인 $t \in \mathbb{R}$가 존재한다. 그러면

$$(x - x_0, y - y_0, z - z_0) = (ta, tb, tc)$$

가 되어 결과가 성립한다. ■

위 정리에서 $a, b, c \neq 0$일 때 매개변수방정식을 t에 관해 정리하면

$$\frac{x - x_0}{a} = \frac{y - y_0}{b} = \frac{z - z_0}{c}$$

이다. 이를 직선의 **대칭방정식**(symmetric equation)이라 한다.

|보기| $\mathbb{R}^3$에서 점 $P_0(3, 2, -1)$를 지나고 벡터 $\mathbf{u} = (3, 2, 4)$에 평행한 직선의 매개변수방정식은

$$x = 3 + 3t$$
$$y = 2 + 2t$$
$$z = -1 + 4t$$

이다. 또한 대칭방정식은 다음이다.

$$\frac{x-3}{3}=\frac{y-2}{2}=\frac{z+1}{4}$$

예제 7.3.1_ $\mathbb{R}^3$에서 두 점 $P(2,-1,3)$, $Q(-3,2,4)$를 지나는 직선의 대칭방정식을 구하고 이 직선과 xy평면의 교점을 찾아라.

풀이 구하는 직선은 $\overrightarrow{PQ}=(-5,3,1)$에 평행하므로 이는 방향벡터가 된다. 따라서 대칭방정식은

$$\frac{x-2}{-5}=\frac{y+1}{3}=\frac{z-3}{1}$$

이다. 이 직선이 xy평면과 만나려면 $z=0$이므로

$$\frac{x-2}{-5}=\frac{y+1}{3}=\frac{0-3}{1}$$

이다. 이를 풀면 교점은 $(x,y,z)=(17,-10,0)$이다. ■

정리 7.3.2 $\mathbb{R}^3$에서 점 $P_0(x_0, y_0, z_0)$를 지나고 벡터 $\mathbf{n}=(a,b,c)\neq\mathbf{0}$에 수직인 평면의 방정식은

$$a(x-x_0)+b(y-y_0)+c(z-z_0)=0$$

이다. 이때 $\mathbf{n}$을 이 평면의 **법선벡터**(normal vector)라 한다. 이 결과는 $\mathbb{R}^n$으로 확장할 수 있다.

증명 아래 그림을 참고하자.

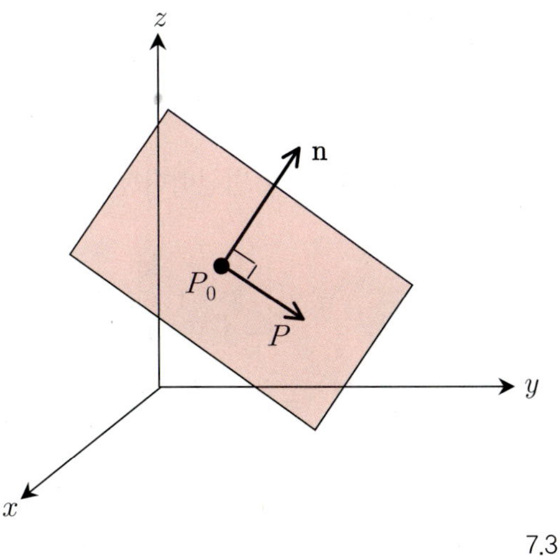

$P(x,y,z)$가 평면의 임의의 점이면 $\mathbf{n}$과 $\overrightarrow{P_0P}$는 수직이므로

$$(a,b,c) \circ (x-x_0, y-y_0, z-z_0) = 0$$

이다. 따라서 $a(x-x_0)+b(y-y_0)+c(z-z_0)=0$이다. ■

|보기| $\mathbb{R}^3$에서 점 $P_0(2,-2,1)$를 지나고 벡터 $\mathbf{n}=(2,-3,4)$에 수직인 평면의 방정식은

$$2(x-2)-3(y+2)+4(z-1)=0$$

이다. 이를 간단히 하면 $2x-3y+4z-14=0$이다.

$\mathbb{R}^3$의 두 벡터 $\mathbf{a}=(a_1,a_2,a_3)$, $\mathbf{b}=(b_1,b_2,b_3)$에 동시에 수직인 벡터는 무수히 많다. 이때

$$\mathbf{n} = \begin{vmatrix} \mathbf{i} & \mathbf{j} & \mathbf{k} \\ a_1 & a_2 & a_3 \\ b_1 & b_2 & b_3 \end{vmatrix}$$

을 그들 중 하나로 택할 수 있다(연습문제 3). 단 $\mathbf{i},\mathbf{j},\mathbf{k}$는 다음이다.

$$\mathbf{i}=(1,0,0),\quad \mathbf{j}=(0,1,0),\quad \mathbf{k}=(0,0,1)$$

예제 7.3.2_ $\mathbb{R}^3$에서 다음 세 점을 지나는 평면의 방정식을 구하라.

$$P(4,-3,1),\quad Q(6,-4,7),\quad R(1,2,2)$$

풀이 평면의 법선벡터는 두 벡터

$$\overrightarrow{PQ}=(2,-1,6),\quad \overrightarrow{PR}=(-3,5,1)$$

에 동시에 수직이다. 따라서 법선벡터를

$$\begin{aligned}\mathbf{n} &= \begin{vmatrix} \mathbf{i} & \mathbf{j} & \mathbf{k} \\ 2 & -1 & 6 \\ -3 & 5 & 1 \end{vmatrix} \\ &= \mathbf{i}\begin{vmatrix} -1 & 6 \\ 5 & 1 \end{vmatrix} - \mathbf{j}\begin{vmatrix} 2 & 6 \\ -3 & 1 \end{vmatrix} + \mathbf{k}\begin{vmatrix} 2 & -1 \\ -3 & 5 \end{vmatrix}\end{aligned}$$

$$= \mathbf{i}(-31) - \mathbf{j}(20) + \mathbf{k}(7)$$
$$= (-31, -20, 7)$$

으로 택할 수 있다. 그런데 평면은 점 $P(4,-3,1)$를 지나므로 평면의 방정식은

$$-31(x-4) - 20(y+3) + 7(z-1) = 0$$

이다. 이를 간단히 하면 $31x + 20y - 7z - 57 = 0$이다. ■

정의

$\mathbb{R}^n$에서 원점이 아닌 두 점 A, B에 대해 벡터 $\mathbf{a}, \mathbf{b}$를 각각 $\mathbf{a} = \overrightarrow{OA}$, $\mathbf{b} = \overrightarrow{OB}$ 라 하고 점 A에서 벡터 $\mathbf{b}$를 포함하는 직선에 내린 수선의 발을 P라 하자. 이때 벡터

$$\mathbf{p} = \overrightarrow{OP}$$

를 $\mathbf{b}$에 대한 $\mathbf{a}$의 **정사영**(projection)이라 하고 $\text{proj}_{\langle \mathbf{b} \rangle} \mathbf{a}$로 나타낸다.

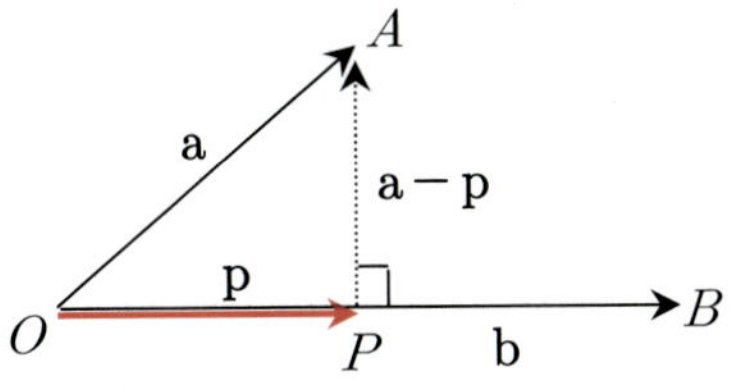

정리 7.3.3 $\mathbf{a}, \mathbf{b}$가 $\mathbb{R}^n$에서 영이 아닌 벡터일 때 $\mathbf{b}$에 대한 $\mathbf{a}$의 정사영은

$$\text{proj}_{\langle \mathbf{b} \rangle} \mathbf{a} = \frac{\mathbf{a} \circ \mathbf{b}}{\|\mathbf{b}\|^2} \mathbf{b}$$

이다.

증명 $\{\mathbf{b}\}$는 $\mathbb{R}^n$의 부분공간 $\langle \mathbf{b} \rangle$의 직교기저이다. 따라서 정리 7.2.9에 의해 $\mathbf{b}$에 대한 $\mathbf{a}$의 정사영은

$$\text{proj}_{\langle \mathbf{b} \rangle} \mathbf{a} = \frac{\mathbf{a} \circ \mathbf{b}}{\|\mathbf{b}\|^2} \mathbf{b}$$

이다. ■

예제 7.3.3_ $\mathbb{R}^3$의 두 벡터

$$\mathbf{a} = (2, -1, 3), \qquad \mathbf{b} = (4, -1, 2)$$

에 대해 $\mathbf{b}$에 대한 $\mathbf{a}$의 정사영 $\text{proj}_{\langle \mathbf{b} \rangle} \mathbf{a}$를 구하라.

풀이 $\mathbf{a} \circ \mathbf{b} = (2)(4) + (-1)(-1) + (3)(2) = 15$이고

$$\|\mathbf{b}\| = \sqrt{4^2 + (-1)^2 + 2^2} = \sqrt{21}$$

이다. 따라서 구하는 정사영은

$$\text{proj}_{\langle \mathbf{b} \rangle} \mathbf{a} = \frac{\mathbf{a} \circ \mathbf{b}}{\|\mathbf{b}\|^2} \mathbf{b} = \frac{15}{21}(4, -1, 2) = \frac{5}{7}(4, -1, 2)$$

이다. ■

정사영을 이용해서 $\mathbb{R}^3$에서 점 (x_0, y_0, z_0)와 원점을 지나는 평면

$$ax + by + cz = 0$$

사이의 거리를 구해보자. 이를 위해 $\mathbf{v} = (x_0, y_0, z_0)$이고 평면을 W라 하자. 그러면

$$W = \{(x, y, z) \in \mathbb{R}^3 \mid (a, b, c) \circ (x, y, z) = 0\}$$

이므로 $W^{\perp} = \langle \mathbf{n} \rangle$이다. 단 $\mathbf{n} = (a, b, c)$은 평면의 법선벡터이다. 따라서 $\mathbf{v}$와 W의 거리는

$$d(\mathbf{v}, W) = \|\mathbf{v} - \text{proj}_W \mathbf{v}\| = \|\text{proj}_{W^{\perp}} \mathbf{v}\|$$

이다. 한편 정리 7.2.9에 의해 $\text{proj}_{W^{\perp}} \mathbf{v} = \dfrac{\mathbf{v} \circ \mathbf{n}}{\|\mathbf{n}\|^2} \mathbf{n}$이므로 거리는 다음과 같다.

$$d(\mathbf{v}, W) = \|\text{proj}_{W^{\perp}} \mathbf{v}\| = \left\| \frac{\mathbf{v} \circ \mathbf{n}}{\|\mathbf{n}\|^2} \mathbf{n} \right\| = \frac{\mathbf{n} \circ \mathbf{v}}{\|\mathbf{n}\|} = \frac{ax_0 + by_0 + cz_0}{\sqrt{a^2 + b^2 + c^2}}$$

|참고| 위에서 살핀 원점을 지나는 평면 W는 $\mathbb{R}^3$의 부분공간이다. 그러나 원점을 지나지 않는 평면

$$ax+by+cz+d=0$$

은 $\mathbb{R}^3$의 부분공간이 아니다. 그래서 위의 증명과정이 여기서는 적용되지 않는다. 그러나 다음 정리는 같은 결과가 성립함을 보여준다.

정리 7.3.4 $\mathbb{R}^3$에서 점 $P_0(x_0, y_0, z_0)$와 평면 $ax+by+cz+d=0$ 사이의 거리는

$$D=\frac{|ax_0+by_0+cz_0+d|}{\sqrt{a^2+b^2+c^2}}$$

이다. 이 결과는 $\mathbb{R}^n$으로 확장할 수 있다.

증명 아래 그림을 참고하자.

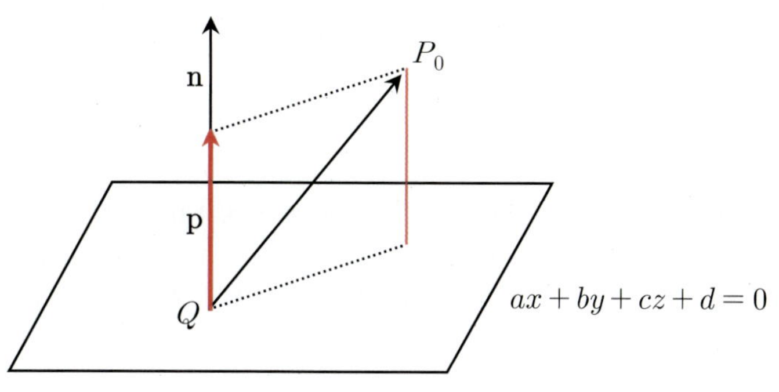

평면의 법선벡터는 $\mathbf{n}=(a,b,c)$이다. $Q(x_1, y_1, z_1)$를 평면의 임의의 점이라 하여 $\mathbf{n}$의 시점이 Q에 위치하도록 하자. 그러면 그림에서 알 수 있듯이 점 P_0와 평면 사이의 거리는 $\mathbf{n}$에 대한 $\overrightarrow{QP_0}$의 정사영

$$\mathbf{p}=\text{proj}_{\langle\mathbf{n}\rangle}\overrightarrow{QP_0}$$

의 길이와 같다. 그런데 정리 7.3.3에 의해 $\mathbf{p}=\dfrac{\overrightarrow{QP_0}\circ\mathbf{n}}{\|\mathbf{n}\|^2}\mathbf{n}$ 이므로 거리는

$$\begin{aligned}D&=\|\mathbf{p}\|=\left\|\frac{\overrightarrow{QP_0}\circ\mathbf{n}}{\|\mathbf{n}\|^2}\mathbf{n}\right\|=\frac{|\overrightarrow{QP_0}\circ\mathbf{n}|}{\|\mathbf{n}\|}\\&=\frac{|(x_0-x_1, y_0-y_1, z_0-z_1)\circ(a,b,c)|}{\sqrt{a^2+b^2+c^2}}\end{aligned}$$

$$= \frac{|a(x_0 - x_1) + b(y_0 - y_1) + c(z_0 - z_1)|}{\sqrt{a^2 + b^2 + c^2}}$$

$$= \frac{|(ax_0 + by_0 + cz_0) - (ax_1 + by_1 + cz_1)|}{\sqrt{a^2 + b^2 + c^2}}$$

$$= \frac{|(ax_0 + by_0 + cz_0) - (-d)|}{\sqrt{a^2 + b^2 + c^2}}$$

$$= \frac{|ax_0 + by_0 + cz_0 + d|}{\sqrt{a^2 + b^2 + c^2}}$$

이다. ■

|보기| (1) $\mathbb{R}^2$에서 점 $(1,2)$와 직선 $3x - 4y + 15 = 0$ 사이의 거리는

$$D = \frac{|3(1) - 4(2) + 15|}{\sqrt{3^2 + (-4)^2}} = \frac{10}{\sqrt{25}} = 2$$

이다.

(2) $\mathbb{R}^3$에서 점 $(2, -4, -3)$과 평면 $x + 3y + 6z + 2 = 0$ 사이의 거리는

$$D = \frac{|1(2) + 3(-4) + 6(-3) + 2|}{\sqrt{1^2 + 3^2 + 6^2}} = \frac{|-26|}{\sqrt{46}} = \frac{26}{\sqrt{46}}$$

이다.

연습문제 7.3

다음은 모두 표준내적공간 $\mathbb{R}^3$에 관한 문제들이다.

1 다음을 만족하는 직선의 대칭방정식을 구하라.

(1) 점 $P_0(3,1,0)$를 지나고 $\mathbf{u} = (4, -1, 2)$에 평행한 직선

(2) 두 점 $P(1,7,-2)$, $Q(4,0,3)$를 지나는 직선

2 $\mathbb{R}^3$에서 두 직선의 이루는 각은 이들의 두 방향벡터가 이루는 각으로 정의한다. 두 직선

$$x-1=\frac{y+1}{3}=\frac{z-1}{-2}, \qquad \frac{x-1}{2}=-y+3=\frac{z-2}{-4}$$

이 이루는 각 θ에 대해 $\cos\theta$를 구하라.

3 다음 벡터 $\mathbf{n}$은 두 벡터 $\mathbf{a}=(a_1,a_2,a_3)$, $\mathbf{b}=(b_1,b_2,b_3)$에 동시에 수직임을 보여라.

$$\mathbf{n}=\begin{vmatrix} \mathbf{i} & \mathbf{j} & \mathbf{k} \\ a_1 & a_2 & a_3 \\ b_1 & b_2 & b_3 \end{vmatrix}$$

단 $\mathbf{i}=(1,0,0)$, $\mathbf{j}=(0,1,0)$, $\mathbf{k}=(0,0,1)$이다.

4 다음을 만족하는 평면의 방정식을 구하라.

(1) 점 $P_0(4,0,-3)$를 지나고 $\mathbf{n}=(1,2,-3)$에 수직인 평면

(2) 세 점 $P(3,0,1)$, $Q(2,1,-4)$, $R(1,1,1)$을 지나는 평면

5 $\mathbb{R}^3$에서 두 평면의 이루는 각은 이들의 두 법선벡터가 이루는 각으로 정의한다. 다음 두 평면이 이루는 각 θ에 대해 $\cos\theta$를 구하라.

(1) $x+2y+3z+4=0$, $x+y-z-1=0$

(2) $2x+y+z=7$, $x-2y-z=5$

6 두 벡터 $\mathbf{a}=(1,2,3)$, $\mathbf{b}=(1,0,2)$에 대해 $\mathrm{proj}_{<\mathbf{b}>}\mathbf{a}$와 $\mathrm{proj}_{<\mathbf{a}>}\mathbf{b}$를 구하라.

7 두 벡터 $\mathbf{a}=(3,-1,1)$, $\mathbf{b}=(5,1,3)$와 같은 거리에 있는 평면의 방정식을 구하라.

8 두 평면

$$x-2y+3z+1=0, \qquad 2x-3y+z-2=0$$

의 교집합은 직선이다. 이 직선의 대칭방정식을 구하라.

9 점 $P_0(3,4,1)$에서 평면

$$2x + y - 2z + 1 = 0$$

에 이르는 거리 D와 P_0에서 가장 가까운 위치에 있는 평면 위의 점 P를 찾아라.

8장

내적공간에서의 선형사상

8.1 쌍대공간과 선형범함수

8장에서는 벡터공간에서 주어진 선형사상의 수반사상을 정의하고 이들의 특성을 살핀다. 그런데 수반사상은 주어진 벡터공간의 쌍대공간과 선형범함수에서 정의되므로 이 절에서는 먼저 이들에 대해 알아본다.

벡터공간 V에서 스칼라공간 F로의 모든 선형사상의 집합을 V^*로 나타낸다. 즉

$$V^* = \{\phi \mid \phi : V \to \mathrm{F}\text{는 선형사상}\}$$

이다. 만약 $\phi, \phi' \in V^*$이면 임의의 $v \in V$에 대해 사상 $\phi + \phi' : V \to \mathrm{F}$를

$$(\phi + \phi')(v) = \phi(v) + \phi'(v)$$

로 정의하자. 그러면 모든 $u, v \in V$와 $\alpha \in \mathrm{F}$에 대해 ϕ, ϕ'은 선형이므로

$$\begin{aligned}(\phi + \phi')(\alpha u + v) &= \phi(\alpha u + v) + \phi'(\alpha u + v) \\ &= \alpha\phi(u) + \phi(v) + \alpha\phi'(u) + \phi'(v) \\ &= \alpha[\phi(u) + \phi'(u)] + [\phi(v) + \phi'(v)] \\ &= \alpha(\phi + \phi')(u) + (\phi + \phi')(v)\end{aligned}$$

이다. 따라서 $\phi + \phi'$도 선형이 되어 $\phi + \phi' \in V^*$이다. 즉 V^*에서 합은 연산이다. 유사하게 $\phi \in V^*$, $\beta \in \mathrm{F}$일 때 임의의 $v \in V$에 대해 사상 $\beta\phi : V \to \mathrm{F}$를

$$(\beta\phi)(v) = \beta\phi(v)$$

로 정의하면 $\beta\phi \in V^*$이다. 따라서 V^*에서 스칼라곱도 연산이다.

정리 8.1.1 V가 벡터공간이면 V^*도 벡터공간이다.

증명 연습문제 1로 남긴다. ■

위 정리에서 V^*를 V의 **쌍대공간**(dual space)이라 하고 V^*의 각각의 원소를 **선형범함수**(linear functional)라 한다.

예제 8.1.1_ v_0는 복소내적공간 V의 고정된 벡터라 하자.

(1) $\phi(v) = \langle v, v_0 \rangle$로 정의된 $\phi : V \to \mathbb{C}$는 선형범함수인지를 결정하라.

(2) $\phi'(v) = \langle v_0, v \rangle$로 정의된 $\phi' : V \to \mathbb{C}$은 선형범함수인지를 결정하라.

풀이 (1) $u, v \in V$, $\alpha \in \mathbb{C}$에 대해

$$\phi(\alpha u + v) = \langle \alpha u + v, v_0 \rangle = \alpha \langle u, v_0 \rangle + \langle v, v_0 \rangle = \alpha \phi(u) + \phi(v)$$

이므로 ϕ는 선형범함수이다.

(2) $i \in \mathbb{C}$에 대해

$$\phi'(iv) = \langle v_0, iv \rangle = \bar{i}\phi'(v) = -i\phi'(v)$$

이므로 ϕ'은 선형범함수가 아니다. ■

|주의| 위 예제에서 V가 실내적공간이면

$$\langle v, v_0 \rangle = \langle v_0, v \rangle$$

이므로 $\phi, \phi' : V \to \mathbb{R}$은 모두 선형범함수이다.

정의

$\{v_1, \cdots, v_n\}$이 벡터공간 V의 기저이면 임의의 $v \in V$는 정리 4.3.3에 의해

$$v = b_1 v_1 + \cdots + b_i v_i + \cdots + b_n v_n$$

으로 유일하게 표현된다. 이때 각각의 $i = 1, \cdots, n$에 대해 사상

$$\phi_i : V \to \mathrm{F}, \ \phi_i(v) = b_i$$

를 V의 **좌표함수**(coordinate function)라 한다.

위 정의에서 각각의 좌표함수 $\phi_i : V \to \mathrm{F}$는 선형범함수이다(연습문제 2).

정리 8.1.2 V가 유한차원 벡터공간이면 $\dim V = \dim V^*$이다.

증명 $\dim V = n$이고 $\{v_1, \cdots, v_n\}$을 V의 기저라 하자. 이제 좌표함수들의 집합

$$\{\phi_1, \cdots, \phi_n\}$$

이 V^*의 기저임을 보이자. 그런데 좌표함수의 정의에 의해

$$\phi_1(v_1) = \cdots = \phi_n(v_n) = 1$$

이고 $i \neq j$이면 $\phi_i(v_j) = 0$인 것은 분명하다. 먼저 $\phi_1, \cdots, \phi_n$이 일차독립임을 보이기 위해 $c_1\phi_1 + \cdots + c_n\phi_n = \mathrm{O}$으로 두자. 그러면 모든 $k = 1, \cdots, n$에 대해

$$0 = \mathrm{O}(v_k) = (c_1\phi_1 + \cdots + c_n\phi_n)(v_k) = c_k\phi_k(v_k) = c_k$$

이다. 따라서 $\phi_1, \cdots, \phi_n$은 일차독립이다. 다음으로 $\phi_1, \cdots, \phi_n$이 V^*를 생성함을 보이기 위해 $\phi \in V^*$를 임의의 선형범함수라 하자. 편의상 모든 $k = 1, \cdots, n$에 대해 $\phi(v_k) = d_k$로 두자. 그리고 임의의 $v \in V$를 $v = b_1v_1 + \cdots + b_nv_n$으로 나타내자. 그러면 각각의 k에 대해 $\phi_k(v) = b_k$이므로

$$\begin{aligned}\phi(v) &= \phi(b_1v_1 + \cdots + b_nv_n) = b_1\phi(v_1) + \cdots + b_n\phi(v_n) \\ &= b_1d_1 + \cdots + b_nd_n = d_1b_1 + \cdots + d_nb_n \\ &= d_1\phi_1(v) + \cdots + d_n\phi_n(v) \\ &= (d_1\phi_1 + \cdots + d_n\phi_n)(v)\end{aligned}$$

이다. 즉 $\phi = d_1\phi_1 + \cdots + d_n\phi_n$이므로 $\phi_1, \cdots, \phi_n$은 V^*를 생성한다. 결과적으로 $\{v_1, \cdots, v_n\}$은 V^*의 기저이므로 $\dim V^* = n = \dim V$이다. ■

$E = \{v_1, \cdots, v_n\}$가 벡터공간 V의 기저이면 정리 8.1.2의 증명에서 좌표함수 $\phi_i : V \to \mathbb{F}$들의 집합

$$E^* = \{\phi_1, \cdots, \phi_n\}$$

는 쌍대공간 V^*의 기저이다. 이때 E^*를 E의 **쌍대기저**(dual basis)라 한다. 특히

$$\phi_1(v_1) = \cdots = \phi_n(v_n) = 1$$

이고 $i \neq j$인 $i, j = 1, \cdots, n$에 대해 $\phi_i(v_j) = 0$이다.

|보기| $\mathbb{R}^n$의 표준기저 $E = \{\mathbf{e}_1, \cdots, \mathbf{e}_n\}$에 대해 쌍대기저 $E^* = \{\phi_1, \cdots, \phi_n\}$를 구

해 보자. 임의의 $\mathbf{v}=(a_1,\cdots,a_n)\in\mathbb{R}^n$에 대해

$$\mathbf{v}=a_1\mathbf{e}_1+\cdots+a_i\mathbf{e}_i+\cdots+a_n\mathbf{e}_n$$

이다. 따라서 좌표함수는 각 $i=1,\cdots,n$에 대해 $\phi_i(a_1,\cdots,a_n)=a_i$이다.

예제 8.1.2_ $\mathbb{R}^3$의 기저 $E=\{\mathbf{v}_1,\mathbf{v}_2,\mathbf{v}_3\}$에 대해 쌍대기저

$$E^*=\{\phi_1,\phi_2,\phi_3\}$$

를 구하라. 단 $\mathbf{v}_1=(1,0,0)$, $\mathbf{v}_2=(1,1,0)$, $\mathbf{v}_3=(1,1,1)$이다.

풀이 임의의 $\mathbf{v}=(a,b,c)\in\mathbb{R}^3$에 대해 $\mathbf{v}=\alpha\mathbf{v}_1+\beta\mathbf{v}_2+\gamma\mathbf{v}_3$로 두면

$$(a,b,c)=\alpha(1,0,0)+\beta(1,1,0)+\gamma(1,1,1)$$

이므로 $\alpha+\beta+\gamma=a$, $\beta+\gamma=b$, $\gamma=c$이다. 이를 풀면 $\alpha=a-b$, $\beta=b-c$, $\gamma=c$이다. 따라서 좌표함수 $\phi_1,\phi_2,\phi_3:\mathbb{R}^3\to\mathbb{R}$는 각각 다음이다.

$$\begin{aligned}\phi_1(a,b,c)&=\alpha=a-b,\\ \phi_2(a,b,c)&=\beta=b-c,\\ \phi_3(a,b,c)&=\gamma=c\end{aligned}$$

■

정리 8.1.3 W가 유한차원 벡터공간 V의 부분공간이면

$$V^*=W^*\oplus(W^*)^\perp$$

이다.

증명 $\dim V=n$, $\dim W=m$이라 하여 $E_1=\{w_1,\cdots,w_m\}$을 W의 기저라 하면 정리 4.3.6에 의해

$$E=\{w_1,\cdots,w_m,\ w_{m+1},\cdots,w_n\}$$

가 V의 기저가 되는 $w_{m+1},\cdots,w_n\in V$가 존재한다. 그러면

$$E^*=\{\phi_1,\cdots,\phi_m,\ \phi_{m+1},\cdots,\phi_n\}$$

는 E의 쌍대기저로서 V^*의 기저이다. 특히 $\{\phi_1,\cdots,\phi_m\}$는 E_1의 쌍대기저이다. 이제

$$\{\phi_{m+1},\cdots,\phi_n\}$$

이 $(W^*)^\perp$의 기저임을 보이면 된다. 한편 E^*는 V^*의 기저이므로 $\phi_{m+1},\cdots,\phi_n$이 일차독립인 것은 분명하다. $\phi_{m+1},\cdots,\phi_n$이 $(W^*)^\perp$를 생성함을 보이기 위해 $\phi\in(W^*)^\perp$라 하자. 그러면 $\phi\in V^*$이므로

$$\phi=b_1\phi_1+\cdots+b_m\phi_m+b_{m+1}\phi_{m+1}+\cdots+b_n\phi_n$$

으로 쓸 수 있다. 그런데 $i=1,\cdots,m$에 대해 $\phi(w_i)=0$이고

$$\begin{aligned}\phi(w_i)&=(b_1\phi_1+\cdots+b_i\phi_i+\cdots+b_n\phi_n)(w_i)\\&=b_1\phi_1(w_i)+\cdots+b_i\phi_i(w_i)+\cdots+b_n\phi_n(w_i)\\&=b_10+\cdots+b_i1+\cdots+b_n0=b_i\end{aligned}$$

이므로 $b_i=0$이다. 이는 모든 $i=1,\cdots,m$에 대해 성립하므로

$$\phi=b_{m+1}\phi_{m+1}+\cdots+b_n\phi_n$$

이 되어 $\phi_{m+1},\cdots,\phi_n$은 $(W^*)^\perp$를 생성한다. 따라서 $\{\phi_{m+1},\cdots,\phi_n\}$은 $(W^*)^\perp$의 기저이다. ■

V는 유한차원 벡터공간이고 $\phi: V\to\mathrm{F}$는 임의의 선형범함수라 하자. 만약 V가 내적공간이면 다음 정리에 의해 ϕ는 V의 내적으로 나타낼 수 있다.

정리 8.1.4 V는 유한차원 내적공간이고 ϕ가 선형범함수이면 임의의 $v\in V$에 대해

$$\phi: V\to\mathrm{F},\ \ \phi(v)=\langle v,w\rangle$$

로 정의되는 유일한 $w\in V$가 존재한다.

증명 $E=\{v_1,\cdots,v_n\}$를 V의 정규직교기저라 하면 정리 8.1.2의 증명에서

$$E^*=\{\phi_1,\cdots,\phi_n\}$$

는 E의 쌍대기저이다. 그러면 $\phi = c_1\phi_1 + \cdots + c_n\phi_n$으로 쓸 수 있다.

(1) 존재성: $w = \overline{c_1}v_1 + \cdots + \overline{c_n}v_n$으로 두자. 그러면 $k = 1, \cdots, n$에 대해 E는 정규직교기저이므로

$$\langle v_k, w \rangle = \langle v_k, \overline{c_1}v_1 + \cdots + \overline{c_n}v_n \rangle = c_k \langle v_k, v_k \rangle = c_k$$

이다. 그런데

$$\phi(v_k) = (c_1\phi_1 + \cdots + c_n\phi_n)(v_k) = c_k\phi_k(v_k) = c_k$$

이므로 $\phi(v_k) = c_k = \langle v_k, w \rangle$이다. 따라서 $v = b_1v_1 + \cdots + b_nv_n$를 임의의 벡터라 하면

$$\begin{aligned}\phi(v) &= \phi(b_1v_1 + \cdots + b_nv_n) = b_1\phi(v_1) + \cdots + b_n\phi(v_n) \\ &= b_1c_1 + \cdots + b_nc_n = b_1\langle v_1, w \rangle + \cdots + b_n\langle v_n, w \rangle \\ &= \langle b_1v_1 + \cdots\ b_nv_n, w \rangle = \langle v, w \rangle\end{aligned}$$

이다.

(2) 유일성: 또 다른 $w' \in V$에 대해 $\phi(v) = \langle v, w' \rangle$라 하자. 그러면 모든 $v \in V$에 대해

$$0 = \langle v, w' \rangle - \langle v, w \rangle = \langle v, w' - w \rangle$$

이다. 여기에 $v = w' - w$을 대입하면 $\langle w' - w, w' - w \rangle = 0$이므로 $w' = w$이다. ■

예제 8.1.3_ 표준내적공간 $\mathbb{R}^2$에서 선형범함수가

$$\phi : \mathbb{R}^2 \to \mathbb{R}, \ \phi(x, y) = 2x - 3y$$

로 주어질 때 임의의 $\mathbf{v} \in \mathbb{R}^2$에 대해 $\phi(\mathbf{v}) = \mathbf{v} \circ \mathbf{w}$인 $\mathbf{w} \in \mathbb{R}^2$를 찾아라.

풀이 $\mathbf{v} = (x, y)$, $\mathbf{w} = (a, b)$로 두면

$$2x - 3y = \phi(x, y) = \phi(\mathbf{v}) = \mathbf{v} \circ \mathbf{w} = (x, y) \circ (a, b) = ax + by$$

이므로 $a = 2$, $b = -3$이다. 따라서 $\mathbf{w} = (2, -3)$이다. ■

|주의| 위 예제에서 선형범함수는 그대로 두고 표준내적을 다른 내적으로 바꾸면 $\phi(\mathbf{v}) = \langle \mathbf{v}, \mathbf{w} \rangle$인 $\mathbf{w}$는 달라질 수 있다. 다음 예제에서 확인해보자.

예제 8.1.4_ $\mathbb{R}^2$의 내적이 $\mathbf{x} = (x_1, x_2)$, $\mathbf{y} = (y_1, y_2)$에 대해

$$\langle \mathbf{x}, \mathbf{y} \rangle = x_1 y_1 - x_1 y_2 - x_2 y_1 + 2x_2 y_2$$

로 주어지고 선형범함수가

$$\phi : \mathbb{R}^2 \to \mathbb{R}, \quad \phi(x, y) = 2x - 3y$$

로 주어질 때 임의의 $\mathbf{v} \in \mathbb{R}^2$에 대해 $\phi(\mathbf{v}) = \langle \mathbf{v}, \mathbf{w} \rangle$인 $\mathbf{w} \in \mathbb{R}^2$를 찾아라.

풀이 $\mathbf{v} = (x, y)$, $\mathbf{w} = (a, b)$로 두면

$$\begin{aligned} 2x - 3y = \phi(x, y) = \phi(\mathbf{v}) &= \langle \mathbf{v}, \mathbf{w} \rangle \\ &= xa - xb - ya + 2yb \\ &= (a - b)x - (a - 2b)y \end{aligned}$$

이므로 $a - b = 2$, $a - 2b = 3$이 되어 $a = 1$, $b = -1$이다. 따라서 $\mathbf{w} = (1, -1)$이다. ■

연습문제 8.1

1 벡터공간 V의 쌍대공간 V^*는 벡터공간임을 보여라.

2 $\{v_1, \cdots, v_n\}$이 벡터공간 V의 기저이면 임의의 $v = b_1 v_1 + \cdots + b_i v_i + \cdots + b_n v_n \in V$에 대해 좌표함수

$$\phi_i : V \to \mathrm{F}, \quad \phi_i(v) = b_i$$

는 선형범함수임을 보여라.

3 $\mathbb{R}^3$의 기저 $E = \{\mathbf{v}_1, \mathbf{v}_2, \mathbf{v}_3\}$에 대해 쌍대기저 $E^* = \{\phi_1, \phi_2, \phi_3\}$를 구하라.

$$\mathbf{v}_1 = (1,0,-1), \quad \mathbf{v}_2 = (-1,1,0), \quad \mathbf{v}_3 = (0,1,1)$$

4 표준내적공간 $\mathbb{R}^3$에서 선형범함수가

$$\phi : \mathbb{R}^3 \to \mathbb{R}, \quad \phi(x,y,z) = 2x - y + 3z$$

로 주어질 때 모든 $\mathbf{v} \in \mathbb{R}^3$에 대해 $\phi(\mathbf{v}) = \mathbf{v} \circ \mathbf{w}$인 $\mathbf{w} \in \mathbb{R}^3$를 찾아라.

5 표준내적공간 $\mathbb{R}^3$에서 선형범함수가

$$\phi : \mathbb{R}^3 \to \mathbb{R}, \quad \phi(x,y,z) = x - 2y + 4z$$

로 주어질 때 모든 $\mathbf{v} \in \mathbb{R}^3$에 대해 $\phi(\mathbf{v}) = \mathbf{v} \circ \mathbf{w}$인 $\mathbf{w} \in \mathbb{R}^3$를 찾아라.

6 표준내적공간 $\mathbb{C}^2$에서 선형범함수가

$$\phi : \mathbb{C}^2 \to \mathbb{C}, \quad \phi(x,y) = (1-i)x + (2+3i)y$$

로 주어질 때 모든 $\mathbf{v} \in \mathbb{C}^2$에 대해 $\phi(\mathbf{v}) = \mathbf{v} \circ \mathbf{w}$인 $\mathbf{w} \in \mathbb{C}^2$를 찾아라.

7 내적은 $\mathbf{x} = (x_1, x_2)$, $\mathbf{y} = (y_1, y_2)$에 대해 $\langle \mathbf{x}, \mathbf{y} \rangle = x_1y_1 - 2x_1y_2 - 2x_2y_1 + 5x_2y_2$로 정의되고 선형범함수가

$$\phi : \mathbb{R}^2 \to \mathbb{R}, \quad \phi(x,y) = 3x - 4y$$

로 주어질 때 모든 $\mathbf{v} \in \mathbb{R}^2$에 대해 $\phi(\mathbf{v}) = \langle \mathbf{v}, \mathbf{w} \rangle$인 $\mathbf{w} \in \mathbb{R}^2$를 찾아라.

8.2 수반사상과 수반행렬

이 절에서는 벡터공간의 쌍대공간에서 선형범함수를 이용하여 주어진 선형사상의 수반사상과 이에 대응하는 행렬을 정의하고 이들의 성질을 살펴본다. 특히 복소내적공간의 선형사상과 복소행렬을 포함해서 알아본다.

|약속| 이후로 $T: V \to V$를 선형사상이라 할 때는 언급이 없어도 V는 내적 $\langle \ , \ \rangle$을 갖는 유한차원 내적공간이다.

정리 8.2.1 $T: V \to V$가 선형사상이면 모든 $u, v \in V$에 대해

$$\langle T(u), v \rangle = \langle u, T^*(v) \rangle$$

인 선형사상 $T^*: V \to V$가 유일하게 존재한다.

증명 먼저 $v \in V$를 고정시켜 사상

$$\phi_v : V \to \mathrm{F}, \ \ \phi_v(u) = \langle T(u), v \rangle$$

를 정의하자. 모든 $u_1, u_2 \in V$, $\alpha \in \mathrm{F}$에 대해

$$\begin{aligned} \phi_v(\alpha u_1 + u_2) &= \langle T(\alpha u_1 + u_2), v \rangle \\ &= \langle \alpha T(u_1) + T(u_2), v \rangle \\ &= \alpha \langle T(u_1), v \rangle + \langle T(u_2), v \rangle \\ &= \alpha \phi_v(u_1) + \phi_v(u_2) \end{aligned}$$

이므로 ϕ_v는 선형범함수이다. 그러면 정리 8.1.4에 의해

$$\phi_v(u) = \langle u, w \rangle$$

인 유일한 $w \in V$가 존재한다. 따라서 모든 $v \in V$에 대해 $\langle T(u), v \rangle = \langle u, w \rangle$이다.

(1) 존재성: 고정된 $v \in V$에 대해 $T^*: V \to V$를 $T^*(v) = w$인 사상이라 하자. 그러면 모든 $u \in V$에 대해

$$\langle T(u), v \rangle = \langle u, w \rangle = \langle u, T^*(v) \rangle$$

이다. T^*가 선형임을 보이기 위해 $v_1, v_2 \in V$, $\alpha \in \mathrm{F}$에 대해 $\langle v, T^*(\alpha v_1 + v_2) \rangle$를 계산하면

$$\begin{aligned} \langle v, T^*(\alpha v_1 + v_2) \rangle &= \langle T(v), \alpha v_1 + v_2 \rangle \\ &= \overline{\alpha} \langle T(v), v_1 \rangle + \langle T(v), v_2 \rangle \end{aligned}$$

$$= \overline{\alpha}\langle v, T^*(v_1)\rangle + \langle v, T^*(v_2)\rangle$$
$$= \langle v, \alpha T^*(v_1) + T^*(v_2)\rangle$$

이므로 $T^*(\alpha v_1 + v_2) = \alpha T^*(v_1) + T^*(v_2)$이다. 따라서 T^*는 선형이다.

(2) 유일성: 또 다른 선형사상 $L: V \to V$이 모든 $u, v \in V$에 대해

$$\langle T(u), v\rangle = \langle u, L(v)\rangle$$

를 만족하면 $\langle u, L(v)\rangle = \langle T(u), v\rangle = \langle u, T^*(v)\rangle$이다. 따라서 $L = T^*$이다. ■

정의

정리 8.2.1에서 T^*를 T의 **수반사상**(adjoint linear mapping)이라 한다.

예제 8.2.1_ 표준내적공간 $\mathbb{R}^3$에 대해 선형사상

$$T: \mathbb{R}^3 \to \mathbb{R}^3, \quad T(x, y, z) = (x + y + z, 0, 0)$$

의 수반사상 T^*를 구하라.

풀이 $(a, b, c), (x, y, z) \in \mathbb{R}^3$이면

$$\begin{aligned}(a, b, c) \circ T^*(x, y, z) &= T(a, b, c) \circ (x, y, z) \\ &= (a + b + c, 0, 0) \circ (x, y, z) \\ &= (a + b + c)x \\ &= ax + bx + cx \\ &= (a, b, c) \circ (x, x, x)\end{aligned}$$

이다. 따라서 수반사상은 $T^*(x, y, z) = (x, x, x)$이다. ■

|주의| 선형사상 $T: V \to V$의 수반사상 T^*는 V의 내적에 의존해서 결정된다. 즉 V의 서로 다른 내적들에 대한 수반사상들은 다를 수 있다. 다음 예제를 통해 확인해보자.

예제 8.2.2_ 선형사상

$$T: \mathbb{R}^2 \to \mathbb{R}^2, \quad T(x,y) = (2x+y, x+2y)$$

에 대해 $\mathbb{R}^2$의 내적이 다음과 같이 주어질 때 수반사상 T^*를 구하라.

(1) 표준내적

(2) $\mathbf{x} = (x_1, x_2)$, $\mathbf{y} = (y_1, y_2)$이면 $\langle \mathbf{x}, \mathbf{y} \rangle = x_1y_1 - x_1y_2 - x_2y_1 + 2x_2y_2$인 내적

풀이 (1) $(a,b), (x,y) \in \mathbb{R}^2$이면

$$\begin{aligned}(a,b) \circ T^*(x,y) &= T(a,b) \circ (x,y) \\ &= (2a+b, a+2b) \circ (x,y) \\ &= (2a+b)x + (a+2b)y \\ &= a(2x+y) + b(x+2y) \\ &= (a,b) \circ (2x+y, x+2y)\end{aligned}$$

이다. 따라서 수반사상은 $T^*(x,y) = (2x+y, x+2y)$이다.

(2) $(a,b), (x,y) \in \mathbb{R}^2$이면

$$\begin{aligned}\langle (a,b), T^*(x,y) \rangle &= \langle T(a,b), (x,y) \rangle \\ &= \langle (2a+b, a+2b), (x,y) \rangle \\ &= (2a+b)x - (2a+b)y - (a+2b)x + 2(a+2b)y \\ &= ax + b(-x+3y)\end{aligned}$$

이다. 이때 $T^*(x,y) = (s,t)$로 두면

$$\begin{aligned}\langle (a,b), T^*(x,y) \rangle &= \langle (a,b), (s,t) \rangle = as - at - bs + 2bt \\ &= a(s-t) + b(-s+2t)\end{aligned}$$

이므로

$$ax + b(-x+3y) = a(s-t) + b(-s+2t)$$

가 되어 $s-t=x$, $-s+2t=-x+3y$이다. 이를 연립하여 풀면 $s=x+3y$, $t=3y$이므로 수반사상은 $T^*(x,y) = (x+3y, 3y)$이다. ■

예제 8.2.3_ 표준내적공간 $\mathbb{C}^3$에 대해 선형사상

$$T: \mathbb{C}^3 \to \mathbb{C}^3, \quad T(x,y,z) = (2x+z, (1-i)y-iz, x+2iy+3z)$$

의 수반사상 T^*를 구하라.

풀이 $(a,b,c),(x,y,z)\in\mathbb{C}^3$이면

$$\begin{aligned}(a,b,c)\circ T^*(x,y,z) &= T(a,b,c)\circ(x,y,z)\\ &=(2a+c,(1-i)b-ic,\ a+2ib+3c)\circ(x,y,z)\\ &=(2a+c)\overline{x}+[(1-i)b-ic]\overline{y}+(a+2ib+3c)\overline{z}\\ &=a(2\overline{x}+\overline{z})+b[(1-i)\overline{y}+2i\overline{z}]+c(\overline{x}-i\overline{y}+3\overline{z})\\ &=a\overline{(2x+z)}+b\overline{[(1+i)y-2iz]}+c\overline{(x+iy+3z)}\\ &=(a,b,c)\circ(2x+z,(1+i)y-2iz,\ x+iy+3z)\end{aligned}$$

이다. 따라서 수반사상은 다음과 같다.

$$T^*(x,y,z)=(2x+z,(1+i)y-2iz,\ x+iy+3z)$$ ■

정리 8.2.2 선형사상 $S,T\colon V\to V$와 $\alpha\in\mathrm{F}$에 대해 다음이 성립한다.

(1) $(S+T)^*=S^*+T^*$

(2) $(S\circ T)^*=T^*\circ S^*$

(3) $(\alpha T)^*=\overline{\alpha}T^*$

증명 연습문제 5로 남긴다. ■

$T\colon V\to V$가 선형사상일 때 T를 행렬과 관련짓기 위해 6.2절을 다시 살펴보자. $E=\{v_1,\cdots,v_n\}$가 V의 기저이면 각각의 $j=1,\cdots,n$에 대해 $T(v_j)$는

$$T(v_j)=a_{1j}v_1+\cdots+a_{ij}v_i+\cdots+a_{nj}v_n$$

으로 유일하게 쓸 수 있다. 이때 T로 유일하게 결정되는 행렬

$$A=\begin{bmatrix}a_{11}&a_{12}&\cdots&a_{1n}\\a_{21}&a_{22}&\cdots&a_{2n}\\\vdots&\vdots&&\vdots\\a_{n1}&a_{n2}&\cdots&a_{nn}\end{bmatrix}\in\mathrm{M}_n(\mathrm{F})$$

를 기저 E에 관한 T의 행렬이라 하였고 $A=[T]_E^E$로 나타냈다.

|약속| 이후로 $\mathbb{R}^n$과 $\mathbb{C}^n$을 항상 표준내적공간으로 다룬다. 그러면 이들 공간에서 사용되는 기저 E는 표준기저이다. 따라서 $\mathbb{R}^n$ 또는 $\mathbb{C}^n$에서의 선형사상 T에 대해 기저 E에 관한 T의 행렬을 줄여서 **T의 행렬**이라 하고 기호도 간단히 $[T]$로 사용하자.

|보기| 선형사상 $T: \mathbb{R}^2 \to \mathbb{R}^2$, $T(x,y) = (2x+3y, 4x+5y)$의 행렬은

$$[T] = \begin{bmatrix} 2 & 3 \\ 4 & 5 \end{bmatrix}$$

이다. 반대로 T의 행렬이 $[T] = \begin{bmatrix} 2 & 3 \\ 4 & 5 \end{bmatrix}$인 선형사상 $T: \mathbb{R}^2 \to \mathbb{R}^2$를 구한다고 하자. 그러면

$$\begin{bmatrix} 2 & 3 \\ 4 & 5 \end{bmatrix} \begin{bmatrix} x \\ y \end{bmatrix} = \begin{bmatrix} 2x+3y \\ 4x+5y \end{bmatrix}$$

이므로 $T(x,y) = (2x+3y, 4x+5y)$이다.

$A = [a_{ij}] \in \mathrm{M}_n(\mathrm{F})$이면 $\overline{a_{ij}}$를 (i,j)성분으로 갖는 행렬을 $\overline{A} = [\overline{a_{ij}}]$로 나타낸다. 또한 $\overline{A}$의 전치행렬인 $\overline{A}^{\mathrm{T}}$를 A의 **수반행렬**(adjoint matrix) 또는 **켤레전치행렬**(conjugate-transposed matrix)이라 하여 A^*로 나타낸다. 즉

$$A^* = \overline{A}^{\mathrm{T}} = [\overline{a_{ij}}]^{\mathrm{T}}$$

이다. 특히 A가 실행렬이면 $A^* = A^{\mathrm{T}}$이다.

예제 8.2.4_ 다음 행렬의 수반행렬을 구하라.

(1) $A = \begin{bmatrix} 1 & 0 & -2 \\ 2 & 3 & 4 \\ 0 & 2 & 5 \end{bmatrix}$ (2) $B = \begin{bmatrix} 1 & 2 & 3 \\ 2 & 0 & 4 \\ 3 & 4 & 1 \end{bmatrix}$

(3) $C = \begin{bmatrix} 1 & 2+i & -2+i \\ 1-i & i & 1 \\ 1 & 2 & -i \end{bmatrix}$ (4) $D = \begin{bmatrix} 1 & 1+i & 2i \\ 1-i & 0 & 2+i \\ -2i & 2-i & 3 \end{bmatrix}$

풀이 (1) $A^* = A^{\mathrm{T}} = \begin{bmatrix} 1 & 2 & 0 \\ 0 & 3 & 2 \\ -2 & 4 & 5 \end{bmatrix}$이다.

(2) $B^* = B^{\mathrm{T}} = \begin{bmatrix} 1 & 2 & 3 \\ 2 & 0 & 4 \\ 3 & 4 & 1 \end{bmatrix} = B$이다.

(3) $C^* = \overline{C}^{\mathrm{T}} = \begin{bmatrix} 1 & 2-i & -2-i \\ 1+i & -i & 1 \\ 1 & 2 & i \end{bmatrix}^{\mathrm{T}} = \begin{bmatrix} 1 & 1+i & 1 \\ 2-i & -i & 2 \\ -2-i & 1 & i \end{bmatrix}$이다.

(4) $D^* = \overline{D}^{\mathrm{T}} = \begin{bmatrix} 1 & 1-i & -2i \\ 1+i & 0 & 2-i \\ 2i & 2+i & 3 \end{bmatrix}^{\mathrm{T}} = \begin{bmatrix} 1 & 1+i & 2i \\ 1-i & 0 & 2+i \\ -2i & 2-i & 3 \end{bmatrix} = D$이다. ■

정리 8.2.3 임의의 $A, B \in \mathrm{M}_n(\mathrm{F})$와 $\alpha \in \mathrm{F}$에 대해 다음이 성립한다.

$$(A+B)^* = A^* + B^*, \quad (AB)^* = B^* A^*, \quad (\alpha A)^* = \overline{\alpha} A^*$$

증명 연습문제 7로 남긴다. ■

정리 8.2.4 $T: V \to V$는 선형사상이고 V의 정규직교기저 $E = \{v_1, \cdots, v_n\}$에 관한 T의 행렬이 M이면 E에 관한 T^*의 행렬은 M^*이다.

증명 가정에 의해 $M = [T]_E^E$이다. 또한 E에 관한 T^*의 행렬은 $[T^*]_E^E$인데 이를 B로 두자. 이제

$$B = M^*, \quad 즉 \ B = \overline{M}^{\mathrm{T}}$$

를 보이면 증명이 끝난다. 그런데 이는 $i, j = 1, \cdots, n$에 대해 $b_{ij} = \overline{m_{ji}}$를 보이는 것과 같다. 한편 E는 정규직교기저이므로 정리 7.2.2에 의해 모든 $v \in V$는

$$v = \langle v, v_1 \rangle v_1 + \cdots + \langle v, v_n \rangle v_n$$

으로 쓸 수 있다. 여기에 $v = T(v_j)$와 $v = T^*(v_j)$를 대입하면

$$T(v_j) = \langle T(v_j), v_1 \rangle v_1 + \cdots + \langle T(v_j), v_i \rangle v_i + \cdots + \langle T(v_j), v_n \rangle v_n,$$
$$T^*(v_j) = \langle T^*(v_j), v_1 \rangle v_1 + \cdots + \langle T^*(v_j), v_i \rangle v_i + \cdots + \langle T^*(v_j), v_n \rangle v_n$$

이다. 따라서 M과 B의 (i, j)성분은 각각 $m_{ij} = \langle T(v_j), v_i \rangle$와 $b_{ij} =$

$\langle T^*(v_j), v_i \rangle$이다. 그러면

$$b_{ij} = \langle T^*(v_j), v_i \rangle = \overline{\langle v_i, T^*(v_j) \rangle} = \overline{\langle T(v_i), v_j \rangle} = \overline{m_{ji}}$$

이므로 $B = \overline{M}^{\mathrm{T}}$이다. ▪

위 정리는 선형사상 $T: \mathrm{F}^n \to \mathrm{F}^n$가 주어지면 수반사상 $T^*: \mathrm{F}^n \to \mathrm{F}^n$를 구하는 쉬운 방법을 제공한다. 왜냐하면 T의 행렬 $M = [T]$을 얻고 나서 $M^* = [T^*]$로부터 T^*를 구하면 되기 때문이다.

예제 8.2.5_ 다음 선형사상의 수반사상을 구하라.

(1) $T: \mathbb{R}^3 \to \mathbb{R}^3$, $T(x, y, z) = (-y + z, -x + 2z, x + 2y + 2z)$

(2) $T: \mathbb{C}^3 \to \mathbb{C}^3$, $T(x, y, z) = (x - iz, ix + (1+i)y + z, 2iy)$

풀이 (1) T의 행렬은

$$M = [T] = \begin{bmatrix} 0 & -1 & 1 \\ -1 & 0 & 2 \\ 1 & 2 & 2 \end{bmatrix}$$

이므로 T^*의 행렬은

$$M^* = [T^*] = \begin{bmatrix} 0 & -1 & 1 \\ -1 & 0 & 2 \\ 1 & 2 & 2 \end{bmatrix}$$

이다. 따라서 수반사상은 $T^*(x, y, z) = (-y + z, -x + 2z, x + 2y + 2z)$이다.

(2) T의 행렬은

$$M = [T] = \begin{bmatrix} 1 & 0 & -i \\ i & 1+i & 1 \\ 0 & 2i & 0 \end{bmatrix}$$

이므로 T^*의 행렬은

$$M^* = [T^*] = \begin{bmatrix} 1 & -i & 0 \\ 0 & 1-i & -2i \\ i & 1 & 0 \end{bmatrix}$$

이다. 따라서 수반사상은 $T^*(x,y,z)=(x-iy,\ (1-i)y-2iy,\ ix+y)$이다. ■

$A \in \mathrm{M}_n(\mathrm{F})$이면 $(A^*)^*$를

$$(A^*)^* = A^{**}$$

로 나타내고 $T: V \to V$가 선형사상이면 $(T^*)^*$를 $(T^*)^* = T^{**}$로 나타낸다. 그러면 행렬 A에 대해 $A^{**}=A$는 분명하다. 그런데 이 성질은 다음 정리와 같이 선형사상에서도 성립한다.

정리 8.2.5 $T: V \to V$가 선형사상이면 $T^{**}=T$이다.

증명 $u, v \in V$이면 정리 8.2.1에 의해

$$\langle u, (T^*)^*(v) \rangle = \langle T^*(u), v \rangle = \overline{\langle v, T^*(u) \rangle} = \overline{\langle T(v), u \rangle} = \langle u, T(v) \rangle$$

이다. 따라서 $T^{**}=T$이다. ■

연습문제 8.2

1 $T: \mathbb{R}^3 \to \mathbb{R}^3,\ T(x,y,z)=(2x-y-z,\ x-z,\ -x+y+2z)$는 선형사상이다.

(1) 정리 8.2.1을 이용해서 수반사상 T^*를 구하라.

(2) T의 행렬을 이용해서 수반사상 T^*를 구하라.

2 $T: \mathbb{C}^3 \to \mathbb{C}^3,\ T(x,y,z)=((1+i)x+(1+i)y-iz,\ (1-i)x+iy-iz,\ ix+iy+z)$는 선형사상이다.

(1) 정리 8.2.1을 이용해서 수반사상 T^*를 구하라.

(2) T의 행렬을 이용해서 수반사상 T^*를 구하라.

3 다음을 만족하는 선형사상 $T: \mathbb{C}^3 \to \mathbb{C}^3$의 수반사상 T^*를 구하라.

$$T(\mathbf{e}_1) = (1, -i, 0), \quad T(\mathbf{e}_2) = (-1, 0, i), \quad T(\mathbf{e}_3) = (1+i, i, 2-i)$$

단 $\{\mathbf{e}_1, \mathbf{e}_2, \mathbf{e}_3\}$는 $\mathbb{C}^3$의 표준기저이다.

4 고정된 두 벡터 $u, w \in V$에 대해 사상 $T: V \to V$, $T(v) = \langle v, w \rangle u$는 선형임을 보이고 수반사상 T^*를 구하라.

5 정리 8.2.2를 보여라.

6 다음 행렬의 수반행렬을 구하라.

(1) $A = \begin{bmatrix} 2 & i & 0 \\ -i & 1 & 1-i \\ 0 & 1+i & -1 \end{bmatrix}$ (2) $B = \begin{bmatrix} 1+i & 1-i & -3i \\ i-1 & i & 2+i \\ 0 & 2-i & -i \end{bmatrix}$

7 임의의 $A, B \in \mathrm{M}_n(\mathrm{F})$와 $\alpha \in \mathrm{F}$에 대해 다음을 보여라.

(1) $(A+B)^* = A^* + B^*$ (2) $(AB)^* = B^* A^*$

(3) $(\alpha A)^* = \overline{\alpha} A^*$

8 $\mathbb{R}_2[x]$는 내적

$$\langle a_0 + a_1 x + a_2 x^2,\ b_0 + b_1 x + b_2 x^2 \rangle = a_0 b_0 + a_1 b_1 + a_2 b_2$$

을 갖는 내적공간이라 하자. 선형사상

$$T: \mathbb{R}_2[x] \to \mathbb{R}_2[x], \quad T(a + bx + cx^2) = (a+b) + (b+c)x + (c+a)x^2$$

의 수반사상 T^*를 구하라.

9 $\mathrm{M}_n(\mathbb{R})$은 표준내적공간이고 $P \in \mathrm{M}_n(\mathbb{R})$는 가역행렬이라 하자. 선형사상

$$T: \mathrm{M}_n(\mathbb{R}) \to \mathrm{M}_n(\mathbb{R}), \quad T(X) = P^{-1} X P$$

의 수반사상 T^*를 구하라.

10 $T: V \to V$가 동형사상이면 $(T^{-1})^* = (T^*)^{-1}$를 보여라.

11 $T: V \to V$는 선형사상이고 W는 V의 부분공간이라 하자. 만약 W가 T-불변이면 $W^{\perp}$는 T^*-불변임을 보여라.

8.3 유니타리사상과 유니타리행렬

정의

선형사상 $T: V \to V$가 모든 $v \in V$에 대해

$$\|T(v)\| = \|v\|$$

를 만족하면 T는 **유니타리**(unitary)라 한다.

즉 유니타리사상은 모든 벡터의 크기(길이)를 보존하는 사상이다. 특히 V가 실내적공간이면 유니타리사상을 **직교사상**(orthogonal mapping)이라 한다.

예제 8.3.1_ 다음 선형사상 $T: \mathbb{R}^2 \to \mathbb{R}^2$가 직교사상인지를 결정하라.

(1) $T(x,y) = \left(\frac{1}{2}x + \frac{\sqrt{3}}{2}y, -\frac{\sqrt{3}}{2}x + \frac{1}{2}y\right)$

(2) $T(x,y) = (x+y, x-y)$

풀이 (1) 임의의 $\mathbf{x} = (x,y) \in \mathbb{R}^2$에 대해

$$\begin{aligned}\|T(\mathbf{x})\|^2 &= T(\mathbf{x}) \circ T(\mathbf{x}) \\ &= \left(\frac{1}{2}x + \frac{\sqrt{3}}{2}y, -\frac{\sqrt{3}}{2}x + \frac{1}{2}y\right) \circ \left(\frac{1}{2}x + \frac{\sqrt{3}}{2}y, -\frac{\sqrt{3}}{2}x + \frac{1}{2}y\right) \\ &= \left(\frac{1}{2}x + \frac{\sqrt{3}}{2}y\right)^2 + \left(-\frac{\sqrt{3}}{2}x + \frac{1}{2}y\right)^2 \\ &= x^2 + y^2 = (x,y) \circ (x,y) = \mathbf{x} \circ \mathbf{x} = \|\mathbf{x}\|^2\end{aligned}$$

이므로 $\|T(\mathbf{x})\| = \|\mathbf{x}\|$이다. 따라서 T는 직교사상이다.

(2) $\mathbf{x} = (1,1)$이면 $T(\mathbf{x}) = (2,0)$이므로 $\|\mathbf{x}\| = \sqrt{2} \neq 2 = \|T(\mathbf{x})\|$이다. 따라서 T는 직교사상이 아니다. ■

예제 8.3.2_ 선형사상

$$T: \mathbb{C}^2 \to \mathbb{C}^2, \quad T(x,y) = \left(\frac{i}{\sqrt{2}}x + \frac{1}{\sqrt{2}}y, \frac{1}{\sqrt{2}}x + \frac{i}{\sqrt{2}}y\right)$$

가 유니타리인지를 결정하라.

풀이 임의의 $\mathbf{x} = (x,y) \in \mathbb{C}^2$에 대해

$$\begin{aligned}
\|T(\mathbf{x})\|^2 &= T(\mathbf{x}) \circ T(\mathbf{x}) \\
&= \left(\frac{i}{\sqrt{2}}x + \frac{1}{\sqrt{2}}y, \frac{1}{\sqrt{2}}x + \frac{i}{\sqrt{2}}y\right) \circ \left(\frac{i}{\sqrt{2}}x + \frac{1}{\sqrt{2}}y, \frac{1}{\sqrt{2}}x + \frac{i}{\sqrt{2}}y\right) \\
&= \left(\frac{i}{\sqrt{2}}x + \frac{1}{\sqrt{2}}y\right)\overline{\left(\frac{i}{\sqrt{2}}x + \frac{1}{\sqrt{2}}y\right)} \\
&\quad + \left(\frac{1}{\sqrt{2}}x + \frac{i}{\sqrt{2}}y\right)\overline{\left(\frac{1}{\sqrt{2}}x + \frac{i}{\sqrt{2}}y\right)} \\
&= \left(\frac{i}{\sqrt{2}}x + \frac{1}{\sqrt{2}}y\right)\left(\frac{-i}{\sqrt{2}}\overline{x} + \frac{1}{\sqrt{2}}\overline{y}\right) \\
&\quad + \left(\frac{1}{\sqrt{2}}x + \frac{i}{\sqrt{2}}y\right)\left(\frac{1}{\sqrt{2}}\overline{x} + \frac{-i}{\sqrt{2}}\overline{y}\right) \\
&= x\overline{x} + y\overline{y} = (x,y) \circ (x,y) \\
&= \mathbf{x} \circ \mathbf{x} = \|\mathbf{x}\|^2
\end{aligned}$$

이므로 $\|T(\mathbf{x})\| = \|\mathbf{x}\|$이다. 따라서 T는 유니타리이다. ■

다음 정리는 유니타리사상의 또 다른 정의로 사용되는 유용한 결과이다.

정리 8.3.1 $T: V \to V$가 선형사상이면 다음은 동치다.

(1) T는 유니타리이다.

(2) 모든 $u, v \in V$에 대해 $\langle T(u), T(v) \rangle = \langle u, v \rangle$이다.

증명 (1)⇒(2) T는 유니타리이므로 $u, v \in V$이면 $\|T(u+v)\|^2 = \|u+v\|^2$이다. 그런데

$$\begin{aligned}
\|T(u+v)\|^2 &= \langle T(u) + T(v), T(u) + T(v) \rangle \\
&= \|T(u)\|^2 + \langle T(u), T(v) \rangle + \langle T(v), T(u) \rangle + \|T(v)\|^2
\end{aligned}$$

$$= \|u\|^2 + \langle T(u), T(v) \rangle + \langle T(v), T(u) \rangle + \|v\|^2$$

이고

$$\|u+v\|^2 = \langle u+v, u+v \rangle = \|u\|^2 + \langle u,v \rangle + \langle v,u \rangle + \|v\|^2$$

이므로

$$\langle T(u), T(v) \rangle + \langle T(v), T(u) \rangle = \langle u,v \rangle + \langle v,u \rangle \qquad ①$$

이다. 위 과정을 $\|T(u-iv)\|^2 = \|u-iv\|^2$에 적용하면

$$-i\langle T(u), T(v) \rangle + i\langle T(v), T(u) \rangle = -i\langle u,v \rangle + i\langle v,u \rangle$$

를 얻고 여기에 i를 곱하면

$$\langle T(u), T(v) \rangle - \langle T(v), T(u) \rangle = \langle u,v \rangle - \langle v,u \rangle \qquad ②$$

이다. 이제 ①, ②를 더해 2로 나누면 $\langle T(u), T(v) \rangle = \langle u,v \rangle$이다.

(2)⇒(1) $\langle T(u), T(v) \rangle = \langle u,v \rangle$에 $u=v$를 대입하면

$$\langle T(v), T(v) \rangle = \langle v,v \rangle$$

이다.

즉 $\|T(v)\|^2 = \|v\|^2$이므로 $\|T(v)\| = \|v\|$가 되어 T는 유니타리이다. ■

위 정리는 유니타리사상이 내적을 보존함을 보여주고 다음 정리는 정규직교기저도 보존함을 보여준다.

정리 8.3.2 $T: V \to V$가 선형사상이면 다음은 동치다.

(1) T는 유니타리이다.

(2) $\{v_1, \cdots, v_n\}$이 V의 정규직교기저이면 $\{T(v_1), \cdots, T(v_n)\}$도 정규직교기저이다.

증명 (1)⇒(2) 연습문제 1로 남긴다.

(2)⇒(1) $v \in V$에 대해 $\|T(v)\| = \|v\|$를 보이자. 먼저 $\{v_1, \cdots, v_n\}$는 V의 기저이므로

$$v = b_1 v_1 + \cdots + b_n v_n$$

으로 쓸 수 있다. 그런데 $\{v_1, \cdots, v_n\}$은 정규직교기저이므로

$$\begin{aligned} \|v\|^2 &= \langle v, v \rangle \\ &= \langle b_1 v_1 + \cdots + b_n v_n, b_1 v_1 + \cdots + b_n v_n \rangle \\ &= b_1 \overline{b_1} \langle v_1, v_1 \rangle + \cdots + b_n \overline{b_n} \langle v_n, v_n \rangle \\ &= b_1 \overline{b_1} + \cdots + b_n \overline{b_n} \end{aligned}$$

이다. 또한 $\{T(v_1), \cdots, T(v_n)\}$도 정규직교기저이므로

$$\begin{aligned} \|T(v)\|^2 &= \langle T(v), T(v) \rangle \\ &= \langle T(b_1 v_1 + \cdots + b_n v_n), T(b_1 v_1 + \cdots + b_n v_n) \rangle \\ &= \langle b_1 T(v_1) + \cdots + b_n T(v_n), b_1 T(v_1) + \cdots + b_n T(v_n) \rangle \\ &= b_1 \overline{b_1} \langle T(v_1), T(v_1) \rangle + \cdots + b_n \overline{b_n} \langle T(v_n), T(v_n) \rangle \\ &= b_1 \overline{b_1} + \cdots + b_n \overline{b_n} \end{aligned}$$

이다. 따라서 두 항등식에 의해 $\|T(v)\| = \|v\|$이므로 T는 유니타리이다. ■

정리 8.3.3 $T: V \to V$가 선형사상이면 다음은 동치다.

(1) T는 유니타리이다.

(2) T는 동형사상이고 $T^* = T^{-1}$이다.

증명 (1)⇒(2) $w \in \ker T$이면 $T(w) = \mathbf{0}$이고 T는 유니타리이므로

$$\|w\| = \|T(w)\| = \|\mathbf{0}\| = 0$$

이다. 그러면 $w = \mathbf{0}$이 되어 $\ker T = \{\mathbf{0}\}$이다. 따라서 T는 단사이므로 정리 6.1.5에 의해 T는 전단사가 되어 동형사상이다. 또한 모든 $u, v \in V$에 대해

$$\begin{aligned} \langle u, T^*(v) \rangle &= \langle T(u), v \rangle = \langle T(u), (T \circ T^{-1})(v) \rangle \\ &= \langle T(u), T(T^{-1})(v) \rangle = \langle u, T^{-1}(v) \rangle \end{aligned}$$

이므로 $T^* = T^{-1}$이다.

(2)⇒(1) 연습문제 2로 남긴다. ■

$T: V \to V$가 선형사상일 때

$$T \circ T^* = 1_V = T^* \circ T$$

이면 정리 8.3.3에 의해 T는 유니타리이다. 단 $1_V: V \to V$는 항등사상이다. 유사하게 행렬에서도 다음을 정의한다.

정의

$A \in \mathrm{M}_n(\mathrm{F})$가

$$AA^* = I_n = A^*A$$

를 만족하면 A는 **유니타리**(unitary)라 한다.

위 정의에서

$$AA^* = I_n \quad \text{또는} \quad A^*A = I_n$$

의 둘 중 하나만 만족해도 정리 2.2.10에 의해 A는 유니타리이고 $A^* = A^{-1}$이다. 특히 A가 실행렬이면 $AA^* = I_n = A^*A$는 $AA^{\mathrm{T}} = I_n = A^{\mathrm{T}}A$이다. 이때 A를 **직교행렬**(orthogonal matrix)이라 한다.

|보기| (1) $A = \begin{bmatrix} i & 0 \\ 0 & i \end{bmatrix}$이면 $AA^* = \begin{bmatrix} i & 0 \\ 0 & i \end{bmatrix}\begin{bmatrix} -i & 0 \\ 0 & -i \end{bmatrix} = \begin{bmatrix} 1 & 0 \\ 0 & 1 \end{bmatrix}$이므로 A는 유니타리이다.

(2) $B = \begin{bmatrix} \frac{1}{2} & \frac{\sqrt{3}}{2} \\ -\frac{\sqrt{3}}{2} & \frac{1}{2} \end{bmatrix}$이면 $BB^{\mathrm{T}} = \begin{bmatrix} 1 & 0 \\ 0 & 1 \end{bmatrix}$이므로 B는 직교행렬이다.

정리 8.3.4 $A, B \in \mathrm{M}_n(\mathrm{F})$가 유니타리이면 AB도 유니타리이다.

증명 연습문제 3으로 남긴다. ■

정리 8.3.5 $A \in \mathrm{M}_n(\mathrm{F})$에 대해 다음은 동치다.

(1) A는 유니타리이다.

(2) A의 n개 행들은 F^n의 정규직교기저를 이룬다.

(3) A의 n개 열들은 F^n의 정규직교기저를 이룬다.

증명 연습문제 4로 남긴다. ■

|주의| 만약 $A \in \mathrm{M}_n(\mathrm{F})$에서 크기가 1이 아닌 행이나 열이 존재하면 정리 8.3.5에 의해 A는 유니타리가 아니다. 또한 A에서 어떤 성분의 절댓값이 1보다 커도 A는 유니타리가 아니다.

정리 8.3.6 $T: V \to V$가 선형사상이면 다음은 동치다.

(1) T는 유니타리이다.

(2) $E = \{v_1, \cdots, v_n\}$가 V의 정규직교기저이면 $[T]_E^E$는 유니타리이다.

증명 (1)⇒(2) $E = \{v_1, \cdots, v_n\}$는 V의 정규직교기저이고 $M = [T]_E^E$으로 두면 정리 8.2.4에 의해 $M^* = [T^*]_E^E$이다. 그런데 T는 유니타리이므로 정리 8.3.3에 의해 T는 동형사상이고 $T^* = T^{-1}$이다. 그러면 $T \circ T^* = 1_V$이므로

$$[T]_E^E [T^*]_E^E = I_n ,$$

즉 $MM^* = I_n$이다. 따라서 M은 유니타리이다.

(2)⇒(1) $M = [T]_E^E$이 유니타리이면 $MM^* = I_n$이므로 M은 가역이다. 따라서 정리 6.2.4에 의해 T는 동형사상이다. 그런데 정리 8.2.4에 의해 $M^* = [T^*]_E^E$이므로

$$[T \circ T^*]_E^E = [T]_E^E [T^*]_E^E = MM^* = I_n$$

이다. 그러면 $T \circ T^* = 1_V$가 되어 $T^* = T^{-1}$이다. 따라서 정리 8.3.3에 의해 T는 유니타리이다. ■

V가 실내적공간일 때 정리 8.3.6은 다음과 같다: $T: V \to V$가 선형사상이면

다음은 동치다.

(1) T는 직교사상이다.

(2) $E=\{v_1,\cdots,v_n\}$가 V의 정규직교기저이면 행렬 $[T]_E^E$는 직교행렬이다.

예제 8.3.3_ 다음 선형사상 $T: \mathbb{R}^3 \to \mathbb{R}^3$가 직교사상인지를 결정하라.

(1) $T(x,y,z)=\left(\frac{1}{\sqrt{2}}x-\frac{1}{\sqrt{2}}y,\ y,\ \frac{1}{\sqrt{2}}x+z\right)$

(2) $T(x,y,z)=\left(\frac{1}{\sqrt{3}}x-\frac{2}{\sqrt{6}}y,\ \frac{1}{\sqrt{3}}x+\frac{1}{\sqrt{6}}y-\frac{1}{\sqrt{2}}z,\ \frac{1}{\sqrt{3}}x+\frac{1}{\sqrt{6}}y+\frac{1}{\sqrt{2}}z\right)$

풀이 (1) T의 행렬은

$$M=[T]=\begin{bmatrix} \frac{1}{\sqrt{2}} & -\frac{1}{\sqrt{2}} & 0 \\ 0 & 1 & 0 \\ \frac{1}{\sqrt{2}} & 0 & 1 \end{bmatrix}$$

이다. 그런데 M의 2열의 크기가 1이 아니므로 M은 직교행렬이 아니다. 따라서 정리 8.3.6에 의해 T는 직교사상이 아니다.

(2) T의 행렬은

$$M=[T]=\begin{bmatrix} \frac{1}{\sqrt{3}} & -\frac{2}{\sqrt{6}} & 0 \\ \frac{1}{\sqrt{3}} & \frac{1}{\sqrt{6}} & -\frac{1}{\sqrt{2}} \\ \frac{1}{\sqrt{3}} & \frac{1}{\sqrt{6}} & \frac{1}{\sqrt{2}} \end{bmatrix}$$

이고 단순계산에 의해 $MM^{\mathrm{T}}=I_3$이므로 M은 직교행렬이다. 따라서 정리 8.3.6에 의해 T는 직교사상이다. ■

예제 8.3.4_ 다음 선형사상이 유니타리인지를 결정하라.

$$T: \mathbb{C}^2 \to \mathbb{C}^2, \quad T(x,y)=\left(\frac{1+i}{\sqrt{3}}x+\frac{1+i}{\sqrt{6}}y,\ -\frac{1}{\sqrt{3}}x+\frac{2}{\sqrt{6}}y\right)$$

풀이 T의 행렬은

$$M=[T]=\begin{bmatrix} \frac{1+i}{\sqrt{3}} & \frac{1+i}{\sqrt{6}} \\ -\frac{1}{\sqrt{3}} & \frac{2}{\sqrt{6}} \end{bmatrix}$$

이고 단순계산에 의해 $MM^*=I_2$이므로 M은 유니타리이다. 따라서 정리 8.3.6에 의해 T는 유니타리이다. ■

정리 8.3.7 $T: V\to V$는 유니타리사상이고 $\lambda\in\mathrm{F}$가 T의 고윳값이면 $|\lambda|=1$이다. 이는 유니타리행렬 $A\in\mathrm{M}_n(\mathrm{F})$에 대해서도 성립한다.

증명 $A:\mathrm{F}^n\to\mathrm{F}^n$를 $A(\mathbf{x})=A\mathbf{x}$로 정의하면 A는 선형사상이므로 T에 대해서 보이면 된다. λ는 T의 고윳값이므로 $T(v)=\lambda v$인 고유벡터 $v(\neq\mathbf{0})$가 존재한다. 그러면 T는 유니타리이므로

$$\|v\|=\|T(v)\|=\|\lambda v\|=|\lambda|\,\|v\|$$

이다. 그런데 $\|v\|\neq 0$이므로 $|\lambda|=1$이다. ■

|주의| $A\in\mathrm{M}_n(\mathbb{R})$가 직교행렬이면 A는 복소고윳값 λ를 가질 수도 있다. 그러나 정리 8.3.7에 의해 $|\lambda|=1$이다. 예로 $A=\begin{bmatrix}0&1\\1&0\end{bmatrix}$이면 $AA^{\mathrm{T}}=I_2$이므로 A는 직교행렬이다. 그러나 A의 고윳값은 $\pm i$이고 $|\pm i|=1$이다.

$\lambda\in\mathbb{C}$에 대해 $|\lambda|=1$이면 $\lambda\overline{\lambda}=1$ 이므로 $\lambda^{-1}=\overline{\lambda}$이다.

정리 8.3.8 $T: V\to V$는 유니타리사상이라 하자. 만약 v가 T의 고윳값 $\lambda\in\mathrm{F}$의 고유벡터이면 v는 T^*의 고윳값 $\overline{\lambda}\in\mathrm{F}$의 고유벡터이다. 이는 유니타리행렬 $A\in\mathrm{M}_n(\mathrm{F})$에 대해서도 성립한다.

증명 정리 8.3.7의 증명과 같은 이유로 T에 대해서 보이면 된다. 가정에 의해

$$T(v)=\lambda v,\quad v\neq\mathbf{0}$$

이고 정리 8.3.7에 의해 $|\lambda|=1$이다. 한편 T는 유니타리이므로 $T^*=T^{-1}$

가 되어 $T(v)=\lambda v$에 T^*를 취하면

$$v=T^*(T(v))=T^*(\lambda v)=\lambda T^*(v),$$

즉 $T^*(v)=\lambda^{-1}v$이다. 한편 $|\lambda|=1$이므로 $\lambda^{-1}=\overline{\lambda}$가 되어 $T^*(v)=\overline{\lambda}v$이다. ■

위 정리에서 행렬에 대한 결과를 자세히 나타내보자. $A\in \mathrm{M}_n(\mathrm{F})$는 유니타리행렬이고 $\mathbf{x}\in \mathrm{F}^n$가 A의 고윳값 $\lambda\in \mathrm{F}$의 고유벡터이면 $\mathbf{x}$는 A^*의 고윳값 $\overline{\lambda}$의 고유벡터이다.

정리 8.3.9 $T: V\to V$가 유니타리사상이면 T의 서로 다른 고윳값 λ_1,λ_2에 대응하는 고유벡터 v_1,v_2는 서로 수직이다. 이는 유니타리행렬 $A\in \mathrm{M}_n(\mathrm{F})$에 대해서도 성립한다.

증명 가정에 의해

$$T(v_1)=\lambda_1 v_1, \quad T(v_2)=\lambda_2 v_2$$

이다. 또한 정리 8.3.8의 증명에서 $T^*(v_1)=\overline{\lambda_1}v_1$이다. 그러면

$$\begin{aligned}\overline{\lambda_2}\langle v_1,v_2\rangle &= \langle v_1,\lambda_2 v_2\rangle=\langle v_1, T(v_2)\rangle=\langle T^*(v_1),v_2\rangle \\ &= \langle \overline{\lambda_1}v_1,v_2\rangle=\overline{\lambda_1}\langle v_1,v_2\rangle\end{aligned}$$

가 되어

$$(\overline{\lambda_1}-\overline{\lambda_2})\langle v_1,v_2\rangle=0$$

이다. 그런데 $\lambda_1\neq\lambda_2$이므로 $\langle v_1,v_2\rangle=0$이다. 따라서 v_1,v_2는 서로 수직이다. ■

위 정리에서 행렬에 대한 결과를 자세히 나타내보자. $A\in \mathrm{M}_n(\mathrm{F})$가 유니타리행렬이면 A의 서로 다른 고윳값 λ_1,λ_2에 대응하는 고유벡터 $\mathbf{x}_1,\mathbf{x}_2$는 서로 수직이다.

8.3절의 정리들을 종합해보자. $T: V\to V$는 선형사상이고 $E=\{v_1,\cdots,v_n\}$가 V의 기저이면 다음은 동치다.

(1) T는 유니타리이다.

(2) 모든 $u,v \in V$에 대해 $\langle T(u), T(v) \rangle = \langle u,v \rangle$이다.

(3) E가 V의 정규직교기저이면 $\{T(v_1),\cdots,T(v_n)\}$도 정규직교기저이다.

(4) T는 동형사상이고 $T^* = T^{-1}$이다.

(5) E가 V의 정규직교기저이면 $[T]_E^E$는 유니타리이다.

연습문제 8.3

1 $T: V \to V$는 유니타리사상이고 $\{v_1,\cdots,v_n\}$이 V의 정규직교기저이면

$$\{T(v_1),\cdots,T(v_n)\}$$

도 정규직교기저임을 보여라.

2 $T: V \to V$는 동형사상이고 $T^* = T^{-1}$이면 T는 유니타리임을 보여라.

3 $A,B \in \mathrm{M}_n(\mathrm{F})$가 유니타리이면 AB도 유니타리임을 보여라.

4 $A \in \mathrm{M}_n(\mathrm{F})$가 유니타리일 필요충분조건은 A의 n개 행들의 집합이 F^n의 정규직교기저임을 보여라.

5 다음에 주어진 선형사상 $T: \mathbb{R}^3 \to \mathbb{R}^3$가 직교사상인지를 결정하라.

(1) $T(x,y,z) = \left(\frac{1}{\sqrt{2}}x + \frac{1}{\sqrt{2}}y,\ z,\ \frac{1}{\sqrt{2}}x - \frac{1}{\sqrt{2}}y\right)$

(2) $T(x,y,z) = \left(\frac{1}{\sqrt{2}}x + \frac{1}{\sqrt{2}}z,\ \frac{1}{\sqrt{2}}y + \frac{1}{\sqrt{2}}z,\ \frac{1}{\sqrt{2}}x + \frac{1}{\sqrt{2}}y\right)$

6 다음에 주어진 선형사상 T가 유니타리인지를 결정하라.

(1) $T: \mathbb{C}^2 \to \mathbb{C}^2$, $T(x,y) = \left(\frac{i}{\sqrt{2}}x - \frac{1}{\sqrt{2}}y,\ \frac{1}{\sqrt{2}}x + \frac{i}{\sqrt{2}}y\right)$

(2) $T: \mathbb{C}^3 \to \mathbb{C}^3$,

$$T(x,y,z)=\left(\frac{1}{\sqrt{2}}x+\frac{1}{2}y+\frac{1}{2}z,\ -\frac{1}{\sqrt{2}}x+\frac{1}{2}y+\frac{1}{2}z,\ \frac{i}{\sqrt{2}}y-\frac{i}{\sqrt{2}}z\right)$$

7 선형사상 $T:\mathbb{R}_2[x]\to\mathbb{R}_2[x]$,

$$T(a+bx+cx^2)=\left(\frac{1}{2}a+\frac{\sqrt{3}}{2}b\right)+\left(\frac{\sqrt{3}}{2}a-\frac{\sqrt{3}}{2}b\right)x+cx^2$$

는 직교사상임을 보여라.

8 $E=\{v_1,\cdots,v_n\}$, $F=\{w_1,\cdots,w_n\}$가 내적공간 $(V,\langle\ ,\ \rangle)$의 두 정규직교기저이면 E,F에 관한 항등사상 $1_V:V\to V$의 행렬 $P=[1_V]_E^F$는 유니타리임을 보여라.

9 $\mathrm{M}_n(\mathbb{C})$에서 모든 유니타리행렬의 집합을

$$U(n;\mathbb{C})=\{A\in\mathrm{M}_n(\mathbb{C})\mid AA^*=I_n=A^*A\}$$

로 나타내면 $U(n;\mathbb{C})$는 행렬의 곱에 대해 군(group)임을 보여라.

8.4 자기수반사상과 자기수반행렬

선형사상 $T:V\to V$와 이의 수반사상 $T^*:V\to V$는 일반적으로 같지 않다. 그러나 특별한 경우 이들은 같을 수 있다. 이때 다음을 정의한다.

정의

선형사상 $T:V\to V$의 수반사상인 $T^*:V\to V$에 대해

$$T^*=T$$

이면 T는 **자기수반(self-adjoint)**이라 한다.

위 정의는 행렬에도 적용된다. 즉 $A^*=A$인 $A\in\mathrm{M}_n(\mathrm{F})$를 **자기수반**이라 한다. 특히 $A\in\mathrm{M}_n(\mathbb{R})$가 자기수반이면 $A=A^*=A^{\mathrm{T}}$이므로 A는 대칭행렬이다.

|보기| (1) $A=\begin{bmatrix}1 & i\\ i & 2\end{bmatrix}$이면 $A^* \neq A$이므로 A는 자기수반이 아니다.

(2) $B=\begin{bmatrix}1 & 1+i & 2i\\ 1+i & 0 & 2+i\\ 2i & 2+i & 3\end{bmatrix}$이면 $B^{\mathrm{T}}=B$이므로 B는 대칭행렬이다. 그러나 $B^* \neq B$이므로 B는 자기수반이 아니다.

(3) $C=\begin{bmatrix}1 & 1+i & 2i\\ 1-i & 0 & 2+i\\ -2i & 2-i & 3\end{bmatrix}$이면 $C^*=C$이므로 C는 자기수반이다.

정리 8.4.1 $T: V \to V$는 선형사상이고 V의 정규직교기저 $E=\{v_1,\cdots,v_n\}$에 관한 T의 행렬이 M이면 T가 자기수반일 필요충분조건은 M이 자기수반이다.

증명 ($\Rightarrow$) 정리 8.2.4에 의해 E에 관한 T^*의 행렬은 M^*이다. 그런데 T는 자기수반이므로 $T^*=T$이다. 그러면 E에 관한 T의 행렬도 M^*이므로 $M^*=M$이 되어 M은 자기수반이다.

($\Leftarrow$) M은 자기수반이므로 $M=M^*=\overline{M}^{\mathrm{T}}$이 되어 모든 i,j에 대해 $m_{ij}=\overline{m_{ji}}$이다. 그런데 정리 8.2.4의 증명에서 M의 (i,j)성분은 $m_{ij}=\langle T(v_j),v_i\rangle$이다. 따라서

$$\langle T(v_i),v_j\rangle = m_{ji} = \overline{m_{ij}} = \overline{\langle T(v_j),v_i\rangle} = \overline{\langle v_j, T^*(v_i)\rangle} = \langle T^*(v_i),v_j\rangle$$

이다. 즉 모든 $i=1,\cdots,n$에 대해 $T(v_i)=T^*(v_i)$이다. 따라서 $T^*=T$이므로 T는 자기수반이다. ∎

예제 8.4.1_ 다음 선형사상이 자기수반인지를 결정하라.

(1) $T: \mathbb{R}^3 \to \mathbb{R}^3,\ T(x,y,z)=(x+2y+3z,\ 2x+4y+5z,\ 3x+5y+6z)$

(2) $T: \mathbb{C}^3 \to \mathbb{C}^3$,

$T(x,y,z)=(x+(1+i)y+2iz,\ (1-i)x+(2+i)z,\ -2ix+(2-i)y+3z)$

풀이 (1) T의 행렬은

$$M=[T]=\begin{bmatrix}1 & 2 & 3\\ 2 & 4 & 5\\ 3 & 5 & 6\end{bmatrix}$$

이므로 $M^{\mathrm{T}} = M$이 되어 M은 대칭행렬이다. 따라서 정리 8.4.1에 의해 T는 자기수반이다.

(2) T의 행렬은

$$M = [T] = \begin{bmatrix} 1 & 1+i & 2i \\ 1-i & 0 & 2+i \\ -2i & 2-i & 3 \end{bmatrix}$$

이다. 그러면

$$M^* = \overline{M}^{\mathrm{T}} = \begin{bmatrix} 1 & 1-i & -2i \\ 1+i & 0 & 2-i \\ 2i & 2+i & 3 \end{bmatrix}^{\mathrm{T}} = \begin{bmatrix} 1 & 1+i & 2i \\ 1-i & 0 & 2+i \\ -2i & 2-i & 3 \end{bmatrix} = M$$

이므로 M은 자기수반이다. 따라서 정리 8.4.1에 의해 T는 자기수반이다. ■

정리 8.4.2 (1) 자기수반사상 $T: V \to V$의 모든 고윳값은 실수이다.
(2) 자기수반행렬 $A \in \mathrm{M}_n(\mathrm{F})$의 모든 고윳값은 실수이다.

증명 $A: \mathrm{F}^n \to \mathrm{F}^n$를 $A(\mathbf{x}) = A\mathbf{x}$로 정의하면 A는 선형사상이므로 (1)을 보이면 충분하다. $\lambda \in \mathrm{F}$가 T의 고윳값이면 고유벡터 $v(\neq \mathbf{0})$가 존재해서 $T(v) = \lambda v$이므로

$$\langle T(v), v \rangle = \langle \lambda v, v \rangle = \lambda \langle v, v \rangle = \lambda \|v\|^2$$

이 되어 $\lambda = \dfrac{\langle T(v), v \rangle}{\|v\|^2}$이다. 그런데 $T^* = T$이므로

$$\langle T(v), v \rangle = \langle v, T^*(v) \rangle = \langle v, T(v) \rangle = \overline{\langle T(v), v \rangle}$$

이다. 따라서 $\langle T(v), v \rangle$는 실수이므로 λ도 실수이다. ■

위 정리에 의해

$$\dim V = n$$

이면 자기수반사상 $T: V \to V$는 중복을 허락해서 n개의 실수인 고윳값을 갖는다. 마찬가지로 자기수반행렬 $A \in \mathrm{M}_n(\mathrm{F})$도 중복을 허락해서 n개의 실수인 고윳값을 갖는다.

정리 8.4.3 $T: V \to V$가 자기수반사상이면 T의 서로 다른 고윳값 λ_1, λ_2에 대응하는 고유벡터 v_1, v_2는 서로 수직이다. 이는 자기수반행렬 $A \in \mathrm{M}_n(\mathrm{F})$에 대해서도 성립한다.

증명 정리 8.4.2의 증명과 같은 이유로 T에 대해서 보이면 충분하고 연습문제 5로 남긴다. ■

$W(\neq \varnothing)$가 내적공간 V의 부분집합이면 정리 7.2.6에 의해 W의 직교보공간

$$W^{\perp} = \{v \in V \mid \langle v, w \rangle = 0,\ w \in W\}$$

는 V의 부분공간이다.

보조정리 8.4.4 $T: V \to V$는 자기수반사상이고 T의 고윳값 $\lambda \in \mathrm{F}$의 고유벡터 v에 대해 $W = \langle v \rangle$라 하자. 그러면 모든 $u \in W^{\perp}$에 대해

$$S: W^{\perp} \to W^{\perp},\ \ S(u) = T(u)$$

로 정의된 선형사상 S도 자기수반이다.

증명 모든 $u', u \in W^{\perp}$에 대해 T는 자기수반이므로

$$\langle u', S^*(u) \rangle = \langle S(u'), u \rangle = \langle T(u'), u \rangle = \langle u', T(u) \rangle = \langle u', S(u) \rangle$$

이다. 따라서 $S^* = S$가 되어 S도 자기수반이다. ■

정의

$\lambda \in \mathrm{F}$가 선형사상 $T: V \to V$ 또는 행렬 $A \in \mathrm{M}_n(\mathrm{F})$의 고윳값일 때 λ에 대응하는 크기가 1인 고유벡터를 **단위고유벡터**(unit eigenvector)라 한다.

$\lambda \in \mathrm{F}$가 $T: V \to V$의 고윳값이면 λ의 고유벡터로 단위고유벡터를 택할 수 있다. 왜냐하면 $T(v) = \lambda v$, $v \neq \mathbf{0}$이면

$$T\left(\frac{v}{\|v\|}\right) = \lambda \frac{v}{\|v\|}$$

이고 $\frac{v}{\|v\|}$는 단위벡터이기 때문이다. 이는 $A \in \mathrm{M}_n(\mathrm{F})$에도 적용된다.

정리 8.4.5 스펙트럼정리(Spectral theorem) $\dim V = n$일 때 선형사상 $T: V \to V$가 자기수반일 필요충분조건은 T의 n개 고유벡터로 이루어진 V의 정규직교기저가 존재한다. 이는 행렬 $A \in \mathrm{M}_n(\mathrm{F})$에 대해서도 성립한다.

증명 정리 8.4.2의 증명과 같은 이유로 T에 대해서 보이면 충분하다.

($\Rightarrow$) V의 차원 n에 귀납법을 적용하자. $n=1$이면 $T(v) = \lambda v$인 고윳값 λ와 단위고유벡터 v에 대해 $\{v\}$는 V의 정규직교기저이다. 즉 $n=1$이면 결과가 성립한다. 다음으로 $n-1$차 이하의 모든 내적공간에 대해 결과가 성립한다고 가정하자. 먼저 정리 8.4.2에 의해 T의 실수인 고윳값 λ_1과 단위고유벡터 w_1이 존재한다. $W = \langle w_1 \rangle$으로 두면 정리 7.2.6에 의해 $W^\perp$는 V의 부분공간이다. 그러면 정리 7.2.7에 의해

$$V = W \oplus W^\perp, \quad \dim W^\perp = n-1$$

이다. 또한 보조정리 8.4.4에 의해

$$S: W^\perp \to W^\perp, \quad S(u) = T(u)$$

도 자기수반사상이다. 따라서 가정에 의해 S의 $n-1$개 고유벡터로 이루어진 $W^\perp$의 정규직교기저 $\{w_2, \cdots, w_n\}$이 존재한다. 그런데 이들 모든 벡터는 $W^\perp$의 원소이므로 정리 8.4.3에 의해 w_1과 서로 수직이다. 즉 $\{w_1, w_2, \cdots, w_n\}$은 V의 정규직교집합이 되어 정리 7.2.1에 의해 V의 정규직교기저이다.

($\Leftarrow$) $\{w_1, \cdots, w_n\}$을 T의 고유벡터로 이루어진 V의 정규직교기저라 하자. 그러면

$$T(w_1) = \lambda_1 w_1, \quad T(w_2) = \lambda_2 w_2, \quad \cdots, \quad T(w_n) = \lambda_n w_n$$

인 고윳값 $\lambda_1, \cdots, \lambda_n$이 존재한다. 이제 임의의 $u, v \in V$에 대해

$$u = b_1 w_1 + \cdots + b_n w_n, \quad v = c_1 w_1 + \cdots + c_n w_n$$

으로 두면

$$\begin{aligned}\langle u, T^*(v)\rangle &= \langle T(u), v\rangle \\ &= \langle b_1 T(w_1)+\cdots+b_n T(w_n),\ c_1w_1+\cdots+c_nw_n\rangle \\ &= \langle b_1(\lambda_1 w_1)+\cdots+b_n(\lambda_n w_n),\ c_1w_1+\cdots+c_nw_n\rangle \\ &= b_1(c_1\lambda_1)+\cdots+b_n(c_n\lambda_n) \\ &= \langle b_1w_1+\cdots+b_nw_n,\ c_1(\lambda_1 w_1)+\cdots+c_n(\lambda_n w_n)\rangle \\ &= \langle u,\ c_1T(w_1)+\cdots+c_nT(w_n)\rangle \\ &= \langle u,\ T(c_1w_1+\cdots+c_nw_n)\rangle = \langle u, T(v)\rangle\end{aligned}$$

이다. 따라서 $T^* = T$이므로 T는 자기수반이다. ■

스펙트럼정리에서 행렬에 대한 결과를 자세히 나타내보자. $A \in \mathrm{M}_n(\mathrm{F})$가 자기수반행렬일 필요충분조건은 A의 n개 고유벡터로 이루어진 F^n의 정규직교기저가 존재한다.

5장에서 $A, B \in \mathrm{M}_n(\mathrm{F})$일 때 $B = P^{-1}AP$인 가역행렬 $P \in \mathrm{M}_n(\mathrm{F})$가 존재하면 A, B는 닮음으로 정의했다. 여기서 P의 조건을 강화해서 다음을 정의한다.

정의

$A, B \in \mathrm{M}_n(\mathrm{F})$에 대해

$$B = U^* A U$$

인 유니타리행렬 $U \in \mathrm{M}_n(\mathrm{F})$가 존재하면 A, B는 **유니타리닮음**(unitary similar)이라 하고 $A \approx B$로 나타낸다.

위 정의에서 $U^* = U^{-1}$이므로 $B = U^* A U$는 $B = U^{-1} A U$이다. 특히 A, B가 실행렬이고 U가 직교행렬이면 $B = U^* A U$는 $B = U^{\mathrm{T}} A U$가 된다. 이때 A, B는 **직교닮음**(orthogonal similar)이라 한다. 이 경우 $U^{\mathrm{T}} = U^{-1}$이다.

|보기| 세 행렬

$$A = \begin{bmatrix} 3 & -i \\ i & 3 \end{bmatrix},\quad B = \begin{bmatrix} 2 & 0 \\ 0 & 4 \end{bmatrix},\quad U = \begin{bmatrix} \frac{i}{\sqrt{2}} & \frac{1}{\sqrt{2}} \\ \frac{1}{\sqrt{2}} & \frac{i}{\sqrt{2}} \end{bmatrix}$$

에 대해 U는 유니타리이고 $U^*AU=B$이므로 A, B는 유니타리닮음이다.

|보기| 세 행렬

$$A=\begin{bmatrix} 3 & -1 \\ -1 & 3 \end{bmatrix},\quad B=\begin{bmatrix} 2 & 0 \\ 0 & 4 \end{bmatrix},\quad U=\begin{bmatrix} \frac{1}{\sqrt{2}} & -\frac{1}{\sqrt{2}} \\ \frac{1}{\sqrt{2}} & \frac{1}{\sqrt{2}} \end{bmatrix}$$

에 대해 U는 직교행렬이고 $U^{\mathrm{T}}AU=B$이다. 따라서 A, B는 직교닮음이다.

위 두 보기를 통해 다음을 정의한다. $A \in \mathrm{M}_n(\mathrm{F})$일 때

$$U^*AU$$

가 대각행렬이 되게 하는 유니타리행렬 $U \in \mathrm{M}_n(\mathrm{F})$가 존재하면 A는 **유니타리대각화가능**(unitary diagonalizable)이라 한다. 특히 A는 실행렬이고 U가 직교행렬이면 A는 **직교대각화가능**(orthogonally diagonalizable)이라 한다.

정리 8.4.6 (1) 자기수반행렬 $A \in \mathrm{M}_n(\mathrm{F})$는 유니타리대각화가능이다.
(2) 대칭행렬 $A \in \mathrm{M}_n(\mathbb{R})$는 직교대각화가능이다.

증명 (1) A는 자기수반이므로 스펙트럼정리에 의해 A의 고유벡터로 이루어진 F^n의 정규직교기저 $\{\mathbf{u}_1, \cdots, \mathbf{u}_n\}$이 존재해서

$$A\mathbf{u}_1 = \lambda_1\mathbf{u}_1, \quad \cdots, \quad A\mathbf{u}_n = \lambda_n\mathbf{u}_n$$

이다. 단 $\lambda_1, \cdots, \lambda_n$은 A의 고윳값이다. 이때 $U=[\mathbf{u}_1 \cdots \mathbf{u}_n]$로 두면 $\{\mathbf{u}_1, \cdots, \mathbf{u}_n\}$이 정규직교기저이므로 U는 유니타리가 되어 $U^*=U^{-1}$이다. 이제 $D=\mathrm{diag}(\lambda_1, \cdots, \lambda_n)$으로 두면 행렬연산에 의해

$$AU=[A\mathbf{u}_1 \cdots A\mathbf{u}_n] = [\lambda_1\mathbf{u}_1 \cdots \lambda_n\mathbf{u}_n] = UD$$

즉 $U^{-1}AU=D$이다. 그런데 $U^*=U^{-1}$이므로 $U^*AU=D$이다. 따라서 A는 유니타리 대각화가능이다.

(2) $A \in \mathrm{M}_n(\mathbb{R})$가 대칭행렬이면 (1)의 증명에서 $\{\mathbf{u}_1, \cdots, \mathbf{u}_n\}$은 $\mathbb{R}^n$의 정규

직교기저가 되어 $U=[\mathbf{u}_1 \cdots \mathbf{u}_n]$는 직교행렬이다. 또한 정리 8.4.2(2)에 의해 A의 고윳값 $\lambda_1, \cdots, \lambda_n$은 모두 실수이다. 그러면 $U^T A U = D$이므로 A는 직교대각화가능이다. ■

$A \in \mathrm{M}_n(\mathrm{F})$가 자기수반행렬이면 A의 서로 다른 고윳값에 대응하는 고유벡터들은 정리 8.4.3에 의해 서로 수직이다.

예제 8.4.2_ 대칭행렬 $A=\begin{bmatrix} 3 & 0 & -1 \\ 0 & 2 & 0 \\ -1 & 0 & 3 \end{bmatrix}$를 직교대각화하라.

풀이 고유방정식을 2행의 여인수전개로 구하면

$$|tI_3 - A| = \begin{vmatrix} t-3 & 0 & 1 \\ 0 & t-2 & 0 \\ 1 & 0 & t-3 \end{vmatrix} = (t-2)\begin{vmatrix} t-3 & 1 \\ 1 & t-3 \end{vmatrix}$$
$$= (t-2)[(t-3)^2 - 1] = (t-2)^2(t-4) = 0$$

이다. 이를 풀면 A의 모든 고윳값은 $\lambda = 2, 4$이다. 먼저 $\lambda = 2$의 고유벡터를 구하기 위해

$$(2I_3 - A)\mathbf{x} = \mathbf{0}, \quad \text{즉} \begin{bmatrix} -1 & 0 & 1 \\ 0 & 0 & 0 \\ 1 & 0 & -1 \end{bmatrix}\begin{bmatrix} x \\ y \\ z \end{bmatrix} = \begin{bmatrix} 0 \\ 0 \\ 0 \end{bmatrix}$$

을 풀자. 이를 방정식으로 나타내면 $x - z = 0$이고 y는 임의이다. 그러면 $\lambda = 2$의 서로 수직인 두 고유벡터로 $\begin{bmatrix} 1 \\ 0 \\ 1 \end{bmatrix}, \begin{bmatrix} 0 \\ 1 \\ 0 \end{bmatrix}$을 택할 수 있고 이들을 단위고유벡터로 만들면

$$\mathbf{u}_1 = \frac{1}{\sqrt{2}}\begin{bmatrix} 1 \\ 0 \\ 1 \end{bmatrix}, \quad \mathbf{u}_2 = \begin{bmatrix} 0 \\ 1 \\ 0 \end{bmatrix}$$

이다. 다음으로 $\lambda = 4$의 고유벡터를 구하기 위해

$$(4I_3 - A)\mathbf{x} = \mathbf{0}, \quad \text{즉} \begin{bmatrix} 1 & 0 & 1 \\ 0 & 2 & 0 \\ 1 & 0 & 1 \end{bmatrix}\begin{bmatrix} x \\ y \\ z \end{bmatrix} = \begin{bmatrix} 0 \\ 0 \\ 0 \end{bmatrix}$$

을 풀자. 이를 방정식으로 나타내면 $x + z = 0$, $y = 0$이다. 그러면 $\lambda = 4$의

고유벡터로 $\begin{bmatrix} 1 \\ 0 \\ -1 \end{bmatrix}$을 택할 수 있고 이를 단위고유벡터로 만들면

$$\mathbf{u}_3 = \frac{1}{\sqrt{2}}\begin{bmatrix} 1 \\ 0 \\ -1 \end{bmatrix}$$

이다. 따라서

$$U = [\mathbf{u}_1\, \mathbf{u}_2\, \mathbf{u}_3] = \begin{bmatrix} \frac{1}{\sqrt{2}} & 0 & \frac{1}{\sqrt{2}} \\ 0 & 1 & 0 \\ \frac{1}{\sqrt{2}} & 0 & -\frac{1}{\sqrt{2}} \end{bmatrix}$$

는 A를 직교대각화하는 행렬이고 $U^{\mathrm{T}} A U = \begin{bmatrix} 2 & 0 & 0 \\ 0 & 2 & 0 \\ 0 & 0 & 4 \end{bmatrix}$이다. ■

예제 8.4.3_ 자기수반행렬 $A = \begin{bmatrix} 3 & -i \\ i & 3 \end{bmatrix}$를 유니타리대각화하라.

풀이 고유방정식

$$|tI_2 - A| = \begin{vmatrix} t-3 & i \\ -i & t-3 \end{vmatrix} = (t-3)^2 - 1 = (t-2)(t-4) = 0$$

을 풀면 A의 모든 고윳값은 $\lambda = 2, 4$이다. 먼저 $\lambda = 2$의 고유벡터를 구하기 위해

$$(2I_2 - A)\mathbf{x} = \mathbf{0}, \quad \text{즉} \begin{bmatrix} -1 & i \\ -i & -1 \end{bmatrix}\begin{bmatrix} x \\ y \end{bmatrix} = \begin{bmatrix} 0 \\ 0 \end{bmatrix}$$

을 풀자. 이를 방정식으로 나타내면 둘 모두 $x - iy = 0$이다. 이때 고유벡터로 $\begin{bmatrix} i \\ 1 \end{bmatrix}$을 택해 단위고유벡터로 만들면 $\mathbf{u}_1 = \frac{1}{\sqrt{2}}\begin{bmatrix} i \\ 1 \end{bmatrix}$이다. 유사하게 $\lambda = 4$의 고유벡터로 $\begin{bmatrix} 1 \\ i \end{bmatrix}$를 택해 단위고유벡터로 만들면 $\mathbf{u}_2 = \frac{1}{\sqrt{2}}\begin{bmatrix} 1 \\ i \end{bmatrix}$이다. 따라서

$$U = [\mathbf{u}_1\, \mathbf{u}_2] = \begin{bmatrix} \frac{i}{\sqrt{2}} & \frac{1}{\sqrt{2}} \\ \frac{1}{\sqrt{2}} & \frac{i}{\sqrt{2}} \end{bmatrix}$$

는 A를 유니타리대각화하는 행렬이고 $U^*AU=\begin{bmatrix}2&0\\0&4\end{bmatrix}$이다. ▪

정리 8.4.7 슈어정리(Schur theorem) 임의의 복소행렬 $A\in\mathrm{M}_n(\mathbb{C})$는 적당한 상삼각행렬과 유니타리닮음이다. 즉

$$U^*AU=B,\quad B,U\in\mathrm{M}_n(\mathbb{C})$$

인 상삼각행렬 B와 유니타리행렬 U가 존재한다.

증명 n에 관한 귀납법을 적용하자. $n=1$이면 결과는 분명하다. 이제 $n-1$차 이하의 모든 복소행렬에 대해 결과가 성립한다고 가정하고 $A\in\mathrm{M}_n(\mathbb{C})$라 하자. 먼저 A의 고윳값 λ_1에 대응하는 단위고유벡터를 $\mathbf{x}_1$이라 하자. 직교화 과정을 적용하여 유니타리행렬 $U_1=[\mathbf{x}_1\,\mathbf{x}_2\cdots\mathbf{x}_n]$을 만들면

$$\begin{aligned}U_1^*AU_1&=\begin{bmatrix}\overline{\mathbf{x}_1}^{\mathrm{T}}\\\overline{\mathbf{x}_2}^{\mathrm{T}}\\\vdots\\\overline{\mathbf{x}_n}^{\mathrm{T}}\end{bmatrix}A[\mathbf{x}_1\,\mathbf{x}_2\cdots\mathbf{x}_n]=\begin{bmatrix}\overline{\mathbf{x}_1}^{\mathrm{T}}A\mathbf{x}_1&*&\cdots&*\\\overline{\mathbf{x}_2}^{\mathrm{T}}A\mathbf{x}_1&*&\cdots&*\\\vdots&\vdots&&\vdots\\\overline{\mathbf{x}_n}^{\mathrm{T}}A\mathbf{x}_1&*&\cdots&*\end{bmatrix}\\&=\begin{bmatrix}\lambda_1&*&\cdots&*\\0&*&\cdots&*\\\vdots&\vdots&&\vdots\\0&*&\cdots&*\end{bmatrix}\equiv\begin{bmatrix}\lambda_1&*\\O&A_1\end{bmatrix}\end{aligned}$$

형태이다. 그런데 $U_1^*AU_1$과 A는 닮음이므로 고윳값은 같다. 즉 $A_1\in\mathrm{M}_{n-1}(\mathbb{C})$의 고윳값들은 A의 고윳값들이다. 그러면 가정에 의해 유니타리행렬 $P\in\mathrm{M}_{n-1}(\mathbb{C})$가 존재해서

$$P^*A_1P=\begin{bmatrix}\lambda_2&*&\cdots&*\\&\lambda_3&\cdots&*\\&&\ddots&\vdots\\&&&\lambda_n\end{bmatrix}$$

형태로 쓸 수 있다. 그러면 $U_2=\begin{bmatrix}1&O\\O&P\end{bmatrix}\in\mathrm{M}_n(\mathbb{C})$는 유니타리이다. 이제 $U=U_1U_2$로 두면 정리 8.3.4에 의해 U는 유니타리이고

$$U^*AU=(U_1U_2)^*A(U_1U_2)=U_2^*(U_1^*AU_1)U_2$$

$$= \begin{bmatrix} 1 & O \\ O & P^* \end{bmatrix} \begin{bmatrix} \lambda_1 & * \\ O & A_1 \end{bmatrix} \begin{bmatrix} 1 & O \\ O & P \end{bmatrix} = \begin{bmatrix} \lambda_1 & * \\ O & P^* A_1 P \end{bmatrix}$$

$$= \begin{bmatrix} \lambda_1 & * & * & \cdots & * \\ & \lambda_2 & * & \cdots & * \\ & & \lambda_3 & \cdots & * \\ & & & \ddots & \vdots \\ & & & & \lambda_n \end{bmatrix}$$

이다. 따라서 A는 상삼각행렬과 유니타리닮음이다. ▪

|주의| $A \in \mathrm{M}_n(\mathbb{R})$이면 슈어정리에 의해 A는 $\mathbb{C}$에서 상삼각행렬과 유니타리닮음이지만 일반적으로 $\mathbb{R}$에서는 상삼각행렬과 직교닮음이 아니다. 그러나 특별한 경우 다음이 성립한다.

따름정리 8.4.8 실행렬 $A \in \mathrm{M}_n(\mathbb{R})$의 모든 고윳값이 실수이면 A는 $\mathbb{R}$에서 상삼각행렬과 직교닮음이다.

증명 A의 모든 고윳값이 실수이면 슈어정리의 증명은 모두 $\mathbb{R}$에서 이루어지므로 결과가 성립한다. ▪

|보기| 행렬

$$A = \begin{bmatrix} 2 & 1 & 0 \\ 0 & 1 & -1 \\ 0 & 2 & 4 \end{bmatrix}$$

의 고유방정식

$$|tI_3 - A| = \begin{vmatrix} t-2 & -1 & 0 \\ 0 & t-1 & 1 \\ 0 & -2 & t-4 \end{vmatrix} = (t-2)^2(t-3) = 0$$

을 풀면 A의 모든 고윳값은 $\lambda = 2, 3$이다. 따라서 따름정리 8.4.8에 의해 A는 $\mathbb{R}$에서 적당한 상삼각행렬 B와 직교닮음이다. B를 구하는 것은 연습문제 10으로 남긴다. 그런데 계산에 의해 $\lambda = 2$의 고유공간은

$$E(2) = \left\langle \begin{bmatrix} 1 \\ 0 \\ 0 \end{bmatrix} \right\rangle$$

이다. 그러면 $\dim E(2) = 1 < 2$이므로 정리 5.2.7에 의해 A는 대각화불가능이다.

연습문제 8.4

1 $A = [a_{ij}] \in \mathrm{M}_n(\mathbb{C})$가 자기수반이면 A의 주대각성분은 모두 실수임을 보여라.

2 $A, B \in \mathrm{M}_n(\mathbb{C})$가 자기수반일 때 다음 행렬이 자기수반이면 보이고 아니면 반례를 들어라.

(1) A^{T} (2) A^{*} (3) $A+B$ (4) AB

3 다음 선형사상 $T: \mathbb{C}^3 \to \mathbb{C}^3$가 자기수반인지를 결정하고 수반사상 T^{*}를 구하라.

(1) $T(x,y,z) = (x + iy + 2iz,\ ix + y + 3z,\ 2ix + 3y + z)$

(2) $T(x,y,z) = (x + iy + 2iz,\ -ix + y + 3z,\ -2ix + 3y + z)$

4 선형사상

$$T: \mathrm{M}_2(\mathbb{R}) \to \mathrm{M}_2(\mathbb{R}), \quad T(X) = X - X^{\mathrm{T}}$$

가 자기수반인지를 결정하라. 또한 수반사상 T^{*}를 구하라.

5 정리 8.4.3을 보여라.

6 $\mathrm{M}_n(\mathbb{C})$에서 유니타리닮음은 동치관계임을 보여라. 즉 임의의 $A, B, C \in \mathrm{M}_n(\mathbb{C})$에 대해 다음을 보여라.

(1) $A \approx A$이다.

(2) $A \approx B$이면 $B \approx A$이다.

(3) $A \approx B$이고 $B \approx C$이면 $A \approx C$이다.

7 대칭행렬 $A = \begin{bmatrix} 2 & -1 & -1 \\ -1 & 2 & -1 \\ -1 & -1 & 2 \end{bmatrix}$를 직교대각화하라.

8 자기수반행렬 $A=\begin{bmatrix} 2 & 1+i \\ 1-i & 3 \end{bmatrix}$를 유니타리대각화하라.

9 자기수반행렬 $A=\begin{bmatrix} 1 & i & 0 \\ -i & 1 & i \\ 0 & -i & 1 \end{bmatrix}$를 유니타리대각화하라.

10 347쪽 보기의 풀이에 의해 $A=\begin{bmatrix} 2 & 1 & 0 \\ 0 & 1 & -1 \\ 0 & 2 & 4 \end{bmatrix}$는 $\mathbb{R}$에서 상삼각행렬과 직교닮음이다. $U^{\mathrm{T}}AU=B$인 직교행렬 U와 상삼각행렬 B를 찾아라.

8.5 정규사상과 정규행렬

정의

$A^*A=AA^*$인 $A\in \mathrm{M}_n(\mathrm{F})$를 **정규행렬**(normal matrix)이라 한다.

|보기| (1) $A\in \mathrm{M}_n(\mathrm{F})$가 유니타리이면 $A^*A=I_n=AA^*$이므로 A는 정규행렬이다.

(2) $A\in \mathrm{M}_n(\mathrm{F})$가 자기수반이면 $A^*A=AA=AA^*$이므로 A는 정규행렬이다.

(3) $A=\begin{bmatrix} 1 & -1 \\ 1 & 1 \end{bmatrix}$는 유니타리도 아니고 자기수반도 아닌 정규행렬이다.

보조정리 8.5.1 $A^*A=AA^*$인 상삼각행렬 $A\in \mathrm{M}_n(\mathrm{F})$는 대각행렬이다.

증명 $A^*A=AA^*$를 구체적으로 쓰면

$$\begin{bmatrix} \overline{a_{11}} & 0 & \cdots & 0 \\ \overline{a_{12}} & \overline{a_{22}} & \cdots & 0 \\ \vdots & \vdots & \ddots & \vdots \\ \overline{a_{1n}} & \overline{a_{2n}} & \cdots & \overline{a_{nn}} \end{bmatrix}\begin{bmatrix} a_{11} & a_{12} & \cdots & a_{1n} \\ 0 & a_{22} & \cdots & a_{2n} \\ \vdots & \vdots & \ddots & \vdots \\ 0 & \cdots & 0 & a_{nn} \end{bmatrix}=\begin{bmatrix} a_{11} & a_{12} & \cdots & a_{1n} \\ 0 & a_{22} & \cdots & a_{2n} \\ \vdots & \vdots & \ddots & \vdots \\ 0 & \cdots & 0 & a_{nn} \end{bmatrix}\begin{bmatrix} \overline{a_{11}} & 0 & \cdots & 0 \\ \overline{a_{12}} & \overline{a_{22}} & \cdots & 0 \\ \vdots & \vdots & \ddots & \vdots \\ \overline{a_{1n}} & \overline{a_{2n}} & \cdots & \overline{a_{nn}} \end{bmatrix}$$

이다. 먼저 A^*A, AA^*의 $(1,1)$성분을 조사하면

$$\overline{a_{11}}a_{11} = a_{11}\overline{a_{11}} + a_{12}\overline{a_{12}} + \cdots + a_{1n}\overline{a_{1n}}$$

이다. 따라서 $a_{12} = \cdots = a_{1n} = 0$이다. 이를 A^*A, AA^*의 $(2,2)$성분에 적용하면

$$\overline{a_{22}}a_{22} = a_{22}\overline{a_{22}} + a_{23}\overline{a_{23}} + \cdots + a_{2n}\overline{a_{2n}}$$

이므로 $a_{23} = \cdots = a_{2n} = 0$이다. 이 과정을 모두 n번 시행하면 모든 $i < j$에 대해 $a_{ij} = 0$이다. 따라서 A는 대각행렬이다. ■

위 보조정리는 A가 하삼각행렬일 때도 성립한다(연습문제 1).

정리 8.5.2 $A \in \mathrm{M}_n(\mathrm{F})$가 유니타리대각화가능일 필요충분조건은 A는 정규행렬이다.

증명 $(\Rightarrow)$ A가 유니타리대각화가능이면 $A = U^*DU$인 대각행렬 D와 유니타리행렬 U가 존재한다. 그러면

$$\begin{aligned} A^*A &= (U^*DU)^*(U^*DU) = U^*D^*(UU^*)DU = U^*D^*DU \\ &= U^*DD^*U = U^*D(UU^*)D^*U = (U^*DU)(U^*DU)^* \\ &= AA^* \end{aligned}$$

이므로 A는 정규행렬이다.

$(\Leftarrow)$ A는 정규행렬, 즉 $A^*A = AA^*$라 하자. 우선 슈어정리에 의해 $U^*AU = B$인 상삼각행렬 B와 유니타리행렬 U가 존재한다. 그러면

$$\begin{aligned} B^*B &= (U^*AU)^*(U^*AU) = U^*A^*(UU^*)AU \\ &= U^*A^*AU = U^*AA^*U = U^*A(UU^*)A^*U \\ &= (U^*AU)(U^*AU)^* = BB^* \end{aligned}$$

이므로 보조정리 8.5.1에 의해 B는 대각행렬이다. 따라서 A는 유니타리대각화가능이다. ■

정규행렬의 정의와 유사하게 선형사상에 대해 다음을 정의한다.

정의

선형사상 $T: V \to V$에 대해

$$T^* \circ T = T \circ T^*$$

이면 T는 **정규사상**(normal linear mapping)이라 한다.

정리 8.5.3 $T: V \to V$가 정규사상이면 모든 $u, v \in V$에 대해 다음이 성립한다.

$$\langle T(u), T(v) \rangle = \langle T^*(u), T^*(v) \rangle$$

증명 연습문제 3으로 남긴다. ■

정리 8.3.8을 일반화하여 다음 결과를 얻는다.

정리 8.5.4 $T: V \to V$를 정규사상이라 하자. 만약 v가 T의 고윳값 $\lambda \in \mathrm{F}$의 고유벡터이면 v는 T^*의 고윳값 $\bar{\lambda} \in \mathrm{F}$의 고유벡터이다. 이는 정규행렬 $A \in \mathrm{M}_n(\mathrm{F})$에 대해서도 성립한다.

증명 $A: \mathrm{F}^n \to \mathrm{F}^n$를 $A(\mathbf{x}) = A\mathbf{x}$로 정의하면 A는 선형사상이므로 T에 대해서 보이면 충분하다. 가정에 의해 $T(v) = \lambda v$이므로 정리 8.5.3에 의해

$$\begin{aligned} 0 &= \| T(v) - \lambda v \|^2 = \langle T(v) - \lambda v, T(v) - \lambda v \rangle \\ &= \langle T(v), T(v) \rangle - \bar{\lambda} \langle T(v), v \rangle - \lambda \langle v, T(v) \rangle + \lambda\bar{\lambda} \langle v, v \rangle \\ &= \langle T^*(v), T^*(v) \rangle - \bar{\lambda} \langle v, T^*(v) \rangle - \lambda \langle T^*(v), v \rangle + \lambda\bar{\lambda} \langle v, v \rangle \\ &= \langle T^*(v) - \bar{\lambda} v, T^*(v) - \bar{\lambda} v \rangle = \| T^*(v) - \bar{\lambda} v \|^2 \end{aligned}$$

이다. 따라서 $T^*(v) - \bar{\lambda} v = \mathbf{0}$이 되어 $T^*(v) = \bar{\lambda} v$이다. ■

두 정리 8.3.9와 8.4.3을 일반화하여 다음 결과를 얻는다.

정리 8.5.5 $T: V \to V$가 정규사상이면 T의 서로 다른 고윳값 λ_1, λ_2에 대응하는 고유벡터 v_1, v_2는 서로 수직이다. 이는 정규행렬 $A \in \mathrm{M}_n(\mathrm{F})$에 대해서도 성립한다.

증명 정리 8.5.4의 증명과 같은 이유로 T에 대해서 보이면 충분하고 연습문제 6으로 남긴다. ■

보조정리 8.4.4를 일반화하여 다음 결과를 얻는다.

보조정리 8.5.6 $T: V \to V$는 정규사상이고 T의 고윳값 $\lambda \in \mathrm{F}$의 고유벡터 v에 대해 $W = \langle v \rangle$라 하자. 그러면 모든 $u \in W^{\perp}$에 대해

$$S: W^{\perp} \to W^{\perp}, \quad S(u) = T(u)$$

로 정의된 선형사상 S도 정규사상이다.

증명 연습문제 7로 남긴다. ■

스펙트럼정리 (정리 8.4.5)를 일반화하여 다음 결과를 얻는다.

정리 8.5.7 $\dim V = n$일 때 선형사상 $T: V \to V$가 정규사상이면 T의 n개 고유벡터로 이루어진 V의 정규직교기저가 존재한다. 이는 정규행렬 $A \in \mathrm{M}_n(\mathrm{F})$에 대해서도 성립한다.

증명 정리 8.5.4의 증명과 같은 이유로 T에 대해서 보이면 충분하고 연습문제 8로 남긴다. ■

정리 8.5.8 정규사상 $T: V \to V$가 유니타리사상일 필요충분조건은 T의 모든 고윳값의 절댓값이 1이다. 이는 정규행렬 $A \in \mathrm{M}_n(\mathrm{F})$에 대해서도 성립한다.

증명 정리 8.5.4의 증명과 같은 이유로 T에 대해서 보이면 충분하다.

($\Rightarrow$) 정리 8.3.7에서 보였다.

($\Leftarrow$) T의 모든 고윳값 $\lambda_1, \cdots, \lambda_n$의 절댓값이 1이라 하자. 한편 T는 정규사상이므로 정리 8.5.7에 의해 T의 고유벡터로 이루어진 V의 정규직교

기저 $\{v_1, \cdots, v_n\}$이 존재한다. 그러면

$$\langle T(v_i), T(v_j) \rangle = \langle \lambda_i v_i, \lambda_j v_j \rangle = \lambda_i \overline{\lambda_j} \langle v_i, v_j \rangle = \begin{cases} 1 & i = j \\ 0 & i \neq j \end{cases}$$

이므로

$$\{ T(v_1), \cdots, T(v_n) \}$$

도 V의 정규직교기저이다. 따라서 정리 8.3.2에 의해 T는 유니타리이다. ■

$A \in \mathrm{M}_n(\mathbb{C})$가 유니타리이면 정리 8.5.2에 의해 A는 대각행렬 diag $(\lambda_1, \cdots, \lambda_n)$로 유니타리대각화할 수 있다. 즉 유니타리행렬 U가 존재해서

$$U^* A U = \begin{bmatrix} \lambda_1 & & \\ & \ddots & \\ & & \lambda_n \end{bmatrix}$$

이다. 이때 $\lambda_1, \cdots, \lambda_n$은 A의 고윳값으로 정리 8.5.8에 의해 $|\lambda_1| = \cdots = |\lambda_n| = 1$이다.

|주의| $A \in \mathrm{M}_n(\mathbb{R})$가 직교행렬이면 유니타리행렬이므로 A는 유니타리대각화가 능이다. 그러나 다음 보기에서 알 수 있듯이 A가 직교행렬이라 해서 A가 직교대각화가 되는 것은 아니다.

|보기| 직교행렬

$$A = \frac{1}{3} \begin{bmatrix} 1 & -2 & 2 \\ -2 & 1 & 2 \\ -2 & -2 & -1 \end{bmatrix}$$

를 유니타리대각화해 보자. 먼저 고유방정식

$$|tI_3 - A| = (t-1)\left(t^2 + \frac{2}{3}t + 1\right) = 0$$

을 풀면 A의 모든 고윳값은

$$\lambda_1 = 1, \quad \lambda_2 = \frac{-1 + 2\sqrt{2}\,i}{3}, \quad \lambda_3 = \frac{-1 - 2\sqrt{2}\,i}{3}$$

이다. 이제 각각의 고윳값에 대응하는 단위고유벡터로

$$\mathbf{u}_1 = \begin{bmatrix} \frac{1}{\sqrt{2}} \\ -\frac{1}{\sqrt{2}} \\ 0 \end{bmatrix}, \quad \mathbf{u}_2 = \begin{bmatrix} \frac{1}{2} \\ \frac{1}{2} \\ \frac{i}{\sqrt{2}} \end{bmatrix}, \quad \mathbf{u}_3 = \begin{bmatrix} \frac{1}{2} \\ \frac{1}{2} \\ -\frac{i}{\sqrt{2}} \end{bmatrix}$$

를 택하자. 그러면 $U = [\mathbf{u}_1\,\mathbf{u}_2\,\mathbf{u}_3]$는 A를 유니타리대각화하는 행렬이고

$$U^*AU = \begin{bmatrix} 1 & 0 & 0 \\ 0 & \frac{-1+2\sqrt{2}\,i}{3} & 0 \\ 0 & 0 & \frac{-1-2\sqrt{2}\,i}{3} \end{bmatrix}$$

이다.

정리 8.5.9 정규사상 $T: V \to V$가 자기수반일 필요충분조건은 T의 모든 고윳값이 실수이다. 이는 정규행렬 $A \in \mathrm{M}_n(\mathrm{F})$에 대해서도 성립한다.

증명 정리 8.5.4의 증명과 같은 이유로 T에 대해서 보이면 충분하다.

($\Rightarrow$) 정리 8.4.2에서 보였다.

($\Leftarrow$) T의 모든 고윳값 $\lambda_1, \cdots, \lambda_n$이 실수라 하자. 한편 T는 정규사상이므로 정리 8.5.7에 의해 T의 고유벡터로 이루어진 V의 정규직교기저 $\{v_1, \cdots, v_n\}$이 존재한다. 그러면 모든 i에 대해 $T(v_i) = \lambda_i v_i$이고 정리 8.5.4에 의해 $T^*(v_i) = \overline{\lambda_i} v_i$이다. 따라서 모든 i에 대해

$$T^*(v_i) = \overline{\lambda_i} v_i = \lambda_i v_i = T(v_i)$$

이므로 $T^* = T$가 되어 T는 자기수반이다. ■

$A \in \mathrm{M}_n(\mathbb{C})$가 자기수반행렬이면 정리 8.5.2에 의해 A는 대각행렬 diag $(\lambda_1, \cdots, \lambda_n)$로 유니타리대각화할 수 있다. 즉 유니타리행렬 U가 존재해서

$$U^*AU = \begin{bmatrix} \lambda_1 & & \\ & \ddots & \\ & & \lambda_n \end{bmatrix}$$

이다. 이때 $\lambda_1, \cdots, \lambda_n$은 A의 고윳값으로 정리 8.5.9에 의해 모두 실수이다.

$A \in M_n(\mathbb{R})$가 대각행렬 D로 직교대각화가능이면 $U^T A U = D$인 직교행렬 U가 존재한다. 이때 다음 예제와 같이 직교화과정을 이용해서 이러한 U를 찾기도 한다.

예제 8.5.1_ 대칭행렬 $A = \begin{bmatrix} 4 & 2 & 2 \\ 2 & 4 & 2 \\ 2 & 2 & 4 \end{bmatrix}$를 직교대각화하라.

풀이 고유방정식

$$|tI_3 - A| = \begin{vmatrix} t-4 & -2 & -2 \\ -2 & t-4 & -2 \\ -2 & -2 & t-4 \end{vmatrix} = (t-2)^2(t-8) = 0$$

을 풀면 A의 모든 고윳값은 $\lambda = 2, 8$이다.

(1) $\lambda = 2$의 고유벡터를 구하기 위해

$$(2I_3 - A)\mathbf{x} = \mathbf{0}, \quad \text{즉} \quad \begin{bmatrix} -2 & -2 & -2 \\ -2 & -2 & -2 \\ -2 & -2 & -2 \end{bmatrix} \begin{bmatrix} x \\ y \\ z \end{bmatrix} = \begin{bmatrix} 0 \\ 0 \\ 0 \end{bmatrix}$$

을 풀자. 이를 방정식으로 나타내면 셋 모두 $x + y + z = 0$이다. 이때 $y = s$, $z = t$로 두면 $x = -s - t$이므로

$$\begin{bmatrix} x \\ y \\ z \end{bmatrix} = \begin{bmatrix} -s-t \\ s \\ t \end{bmatrix} = s\begin{bmatrix} -1 \\ 1 \\ 0 \end{bmatrix} + t\begin{bmatrix} -1 \\ 0 \\ 1 \end{bmatrix}$$

가 되어 $\mathbf{w}_1 = \begin{bmatrix} -1 \\ 1 \\ 0 \end{bmatrix}$, $\mathbf{w}_2 = \begin{bmatrix} -1 \\ 0 \\ 1 \end{bmatrix}$는 $\lambda = 2$의 고유벡터이다. 이때 $\mathbf{w}_1, \mathbf{w}_2$는 서로 수직이 아니다. 여기에 직교화과정을 적용하자.

$$\mathbf{u}_1 = \mathbf{w}_1 = \begin{bmatrix} -1 \\ 1 \\ 0 \end{bmatrix} \qquad \|\mathbf{u}_1\|^2 = 2$$

$$\mathbf{u}_2 = \mathbf{w}_2 - \frac{\mathbf{w}_2 \circ \mathbf{u}_1}{\|\mathbf{u}_1\|^2}\mathbf{u}_1 = \frac{1}{2}\begin{bmatrix} -1 \\ -1 \\ 2 \end{bmatrix} \qquad \|\mathbf{u}_2\|^2 = \frac{3}{2}$$

이다. 이제

$$\mathbf{v}_1 = \frac{\mathbf{u}_1}{\|\mathbf{u}_1\|} = \frac{1}{\sqrt{2}}\begin{bmatrix}-1\\1\\0\end{bmatrix}, \quad \mathbf{v}_2 = \frac{\mathbf{u}_2}{\|\mathbf{u}_2\|} = \frac{1}{\sqrt{6}}\begin{bmatrix}-1\\-1\\2\end{bmatrix}$$

로 두면 $\mathbf{v}_1, \mathbf{v}_2$는 서로 수직인 $\lambda = 2$의 단위고유벡터이다.

(2) $\lambda = 8$의 고유벡터를 구하기 위해

$$(8I_3 - A)\mathbf{x} = \mathbf{0}, \quad 즉 \begin{bmatrix}4 & -2 & -2\\-2 & 4 & -2\\-2 & -2 & 4\end{bmatrix}\begin{bmatrix}x\\y\\z\end{bmatrix} = \begin{bmatrix}0\\0\\0\end{bmatrix}$$

을 풀면 $x = y = z$이다. 이제 $\lambda = 8$의 고유벡터로 $\begin{bmatrix}1\\1\\1\end{bmatrix}$을 택해 단위고유벡터로 만들면

$$\mathbf{v}_3 = \frac{1}{\sqrt{3}}\begin{bmatrix}1\\1\\1\end{bmatrix}$$

이다.

따라서 (1), (2)에 의해

$$U = [\mathbf{v}_1\, \mathbf{v}_2\, \mathbf{v}_3] = \begin{bmatrix}-\frac{1}{\sqrt{2}} & -\frac{1}{\sqrt{6}} & \frac{1}{\sqrt{3}}\\ \frac{1}{\sqrt{2}} & -\frac{1}{\sqrt{6}} & \frac{1}{\sqrt{3}}\\ 0 & \frac{2}{\sqrt{6}} & \frac{1}{\sqrt{3}}\end{bmatrix}$$

는 A를 직교대각화하는 행렬이고 $U^{\mathrm{T}}AU = \begin{bmatrix}2 & 0 & 0\\0 & 2 & 0\\0 & 0 & 8\end{bmatrix}$이다. ■

연습문제 8.5

1 $A^*A = AA^*$인 하삼각행렬 $A \in \mathrm{M}_n(\mathrm{F})$는 대각행렬임을 보여라.

2 정리 8.5.2를 이용해서 다음 행렬의 유니타리대각화가능성을 결정하라.

(1) $A=\begin{bmatrix} 2+2i & i & 1-i \\ i & -2i & 1-3i \\ 1-i & 1-3i & -3+8i \end{bmatrix}$　　　(2) $B=\begin{bmatrix} 1+i & 1-i & i \\ 1+i & i & i \\ -i & -i & 1 \end{bmatrix}$

3 정리 8.5.3을 보여라.

4 $T: V \to V$가 정규사상일 때 다음을 보여라.

(1) $T(v)=\mathbf{0}$일 필요충분조건은 $T^*(v)=\mathbf{0}$이다.

(2) $\alpha \in \mathrm{F}$에 대해 $T-\alpha 1_V$는 정규사상이다. 단 $1_V: V \to V$는 항등사상이다.

5 정리 8.5.3의 역이 성립함을 보여라. 즉 선형사상 $T: V \to V$가 모든 $u, v \in V$에 대해 $\langle T(u), T(v) \rangle = \langle T^*(u), T^*(v) \rangle$이면 T는 정규사상임을 보여라.

6 정리 8.5.5를 보여라.

7 보조정리 8.5.6을 보여라.

8 정리 8.5.7을 보여라.

9 $A=\begin{bmatrix} 1 & -1 \\ 1 & 1 \end{bmatrix}$는 유니타리대각화가능임을 보이고 유니타리대각화하라.

10 $A=\begin{bmatrix} 2-i & 0 & i \\ 0 & 1+i & 0 \\ i & 0 & 2-i \end{bmatrix}$는 유니타리대각화가능임을 보이고 유니타리대각화하라.

9장

대칭행렬과 이차형식

EAR ALGEBRA LINEAR ALGEBRA LINEAR ALGEBRA LINEAR ALGEBR

9.1 대칭행렬과 쌍선형사상

이 절에서는 먼저 실수성분을 갖는 대칭행렬의 여러 성질들을 살펴본다. 그런 다음 실벡터공간에서의 쌍선형사상을 정의하여 n차원 실벡터공간에서의 쌍선형사상들의 집합과 행렬들의 집합 $\mathrm{M}_n(\mathbb{R})$ 사이에 일대일대응관계가 있음을 알아본다. 특히 대칭쌍선형사상과 대칭행렬은 서로 같은 의미로 사용할 수 있음을 살펴본다. 또한 대칭쌍선형사상으로부터 이차형식을 정의하여 대칭행렬을 이용한 주축정리도 알아본다.

8.4절에서 살폈듯이 $\mathbb{R}$ 상의 대칭행렬(자기수반행렬)은 다음 성질을 갖는다.

정리 9.1.1 $A \in \mathrm{M}_n(\mathbb{R})$를 대칭행렬이라 하자.

(1) A는 중복을 허락해서 n개의 실수인 고윳값을 갖는다.

(2) A의 서로 다른 고윳값에 대응하는 고유벡터들은 서로 수직이다.

(3) A는 직교대각화가능이다.

증명 (1), (2), (3)의 각각은 세 정리 8.4.2, 8.4.3 그리고 8.4.6에서 보였다. ■

정의

$A \in \mathrm{M}_n(\mathbb{R})$가 대칭행렬일 때 모든 $\mathbf{x}(\neq \mathbf{0}) \in \mathbb{R}^n$에 대해

$$\mathbf{x}^{\mathrm{T}} A \mathbf{x} > 0$$

이면 A는 **양치**(positive definite)이고 $\mathbf{x}^{\mathrm{T}} A \mathbf{x} < 0$이면 A는 **음치**(negative definite)라 한다.

특히 위 정의에서

$$\mathbf{x}^{\mathrm{T}} A \mathbf{x} > 0, \quad \mathbf{y}^{\mathrm{T}} A \mathbf{y} < 0$$

인 $\mathbf{x}, \mathbf{y}$가 존재하면 A는 **부정치**(indefinite)라 한다.

|보기| $A = \mathrm{diag}(a_1, a_2, \cdots, a_n) \in \mathrm{M}_n(\mathbb{R})$이면 임의의 $\mathbf{x} = \begin{bmatrix} x_1 \\ x_2 \\ \vdots \\ x_n \end{bmatrix} \in \mathbb{R}^n$에 대해

$$\mathbf{x}^{\mathrm{T}}A\mathbf{x} = a_1x_1^2 + a_2x_2^2 + \cdots + a_nx_n^2$$

이다. 따라서 다음이 성립한다.

(1) $a_1,\cdots,a_n > 0$이면 A는 양치이고 $a_1,\cdots,a_n < 0$이면 A는 음치이다.

(2) $a_1,\cdots,a_n$에서 양수와 음수가 모두 존재하면 A는 부정치이다.

|보기| 두 대칭행렬

$$A = \begin{bmatrix} 0 & 0 & 0 \\ 0 & 1 & 0 \\ 0 & 0 & 2 \end{bmatrix}, \quad B = \begin{bmatrix} 0 & 0 & 0 \\ 0 & -1 & 0 \\ 0 & 0 & -2 \end{bmatrix}$$

를 고려하자. 모든 $\mathbf{x} = \begin{bmatrix} x_1 \\ x_2 \\ x_3 \end{bmatrix} \in \mathbb{R}^3$에 대해

$$\mathbf{x}^{\mathrm{T}}A\mathbf{x} = x_2^2 + 2x_3^2 \geqq 0, \quad \mathbf{x}^{\mathrm{T}}B\mathbf{x} = -x_2^2 - 2x_3^2 \leqq 0$$

이다. 그런데 $a \in \mathbb{R}^*$인 $\mathbf{y} = \begin{bmatrix} a \\ 0 \\ 0 \end{bmatrix}$에 대해

$$\mathbf{y}^{\mathrm{T}}A\mathbf{y} = 0, \quad \mathbf{y}^{\mathrm{T}}B\mathbf{y} = 0$$

이다. 따라서 A, B는 모두 양치, 음치 그리고 부정치도 아니다. 이 두 행렬을 일반화하여 다음을 정의한다.

정의

대칭행렬 $A \in \mathrm{M}_n(\mathbb{R})$에 대해 $\mathbf{y}^{\mathrm{T}}A\mathbf{y} = 0$인 $\mathbf{y}(\neq \mathbf{0}) \in \mathbb{R}^n$가 존재한다고 하자. 만약 모든 $\mathbf{x} \in \mathbb{R}^n$에 대해 $\mathbf{x}^{\mathrm{T}}A\mathbf{x} \geqq 0$이면 A는 **반양치**(positive semidefinite)라 하고 $\mathbf{x}^{\mathrm{T}}A\mathbf{x} \leqq 0$이면 A는 **반음치**(negative semidefinite)라 한다.

|보기| $A = \begin{bmatrix} 4 & -6 & 0 \\ -6 & 9 & 0 \\ 0 & 0 & 5 \end{bmatrix}$이면 모든 $\mathbf{x} = \begin{bmatrix} x_1 \\ x_2 \\ x_3 \end{bmatrix} \in \mathbb{R}^3$에 대해

$$\mathbf{x}^{\mathrm{T}}A\mathbf{x} = 4x_1^2 + 9x_2^2 + 5x_3^2 - 12x_1x_2 = (2x_1 - 3x_2)^2 + 5x_3^2 \geqq 0$$

이다. 그런데 $\mathbf{y}=\begin{bmatrix}3\\2\\0\end{bmatrix}$에 대해 $\mathbf{y}^{\mathrm{T}}A\mathbf{y}=0$이므로 A는 반양치이다.

앞 세 보기에서 보듯 단순한 형태의 대칭행렬은 그 성질을 쉽게 결정할 수 있다. 그러나 $A=\begin{bmatrix}2&1&1\\1&2&1\\1&1&2\end{bmatrix}$이면 임의의 $\mathbf{x}=\begin{bmatrix}x_1\\x_2\\x_3\end{bmatrix}\in\mathbb{R}^3$에 대해

$$\mathbf{x}^{\mathrm{T}}A\mathbf{x}=2x_1^2+2x_2^2+2x_3^2+2x_1x_2+2x_1x_3+2x_2x_3$$

이므로 A의 성질을 바로 결정하기란 쉽지 않다. 이처럼 복잡한 형태의 대칭행렬의 성질은 다음 정리 또는 정리 9.1.4를 이용해서 결정할 수 있다.

정리 9.1.2 대칭행렬 $A\in M_n(\mathbb{R})$의 모든 고윳값이 $\lambda_1,\cdots,\lambda_n$이면 다음이 성립한다.

(1) A가 양치일 필요충분조건은 $\lambda_1,\cdots,\lambda_n>0$이다.

(2) A가 반양치일 필요충분조건은 $\lambda_1,\cdots,\lambda_n\geqq 0$이고 $\lambda_i=0$인 i가 존재한다.

(3) A가 음치일 필요충분조건은 $\lambda_1,\cdots,\lambda_n<0$이다.

(4) A가 반음치일 필요충분조건은 $\lambda_1,\cdots,\lambda_n\leqq 0$이고 $\lambda_i=0$인 i가 존재한다.

(5) A가 부정치일 필요충분조건은 $\lambda_i>0$이고 $\lambda_j<0$인 i,j가 존재한다.

증명 $D=\mathrm{diag}(\lambda_1,\cdots,\lambda_n)$으로 두면 A는 대칭행렬이므로 정리 9.1.1에 의해

$$P^{\mathrm{T}}AP=D$$

인 직교행렬 P가 존재한다. 그런데 P는 가역이므로 모든 $\mathbf{x}=\begin{bmatrix}x_1\\\vdots\\x_n\end{bmatrix}\in\mathbb{R}^n$에 대해

$$\mathbf{x}=P\mathbf{y}$$

인 $\mathbf{y}=\begin{bmatrix}y_1\\\vdots\\y_n\end{bmatrix}\in\mathbb{R}^n$가 유일하게 결정된다. 그러면 $A=PDP^{\mathrm{T}}$이므로 다음이 성립한다.

$$\mathbf{x}^{\mathrm{T}}A\mathbf{x}=(P\mathbf{y})^{\mathrm{T}}A(P\mathbf{y})=\mathbf{y}^{\mathrm{T}}(P^{\mathrm{T}}AP)\mathbf{y}=\mathbf{y}^{\mathrm{T}}D\mathbf{y}=\lambda_1y_1^2+\cdots+\lambda_ny_n^2$$

(1) 모든 $\mathbf{x} \neq \mathbf{0}$에 대해 $\mathbf{x}^{\mathrm{T}} A \mathbf{x} > 0$과 모든 $\mathbf{y} \neq \mathbf{0}$에 대해

$$\lambda_1 y_1^2 + \cdots + \lambda_n y_n^2 > 0$$

은 동치이다. 그런데 후자는 $\lambda_1, \cdots, \lambda_n > 0$과 동치이므로 (1)이 성립한다.

(2) 먼저 모든 $\mathbf{x}$에 대해 $\mathbf{x}^{\mathrm{T}} A \mathbf{x} \geq 0$과 $\lambda_1, \cdots, \lambda_n \geq 0$은 동치이다. 그런데 $\mathbf{x} \neq \mathbf{0}$에 대해 $\mathbf{x}^{\mathrm{T}} A \mathbf{x} = 0$과 $\mathbf{x} = P\mathbf{y}$인 $\mathbf{y} \neq \mathbf{0}$에 대해

$$\lambda_1 y_1^2 + \cdots + \lambda_n y_n^2 = 0$$

은 동치이다. 한편 후자는 $\lambda_i = 0$인 i가 존재함을 의미한다. 따라서 (2)가 성립한다.

(3)은 (1)과 유사하고 (4)는 (2)와 유사하다. (5)는 연습문제 2로 남긴다. ■

따름정리 9.1.3 대칭행렬 $A = [a_{ij}] \in \mathrm{M}_n(\mathbb{R})$가 양치이면 $|A| > 0$이고

$$a_{11}, \cdots, a_{nn} > 0$$

이다.

증명 $\lambda_1, \cdots, \lambda_n$을 A의 고윳값이라 하면 정리 5.1.8(1)에 의해

$$|A| = \lambda_1 \cdots \lambda_n$$

이다. 한편 A는 양치이므로 정리 9.1.2에 의해 $\lambda_1, \cdots, \lambda_n > 0$이 되어 $|A| > 0$이다. 또한 모든 $\mathbf{x}(\neq \mathbf{0}) \in \mathbb{R}^n$에 대해 $\mathbf{x}^{\mathrm{T}} A \mathbf{x} > 0$이다. 이때 $i = 1, \cdots, n$에 대해 표준단위벡터 $\mathbf{e}_i$를 고려하면

$$a_{ii} = \mathbf{e}_i^{\mathrm{T}} A \mathbf{e}_i > 0$$

이므로 $a_{11}, \cdots, a_{nn} > 0$이다. ■

예제 9.1.1_ 다음 대칭행렬의 성질을 결정하라.

(1) $A = \begin{bmatrix} 2 & 1 & 1 \\ 1 & 2 & 1 \\ 1 & 1 & 2 \end{bmatrix}$ (2) $B = \begin{bmatrix} 2 & -1 & -1 \\ -1 & 2 & -1 \\ -1 & -1 & 2 \end{bmatrix}$

풀이 (1) A의 고유방정식

$$|tI_3 - A| = \begin{vmatrix} t-2 & -1 & -1 \\ -1 & t-2 & -1 \\ -1 & -1 & t-2 \end{vmatrix} = (t-1)^2(t-4) = 0$$

을 풀면 A의 고윳값은 $\lambda = 1,1,4$이다. 따라서 정리 9.1.2에 의해 A는 양치이다.

(2) B의 고유방정식

$$|tI_3 - B| = \begin{vmatrix} t-2 & 1 & 1 \\ 1 & t-2 & 1 \\ 1 & 1 & t-2 \end{vmatrix} = t(t-3)^2 = 0$$

을 풀면 B의 고윳값은 $\lambda = 0,3,3$이다. 따라서 정리 9.1.2에 의해 B는 반양치이다. ■

$A = [a_{ij}] \in \mathrm{M}_n(\mathbb{R})$일 때 $k = 1, \cdots, n$에 대해 A의 처음 k개의 행과 처음 k개의 열로 이루어진 행렬을 A의 **k-주부분행렬**(k-principal submatrix of A)이라 하고 $A(k)$로 나타낸다. 구체적으로 다음과 같다.

$$A(1) = [a_{11}], \quad A(2) = \begin{bmatrix} a_{11} & a_{12} \\ a_{21} & a_{22} \end{bmatrix}, \quad A(3) = \begin{bmatrix} a_{11} & a_{12} & a_{13} \\ a_{21} & a_{22} & a_{23} \\ a_{31} & a_{32} & a_{33} \end{bmatrix}, \quad \cdots, \quad A(n) = A$$

정리 9.1.4 대칭행렬 $A \in \mathrm{M}_n(\mathbb{R})$가 양치일 필요충분조건은 모든 $k = 1, \cdots, n$에 대해 $|A(k)| > 0$이다.

증명 ($\Rightarrow$) 먼저 모든 $k = 1, \cdots, n$에 대해 $A(k)$가 양치임을 보이자. 이를 위해 $\mathbf{x} = \begin{bmatrix} x_1 \\ \vdots \\ x_k \end{bmatrix} (\neq \mathbf{0}) \in \mathbb{R}^k$를 임의라 하면 $\mathbf{y} = \begin{bmatrix} \mathbf{x} \\ 0 \\ \vdots \\ 0 \end{bmatrix} (\neq \mathbf{0}) \in \mathbb{R}^n$이고 A는 양치이므로 $\mathbf{y}^{\mathrm{T}} A \mathbf{y} > 0$이다. 그런데 행렬연산에 의해

$$\mathbf{y}^{\mathrm{T}} A \mathbf{y} = \mathbf{x}^{\mathrm{T}} A(k) \mathbf{x}$$

이므로 $\mathbf{x}^{\mathrm{T}} A(k) \mathbf{x} > 0$이다. 한편 $\mathbf{x}(\neq \mathbf{0}) \in \mathbb{R}^k$는 임의이므로 $A(k)$는 양치이다. 따라서 따름정리 9.1.3에 의해 $|A(k)| > 0$이다.

($\Leftarrow$) 연습문제 5로 남긴다. ■

|보기| 예제 9.1.1(1)의 풀이에서

$$A=\begin{bmatrix}2&1&1\\1&2&1\\1&1&2\end{bmatrix}$$

는 양치행렬이다. 이를 행렬식을 이용해서 확인해보자.

$$A(1)=[2],\qquad A(2)=\begin{bmatrix}2&1\\1&2\end{bmatrix},\qquad A(3)=A=\begin{bmatrix}2&1&1\\1&2&1\\1&1&2\end{bmatrix}$$

에서

$$|A(1)|=|2|=2>0,$$
$$|A(2)|=\begin{vmatrix}2&1\\1&2\end{vmatrix}=3>0,$$
$$|A(3)|=\begin{vmatrix}2&1&1\\1&2&1\\1&1&2\end{vmatrix}=4>0$$

이다. 따라서 정리 9.1.4에 의해 A는 양치이다.

정의

V가 실벡터공간일 때 다음을 만족하는 사상

$$\phi: V\times V\rightarrow \mathbb{R}$$

를 V에서의 **쌍선형**(bilinear mapping)이라 한다. 모든 $u,v,w\in V$와 $\alpha\in\mathbb{R}$에 대해

① $\phi(u+v,w)=\phi(u,w)+\phi(v,w),\quad \phi(\alpha u,w)=\alpha\phi(u,w)$
② $\phi(u,v+w)=\phi(u,v)+\phi(u,w),\quad \phi(u,\alpha v)=\alpha\phi(u,v)$

위 정의에서 두 조건의 각각을 한꺼번에 나타내면 다음과 같다.

① $\phi(\alpha u+v,w)=\alpha\phi(u,w)+\phi(v,w)$
② $\phi(u,\alpha v+w)=\alpha\phi(u,v)+\phi(u,w)$

예제 9.1.2_ $A \in \mathrm{M}_n(\mathbb{R})$에 대해 사상

$$\phi : \mathrm{M}_n(\mathbb{R}) \times \mathrm{M}_n(\mathbb{R}) \to \mathbb{R}, \quad \phi(X, Y) = \mathrm{tr}(X^{\mathrm{T}} A Y)$$

는 쌍선형임을 보여라.

증명 $X, Y, Z \in \mathrm{M}_n(\mathbb{R})$와 $\alpha \in \mathbb{R}$ 에 대해

$$\begin{aligned} \phi(\alpha X + Y, Z) &= \mathrm{tr}[(\alpha X + Y)^{\mathrm{T}} A Z] \\ &= \mathrm{tr}(\alpha X^{\mathrm{T}} A Z + Y^{\mathrm{T}} A Z) \\ &= \alpha \mathrm{tr}(X^{\mathrm{T}} A Z) + \mathrm{tr}(Y^{\mathrm{T}} A Z) \\ &= \alpha \phi(X, Z) + \phi(Y, Z) \end{aligned}$$

이고 유사하게 $\phi(X, \alpha Y + Z) = \alpha\phi(X, Y) + \phi(X, Z)$이다. 따라서 ϕ는 쌍선형이다. ■

예제 9.1.3_ 사상 $\phi : \mathbb{R}^2 \times \mathbb{R}^2 \to \mathbb{R}$ 는 쌍선형임을 보여라.

$$\phi((x_1, x_2), (y_1, y_2)) = 3x_1y_1 + 4x_1y_2 + 5x_2y_1 + 6x_2y_2$$

증명 $A = \begin{bmatrix} 3 & 4 \\ 5 & 6 \end{bmatrix}$로 두면 $\mathbf{x} = \begin{bmatrix} x_1 \\ x_2 \end{bmatrix}$, $\mathbf{y} = \begin{bmatrix} y_1 \\ y_2 \end{bmatrix}$에 대해 ϕ의 행렬표현은

$$\phi(\mathbf{x}, \mathbf{y}) = [x_1 \ x_2] \begin{bmatrix} 3 & 4 \\ 5 & 6 \end{bmatrix} \begin{bmatrix} y_1 \\ y_2 \end{bmatrix} = \mathbf{x}^{\mathrm{T}} A \mathbf{y}$$

이다. 그러면 $\mathbf{x}, \mathbf{y}, \mathbf{z} \in \mathbb{R}^2$와 $\alpha \in \mathbb{R}$ 에 대해

$$\phi(\alpha\mathbf{x} + \mathbf{y}, \mathbf{z}) = (\alpha\mathbf{x} + \mathbf{y})^{\mathrm{T}} A\mathbf{z} = \alpha\mathbf{x}^{\mathrm{T}} A\mathbf{z} + \mathbf{y}^{\mathrm{T}} A\mathbf{z} = \alpha\phi(\mathbf{x}, \mathbf{z}) + \phi(\mathbf{y}, \mathbf{z})$$

이고 유사하게 $\phi(\mathbf{x}, \alpha\mathbf{y} + \mathbf{z}) = \alpha\phi(\mathbf{x}, \mathbf{y}) + \phi(\mathbf{x}, \mathbf{z})$ 이다. 따라서 ϕ는 쌍선형이다. ■

위 예제의 풀이에서 살폈듯이 $\mathbb{R}^2$에서의 쌍선형사상 ϕ는 행렬 $A \in \mathrm{M}_2(\mathbb{R})$에 관련되었다. 이는 모든 유한차원 실벡터공간에서의 쌍선형사상에도 그렇다. 이를 살펴보자. $E = \{v_1, \cdots, v_n\}$는 실벡터공간 V의 기저이고 $\phi : V \times V \to \mathbb{R}$ 를 쌍선형사상이라 하자. 그러면 임의의 $u, v \in V$는

$$u = b_1v_1 + \cdots + b_nv_n, \qquad v = c_1v_1 + \cdots + c_nv_n$$

로 나타낼 수 있다. 이때 $i,j = 1,\cdots,n$에 대해 $\phi(v_i,v_j) = a_{ij}$로 두면 ϕ는 쌍선형이므로

$$\begin{aligned}
\phi(u,v) &= \phi(b_1v_1 + \cdots + b_nv_n,\ c_1v_1 + \cdots + c_nv_n) \\
&= b_1c_1\phi(v_1,v_1) + b_1c_2\phi(v_1,v_2) + \cdots + b_1c_n\phi(v_1,v_n) \\
&\quad + b_2c_1\phi(v_2,v_1) + b_2c_2\phi(v_2,v_2) + \cdots + b_2c_n\phi(v_2,v_n) \\
&\qquad\qquad \vdots \\
&\quad + b_nc_1\phi(v_n,v_1) + b_nc_2\phi(v_n,v_2) + \cdots + b_nc_n\phi(v_n,v_n) \\
&= [b_1\ b_2\ \cdots\ b_n] \begin{bmatrix} a_{11} & a_{12} & \cdots & a_{1n} \\ a_{21} & a_{22} & \cdots & a_{2n} \\ \vdots & \vdots & & \vdots \\ a_{n1} & a_{n2} & \cdots & a_{nn} \end{bmatrix} \begin{bmatrix} c_1 \\ c_2 \\ \vdots \\ c_n \end{bmatrix} \\
&= \mathbf{x}^{\mathrm{T}} A \mathbf{y}
\end{aligned}$$

이다. 단 $\mathbf{x},\mathbf{y} \in \mathbb{R}^n$는 기저 E에 대한 u,v의 좌표이다. 즉

$$\mathbf{x} = [u]_E, \qquad \mathbf{y} = [v]_E$$

이다. 이때 $A \in \mathrm{M}_n(\mathbb{R})$를 **기저 E에 관한 ϕ의 행렬**(matrix of ϕ with respect to the base E)이라 하고 $A = [\phi]_E$로 나타낸다.

예제 9.1.4_ $\phi : \mathbb{R}^2 \times \mathbb{R}^2 \to \mathbb{R}$는 다음으로 정의된 쌍선형사상이라 하자.

$$\phi((x_1,x_2),(y_1,y_2)) = 3x_1y_1 + 4x_1y_2 + 5x_2y_1 + 6x_2y_2$$

$\mathbb{R}^2$의 기저 E,F에 대해 $[\phi]_E$, $[\phi]_F$를 구하라.

$$E = \{\mathbf{e}_1,\mathbf{e}_2\} = \left\{ \begin{bmatrix} 1 \\ 0 \end{bmatrix}, \begin{bmatrix} 0 \\ 1 \end{bmatrix} \right\}, \qquad F = \{\mathbf{v}_1,\mathbf{v}_2\} = \left\{ \begin{bmatrix} 1 \\ 0 \end{bmatrix}, \begin{bmatrix} 1 \\ 1 \end{bmatrix} \right\}$$

풀이 (1) $\phi(\mathbf{e}_1,\mathbf{e}_1) = 3$, $\phi(\mathbf{e}_1,\mathbf{e}_2) = 4$, $\phi(\mathbf{e}_2,\mathbf{e}_1) = 5$, $\phi(\mathbf{e}_2,\mathbf{e}_2) = 6$이므로

$$[\phi]_E = \begin{bmatrix} 3 & 4 \\ 5 & 6 \end{bmatrix}$$

(2) $\phi(\mathbf{v}_1,\mathbf{v}_1) = 3$, $\phi(\mathbf{v}_1,\mathbf{v}_2) = 7$, $\phi(\mathbf{v}_2,\mathbf{v}_1) = 8$, $\phi(\mathbf{v}_2,\mathbf{v}_2) = 18$이므로

$$[\phi]_F = \begin{bmatrix} 3 & 7 \\ 8 & 18 \end{bmatrix}$$

이다. ■

위 예제에서 $[\phi]_E$와 $[\phi]_F$의 관계를 알아보기 위해 F에서 E로의 전이행렬 P를 구해 보자.

$$\mathbf{v}_1 = \begin{bmatrix} 1 \\ 0 \end{bmatrix} = 1\mathbf{e}_1 + 0\mathbf{e}_2,$$

$$\mathbf{v}_2 = \begin{bmatrix} 1 \\ 1 \end{bmatrix} = 1\mathbf{e}_1 + 1\mathbf{e}_2$$

이므로 $P = \begin{bmatrix} 1 & 1 \\ 0 & 1 \end{bmatrix}$이다. 그러면

$$P^{\mathrm{T}}[\phi]_E P = \begin{bmatrix} 1 & 0 \\ 1 & 1 \end{bmatrix}\begin{bmatrix} 3 & 4 \\ 5 & 6 \end{bmatrix}\begin{bmatrix} 1 & 1 \\ 0 & 1 \end{bmatrix} = \begin{bmatrix} 3 & 7 \\ 8 & 18 \end{bmatrix} = [\phi]_F$$

이다. 이는 다음 정리에 대한 예이다. 참고로 E, F가 유한차원 벡터공간 V의 기저이면 F에서 E로의 전이행렬은 가역임을 정리 6.2.6이 보장한다.

정리 9.1.5 E, F가 n차원 실벡터공간 V의 두 기저일 때 F에서 E로의 전이행렬이 $P = [p_{ij}] \in \mathrm{M}_n(\mathbb{R})$이면 쌍선형사상 $\phi : V \times V \to \mathbb{R}$ 에 대해

$$P^{\mathrm{T}}[\phi]_E P = [\phi]_F$$

이다.

증명 $E = \{v_1, \cdots, v_n\}$, $F = \{w_1, \cdots, w_n\}$로 두면 전이행렬의 정의에 의해

$$\begin{aligned} w_1 &= p_{11}v_1 + p_{21}v_2 + \cdots + p_{n1}v_n \\ w_2 &= p_{12}v_1 + p_{22}v_2 + \cdots + p_{n2}v_n \\ &\vdots \\ w_n &= p_{1n}v_1 + p_{2n}v_2 + \cdots + p_{nn}v_n \end{aligned}$$

이다. 이제 $[\phi]_F$와 $P^{\mathrm{T}}[\phi]_E P$에 대해 임의의 (i, j)성분이 같음을 보이면 된다. 한편 $[\phi]_F$의 (i, j)성분은 정의에 의해 $\phi(w_i, w_j)$이므로 $P^{\mathrm{T}}[\phi]_E P$의

(i,j)성분을 x_{ij}라 하여

$$x_{ij} = \phi(w_i, w_j)$$

를 보이면 증명이 끝난다. 먼저 x_{ij}는 P^{T}의 i행과 $[\phi]_E P$의 j열에서 대응하는 성분들의 곱에 대한 합이다. 그런데 P^{T}의 i행은 P의 i열로 이루어진 $[p_{1i}\, p_{2i} \cdots p_{ni}]$이고 $[\phi]_E P$의 j열은

$$\begin{bmatrix} p_{1j}\phi(v_1, v_1) + p_{2j}\phi(v_1, v_2) + \cdots + p_{nj}\phi(v_1, v_n) \\ p_{1j}\phi(v_2, v_1) + p_{2j}\phi(v_2, v_2) + \cdots + p_{nj}\phi(v_2, v_n) \\ \vdots \\ p_{1j}\phi(v_n, v_1) + p_{2j}\phi(v_n, v_2) + \cdots + p_{nj}\phi(v_n, v_n) \end{bmatrix}$$

이다. 따라서

$$\begin{aligned} x_{ij} &= [p_{1i}\, p_{2i} \cdots p_{ni}] \begin{bmatrix} p_{1j}\phi(v_1, v_1) + p_{2j}\phi(v_1, v_2) + \cdots + p_{nj}\phi(v_1, v_n) \\ p_{1j}\phi(v_2, v_1) + p_{2j}\phi(v_2, v_2) + \cdots + p_{nj}\phi(v_2, v_n) \\ \vdots \\ p_{1j}\phi(v_n, v_1) + p_{2j}\phi(v_n, v_2) + \cdots + p_{nj}\phi(v_n, v_n) \end{bmatrix} \\ &= p_{1i}[p_{1j}\phi(v_1, v_1) + \cdots + p_{nj}\phi(v_1, v_n)] + \cdots \\ &\qquad + p_{ni}[p_{1j}\phi(v_n, v_1) + \cdots + p_{nj}\phi(v_n, v_n)] \\ &= [\phi(p_{1i}v_1, p_{1j}v_1) + \cdots + \phi(p_{1i}v_1, p_{nj}v_n)] + \cdots \\ &\qquad + [\phi(p_{ni}v_n, p_{1j}v_1) + \cdots + \phi(p_{ni}v_n, p_{nj}v_n)] \\ &= \phi(p_{1i}v_1 + \cdots + p_{ni}v_n,\ p_{1j}v_1 + \cdots + p_{nj}v_n) = \phi(w_i, w_j) \end{aligned}$$

이므로 증명이 완결된다. ■

예제 9.1.5_ $\phi : \mathbb{R}^2 \times \mathbb{R}^2 \to \mathbb{R}$ 는

$$\phi((x_1, x_2), (y_1, y_2)) = x_1 y_1 + 2x_1 y_2 + 3x_2 y_1 + 4x_2 y_2$$

로 정의된 쌍선형사상이고 다음 E, F는 $\mathbb{R}^2$의 기저들이다.

$$E = \{\mathbf{e}_1, \mathbf{e}_2\} = \left\{ \begin{bmatrix} 1 \\ 0 \end{bmatrix}, \begin{bmatrix} 0 \\ 1 \end{bmatrix} \right\}, \qquad F = \{\mathbf{v}_1, \mathbf{v}_2\} = \left\{ \begin{bmatrix} 1 \\ 1 \end{bmatrix}, \begin{bmatrix} 1 \\ -1 \end{bmatrix} \right\}$$

(1) $[\phi]_E$를 구하라.

(2) 직접계산으로 $[\phi]_F$를 구하라.

(3) F에서 E로의 전이행렬 P를 이용해서 $[\phi]_F$를 구하라.

풀이 (1) $\phi(\mathbf{e}_1,\mathbf{e}_1)=1$, $\phi(\mathbf{e}_1,\mathbf{e}_2)=2$, $\phi(\mathbf{e}_2,\mathbf{e}_1)=3$, $\phi(\mathbf{e}_2,\mathbf{e}_2)=4$이므로

$$[\phi]_E=\begin{bmatrix}1 & 2\\ 3 & 4\end{bmatrix}$$

이다.

(2) $\phi(\mathbf{v}_1,\mathbf{v}_1)=10$, $\phi(\mathbf{v}_1,\mathbf{v}_2)=-2$, $\phi(\mathbf{v}_2,\mathbf{v}_1)=-4$, $\phi(\mathbf{v}_2,\mathbf{v}_2)=0$이므로

$$[\phi]_F=\begin{bmatrix}10 & -2\\ -4 & 0\end{bmatrix}$$

이다.

(3) F에서 E로의 전이행렬 P를 구해보자.

$$\mathbf{v}_1=\begin{bmatrix}1\\ 1\end{bmatrix}=1\mathbf{e}_1+1\mathbf{e}_2,$$

$$\mathbf{v}_2=\begin{bmatrix}1\\ -1\end{bmatrix}=1\mathbf{e}_1+(-1)\mathbf{e}_2$$

이므로 $P=\begin{bmatrix}1 & 1\\ 1 & -1\end{bmatrix}$이다. 그러면 정리 9.1.5에 의해

$$[\phi]_F=P^{\mathrm{T}}[\phi]_E P=\begin{bmatrix}1 & 1\\ 1 & -1\end{bmatrix}\begin{bmatrix}1 & 2\\ 3 & 4\end{bmatrix}\begin{bmatrix}1 & 1\\ 1 & -1\end{bmatrix}=\begin{bmatrix}10 & -2\\ -4 & 0\end{bmatrix}$$

이다. ■

정리 9.1.6 n차원 실벡터공간 V에서의 쌍선형사상 $\phi: V\times V\to\mathbb{R}$ 들의 집합과 $M_n(\mathbb{R})$은 일대일대응관계를 갖는다.

증명 $E=\{v_1,\cdots,v_n\}$를 V의 기저라 하자. 먼저 $\phi: V\times V\to\mathbb{R}$ 가 쌍선형사상이면 E에 관한 ϕ의 행렬 $[\phi]_E\in M_n(\mathbb{R})$가 존재한다. 즉 쌍선형사상 ϕ는 행렬 $[\phi]_E$에 대응된다. 다음으로 $A\in M_n(\mathbb{R})$이면 사상

$$\phi: V\times V\to\mathbb{R}\ ,\quad \phi(u,v)=\mathbf{x}^{\mathrm{T}}A\mathbf{y}$$

를 정의하자. 단 $\mathbf{x},\mathbf{y}\in\mathbb{R}^n$는 각각 기저 E에 대한 u,v의 좌표이다. 즉

$\mathbf{x} = [u]_E$, $\mathbf{y} = [v]_E$ 이다. 그러면 ϕ는 쌍선형사상이다. 따라서 행렬 A는 쌍선형사상 ϕ에 대응된다. ■

정의

실벡터공간 V에서의 쌍선형사상 $\phi : V \times V \to \mathbb{R}$ 가 모든 $u, v \in V$에 대해

$$\phi(u,v) = \phi(v,u)$$

이면 ϕ는 **대칭(symmetric)**이라 한다.

예제 9.1.6_ 다음에 주어진 쌍선형사상이 대칭인지를 결정하라.

(1) $\phi : \mathbb{R}^2 \times \mathbb{R}^2 \to \mathbb{R}$, $\phi((x_1, x_2), (y_1, y_2)) = x_1y_1 + 2x_1y_2 + 3x_2y_1 + 4x_2y_2$

(2) $\psi : \mathbb{R}^2 \times \mathbb{R}^2 \to \mathbb{R}$, $\psi((x_1, x_2), (y_1, y_2)) = 5x_1y_1 + 3x_1y_2 + 3x_2y_1 - 4x_2y_2$

풀이 (1) $\mathbf{e}_1 = \begin{bmatrix} 1 \\ 0 \end{bmatrix}$, $\mathbf{e}_2 = \begin{bmatrix} 0 \\ 1 \end{bmatrix}$에 대해

$$\phi(\mathbf{e}_1, \mathbf{e}_2) = 2 \neq 3 = \phi(\mathbf{e}_2, \mathbf{e}_1)$$

이므로 ϕ는 대칭이 아니다.

(2) $\begin{bmatrix} x_1 \\ x_2 \end{bmatrix}, \begin{bmatrix} y_1 \\ y_2 \end{bmatrix} \in \mathbb{R}^2$에 대해

$$\begin{aligned} \psi((x_1, x_2), (y_1, y_2)) &= 5x_1y_1 + 3x_1y_2 + 3x_2y_1 - 4x_2y_2 \\ &= 5y_1x_1 + 3y_1x_2 + 3y_2x_1 - 4y_2x_2 \\ &= \psi((y_1, y_2), (x_1, x_2)) \end{aligned}$$

이므로 ψ는 대칭이다. ■

|참고| $\mathbb{R}^2$의 표준기저 $E = \{\mathbf{e}_1, \mathbf{e}_2\}$를 고려하여 위 예제를 다시 살피자.

(1) E에 관한 ϕ의 행렬은 $[\phi]_E = \begin{bmatrix} 1 & 2 \\ 3 & 4 \end{bmatrix}$인데 이는 대칭행렬이 아니다.

(2) E에 관한 ψ의 행렬은 $[\psi]_E = \begin{bmatrix} 5 & 3 \\ 3 & -4 \end{bmatrix}$인데 이는 대칭행렬이다.

정리 9.1.7 V가 유한차원 실벡터공간일 때 쌍선형사상 $\phi : V \times V \to \mathbb{R}$ 에 대해 다음은 동치다.

(1) ϕ는 대칭이다.

(2) V의 임의의 기저 E에 대해 $[\phi]_E$는 대칭행렬이다.

(3) V의 적당한 기저 E에 대해 $[\phi]_E$는 대칭행렬이다.

증명 (1)⇒(2) $E = \{v_1, \cdots, v_n\}$를 V의 임의의 기저라 하면 행렬 $[\phi]_E$의 (i,j)성분은 $\phi(v_i, v_j)$이다. 그런데 ϕ는 대칭이므로

$$\phi(v_i, v_j) = \phi(v_j, v_i)$$

이다. 즉 $[\phi]_E$의 (i,j)성분과 (j,i)성분은 같다. 따라서 $[\phi]_E$는 대칭행렬이다.

(2)⇒(3) 분명하다.

(3)⇒(1) V의 적당한 기저 $E = \{v_1, \cdots, v_n\}$에 대해 $[\phi]_E = A$는 대칭행렬이라 하자. 또한 임의의 $u, v \in V$에 대해 $\mathbf{x}, \mathbf{y} \in \mathbb{R}^n$는 기저 E에 대한 u, v의 좌표라 하자. 그러면 ϕ는 $\phi(u,v) = \mathbf{x}^{\mathrm{T}} A\mathbf{y}$로 정의된다. 그런데 A는 대칭행렬이고 $\mathbf{x}^{\mathrm{T}} A\mathbf{y} \in \mathbb{R}$ 이므로

$$\phi(u,v) = \mathbf{x}^{\mathrm{T}} A\mathbf{y} = (\mathbf{x}^{\mathrm{T}} A\mathbf{y})^{\mathrm{T}} = \mathbf{y}^{\mathrm{T}} A\mathbf{x} = \phi(v,u)$$

이다. 따라서 ϕ는 대칭이다. ■

$\phi : \mathbb{R}^n \times \mathbb{R}^n \to \mathbb{R}$ 가 쌍선형사상이면 $\mathbb{R}^n$의 표준기저 $E = \{\mathbf{e}_1, \cdots, \mathbf{e}_n\}$에 대해 $[\phi]_E$는 쉽게 구해진다. 이때 정리 9.1.7에 의해 $[\phi]_E$가 대칭행렬인지 아닌지에 따라 ϕ의 대칭성이 결정된다. 예로 두 쌍선형사상

$$\phi : \mathbb{R}^2 \times \mathbb{R}^2 \to \mathbb{R}, \quad \phi((x_1, x_2), (y_1, y_2)) = x_1y_1 + 2x_1y_2 + 3x_2y_1 + 4x_2y_2$$
$$\psi : \mathbb{R}^2 \times \mathbb{R}^2 \to \mathbb{R}, \quad \psi((x_1, x_2), (y_1, y_2)) = x_1y_1 + 2x_1y_2 + 2x_2y_1 + 4x_2y_2$$

에 대해 $[\phi]_E = \begin{bmatrix} 1 & 2 \\ 3 & 4 \end{bmatrix}$는 대칭행렬이 아니므로 ϕ는 대칭이 아니고 $[\psi]_E = \begin{bmatrix} 1 & 2 \\ 2 & 4 \end{bmatrix}$는 대칭행렬이므로 ψ는 대칭이다.

정의

V는 실벡터공간이고 $\phi: V\times V \to \mathbb{R}$ 가 대칭쌍선형사상일 때

$$q: V \to \mathbb{R}, \quad q(v) = \phi(v,v)$$

로 정의되는 사상 q를 (ϕ에 대응되는) **이차형식**(quadratic form)이라 한다.

|보기| 대칭쌍선형사상 $\phi: \mathbb{R}^2 \times \mathbb{R}^2 \to \mathbb{R}$,

$$\phi((x_1,x_2),(y_1,y_2)) = 2x_1y_1 + 3x_1y_2 + 3x_2y_1 + 4x_2y_2$$

에 대응되는 이차형식 $q: \mathbb{R}^2 \to \mathbb{R}$ 는

$$\begin{aligned} q(x_1,x_2) &= \phi((x_1,x_2),(x_1,x_2)) \\ &= 2x_1x_1 + 3x_1x_2 + 3x_2x_1 + 4x_2x_2 \\ &= 2x_1^2 + 4x_2^2 + 6x_1x_2 \end{aligned}$$

이다. 또한 $A = \begin{bmatrix} 2 & 3 \\ 3 & 4 \end{bmatrix}$로 두면 q의 행렬표현은 $q(\mathbf{x}) = \mathbf{x}^{\mathrm{T}} A\mathbf{x}$이다.

실벡터공간 V에 대해 $\phi: V\times V \to \mathbb{R}$ 는 대칭쌍선형사상이고 $q: V \to \mathbb{R}$ 가 ϕ에 대응되는 이차형식이면 정의에 의해 q를 ϕ로 나타낼 수 있다. 역으로 ϕ를 q로 나타낼 수 있는데 결과는 다음과 같다.

정리 9.1.8 V는 실벡터공간이고 $q: V \to \mathbb{R}$ 가 대칭쌍선형사상 $\phi: V\times V \to \mathbb{R}$ 에 대응되는 이차형식이면 다음이 성립한다.

$$\phi(u,v) = \frac{1}{2}[q(u+v) - q(u) - q(v)]$$

증명 $u, v \in V$이면

$$\begin{aligned} q(u+v) &= \phi(u+v, u+v) \\ &= \phi(u,u) + \phi(u,v) + \phi(v,u) + \phi(v,v) \\ &= q(u) + 2\phi(u,v) + q(v) \end{aligned}$$

이므로 $\phi(u,v) = \frac{1}{2}[q(u+v) - q(u) - q(v)]$이다. ∎

예제 9.1.7_ 이차형식이

$$q : \mathbb{R}^2 \to \mathbb{R}, \quad q(x_1, x_2) = x_1^2 + 3x_2^2 + 2x_1x_2$$

로 주어진 대칭쌍선형사상 $\phi : \mathbb{R}^2 \times \mathbb{R}^2 \to \mathbb{R}$ 를 구하라.

풀이 정리 9.1.8에 의해

$$\begin{aligned}
\phi((x_1,x_2),(y_1,y_2)) &= \frac{1}{2}[q((x_1,x_2)+(y_1,y_2)) - q(x_1,x_2) - q(y_1,y_2)] \\
&= \frac{1}{2}[q(x_1+y_1, x_2+y_2) - q(x_1,x_2) - q(y_1,y_2)] \\
&= \frac{1}{2}([(x_1+y_1)^2 + 3(x_2+y_2)^2 + 2(x_1+y_1)(x_2+y_2)] \\
&\quad - [x_1^2 + 3x_2^2 + 2x_1x_2] - [y_1^2 + 3y_2^2 + 2y_1y_2]) \\
&= x_1y_1 + x_1y_2 + x_2y_1 + 3x_2y_2
\end{aligned}$$

이다. ∎

예제 9.1.8_ 이차형식

$$q : \mathbb{R}^3 \to \mathbb{R}, \quad q(x_1, x_2, x_3) = 2x_1^2 + 7x_2^2 - 8x_3^2 + 4x_1x_2 - 8x_1x_3 + 6x_2x_3$$

를 행렬표현으로 나타내라.

풀이 $A = \begin{bmatrix} 2 & 2 & -4 \\ 2 & 7 & 3 \\ -4 & 3 & -8 \end{bmatrix}$ 로 두면 $\mathbf{x} = \begin{bmatrix} x_1 \\ x_2 \\ x_3 \end{bmatrix} \in \mathbb{R}^3$에 대해

$$q(\mathbf{x}) = q(x_1, x_2, x_3) = [x_1\ x_2\ x_3] \begin{bmatrix} 2 & 2 & -4 \\ 2 & 7 & 3 \\ -4 & 3 & -8 \end{bmatrix} \begin{bmatrix} x_1 \\ x_2 \\ x_3 \end{bmatrix} = \mathbf{x}^{\mathrm{T}} A \mathbf{x}$$

이다. ∎

위 예제와 같이 $\mathbb{R}^n$에서의 이차형식 $q: \mathbb{R}^n \to \mathbb{R}$는 $\mathbf{x} = \begin{bmatrix} x_1 \\ \vdots \\ x_n \end{bmatrix} \in \mathbb{R}^n$에 대해

$$q(\mathbf{x}) = \sum_{i=1}^{n} a_{ii} x_i^2 + 2\sum_{i<j}^{n} a_{ij} x_i x_j = \mathbf{x}^{\mathrm{T}} A \mathbf{x}$$

로 쓸 수 있다. 단 $A = \begin{bmatrix} a_{11} & \cdots & a_{1n} \\ \vdots & & \vdots \\ a_{n1} & \cdots & a_{nn} \end{bmatrix}$는 대칭행렬이다. 이때 A를 **q의 행렬**이라 한다.

정리 9.1.9 주축정리(Principle axis theorem) 이차형식

$$q: \mathbb{R}^n \to \mathbb{R}, \quad q(x_1, \cdots, x_n) = \sum_{i=1}^{n} a_{ii} x_i^2 + 2\sum_{i<j}^{n} a_{ij} x_i x_j$$

의 행렬 $A \in \mathrm{M}_n(\mathbb{R})$에 대해 $\lambda_1, \cdots, \lambda_n$을 A의 모든 고윳값이라 하자. 그러면 A를 직교대각화하는 행렬 P가 존재해서 $\mathbf{x} = \begin{bmatrix} x_1 \\ \vdots \\ x_n \end{bmatrix} \in \mathbb{R}^n$가 임의일 때 치환

$$\mathbf{x} = P\mathbf{x}', \quad \mathbf{x}' = \begin{bmatrix} x_1' \\ \vdots \\ x_n' \end{bmatrix} \in \mathbb{R}^n$$

에 의해 q는 $q(x_1, \cdots, x_n) = \lambda_1 x_1'^2 + \lambda_2 x_2'^2 + \cdots + \lambda_n x_n'^2$으로 변형된다.

증명 A는 대칭행렬이므로 정리 9.1.1에 의해 A는 직교대각화가능이다. 따라서 A를 직교대각화하는 행렬 P가 존재한다. 이때 $D = \mathrm{diag}(\lambda_1, \cdots, \lambda_n)$로 두면 $P^{\mathrm{T}} A P = D$이다. 또한 q의 행렬표현은 $\mathbf{x} = \begin{bmatrix} x_1 \\ \vdots \\ x_n \end{bmatrix}$에 대해 $q(\mathbf{x}) = \mathbf{x}^{\mathrm{T}} A \mathbf{x}$이다. 따라서

$$\mathbf{x} = P\mathbf{x}', \quad \mathbf{x}' = \begin{bmatrix} x_1' \\ \vdots \\ x_n' \end{bmatrix}$$

으로 두면

$$\begin{aligned} q(x_1, \cdots, x_n) &= q(\mathbf{x}) = \mathbf{x}^{\mathrm{T}} A \mathbf{x} = (P\mathbf{x}')^{\mathrm{T}} A (P\mathbf{x}') \\ &= \mathbf{x}'^{\mathrm{T}} (P^{\mathrm{T}} A P) \mathbf{x}' = \mathbf{x}'^{\mathrm{T}} D \mathbf{x}' \end{aligned}$$

$$= \lambda_1 x_1'^2 + \cdots + \lambda_n x_n'^2$$

이다. ■

위 정리에서 새롭게 변형된 이차형식을 원래 **이차형식의 표준형**(canonical form)이라 한다.

예제 9.1.9_ 이차형식 $q(x_1, x_2) = 5x_1^2 + 5x_2^2 - 6x_1x_2$의 표준형을 구하라.

풀이 q의 행렬표현 $q(\mathbf{x}) = \mathbf{x}^T A\mathbf{x}$에서 $A = \begin{bmatrix} 5 & -3 \\ -3 & 5 \end{bmatrix}$이다. 고유방정식

$$|tI_2 - A| = \begin{vmatrix} t-5 & 3 \\ 3 & t-5 \end{vmatrix} = (t-2)(t-8) = 0$$

을 풀면 A의 모든 고윳값은 $\lambda = 2, 8$이다. $\lambda = 2$의 고유벡터를 구하기 위해

$$(2I_2 - A)\mathbf{x} = \mathbf{0}, \quad 즉 \begin{bmatrix} -3 & 3 \\ 3 & -3 \end{bmatrix}\begin{bmatrix} x_1 \\ x_2 \end{bmatrix} = \begin{bmatrix} 0 \\ 0 \end{bmatrix}$$

을 풀자. 이를 방정식으로 나타내면 둘 모두 $x_1 - x_2 = 0$이다. 이때 $\begin{bmatrix} 1 \\ 1 \end{bmatrix}$를 $\lambda = 2$의 고유벡터로 택할 수 있고 이를 단위고유벡터로 만들면 $\mathbf{p}_1 = \frac{1}{\sqrt{2}}\begin{bmatrix} 1 \\ 1 \end{bmatrix}$이다. 유사하게 $\lambda = 8$의 단위고유벡터로 $\mathbf{p}_2 = \frac{1}{\sqrt{2}}\begin{bmatrix} -1 \\ 1 \end{bmatrix}$를 얻을 수 있다. 그러면

$$P = [\mathbf{p}_1\ \mathbf{p}_2] = \begin{bmatrix} \frac{1}{\sqrt{2}} & -\frac{1}{\sqrt{2}} \\ \frac{1}{\sqrt{2}} & \frac{1}{\sqrt{2}} \end{bmatrix}$$

는 A를 직교대각화하는 행렬이고 $P^T AP = \begin{bmatrix} 2 & 0 \\ 0 & 8 \end{bmatrix}$이다. 이제 $\mathbf{x}' = \begin{bmatrix} x_1' \\ x_2' \end{bmatrix}$에 대해 $\mathbf{x} = P\mathbf{x}'$으로 두면 q의 표준형은

$$q(x_1, x_2) = 2x_1'^2 + 8x_2'^2$$

이다. ■

예제 9.1.10_ 이차형식 $q(x_1, x_2, x_3) = 3x_1^2 + 2x_2^2 + 3x_3^2 - 2x_1x_3$의 표준형을 구하라.

풀이 q의 행렬표현 $q(\mathbf{x}) = \mathbf{x}^{\mathrm{T}} A\mathbf{x}$에서 $A = \begin{bmatrix} 3 & 0 & -1 \\ 0 & 2 & 0 \\ -1 & 0 & 3 \end{bmatrix}$이다. 고유방정식

$$|tI_3 - A| = \begin{vmatrix} t-3 & 0 & 1 \\ 0 & t-2 & 0 \\ 1 & 0 & t-3 \end{vmatrix} = (t-2)^2(t-4) = 0$$

을 풀면 A의 모든 고윳값은 $\lambda = 2, 4$이다. $\lambda = 2$의 고유벡터를 구하기 위해

$$(2I_3 - A)\mathbf{x} = \mathbf{0}, \quad \text{즉} \quad \begin{bmatrix} -1 & 0 & 1 \\ 0 & 0 & 0 \\ 1 & 0 & -1 \end{bmatrix} \begin{bmatrix} x_1 \\ x_2 \\ x_3 \end{bmatrix} = \begin{bmatrix} 0 \\ 0 \\ 0 \end{bmatrix}$$

을 풀자. 이를 방정식으로 나타내면 $x_1 - x_3 = 0$이고 x_2는 임의이다. 그러면 $\lambda = 2$의 서로 수직인 두 고유벡터로 $\begin{bmatrix} 1 \\ 0 \\ 1 \end{bmatrix}$, $\begin{bmatrix} 0 \\ 1 \\ 0 \end{bmatrix}$을 택할 수 있다. 또한 이들을 단위고유벡터로 만들면 $\mathbf{p}_1 = \frac{1}{\sqrt{2}} \begin{bmatrix} 1 \\ 0 \\ 1 \end{bmatrix}$, $\mathbf{p}_2 = \begin{bmatrix} 0 \\ 1 \\ 0 \end{bmatrix}$이다. $\lambda = 4$의 고유벡터를 구하기 위해

$$(4I_3 - A)\mathbf{x} = \mathbf{0}, \quad \text{즉} \quad \begin{bmatrix} 1 & 0 & 1 \\ 0 & 2 & 0 \\ 1 & 0 & 1 \end{bmatrix} \begin{bmatrix} x \\ y \\ z \end{bmatrix} = \begin{bmatrix} 0 \\ 0 \\ 0 \end{bmatrix}$$

을 풀자. 이를 방정식으로 나타내면 $x + z = 0$, $y = 0$이다. 그러면 $\lambda = 4$의 고유벡터로 $\begin{bmatrix} 1 \\ 0 \\ -1 \end{bmatrix}$을 택할 수 있고 이를 단위고유벡터로 만들면 $\mathbf{p}_3 = \frac{1}{\sqrt{2}} \begin{bmatrix} 1 \\ 0 \\ -1 \end{bmatrix}$이다. 따라서

$$P = [\mathbf{p}_1\, \mathbf{p}_2\, \mathbf{p}_3] = \begin{bmatrix} \frac{1}{\sqrt{2}} & 0 & \frac{1}{\sqrt{2}} \\ 0 & 1 & 0 \\ \frac{1}{\sqrt{2}} & 0 & -\frac{1}{\sqrt{2}} \end{bmatrix}$$

는 A를 직교대각화하는 행렬이고 $P^{\mathrm{T}} AP = \begin{bmatrix} 2 & 0 & 0 \\ 0 & 2 & 0 \\ 0 & 0 & 4 \end{bmatrix}$이다. 이제 $\mathbf{x}' = \begin{bmatrix} x_1' \\ x_2' \\ x_3' \end{bmatrix}$에

대해 $\mathbf{x} = P\mathbf{x}'$으로 두면 q의 표준형은

$$q(x_1, x_2, x_3) = 2x_1'^2 + 2x_2'^2 + 4x_3'^2$$

이다. ■

예제 9.1.11_ 다음 이차형식의 표준형을 구하라.

$$q(x_1, x_2, x_3) = 2x_1^2 + 2x_2^2 + 2x_3^2 - 2x_1x_2 - 2x_1x_3 - 2x_2x_3$$

풀이 q의 행렬표현 $q(\mathbf{x}) = \mathbf{x}^T A \mathbf{x}$에서 $A = \begin{bmatrix} 2 & -1 & -1 \\ -1 & 2 & -1 \\ -1 & -1 & 2 \end{bmatrix}$이다. 고유방정식

$$|tI_3 - A| = \begin{vmatrix} t-2 & 1 & 1 \\ 1 & t-2 & 1 \\ 1 & 1 & t-2 \end{vmatrix} = t(t-3)^2 = 0$$

을 풀면 A의 모든 고윳값은 $\lambda = 0, 3$이다. $\lambda = 0$의 고유벡터를 구하기 위해

$$(0I_3 - A)\mathbf{x} = \mathbf{0}, \quad 즉 \begin{bmatrix} -2 & 1 & 1 \\ 1 & -2 & 1 \\ 1 & 1 & -2 \end{bmatrix} \begin{bmatrix} x_1 \\ x_2 \\ x_3 \end{bmatrix} = \begin{bmatrix} 0 \\ 0 \\ 0 \end{bmatrix}$$

을 풀자. $\begin{bmatrix} x_1 \\ x_2 \\ x_3 \end{bmatrix} = \begin{bmatrix} 1 \\ 1 \\ 1 \end{bmatrix}$을 얻을 수 있고 단위고유벡터로 만들면 $\mathbf{p}_1 = \frac{1}{\sqrt{3}} \begin{bmatrix} 1 \\ 1 \\ 1 \end{bmatrix}$이다. $\lambda = 3$의 고유벡터를 구하기 위해

$$(3I_3 - A)\mathbf{x} = \mathbf{0}, \quad 즉 \begin{bmatrix} 1 & 1 & 1 \\ 1 & 1 & 1 \\ 1 & 1 & 1 \end{bmatrix} \begin{bmatrix} x_1 \\ x_2 \\ x_3 \end{bmatrix} = \begin{bmatrix} 0 \\ 0 \\ 0 \end{bmatrix}$$

을 풀자. $x_1 + x_2 + x_3 = 0$인데 이때 서로 수직인 고유벡터로 $\begin{bmatrix} 1 \\ 1 \\ -2 \end{bmatrix}$, $\begin{bmatrix} 1 \\ -1 \\ 0 \end{bmatrix}$을 택하자. 이들을 단위고유벡터로 만들면 각각 $\mathbf{p}_2 = \frac{1}{\sqrt{6}} \begin{bmatrix} 1 \\ 1 \\ -2 \end{bmatrix}$, $\mathbf{p}_3 = \frac{1}{\sqrt{2}} \begin{bmatrix} 1 \\ -1 \\ 0 \end{bmatrix}$이다. 따라서

$$P = [\mathbf{p}_1\, \mathbf{p}_2\, \mathbf{p}_3] = \begin{bmatrix} \frac{1}{\sqrt{3}} & \frac{1}{\sqrt{6}} & \frac{1}{\sqrt{2}} \\ \frac{1}{\sqrt{3}} & \frac{1}{\sqrt{6}} & -\frac{1}{\sqrt{2}} \\ \frac{1}{\sqrt{3}} & -\frac{2}{\sqrt{6}} & 0 \end{bmatrix}$$

는 A를 직교대각화하는 행렬이고 $P^{\mathrm{T}}AP = \begin{bmatrix} 0 & 0 & 0 \\ 0 & 3 & 0 \\ 0 & 0 & 3 \end{bmatrix}$이다. 이제 $\mathbf{x}' = \begin{bmatrix} x_1' \\ x_2' \\ x_3' \end{bmatrix}$에 대해 $\mathbf{x} = P\mathbf{x}'$으로 두면 q의 표준형은

$$q(x_1, x_2, x_3) = 3x_2'^2 + 3x_3'^2$$

이다. ■

연습문제 9.1

1 다음 대칭행렬들을 양치, 반양치, 부정치로 분류하라.

(1) $A = \begin{bmatrix} 1 & 2 \\ 2 & 5 \end{bmatrix}$ (2) $B = \begin{bmatrix} 1 & 2 \\ 2 & 3 \end{bmatrix}$ (3) $C = \begin{bmatrix} 3 & 0 & -1 \\ 0 & 2 & 0 \\ -1 & 0 & 3 \end{bmatrix}$

(4) $D = \begin{bmatrix} 4 & 2 & 3 \\ 2 & 3 & 2 \\ 3 & 2 & 3 \end{bmatrix}$ (5) $E = \begin{bmatrix} 1 & 1 & 1 \\ 1 & 1 & 2 \\ 1 & 2 & 1 \end{bmatrix}$

2 대칭행렬 $A \in \mathrm{M}_n(\mathbb{R})$의 모든 고윳값이 $\lambda_1, \cdots, \lambda_n$일 때 A가 부정치일 필요충분조건은 $\lambda_i > 0$이고 $\lambda_j < 0$인 i, j가 존재함을 보여라.

3 다음 대칭행렬이 양치가 되도록 $k \in \mathbb{R}$ 의 값을 결정하라.

(1) $A = \begin{bmatrix} k & -2 \\ -2 & k \end{bmatrix}$ (2) $B = \begin{bmatrix} 1 & 0 & 1 \\ 0 & 1 & k \\ 1 & k & 2 \end{bmatrix}$

4 대칭행렬 $A = [a_{ij}] \in \mathrm{M}_n(\mathbb{R})$가 음치일 때 다음을 보여라.

(1) $a_{11}, \cdots, a_{nn} < 0$이다.

(2) n이 짝수이면 $|A|>0$이고 n이 홀수이면 $|A|<0$이다.

5 대칭행렬 $A\in \mathrm{M}_n(\mathbb{R})$가 모든 $k=1,\cdots,n$에 대해 $|A(k)|>0$이면 A는 양치임을 보여라.

6 $Q\in \mathrm{M}_n(\mathbb{R})$에 대해 $A=Q^{\mathrm{T}}Q$는 대칭행렬이고 반양치임을 보여라. 특히 Q가 가역이면 A는 양치임을 보여라.

7 대칭행렬 $A\in \mathrm{M}_n(\mathbb{R})$가 양치이면 $A=Q^{\mathrm{T}}Q$인 가역행렬 $Q\in \mathrm{M}_n(\mathbb{R})$가 존재함을 보여라.

8 $\mathbb{R}^3$의 두 벡터 $\mathbf{x}=\begin{bmatrix}x_1\\x_2\\x_3\end{bmatrix}$, $\mathbf{y}=\begin{bmatrix}y_1\\y_2\\y_3\end{bmatrix}$에 대해 쌍선형사상 $\phi,\psi:\mathbb{R}^3\times\mathbb{R}^3\to\mathbb{R}$를

$$\begin{aligned}\phi(\mathbf{x},\mathbf{y}) &= x_1y_1+x_1y_3-x_2y_1+x_2y_2+x_2y_3-x_3y_2-x_3y_3,\\ \psi(\mathbf{x},\mathbf{y}) &= x_1y_1-2x_1y_2+3x_1y_3-2x_2y_1+4x_2y_2+5x_2y_3+3x_3y_1+5x_3y_2\end{aligned}$$

로 정의하자.

(1) ϕ를 행렬표현으로 나타내어 ϕ가 대칭이 아님을 보여라.

(2) ψ를 행렬표현으로 나타내어 ψ가 대칭임을 보여라.

(3) $\mathbb{R}^3$의 표준기저 $E=\{\mathbf{e}_1,\mathbf{e}_2,\mathbf{e}_3\}$와 기저 $F=\{\mathbf{v}_1,\mathbf{v}_2,\mathbf{v}_3\}=\left\{\begin{bmatrix}1\\0\\0\end{bmatrix},\begin{bmatrix}1\\1\\0\end{bmatrix},\begin{bmatrix}1\\1\\1\end{bmatrix}\right\}$에 대해 $[\phi]_E$, $[\phi]_F$를 구하고 $P^{\mathrm{T}}[\phi]_EP=[\phi]_F$인 가역행렬 $P\in\mathrm{M}_3(\mathbb{R})$를 찾아라.

9 표준내적공간 $\mathbb{R}^n$에서의 선형사상 $T:\mathbb{R}^n\to\mathbb{R}^n$에 대해

$$\phi:\mathbb{R}^n\times\mathbb{R}^n\to\mathbb{R},\quad \phi(u,v)=u\circ T(v)$$

는 쌍선형사상임을 보여라.

10 $\phi:\mathbb{R}_2[x]\times\mathbb{R}_2[x]\to\mathbb{R}$를 $\phi(f,g)=\int_0^1 f(x)g(x)dx$로 정의하자.

(1) ϕ는 대칭쌍선형사상임을 보여라.

(2) $\mathbb{R}_2[x]$의 기저 $E=\{f_1,f_2,f_3\}=\{1,x,x^2\}$에 대해 $[\phi]_E$를 구하라.

11 $\psi: \mathbb{R}^3 \times \mathbb{R}^3 \to \mathbb{R}$ 를 문제 8에서 정의된 대칭쌍선형사상이라 할 때 ψ에 대응되는 이차형식 $q: \mathbb{R}^3 \to \mathbb{R}$ 를 구하라.

12 이차형식이 $q: \mathbb{R}^2 \to \mathbb{R}$, $q(x_1, x_2) = x_1^2 + x_2^2 - 4x_1x_2$로 주어진 대칭쌍선형사상 $\phi: \mathbb{R}^2 \times \mathbb{R}^2 \to \mathbb{R}$ 를 구하라.

13 $\phi(A, B) = (\text{tr}\, A)(\text{tr}\, B)$, $\phi: \text{M}_n(\mathbb{R}) \times \text{M}_n(\mathbb{R}) \to \mathbb{R}$ 는 대칭쌍선형사상임을 보여라.

14 V는 실벡터공간이고 $q: V \to \mathbb{R}$ 가 대칭쌍선형사상 $\phi: V \times V \to \mathbb{R}$ 에 대응되는 이차형식이면 $\phi(u, v) = \dfrac{1}{4}[q(u+v) - q(u-v)]$ 임을 보여라.

15 이차형식 $q(x_1, x_2) = 5x_1^2 + 2x_2^2 + 4x_1x_2$의 표준형을 구하라.

16 이차형식 $q(x_1, x_2) = 3x_1^2 + 2x_1x_2 + 3x_2^2$의 표준형을 구하라.

17 다음 이차형식의 표준형을 구하라.

$$q(x_1, x_2, x_3) = 4x_1^2 + 4x_2^2 + 4x_3^2 + 4x_1x_2 + 4x_1x_3 + 4x_2x_3$$

18 이차형식 $q(x_1, x_2, x_3) = x_1^2 - x_3^2 - 4x_1x_2 + 4x_2x_3$의 표준형을 구하라.

9.2 원추곡선의 표준형

$\mathbb{R}^n$공간에서 n개의 변수 $x_1, \cdots, x_n$을 갖는 이차방정식

$$\sum_{i=1}^{n} a_{ii}x_i^2 + 2\sum_{i<j}^{n} a_{ij}x_ix_j + \sum_{i=1}^{n} b_ix_i + c = 0$$

에서 해집합이 이루는 도형을 **원추곡선**(conic section)이라 한다. 특히

$$A=\begin{bmatrix} a_{11} \cdots a_{1n} \\ \vdots \qquad \vdots \\ a_{n1} \cdots a_{nn} \end{bmatrix}, \qquad \mathbf{x}=\begin{bmatrix} x_1 \\ \vdots \\ x_n \end{bmatrix}$$

로 두면 A는 대칭행렬이고 원추곡선을

$$\mathbf{x}^{\mathrm{T}}A\mathbf{x}+[b_1 \cdots b_n]\mathbf{x}+c=0$$

과 같이 행렬표현으로 나타낼 수 있다. 이때 A를 **원추곡선의 행렬**이라 한다.

정리 9.2.1 $\mathbb{R}^n$에서 원추곡선

$$\sum_{i=1}^{n} a_{ii}x_i^2+2\sum_{i<j}^{n} a_{ij}x_ix_j+\sum_{i=1}^{n} b_ix_i+c=0$$

의 행렬 $A=[a_{ij}]\in \mathrm{M}_n(\mathbb{R})$의 고윳값을 $\lambda_1,\cdots,\lambda_n$이라 하자. 그러면 기존의 $x_1 \cdots x_n$−직교좌표계를 회전시킨 새로운 $x_1' \cdots x_n'$−직교좌표계가 존재해서 원추곡선은

$$\sum_{i=1}^{n} \lambda_i x_i'^2+\sum_{i=1}^{n} b_i'x_i'+c=0$$

으로 변형된다.

증명 $D=\mathrm{diag}(\lambda_1,\cdots,\lambda_n)$로 두면 A는 대칭행렬이므로 정리 9.1.1에 의해 $P^{\mathrm{T}}AP=D$인 직교행렬 $P\in \mathrm{M}_n(\mathbb{R})$가 존재한다. 이제 $\mathbf{x}=\begin{bmatrix} x_1 \\ \vdots \\ x_n \end{bmatrix}$에 대해

$$\mathbf{x}=P\mathbf{x}', \qquad \mathbf{x}'=\begin{bmatrix} x_1' \\ \vdots \\ x_n' \end{bmatrix}$$

으로 두자. 그러면 P는 직교행렬이므로 P는 $x_1 \cdots x_n$−직교좌표계를 새로운 $x_1' \cdots x_n'$−직교좌표계로 변환시킨다. 이때

$$[b_1 \cdots b_n]P=[b_1' \cdots b_n']$$

으로 두면 원추곡선은 다음으로 변형된다.

$$
\begin{aligned}
0 &= \sum_{i=1}^{n} a_{ii}x_i^2 + 2\sum_{i<j}^{n} a_{ij}x_ix_j + \sum_{i=1}^{n} b_ix_i + c = \mathbf{x}^{\mathrm{T}}A\mathbf{x} + [b_1 \cdots b_n]\mathbf{x} + c \\
&= (P\mathbf{x}')^{\mathrm{T}}A(P\mathbf{x}') + [b_1 \cdots b_n](P\mathbf{x}') + c \\
&= \mathbf{x}'^{\mathrm{T}}(P^{\mathrm{T}}AP)\mathbf{x}' + ([b_1 \cdots b_n]P)\mathbf{x}' + c \\
&= [x_1' \cdots x_n'](P^{\mathrm{T}}AP)\begin{bmatrix} x_1' \\ \vdots \\ x_n' \end{bmatrix} + ([b_1 \cdots b_n]P)\begin{bmatrix} x_1' \\ \vdots \\ x_n' \end{bmatrix} + c \\
&= [x_1' \cdots x_n']\begin{bmatrix} \lambda_1 & & O \\ & \ddots & \\ O & & \lambda_n \end{bmatrix}\begin{bmatrix} x_1' \\ \vdots \\ x_n' \end{bmatrix} + [b_1' \cdots b_n']\begin{bmatrix} x_1' \\ \vdots \\ x_n' \end{bmatrix} + c \\
&= \sum_{i=1}^{n} \lambda_i x_i'^2 + \sum_{i=1}^{n} b_i'x_i' + c
\end{aligned}
$$

■

위 정리에서 새롭게 변형된 원추곡선을 원래 원추곡선의 **표준형**(canonical form)이라 한다. 특히 $\mathbb{R}^2$에서의 원추곡선을 **이차곡선**(quadratic curve)이라 한다. 이는

$$ax^2 + by^2 + 2cxy + dx + ey + f = 0$$

으로 쓸 수 있으며 이에 대한 표준형은 $\lambda_1 x'^2 + \lambda_2 y'^2 + d_1 x' + e_1 y' + f = 0$ 형태이다.

|참고| $n=2$이면 위 정리의 증명과정에서 직교행렬 P는 예제 6.1.1에 의해

$$P = \begin{bmatrix} \cos\theta & -\sin\theta \\ \sin\theta & \cos\theta \end{bmatrix}$$

형태이다. 그러면 $\mathbf{x} = P\mathbf{x}'$ 은 $\mathbf{x}'$을 시계반대방향으로 θ만큼 회전하면 $\mathbf{x}$임을 의미한다. 따라서 좌표계의 관점에서는 $xy-$직교좌표계를 시계반대방향으로 θ만큼 회전하면 $x'y'-$직교좌표계가 된다.

표준형으로 된 이차곡선

$$\lambda_1 x'^2 + \lambda_2 y'^2 + d_1 x' + e_1 y' + f = 0$$

은 $\mathbb{R}^2$공간에서 정의되지 않을 수도 있지만 정의되는 경우만 고려하면

$$\text{점},\quad \text{직선},\quad \text{원},\quad \text{타원},\quad \text{포물선},\quad \text{쌍곡선}$$

중에 하나의 도형이 된다.

예제 9.2.1_ 다음 이차곡선을 표준형으로 나타내고 그 도형의 형태를 말하라.

$$5x^2+5y^2-6xy-8=0$$

풀이 이차곡선의 행렬표현 $\mathbf{x}^T A\mathbf{x}+[d\ e]\mathbf{x}+f=0$에서

$$A=\begin{bmatrix}5 & -3\\ -3 & 5\end{bmatrix},\qquad [d\ e]=[0\ 0],\qquad f=-8$$

이다. 또한 예제 9.1.9의 풀이에서 A의 모든 고윳값은 $\lambda=2,8$이고

$$P=\frac{1}{\sqrt{2}}\begin{bmatrix}1 & -1\\ 1 & 1\end{bmatrix}=\begin{bmatrix}\cos 45^o & -\sin 45^o\\ \sin 45^o & \cos 45^o\end{bmatrix}$$

는 A를 직교대각화하는 행렬이다. 그러면 $[d\ e]P=[0\ 0]$이다. 따라서 표준형

$$\lambda_1 x'^2+\lambda_2 y'^2+([d\ e]P)\begin{bmatrix}x'\\ y'\end{bmatrix}+f=0$$

을 계산하면 $2x'^2+8y'^2-8=0$, 즉 $\dfrac{x'^2}{2^2}+\dfrac{y'^2}{1^2}=1$이다. 이 표준형은 타원이다. ∎

위 예제에서 표준형의 그림은 다음과 같다.

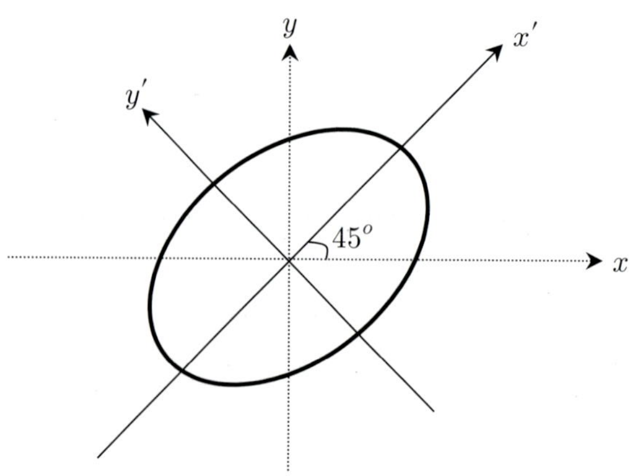

예제 9.2.2_ 다음 이차곡선을 표준형으로 나타내고 그 도형의 형태를 말하라.

$$5x^2 + 2y^2 + 4xy - 6\sqrt{5}\,x - 21 = 0$$

풀이 이차곡선의 행렬표현 $\mathbf{x}^T A\mathbf{x} + [d\ e]\mathbf{x} + f = 0$ 에서

$$A = \begin{bmatrix} 5 & 2 \\ 2 & 2 \end{bmatrix}, \quad [d\ e] = [-6\sqrt{5}\ \ 0], \quad f = -21$$

이다. A의 고유방정식

$$|tI_2 - A| = \begin{vmatrix} t-5 & -2 \\ -2 & t-2 \end{vmatrix} = (t-1)(t-6) = 0$$

을 풀면 A의 모든 고윳값은 $\lambda = 1, 6$이다. $\lambda = 1$의 고유벡터를 구하기 위해

$$(I_2 - A)\mathbf{x} = \mathbf{0}, \quad \text{즉} \quad \begin{bmatrix} -4 & -2 \\ -2 & -1 \end{bmatrix}\begin{bmatrix} x_1 \\ x_2 \end{bmatrix} = \begin{bmatrix} 0 \\ 0 \end{bmatrix}$$

을 풀자. 이를 방정식으로 나타내면 둘 모두 $2x_1 + x_2 = 0$이다. 이때 $\begin{bmatrix} 1 \\ -2 \end{bmatrix}$를 $\lambda = 1$의 고유벡터로 택할 수 있고 이를 단위고유벡터로 만들면 $\mathbf{p}_1 = \frac{1}{\sqrt{5}}\begin{bmatrix} 1 \\ -2 \end{bmatrix}$이다. 유사하게 $\lambda = 6$의 단위고유벡터로 $\mathbf{p}_2 = \frac{1}{\sqrt{5}}\begin{bmatrix} 2 \\ 1 \end{bmatrix}$를 얻을 수 있다. 따라서

$$P = [\mathbf{p}_1\ \mathbf{p}_2] = \frac{1}{\sqrt{5}}\begin{bmatrix} 1 & 2 \\ -2 & 1 \end{bmatrix}$$

는 A를 직교대각화하는 행렬이다. 그러면 $[d\ e]P = [-6\ \ -12]$ 이다. 따라서 표준형

$$\lambda_1 x'^2 + \lambda_2 y'^2 + ([d\ e]P)\begin{bmatrix} x' \\ y' \end{bmatrix} + f = 0$$

을 계산하면 $x'^2 + 6y'^2 - 6x' - 12y' - 21 = 0$이다. 이를 변형하면

$$\frac{(x'-3)^2}{6^2} + \frac{(y'-1)^2}{\sqrt{6}^2} = 1$$

이다. 이 표준형은 타원이다. ■

위 예제에서 표준형의 그림은 다음과 같다.

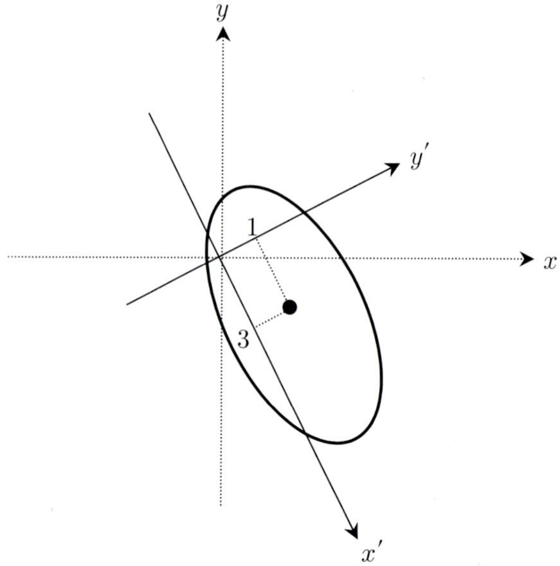

예제 9.2.3_ 다음 이차곡선을 표준형으로 나타내고 그 도형의 형태를 말하라.

$$4x^2 - 4y^2 + 6xy - 5 = 0$$

풀이 이차곡선의 행렬표현 $\mathbf{x}^T A\mathbf{x} + [d\ e]\mathbf{x} + f = 0$ 에서

$$A = \begin{bmatrix} 4 & 3 \\ 3 & -4 \end{bmatrix}, \quad [d\ e] = [0\ 0], \quad f = -5$$

이다. A의 고유방정식

$$|tI_2 - A| = \begin{vmatrix} t-4 & -3 \\ -3 & t+4 \end{vmatrix} = (t+5)(t-5) = 0$$

을 풀면 A의 모든 고윳값은 $\lambda = \pm 5$이다. $\lambda = 5$의 고유벡터를 구하기 위해

$$(5I_2 - A)\mathbf{x} = \mathbf{0}, \quad 즉 \begin{bmatrix} 1 & -3 \\ -3 & 9 \end{bmatrix} \begin{bmatrix} x_1 \\ x_2 \end{bmatrix} = \begin{bmatrix} 0 \\ 0 \end{bmatrix}$$

을 풀자. 이를 방정식으로 나타내면 둘 모두 $x_1 - 3x_2 = 0$이다. 이때 $\begin{bmatrix} 3 \\ 1 \end{bmatrix}$을 $\lambda = 5$의 고유벡터로 택할 수 있고 이를 단위고유벡터로 만들면 $\mathbf{p}_1 =$

$\frac{1}{\sqrt{10}}\begin{bmatrix}3\\1\end{bmatrix}$이다. 유사하게 $\lambda=-5$의 단위고유벡터로 $\mathbf{p}_2=\frac{1}{\sqrt{10}}\begin{bmatrix}1\\-3\end{bmatrix}$을 얻을 수 있다. 따라서

$$P=[\mathbf{p}_1\ \mathbf{p}_2]=\frac{1}{\sqrt{10}}\begin{bmatrix}3 & 1\\1 & -3\end{bmatrix}$$

는 A를 직교대각화하는 행렬이다. 그러면 $[d\ e]P=[0\ 0]$이다. 따라서 표준형

$$\lambda_1 x'^2+\lambda_2 y'^2+([d\ e]P)\begin{bmatrix}x'\\y'\end{bmatrix}+f=0$$

을 계산하면 $5x'^2-5y'^2-5=0$, 즉 $x'^2-y'^2=1$이다. 이 표준형은 쌍곡선이다. ■

위 예제에서 표준형의 그림은 다음과 같다.

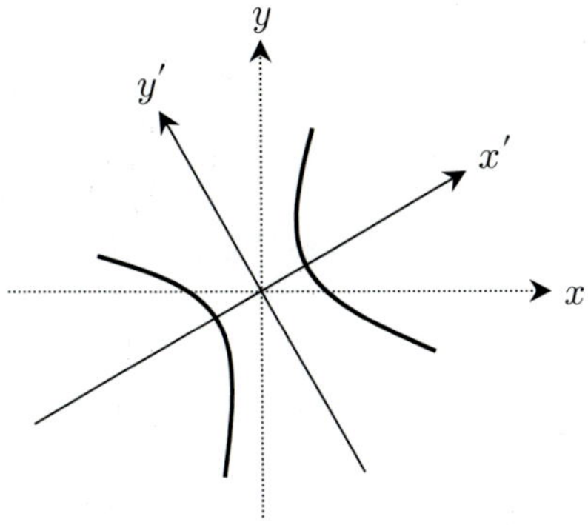

$\mathbb{R}^3$에서의 원추곡선은

$$ax^2+by^2+cz^2+2d_1xy+2d_2xz+2d_3yz+e_1x+e_2y+e_3z+f=0$$

으로 쓸 수 있고 이를 **이차곡면**(quadratic surface)이라 한다. 이에 대한 표준형은

$$\lambda_1 x'^2+\lambda_2 y'^2+\lambda_3 z'^2+e_1'x'+e_2'y'+e_3'z+f=0$$

형태이다.

예제 9.2.4_ 다음 이차곡면을 표준형으로 나타내라.

$$3x^2+2y^2+3z^2-2xz=0$$

풀이 이차곡면의 행렬표현 $\mathbf{x}^{\mathrm{T}}A\mathbf{x}+[e_1\ e_2\ e_3]\mathbf{x}+f=0$ 에서

$$A=\begin{bmatrix}3 & 0 & -1\\ 0 & 2 & 0\\ -1 & 0 & 3\end{bmatrix},\qquad [e_1\ e_2\ e_3]=[0\ 0\ 0],\qquad f=0$$

이다. 또한 예제 9.1.10의 풀이에서 A의 모든 고윳값은 $\lambda=2,2,4$이고

$$P=\begin{bmatrix}\frac{1}{\sqrt{2}} & 0 & \frac{1}{\sqrt{2}}\\ 0 & 1 & 0\\ \frac{1}{\sqrt{2}} & 0 & -\frac{1}{\sqrt{2}}\end{bmatrix}$$

는 A를 직교대각화하는 행렬이다. 그러면 $[e_1\ e_2\ e_3]P=[0\ 0\ 0]$이다. 따라서 표준형

$$\lambda_1x'^2+\lambda_2y'^2+\lambda_3z'^2+([e_1\ e_2\ e_3]P)\begin{bmatrix}x'\\ y'\\ z'\end{bmatrix}+f=0$$

을 계산하면 $2x'^2+2y'^2+4z'^2=0$이다. ■

예제 9.2.5_ 다음 이차곡면을 표준형으로 나타내라.

$$2x^2+2y^2+2z^2-2xy-2xz-2yz-3=0$$

풀이 이차곡면의 행렬표현 $\mathbf{x}^{\mathrm{T}}A\mathbf{x}+[e_1\ e_2\ e_3]\mathbf{x}+f=0$ 에서

$$A=\begin{bmatrix}2 & -1 & -1\\ -1 & 2 & -1\\ -1 & -1 & 2\end{bmatrix},\qquad [e_1\ e_2\ e_3]=[0\ 0\ 0],\qquad f=-3$$

이다. 고유방정식

$$|tI_3-A|=\begin{vmatrix}t-2 & 1 & 1\\ 1 & t-2 & 1\\ 1 & 1 & t-2\end{vmatrix}=t(t-3)^2=0$$

을 풀면 A의 모든 고윳값은 $\lambda=0,3,3$이다. 먼저 $\lambda=0$의 고유벡터를 구하

기 위해

$$(0I_3 - A)\mathbf{x} = \mathbf{0}, \quad 즉 \begin{bmatrix} -2 & 1 & 1 \\ 1 & -2 & 1 \\ 1 & 1 & -2 \end{bmatrix} \begin{bmatrix} x \\ y \\ z \end{bmatrix} = \begin{bmatrix} 0 \\ 0 \\ 0 \end{bmatrix}$$

을 풀면 단순계산으로 $\begin{bmatrix} x \\ y \\ z \end{bmatrix} = \begin{bmatrix} 1 \\ 1 \\ 1 \end{bmatrix}$을 얻을 수 있고 단위고유벡터로 만들면

$$\mathbf{p}_1 = \frac{1}{\sqrt{3}} \begin{bmatrix} 1 \\ 1 \\ 1 \end{bmatrix}$$

이다. 다음으로 $\lambda = 3$의 고유벡터를 구하기 위해

$$(3I_3 - A)\mathbf{x} = \mathbf{0}, \quad 즉 \begin{bmatrix} 1 & 1 & 1 \\ 1 & 1 & 1 \\ 1 & 1 & 1 \end{bmatrix} \begin{bmatrix} x \\ y \\ z \end{bmatrix} = \begin{bmatrix} 0 \\ 0 \\ 0 \end{bmatrix}$$

을 풀자. 이를 방정식으로 나타내면 셋 모두 $x + y + z = 0$인데 이때 서로 수직인 고유벡터로

$$\begin{bmatrix} 1 \\ 1 \\ -2 \end{bmatrix}, \quad \begin{bmatrix} 1 \\ -1 \\ 0 \end{bmatrix}$$

을 택하고 이들을 단위고유벡터로 만들면 $\mathbf{p}_2 = \frac{1}{\sqrt{6}} \begin{bmatrix} 1 \\ 1 \\ -2 \end{bmatrix}$, $\mathbf{p}_3 = \frac{1}{\sqrt{2}} \begin{bmatrix} 1 \\ -1 \\ 0 \end{bmatrix}$ 이다. 따라서

$$P = [\mathbf{p}_1\, \mathbf{p}_2\, \mathbf{p}_3] = \begin{bmatrix} \frac{1}{\sqrt{3}} & \frac{1}{\sqrt{6}} & \frac{1}{\sqrt{2}} \\ \frac{1}{\sqrt{3}} & \frac{1}{\sqrt{6}} & -\frac{1}{\sqrt{2}} \\ \frac{1}{\sqrt{3}} & -\frac{2}{\sqrt{6}} & 0 \end{bmatrix}$$

는 A를 직교대각화하는 행렬이다. 그러면 $[e_1\ e_2\ e_3]P = [0\ 0\ 0]$이고 표준형

$$\lambda_1 x'^2 + \lambda_2 y'^2 + \lambda_3 z'^2 + ([e_1\ e_2\ e_3]P) \begin{bmatrix} x' \\ y' \\ z' \end{bmatrix} + f = 0$$

을 계산하면 $3y'^2 + 3z'^2 - 3 = 0$이다. 이를 변형하면 표준형은

$$y'^2 + z'^2 = 1$$

이다. ■

예제 9.2.6_ 다음 이차곡면을 표준형으로 나타내라.

$$2x^2 + 3y^2 + z^2 + 2\sqrt{2}xz + 2\sqrt{2}x + 2z - 2 = 0$$

풀이 이차곡면의 행렬표현 $\mathbf{x}^T A\mathbf{x} + [e_1\ e_2\ e_3]\mathbf{x} + f = 0$ 에서

$$A = \begin{bmatrix} 2 & 0 & \sqrt{2} \\ 0 & 3 & 0 \\ \sqrt{2} & 0 & 1 \end{bmatrix}, \quad [e_1\ e_2\ e_3] = [2\sqrt{2}\ \ 0\ \ 2], \quad f = -2$$

이다. 고유방정식

$$|tI_3 - A| = \begin{vmatrix} t-2 & 0 & -\sqrt{2} \\ 0 & t-3 & 0 \\ -\sqrt{2} & 0 & t-1 \end{vmatrix} = t(t-3)^2 = 0$$

을 풀면 A의 모든 고윳값은 $\lambda = 0,3,3$이다. 먼저 $\lambda = 0$의 고유벡터를 구하기 위해

$$(0I_3 - A)\mathbf{x} = \mathbf{0}, \quad 즉 \begin{bmatrix} -2 & 0 & -\sqrt{2} \\ 0 & -3 & 0 \\ -\sqrt{2} & 0 & -1 \end{bmatrix}\begin{bmatrix} x \\ y \\ z \end{bmatrix} = \begin{bmatrix} 0 \\ 0 \\ 0 \end{bmatrix}$$

을 풀면 단순계산으로 $\begin{bmatrix} x \\ y \\ z \end{bmatrix} = \begin{bmatrix} 1 \\ 0 \\ -\sqrt{2} \end{bmatrix}$를 얻을 수 있고 단위고유벡터로 만들면

$$\mathbf{p}_1 = \frac{1}{\sqrt{3}}\begin{bmatrix} 1 \\ 0 \\ -\sqrt{2} \end{bmatrix}$$

이다. 다음으로 $\lambda = 3$의 고유벡터를 구하기 위해

$$(3I_3 - A)\mathbf{x} = \mathbf{0}, \quad 즉 \begin{bmatrix} 1 & 0 & -\sqrt{2} \\ 0 & 0 & 0 \\ -\sqrt{2} & 0 & 2 \end{bmatrix}\begin{bmatrix} x \\ y \\ z \end{bmatrix} = \begin{bmatrix} 0 \\ 0 \\ 0 \end{bmatrix}$$

을 풀자. 이를 방정식으로 나타내면 $x - \sqrt{2}z = 0$이고 y는 임의이다. 이때 서

로 수직인 고유벡터로 $\begin{bmatrix}0\\1\\0\end{bmatrix}$, $\begin{bmatrix}\sqrt{2}\\0\\1\end{bmatrix}$을 택하자. 이들을 단위고유벡터로 만들면

$$\mathbf{p}_2=\begin{bmatrix}0\\1\\0\end{bmatrix},\qquad \mathbf{p}_3=\frac{1}{\sqrt{3}}\begin{bmatrix}\sqrt{2}\\0\\1\end{bmatrix}$$

이다. 따라서

$$P=[\mathbf{p}_1\,\mathbf{p}_2\,\mathbf{p}_3]=\begin{bmatrix}\frac{1}{\sqrt{3}} & 0 & \frac{\sqrt{2}}{\sqrt{3}}\\ 0 & 1 & 0\\ -\frac{\sqrt{2}}{\sqrt{3}} & 0 & \frac{1}{\sqrt{3}}\end{bmatrix}$$

는 A를 직교대각화하는 행렬이다. 그러면 $[e_1\ e_2\ e_3]P=[0\ 0\ 2\sqrt{3}]$이다. 따라서 표준형

$$\lambda_1 x'^2+\lambda_2 y'^2+\lambda_3 z'^2+([e_1\ e_2\ e_3]P)\begin{bmatrix}x'\\y'\\z'\end{bmatrix}+f=0$$

을 계산하면 $3y'^2+3z'^2+2\sqrt{3}\,z'-2=0$이다. ■

연습문제 9.2

1 다음 이차곡선을 표준형으로 나타내고 그 도형의 형태를 말하라.

$$x^2+y^2+2xy+\frac{1}{\sqrt{2}}x-\frac{1}{\sqrt{2}}y+1=0$$

2 다음 이차곡선을 표준형으로 나타내고 그 도형의 형태를 말하라.

$$2xy+2\sqrt{2}\,x+1=0$$

3 다음 이차곡선을 표준형으로 나타내고 그 도형의 형태를 말하라.

$$3x^2+3y^2-2xy-2\sqrt{2}\,x-2\sqrt{2}\,y-2=0$$

4 다음 이차곡면을 표준형으로 나타내라.

$$y^2-3z^2+4xz+\sqrt{5}\,x+2y-2\sqrt{5}\,z=0$$

5 다음 이차곡면을 표준형으로 나타내라.

$$2xy+2xz+2yz-6x-6y-6z+9=0$$

참고문헌

1. 김응태 · 박승안, 선형대수학, 청문각, 1991.
2. 이상구, 현대 선형대수학, 경문사, 2009.
3. 조용욱, 알기 쉬운 선형대수학과 응용, 경문사, 2009.
4. 한재영 · 한응섭 · 김익성, 선형대수학, 경문사, 2008.
5. H. Anton, Elementary linear algebra(5th), *John Wiley*, New York, 1987.
6. S. Friedberg · A. Insel · L. Spence, Linear algebra(4th), *Prentice Hall*, 2003.
7. Serge Lang, Linear algebra(2nd), *Springer Verlag*, 1971.

AR ALGEBRA LINEAR ALGEBRA

연습문제 해답 또는 힌트

LINEAR ALGEBRA LINEAR ALGEBRA

연습문제 1.1

1. (1) $\varnothing \subseteq A\cap\varnothing$는 분명하고 $A\cap\varnothing \subseteq \varnothing$이므로 $A\cap\varnothing=\varnothing$

(3) $A\cap A=\{x \mid x\in A$ 그리고 $x\in A\}=\{x\mid x\in A\}=A$

2. (1) $A\subseteq A\cup(A\cap B)\subseteq A\cup A=A$이므로 $A\cup(A\cap B)=A$

(2) 분배법칙으로 $A\cap(A\cup B)$를 전개하고 (1)을 이용한다.

3. (1) $x\in X$이면 $x\not\in\varnothing$이므로 $x\in\varnothing^c$가 되어 $\varnothing^c=\{x\in X\mid x\not\in\varnothing\}=X$

4. (1) $x\in(A^c)^c \Leftrightarrow x\not\in A^c \Leftrightarrow x\in A$이므로 $(A^c)^c=A$

(3) 드모르간법칙을 (2)의 결과에 적용한다.

5. $x\in A\cup B \Leftrightarrow x\in A$ 또는 $x\in B \Leftrightarrow x\in B$ 또는 $x\in A \Leftrightarrow x\in B\cup A$이므로 $A\cup B=B\cup A$

6. $(\Rightarrow)$ $A\cap B\subseteq B$와 $A\cap B\subseteq A$를 이용해서 $A\subseteq B$와 $B\subseteq A$를 보인다.

$(\Leftarrow)$ 분명하다.

7. $(\Rightarrow)$ $x\in B^c$이라 하자. 만약 $x\not\in A^c$이면 $x\in A$인데 $A\subseteq B$이므로 $x\in B$가 되어 $x\not\in B^c$이다. 이는 모순이므로 $x\in A^c$이다. 따라서 $B^c\subseteq A^c$이다.

$(\Leftarrow)$ 위와 유사하다.

8. $A-B=A\cap B^c$을 이용한다.

9. (1)$\Rightarrow$(2) $A\subseteq B$이면 $A=A\cap A\subseteq A\cap B\subseteq A$이므로 $A\cap B=A$

(3)$\Rightarrow$(1) $A\cup B=B$이면 $A\subseteq A\cup B=B$

10. 정리 1.1.3(1)의 증명을 모방한다.

11. $(\Rightarrow)$ $A\neq\varnothing$이고 $B\neq\varnothing$이면 $A\times B\neq\varnothing$인 모순을 유도한다.

$(\Leftarrow)$ 분명하다.

12. R은 반사율을 만족하지만 대칭률과 추이율은 만족하지 않는다.

13. $[1]=\{1,5\}=[5]$, $[2]=\{2,3\}=[3]$, $[4]=\{4\}$

14. $[a]\cap[b]\neq\varnothing$이면 $x\in[a]$, $x\in[b]$인 $x\in A$가 존재한다. 이제 추이율을 이용해서 $a\sim b$를 보이고 정리 1.1.5를 적용한다.

15. (2) $a\equiv b \pmod n$이면 $a-b$는 n의 배수이고 $b-a=-(a-b)$도 n의 배수이다. 따라서 $b\equiv a\pmod n$이다.

연습문제 1.2

1. $(\mathbb{Q}, *)$는 -3을 항등원으로 갖는다.

2. $(\mathbb{Q}^*, \diamond)$는 3을 항등원으로 갖는다.

3. $1+1 \notin G$이므로 G는 덧셈에 대해 군이 아니다.

4. $\mathbb{R}^*$가 항등원 e를 가지면 $e*1=1$, 즉 $|e|=1$이므로 $e=\pm 1$이다. 그러나 $e=1$과 $e=-1$은 모두 항등원이 될 수 없음을 보인다.

5. e가 $(G,*)$의 항등원이면 $(G,\diamond)$의 항등원도 e이다.

6. (1) $c=ce$와 소거법칙을 이용한다.

   (2) $(ba)^2=ba$를 보이고 이를 (1)에 적용한다.

7. 먼저 소거법칙을 이용해서 모든 $a \in R$에 대해 $a=a^{-1}$를 보인다. 다음으로 이 결과와 따름정리 1.2.2(1)을 이용해서 $a,b \in R$이면 $ab=ba$를 보인다.

8. ($\Rightarrow$) G가 아벨군이면 $(ab)^{-1}=(ba)^{-1}=a^{-1}b^{-1}$이다.

   ($\Leftarrow$) $(ab)(ba)^{-1}$를 계산해보라.

9. $n\mathbb{Z}$의 임의의 두 원소는 na, nb 형태이다. 이들의 합은 $na+nb=n(a+b)$이고 곱은 $(na)(nb)=n(nab)$이므로 $n\mathbb{Z}$에서 합과 곱은 연산이다.

10. (1) $\oplus$에 대한 항등원은 1이고 $\odot$에 대한 단위원은 0이다.

11. (3) $-(-a)$는 $-a$의 음원이다. 이제 a도 $-a$의 음원임을 밝히고 유일성을 적용한다.

    (5) (2)와 (3)을 이용한다.

12. $a \in R$이면 정리 1.2.5(1)을 이용해서 $a=0$을 보인다.

13. a,b는 가역원이므로 $ax=1=xa$, $by=1=yb$인 $x,y \in R$가 존재한다. 이제 yx가 ab의 역원임을 보인다.

14. ($\Rightarrow$) $a \neq 0$이면 a는 가역원임을 이용해서 $b=0$을 보인다.

    ($\Leftarrow$) 분명하다.

15. (1) 문제 13에 의해 U에서 곱은 연산이다. 이제 군 정의의 세 조건을 보인다.

    (2) (1)을 이용한다.

16. (1) $\mathbb{Q}[i]$가 단위원 $1=1+0i$을 갖는 가환환인 것은 분명하다. 이제 $\mathbb{Q}[i]^*$의 모든 원소가 가역원임을 보인다.

    (2) $\pi \in \mathbb{Q}[\pi]$에 대해 $\pi^2 \notin \mathbb{Q}[\pi]$

17. $a \in R$는 가역원이므로 $ba=1$인 $b \in R$가 존재한다. 이제 $ac=0$인 $c \in R^*$가 존재하면 모순임을 유도한다.

연습문제 1.3

1. ($\subseteq$) $y \in f(A \cup B)$이면 $y \in f(A) \cup f(B)$를 유도한다.

   ($\supseteq$) 정리 1.1.2(1)을 이용한다.

2. (1) $x \in f^{-1}(A \cap B) \Leftrightarrow f(x) \in A \cap B \Leftrightarrow f(x) \in A$ 그리고 $f(x) \in B \Leftrightarrow x \in f^{-1}(A)$ 그리고 $x \in f^{-1}(B) \Leftrightarrow x \in f^{-1}(A) \cap f^{-1}(B)$

(2) (1)과 유사하다.

3. (2) $y \in f(f^{-1}(B))$이면 $y \in B$를 보인다.

4. 모든 $x \in X$에 대해 $(h \circ (g \circ f))(x) = ((h \circ g) \circ f)(x)$를 보인다.

5. (1) $x_1, x_2 \in X$에 대해 $f(x_1) = f(x_2)$이면 $g \circ f$가 단사임을 이용해서 $x_1 = x_2$를 보인다.

(2) $g \circ f$가 전사이면 $Z = (g \circ f)(X)$를 이용해서 $g(Y) = Z$를 보인다.

6. ($\Rightarrow$) $f: X \to Y$가 전사이면 $f(X) = Y$이므로 모든 $y \in Y$에 대해 $y = f(x)$인 $x \in X$가 존재한다. 따라서 각각의 $y \in Y$에 대해 $\{x \in X \mid f(x) = y\} \neq \varnothing$이다. 이 집합에서 특정한 원소 하나를 x'으로 택해 사상 $h: Y \to X$를 $h(y) = x'$으로 정의해서 $f \circ h = 1_Y$를 보인다.

($\Leftarrow$) 정리 1.3.6(2)를 이용한다.

7. $(g \circ f)^{-1}$가 $g \circ f$의 역사상인 것은 분명하다. 이제 $f^{-1} \circ g^{-1}$도 $g \circ f$의 역사상임을 보이고 유일성을 적용한다.

8. ($\Rightarrow$) 문제 3(1)에 의해 $A \subseteq f^{-1}(f(A))$는 분명하므로 $f^{-1}(f(A)) \subseteq A$를 보인다.

($\Leftarrow$) $x_1, x_2 \in X$에 대해 $f(x_1) = f(x_2)$라 하자. 가정에 의해 $f^{-1}(f(\{x_2\})) = \{x_2\}$이므로 $f(x_2) \in f(\{x_2\})$이다. 이제 $f(x_1) = f(x_2)$를 이용해서 $x_1 = x_2$를 보인다.

9. ($\Rightarrow$) 문제 3(2)에 의해 $f(f^{-1}(B)) \subseteq B$는 분명하므로 $B \subseteq f(f^{-1}(B))$를 보인다.

($\Leftarrow$) 가정에 의해 $f(f^{-1}(Y)) = Y$이다. 이제 $f^{-1}(Y) = X$를 보이는데 $f^{-1}(Y) \subseteq X$는 분명하므로 $X \subseteq f^{-1}(Y)$를 보인다.

연습문제 2.1

1. 가능한 곱은 AB, BA, AC, CB이다. 예로 $AB = \begin{bmatrix} -2 & 1 \\ 10 & 10 \end{bmatrix}$

2. (1) $A = \begin{bmatrix} a & b \\ c & d \end{bmatrix}$는 $\begin{bmatrix} 1 & 0 \\ 0 & 0 \end{bmatrix}$과 가환임을 이용해서 $b = c = 0$을 보이고 $\begin{bmatrix} 0 & 1 \\ 0 & 0 \end{bmatrix}$과 가환임을 이용해서 $d = a$를 보인다.

(2) $A = [a_{ij}]$가 $\mathrm{M}_n(\mathrm{F})$의 모든 행렬과 가환이면 $A = aI_n$인 $a \in \mathrm{F}$가 존재한다. 증명은 $\mathrm{M}_n(\mathrm{F})$에서 (i, j)성분만 1이고 나머지 성분이 모두 0인 행렬을 E_{ij}로 두고 이는 A와 가환임을 이용한다.

3. (1) $(A+B)^2 = (A+B)(A+B) = A^2 + AB + BA + B^2$을 이용한다.

(2) $A = \begin{bmatrix} 1 & 1 \\ 0 & 0 \end{bmatrix}$, $B = \begin{bmatrix} 1 & 0 \\ 1 & 0 \end{bmatrix}$를 고려한다.

4. (1) 정리 2.1.4를 이용해서 $(AB + BA)^{\mathrm{T}}$를 계산한다.

(2) $A = \begin{bmatrix} 1 & 2 \\ 2 & 3 \end{bmatrix}$, $B = \begin{bmatrix} 0 & 1 \\ 1 & 0 \end{bmatrix}$를 고려한다.

5. (1) A는 교대행렬이므로 $A^{\mathrm{T}} = -A$이다. 이제 이들의 주대각성분을 비교한다.

(2) 두 가정에 의해 $A = -A$를 유도한다.

6. $AA^{\mathrm{T}}=A$의 양변에 전치행렬을 취하는데 정리 2.1.4를 이용한다.

7. 대칭행렬 X와 교대행렬 Y에 대해 $A=X+Y$라 하자. 그러면 $A^{\mathrm{T}}=X^{\mathrm{T}}+Y^{\mathrm{T}}=X-Y$이다. 이제 X, Y를 계산한다.

8. (1) $A=\begin{bmatrix}1&-3&5\\-3&5&-7\\5&-7&9\end{bmatrix}+\begin{bmatrix}0&1&-2\\-1&0&1\\2&-1&0\end{bmatrix}$

(2) $B=\begin{bmatrix}1+i&1+2i&0\\1+2i&3-i&3\\0&3&2+i\end{bmatrix}+\begin{bmatrix}0&-1-2i&1-i\\1+2i&0&1-3i\\-1+i&-1+3i&0\end{bmatrix}$

9. $(\Rightarrow)$ A가 가역이면 $AA^{-1}=I_n$이다. 여기에 전치행렬을 이용한다.

$(\Leftarrow)$ A^{T}가 가역이면 $A^{\mathrm{T}}(A^{\mathrm{T}})^{-1}=I_n$이다. 여기에 전치행렬을 이용한다.

10. 두 정리 2.1.4와 2.1.10(3)을 이용한다.

11. A만 가역이고 $A^{-1}=\begin{bmatrix}-3&2\\5&-3\end{bmatrix}$

12. (1) $AB=AC$에서 양변의 왼쪽에 A^{-1}을 곱한다.

(2) $AB=O$를 (1)의 가정에 맞게 변형한다.

13. k를 고정해서 t에 대해 귀납법을 이용한다.

14. m에 대해 귀납법을 이용한다.

15. 정리 2.1.11에 의해 A가 영행을 가질 때만 보여도 충분하다. 편의상 A의 1행을 영행으로 두고 A를 가역이라 하자. 그러면 $AA^{-1}=I_n$이다. 이제 AA^{-1}와 I_n의 (1,1)성분을 비교해보라.

연습문제 2.2

1. (1) A에 $\frac{1}{3}R_3\to R_3$를 시행하면 B를 얻는다.

(3) A에 $-2R_1+R_3\to R_3$를 시행하면 D를 얻는다.

2. $E_1^{-1}=\begin{bmatrix}0&0&1\\0&1&0\\1&0&0\end{bmatrix}$, $E_2^{-1}=\begin{bmatrix}1&0&-1\\0&1&0\\0&0&1\end{bmatrix}$, $E_3^{-1}=\begin{bmatrix}1&0&0\\0&1&0\\0&0&\frac{1}{2}\end{bmatrix}$

3. (2) A가 B에 행동치이면 정리 2.2.2에 의해 $A=E_s\cdots E_1B$인 기본행렬 $E_1,\cdots,E_s$가 존재한다. 또한 정리 2.2.3에 의해 각 i에 대해 E_i^{-1}는 기본행렬이다. 그러면 $B=(E_s\cdots E_1)^{-1}A=E_1^{-1}\cdots E_s^{-1}A$이므로 B는 A에 행동치이다.

4. (2) A가 B에 열동치이면 A^{T}는 B^{T}에 행동치이다. 그러면 따름정리 2.2.4에 의해 B^{T}는 A^{T}에 행동치가 되어 B는 A에 열동치이다.

5. (1) $\begin{bmatrix}1&0&-1\\0&1&1\\0&0&0\end{bmatrix}$ (2) $\begin{bmatrix}1&2&0&3&0&7\\0&0&1&0&0&1\\0&0&0&0&1&2\end{bmatrix}$

6. (1) $\begin{bmatrix}1&0&0\\0&1&0\\0&0&1\end{bmatrix}$ (2) $\begin{bmatrix}1&-2&0&5&0&4\\0&0&1&3&0&-2\\0&0&0&0&1&7\\0&0&0&0&0&0\end{bmatrix}$

7. (1) $A=\begin{bmatrix}1&0\\3&1\end{bmatrix}\begin{bmatrix}1&0\\0&-2\end{bmatrix}\begin{bmatrix}1&2\\0&1\end{bmatrix}$

(2) $B=\begin{bmatrix}1&0&0\\3&1&0\\0&0&1\end{bmatrix}\begin{bmatrix}1&0&0\\0&1&0\\1&0&1\end{bmatrix}\begin{bmatrix}1&0&-1\\0&1&0\\0&0&1\end{bmatrix}\begin{bmatrix}1&0&0\\0&1&3\\0&0&1\end{bmatrix}$

8. (1) A가 영행을 갖는 행렬 B와 행동치이면 정리 2.2.7에 의해 $B=PA$인 가역행렬 P가 존재한다. 이제 A가 가역이면 모순을 유도한다.

(2) A가 영열을 갖는 행렬 B와 열동치이면 전치행렬을 (1)에 적용하여 정리 2.1.11을 이용한다.

9. (1)⇒(2) A, B가 열동치이면 $A^{\mathrm{T}}, B^{\mathrm{T}}$는 행동치이므로 정리 2.2.7에 의해 $B^{\mathrm{T}}=F_s\cdots F_1A$인 유한개의 n차 기본행렬 $F_1,\cdots,F_s$가 존재한다. 그러면 $B=AF_1^{\mathrm{T}}\cdots F_s^{\mathrm{T}}$이고 $F_1^{\mathrm{T}},\cdots,F_s^{\mathrm{T}}$는 기본행렬이다. 이때 각 i에 대해 $E_i=F_i^{\mathrm{T}}$로 두면 $B=AE_1\cdots E_s$이고 $E_1,\cdots,E_s$는 n차 기본행렬이다.

(2)⇒(3), (3)⇒(1)은 정리 2.2.7의 증명을 참고하라.

10. A만 가역이고 $A^{-1}=\begin{bmatrix}-\frac{3}{6}&1&\frac{1}{2}\\-\frac{1}{6}&\frac{1}{3}&-\frac{1}{6}\\\frac{7}{6}&-\frac{8}{6}&-\frac{5}{6}\end{bmatrix}$

11. B만 가역이고 $B^{-1}=\begin{bmatrix}i&1&1-i\\-1-i&i&i\\1&-i&-i\end{bmatrix}$

12. (1) $A^{-1}=\begin{bmatrix}-1&1&0&0\\1&-2&1&0\\0&1&-2&1\\0&0&1&-\frac{2}{3}\end{bmatrix}$ (2) $B^{-1}=\frac{1}{18}\begin{bmatrix}2&5&-7&1\\5&-1&5&-2\\-7&5&11&10\\1&-2&10&5\end{bmatrix}$

13. A는 가역이므로 정리 2.1.11에서 $(A^{\mathrm{T}})^{-1}=(A^{-1})^{\mathrm{T}}$를 이용한다.

14. $AB=I_n$일 때의 증명에서 A와 B의 역할을 바꿔 전개한다.

15. B가 비가역이면 X를 B의 기약 행사다리꼴이라 하여 세 정리 2.2.6, 2.2.7 그리고 2.1.10을 이용해서 모순을 유도한다. B가 가역이면 $A=BC$에서 $C=B^{-1}A$도 가역이다.

연습문제 2.3

1. 계수행렬은 $A=\begin{bmatrix}1&2&1\\2&1&0\\2&3&1\end{bmatrix}$이고 $A^{-1}=\begin{bmatrix}1&1&-1\\-2&-1&2\\4&1&-3\end{bmatrix}$

2. $[A:\mathbf{b}]=\begin{bmatrix}1&2&1&:&1\\2&1&0&:&2\\2&3&1&:&3\end{bmatrix}$의 기약 행사다리꼴은 $\begin{bmatrix}1&0&0&:&0\\0&1&0&:&2\\0&0&1&:&-3\end{bmatrix}$

3. $[A:\mathbf{b}]=\begin{bmatrix}1&1&1&:&0\\2&1&3&:&a\\3&0&6&:&b\end{bmatrix}$를 기약 행사다리꼴로 변형하여 $b=3a$를 유도한다.

4. 모든 해는 $\mathbf{x}=\begin{bmatrix}x_1\\x_2\\x_3\\x_4\\x_5\end{bmatrix}=\begin{bmatrix}6\\-9\\14\\0\\0\end{bmatrix}+s\begin{bmatrix}-2\\2\\0\\1\\0\end{bmatrix}+t\begin{bmatrix}-6\\11\\-19\\0\\1\end{bmatrix}$

5. $ad-bc\neq0$이므로 $a\neq0$ 또는 $c\neq0$이다. 편의상 $a\neq0$으로 두고 $A=\begin{bmatrix}a&b\\c&d\end{bmatrix}$의 기약 행사다리꼴을 구한다.

6. (1) $a=3$ (2) $a\neq2,3$ (3) $a=2$

7. (1) $x=1,\ y=2,\ z=3$ (2) $x=3,\ y=2,\ z=1$

8. (1) 해는 없다. (2) $x=2-t,\ y=3-t,\ z=t$

9. $A\in\mathrm{M}_{m,n}(\mathrm{F})$의 기약 행사다리꼴을 B라 하여 정리 2.3.2를 이용한다.

10. A의 기약 행사다리꼴이 B이면 $A\mathbf{x}=0$, $B\mathbf{x}=0$의 해집합은 같다. 이를 두 정리 2.3.2와 2.2.6에 적용한다.

연습문제 3.1

1. (1) $(1\ 7\ 3)$ (3) $(1\ 3\ 5\ 7)$

2. (1) $\begin{pmatrix}1&2&3&4&5&6&7&8&9\\3&2&7&4&5&6&1&8&9\end{pmatrix}$ (3) $\begin{pmatrix}1&2&3&4&5&6&7&8&9\\7&2&1&4&3&6&5&8&9\end{pmatrix}$

3. (2) $\begin{pmatrix}1&2&3&4&5&6&7\\3&4&5&7&6&2&1\end{pmatrix}$ (4) $\begin{pmatrix}1&2&3&4&5&6&7\\3&4&1&2&5&6&7\end{pmatrix}$

4. (2) $(1\ 2\ 3)(4\ 5\ 6)(7\ 8)$

5. 짝치환은 (1)과 (4)이다.

6. 편의상 $\sigma=(1\ 2\ 3\cdots k-1\ k)$로 두고 연이어 $\sigma^2,\sigma^3,\cdots,\sigma^k$을 계산한다.

7. $\sigma=(a_1\,a_2\cdots a_{k-1}\,a_k)=(a_1\,a_k)(a_1\,a_{k-1})\cdots(a_1\,a_2)$의 성질을 이용한다.

8. 호환 $(1\ 2)$에 대해 $f:A_n\to B_n$를 $f(\sigma)=(1\ 2)\sigma$로 정의해서 f가 전단사함수임을 보인다.

9. (1) σ,τ를 각각 짝치환과 홀치환으로 나누어 네 경우를 고려한다.

(2) $\sigma\sigma^{-1}=\iota$이고 $\mathrm{sgn}(\iota)=1$을 (1)의 결과에 적용한다.

연습문제 3.2

1. $|A|=96$, $|B|=82$, $|C|=(a+1)(b+1)(c+1)-(a+b+c)-1$

2. $|A|=0$, $|B|=160$, $|C|=(a-b)(b-c)(c-a)$

3. (1) $x=1,-2$ (2) $x=1,2$

4. $|B|=-3$, $|C|=-3$, $|D|=6$

5. 주어진 행렬식에서 순서대로 2행과 2열을 변형해보라.

6. 사루스공식 또는 행렬식의 성질을 이용한다.

7. A의 모든 행에 보조정리 3.2.6(2)를 적용한다.

8. (1) $A^{\mathrm{T}}=-A$를 정리 3.2.5와 문제 7에 적용한다.

(2) $\mathrm{M}_2(\mathbb{R})$에서 $A=\begin{bmatrix}0 & -1\\ 1 & 0\end{bmatrix}$는 교대행렬이지만 $|A|\neq 0$이다.

9. (1) 가정에 의해 B^{T}는 A^{T}의 서로 다른 두 행을 교환한 행렬이다. 따라서 두 정리 3.2.5와 3.2.8(1)에 의해 $|B|=|B^{\mathrm{T}}|=-|A^{\mathrm{T}}|=-|A|$이다.

(2)와 (3)도 (1)의 증명과 유사하다.

10. A가 가역이면 $AA^{-1}=I_n$이다. 이를 정리 3.2.11에 적용한다.

11. A는 가역이고 $\alpha\in\mathrm{F}^*$이므로 정리 2.1.10에 의해 αA는 가역이다. 이제 따름정리 3.2.12와 문제 7을 이용한다.

12. $|A^2|=16$, $|A^{-1}|=-\dfrac{1}{4}$, $|-2A|=128$, $|(2A)^{-1}|=-\dfrac{1}{128}$.

13. (2) $A^{-1}=A$이므로 $A^2=I_n$을 정리 3.2.11에 적용한다.

14. 정리 3.2.11과 따름정리 3.2.12를 이용한다.

15. A, B는 행동치이므로 정리 2.2.7에 의해 $B=PA$인 가역행렬 P가 존재한다. 이제 두 정리 3.2.13과 3.2.11을 이용한다.

16. 행렬식의 정의를 이용한다. 구체적으로

$$M=[m_{ij}]=\begin{bmatrix} a_{11} & \cdots & a_{1n} & b_{11} & \cdots & b_{1n}\\ \vdots & & \vdots & \vdots & & \vdots\\ a_{n1} & \cdots & a_{nn} & b_{n1} & \cdots & b_{nn}\\ 0 & \cdots & 0 & c_{11} & \cdots & c_{1n}\\ \vdots & & \vdots & \vdots & & \vdots\\ 0 & \cdots & 0 & c_{n1} & \cdots & c_{nn}\end{bmatrix}$$

으로 두면 $|M|=\sum_{\sigma\in S_{2n}}\mathrm{sgn}(\sigma)m_{1\sigma(1)}\cdots m_{n\sigma(n)}m_{n+1\sigma(n+1)}\cdots m_{2n\sigma(2n)}$이다. 즉 $|M|$은 M에서 $(2n)!$개의 모든 대각성분과 부호를 곱해 더한 것이다. 그런데 대각성분의 곱에서 영행렬 O에 대응되는 것은

$$m_{1\sigma(1)}\cdots m_{n\sigma(n)}m_{n+1\sigma(n+1)}\cdots m_{2n\sigma(2n)}=0$$

임을 이용한다.

연습문제 3.3

1. (1) $|A| = -138$ (2) $|B| = 31$

2. 정리 3.2.5에 의해 $|A| = |A^{\mathrm{T}}|$이다. 이제 A^{T}에서 j행에 대한 여인수전개를 정리 3.3.3에 적용한다.

3. (1) n에 대해 귀납법을 사용한다. 이때 예제 3.3.2의 풀이를 참고하라.

(2) $a_1, \cdots, a_n$에서 $a_i = a_j$인 $i, j(i \neq j)$가 존재하면 $|A| = 0$은 분명하다.

4. $\mathrm{co}\,A = \begin{bmatrix} 0 & 2 & -4 \\ -3 & 7 & -26 \\ 0 & -2 & 10 \end{bmatrix}$

5. $\mathrm{co}\,A = \begin{bmatrix} 6 & -12 & 0 \\ 12 & 12 & -12 \\ -6 & -4 & 8 \end{bmatrix}$을 유도하여 $|A| = 24$이고 $A^{-1} = \dfrac{1}{24}\begin{bmatrix} 6 & -12 & 0 \\ 12 & 12 & -12 \\ -6 & -4 & 8 \end{bmatrix}$를 보인다.

6. $y = 3$

7. $x = \dfrac{1}{2}$

8. 정리 3.3.5에서 $A\mathrm{co}\,A = |A|I_n$을 이용한다.

9. 정리 3.3.5에서 $A\mathrm{co}\,A = |A|I_n$이다. 이제 A를 가역과 비가역일 때로 나누어 문제 8을 이용한다.

10. 문제 8에서 $\mathrm{co}\,A = |A|A^{-1}$를 이용한다.

연습문제 4.1

1. (1) $u + v = u + w$에서 양변의 왼쪽에 $-u$를 더한다.

(2) $-(u+v)$는 $u+v$의 음벡터이다. 이제 $-u-v$도 $u+v$의 음벡터임을 보이고 유일성을 적용한다.

(3) $\alpha u = \alpha v$에서 양변의 왼쪽에 α^{-1}를 곱한다.

2. (1) $\alpha\mathbf{0} = \alpha(\mathbf{0}+\mathbf{0})$과 $0v = (0+0)v$를 전개한다.

(2) (1)을 이용해서 세 벡터 $(-\alpha)v, \alpha(-v), -\alpha v$는 모두 αv의 음벡터임을 보이고 유일성을 적용한다.

(3) ($\Leftarrow$) (1)에서 보였다.

($\Rightarrow$) $\alpha \neq 0$을 가정해서 $v = \mathbf{0}$을 보인다.

3. (2)를 가정하면 $\mathbf{0} \in U$이고 $u \in U$에 대해 $-u \in U$를 보인다.

4. 부분공간인 것은 U_1, U_2

5. 부분공간인 것은 U_2, U_3

6. (2) $U + W \subseteq \mathrm{M}_n(\mathrm{F})$는 분명하고 $\mathrm{M}_n(\mathrm{F}) \subseteq U + W$는 따름정리 2.1.6을 이용한다.

7. (1) $A = E_{11}$과 $B = I_n - E_{11}$을 고려하라.

(2) $I_n \in U_2$와 $2 \in \mathbb{R}$를 고려하라.

8. (1) $f,g \in U_1$, $\alpha \in \mathbb{R}$이면 $x \in \mathbb{R}$에 대해 $(\alpha f+g)(-x)$를 계산한다.

(2) $f,g \in U_2$, $\alpha \in \mathbb{R}$이면 $x \in \mathbb{R}$에 대해 $(\alpha f+g)(-x)$를 계산한다.

9. $f,g \in U$, $\alpha \in \mathbb{R}$이면 $x \in [a,b]$에 대해 $[\alpha f(x)+g(x)]'' + [\alpha f(x)+g(x)]'$을 계산한다.

10. 부분공간인 것은 U_1, U_4

11. $\mathbf{x},\mathbf{y} \in U$, $\alpha \in \mathrm{F}$에 대해 $\mathbf{a} \circ (\alpha\mathbf{x}+\mathbf{y})$를 계산하여 정리 4.1.2를 적용한다.

12. $U_1 \cap U_2 = \{r(1,-2,1) \mid r \in \mathbb{R}\}$

13. $X, Y \in U_1 + \cdots + U_n$, $\alpha \in \mathrm{F}$이면 $X = u_1 + \cdots + u_n$, $Y = v_1 + \cdots + v_n$으로 쓸 수 있는 $u_i, v_i \in U_i$가 존재한다. 이제 $\alpha X + Y$를 계산하여 정리 4.1.2를 적용한다.

14. $U + W \subseteq \mathbb{R}^2$는 분명하므로 $\mathbb{R}^2 \subseteq U + W$를 보인다.

15. (1)⇒(2) $u,u' \in U$, $w,w' \in W$에 대해 $v = u+w$이고 $v = u'+w'$이면 $u = u'$이고 $w = w'$을 보이면 충분하다.

(2)⇒(1) $U \cap W = \{\mathbf{0}\}$을 보이면 충분하다.

연습문제 4.2

1. (1) $\mathbf{v} = 5\mathbf{v}_1 - 3\mathbf{v}_2 + 2\mathbf{v}_3$ (2) $v = 3v_1 + 2v_2 + v_3$

2. (1) $\mathbf{v} = 3\mathbf{v}_1 - 4\mathbf{v}_2 + 2\mathbf{v}_3$ (2) $v = -2v_1 + 3v_2 + 4v_3$

3. (1) 생성한다. (2) 생성하지 않는다.

4. $A = \begin{bmatrix} a & b \\ c & d \end{bmatrix}$에 대해 $A = xA_1 + yA_2 + zA_3 + wA_4$로 두고 x,y,z,w를 a,b,c,d로 나타낸다.

5. 편의상 $v_n = \mathbf{0}$으로 두고 전개한다.

6. (1) $\mathbf{v}_1, \mathbf{v}_2, \mathbf{v}_3$는 일차독립이다.

(2) f_1, f_2, f_3는 일차독립이다.

7. (1) $\mathbf{v}_1, \mathbf{v}_2, \mathbf{v}_3, \mathbf{v}_4$는 일차종속이다.

(2) A_1, A_2, A_3, A_4는 일차독립이다.

8. $a(1+i) + b(-1+i) = 0$인 a,b를 $\mathbb{R}$과 $\mathbb{C}$에서 각각 구해본다.

9. 정리 4.2.3과 2차 행렬의 행렬식을 이용한다.

10. (1) $a(v_1+v_2) + b(v_2+v_3) + c(v_3+v_4) = \mathbf{0}$이면 $av_1 + (a+b)v_2 + (b+c)v_3 + cv_4 = \mathbf{0}$을 이용한다.

11. 편의상 v_1, v_2가 비례한다고 하여 $\alpha \in \mathrm{F}^*$에 대해 $v_2 = \alpha v_1$으로 두고 전개한다.

12. $w \in \langle u_1, \cdots, u_m \rangle \cap \langle v_1, \cdots, v_r \rangle$이면

$$w = a_1u_1 + \cdots + a_mu_m, \qquad w = b_1v_1 + \cdots + b_rv_r$$

로 쓸 수 있다. 이제 두 식이 같음을 이용한다.

13. $v_1, \cdots, v_n, w$는 일차종속이므로 $b_1v_1 + \cdots + b_nv_n + cw = \mathbf{0}$을 만족하는 적어도 하나가 영이 아닌

$b_1, \cdots, b_n, c \in \mathbb{F}$가 존재한다. 이때 $c \neq 0$을 보이고 전개한다.

14. $c_1 f_1(x) + c_2 f_2(x) + \cdots + c_n f_n(x) = 0$으로 두고 이를 연이어서 $n-1$번 미분하라. 이때 그 결과를 행렬로 나타내면 다음이다.

$$\begin{bmatrix} f_1(x) & f_2(x) & \cdots & f_n(x) \\ f_1'(x) & f_2'(x) & \cdots & f_n'(x) \\ \vdots & \vdots & & \vdots \\ f_1^{(n-1)}(x) & f_2^{(n-1)}(x) & \cdots & f_n^{(n-1)}(x) \end{bmatrix} \begin{bmatrix} c_1 \\ c_2 \\ \vdots \\ c_n \end{bmatrix} = \begin{bmatrix} 0 \\ 0 \\ \vdots \\ 0 \end{bmatrix}$$

15. 다음을 유도한다.

(1) $W(x) = -4$　　(2) $W(x) = 2e^{3x}$　　(3) $W(x) = -x$

16. $f(x) = x^2$, $g(x) = x|x|$를 고려한다.

연습문제 4.3

1. (1) $\begin{vmatrix} 1 & 5 & 4 \\ 2 & 4 & 9 \\ 0 & -6 & 1 \end{vmatrix}$을 계산하여 이를 정리 4.2.3에 적용한다. B는 $\mathbb{R}^3$의 기저가 아니다.

(2) 위 힌트와 유사한데 정리 4.3.4를 추가한다. B는 $\mathbb{R}^3$의 기저이다.

2. (1) $a(3x) + b(1-x) + c(2x^2) = 0$에서 a, b, c를 결정한다. B는 $\mathbb{R}_2[x]$의 기저이다.

(2) 위 힌트와 유사하다. B는 $\mathbb{R}_2[x]$의 기저가 아니다.

3. (1) $aA_1 + bA_2 + cA_3 + dA_4 = O$에서 a, b, c, d를 결정한다. B는 $\mathrm{M}_2(\mathbb{R})$의 기저이다.

(2) 위 힌트와 유사하다. B는 $\mathrm{M}_2(\mathbb{R})$의 기저가 아니다.

4. $m > n$ 또는 $m < n$이면 보조정리 4.3.2를 이용해서 모순을 유도한다.

5. (1) $\dim U_1 = 2$　(2) $\dim U_2 = 3$

6. (1) $\dim U_1 = 3$　(2) $\dim U_2 = 3$

7. 결과를 부정하여 정리 4.3.4에서 (2)⇒(3)의 증명을 모방한다.

8. $b_1 v_1 + \cdots + b_r v_r + bv = 0$으로 두자. 먼저 $b \neq 0$이면 모순임을 유도하여 $b = 0$을 보인다. 다음으로 $b_1 = \cdots = b_r = 0$을 보인다.

9. $v_1, v_1 + v_2, v_1 + v_2 + v_3$는 일차독립임을 보이고 이를 정리 4.3.4에 적용한다.

10. U의 차원을 1,2,3인 경우로 나누어 전개한다.

11. $v_1, \cdots, v_n$을 일차독립이라 하여 $v_1, \cdots, v_n$이 V를 생성함을 보인다. 이는 임의의 $v \in V$에 대해 $v_1, \cdots, v_n, v$는 일차종속임을 이용한다.

12. 차원정리를 이용한다.

13. $\dim U = 3$, $\dim W = 3$, $\dim(U \cap W) = 1$

14. $V = U \oplus W$이므로 $v = u + w$인 $u \in U$, $w \in W$의 존재성은 분명하다. 따라서 유일성을 보이면 된다.

15. (1) $(0,1,0) \in U_{xy} \cap U_{yz}$이므로 $U_{xy} \cap U_{yz} \neq \{0\}$

(2) $\mathbb{R}^3 = U_{xy} + U_z$이고 $U_{xy} \cap U_{yz} = \{0\}$

16. (1) $-4x^2 - x + 8$ (2) $-x^3 + 2x^2 + 4x - 5$

17. (1) $3x^2 - 13$ (2) $-6x^3 - 19x^2 - 11x + 12$

18. 주어진 문제는 정리 4.3.12에서 $b_0, b_1, \cdots, b_n$이 모두 영인 특수한 경우이다.

연습문제 4.4

1. 보조정리 4.4.1(3)의 증명을 모방한다.

2. A, B가 열동치이면 A^T, B^T는 행동치이다. 이를 정리 4.4.2에 적용한다. 또한 행렬 X에 대해 $r(X^T) = c(X)$도 함께 이용한다.

3. (1) A의 기약 행사다리꼴을 구해 $r(A) = \langle [1\ 0\ -1\ -2], [0\ 1\ 2\ 3] \rangle$를 유도한다.

(2) A^T의 기약 행사다리꼴을 구해 $c(A) = \left\langle \begin{bmatrix} 1 \\ 0 \\ -1 \end{bmatrix}, \begin{bmatrix} 0 \\ 1 \\ 2 \end{bmatrix} \right\rangle$를 유도한다.

4. A의 기약 행사다리꼴을 구해 $r(A) = \langle (1,0,1,0), (0,1,-1,0), (0,0,0,1) \rangle$를 유도한다.

5. A^T의 기약 행사다리꼴을 구해 $c(A) = \left\langle \begin{bmatrix} 1 \\ 0 \\ 2 \\ 0 \\ 1 \end{bmatrix}, \begin{bmatrix} 0 \\ 1 \\ 1 \\ 0 \\ 1 \end{bmatrix}, \begin{bmatrix} 0 \\ 0 \\ 0 \\ 1 \\ 0 \end{bmatrix} \right\rangle$를 유도한다.

6. W는 다음 행렬의 행공간이다.

$$A = \begin{bmatrix} 1 & 3 & 2 & 2 \\ 2 & 4 & 3 & 2 \\ 1 & 9 & 5 & 8 \\ 3 & 0 & 1 & -3 \\ 2 & 7 & 8 & 5 \end{bmatrix}$$

이제 A의 기약 행사다리꼴을 구해 $B = \{(1,0,0,-1), (0,1,0,1), (0,0,1,0)\}$가 W의 기저임을 유도한다.

7. W는 다음 행렬의 행공간이다.

$$A = \begin{bmatrix} 1 & -2 & 1 & 1 & 2 \\ -1 & 3 & 0 & 2 & -2 \\ 0 & 1 & 1 & 3 & 4 \\ 1 & 2 & 5 & 13 & 5 \end{bmatrix}$$

이제 A의 기약 행사다리꼴을 구해 $B = \{(1,0,3,7,0), (0,1,1,3,0), (0,0,0,0,1)\}$가 W의 기저임을 유도한다.

8. $c(A) = r(A^T)$와 계수의 정의를 이용한다.

9. A의 기약 행사다리꼴을 구해 $\operatorname{rank} A = 3$을 유도한다.

10. $\dim c(A) < n$을 보이고 이를 보조정리 4.3.2에 적용한다.

11. (1) 해가 있다. (2) 해가 없다.

12. PAQ와 AQ는 행동치이고 AQ와 A는 열동치이다. 이제 이들의 행계수 또는 열계수를 정리 4.4.3과 계수의 정의에 적용한다.

연습문제 5.1

1. $\mathbf{x}, \mathbf{y} \in E(\lambda)$, $\alpha \in \mathrm{F}$에 대해 $\alpha\mathbf{x}+\mathbf{y}$를 계산하여 정리 4.1.2를 적용한다.

2. (1) $E(-1) = \left\langle \begin{bmatrix} -2 \\ 1 \end{bmatrix} \right\rangle$, $E(3) = \left\langle \begin{bmatrix} 2 \\ 1 \end{bmatrix} \right\rangle$

(2) $E(-1) = \left\langle \begin{bmatrix} -2 \\ 1 \\ 1 \end{bmatrix} \right\rangle$, $E(i) = \left\langle \begin{bmatrix} 0 \\ i \\ 1 \end{bmatrix} \right\rangle$, $E(-i) = \left\langle \begin{bmatrix} 0 \\ 1 \\ i \end{bmatrix} \right\rangle$

3. (1) $E(1+2i) = \left\langle \begin{bmatrix} 1 \\ i \end{bmatrix} \right\rangle$, $E(1-2i) = \left\langle \begin{bmatrix} 1 \\ -i \end{bmatrix} \right\rangle$

(2) $E(-1) = \left\langle \begin{bmatrix} -1 \\ 2 \\ 1 \end{bmatrix} \right\rangle$, $E(3) = \left\langle \begin{bmatrix} 5 \\ 6 \\ -1 \end{bmatrix} \right\rangle$

4. (1) O과 닮은 행렬은 O뿐이다.

(2) I_n과 닮은 행렬은 I_n뿐이다.

5. (2) $A \sim B$이면 $B = P^{-1}AP$인 가역행렬 P가 존재한다. 그러면 $A = PBP^{-1} = (P^{-1})^{-1}BP^{-1}$이고 P^{-1}도 가역이므로 $B \sim A$

6. A가 가역이면 $AB \sim BA$를 보이고 정리 5.1.5를 적용한다. B가 가역인 경우도 마찬가지로 보인다.

7. $A = [a_{ij}]$, $B = [b_{ij}]$이면 AB의 (i, j)성분은 $\sum_{k=1}^{n} a_{ik}b_{ki}$이므로 $\mathrm{tr}AB = \sum_{i=1}^{n}\sum_{k=1}^{n} a_{ik}b_{ki}$이다. 이를 BA에도 적용해보라.

8. $|A| = 9$, $\mathrm{tr}A = -5$

9. $|tI_n - A| = t^n + c_{n-1}t^{n-1} + \cdots + c_1t + c_0$로 두고 정리 5.1.7을 이용한다.

10. 가정에 의해 $\mathbb{C}$에서 A의 고유다항식은 $|tI_n - A| = (t-\lambda_1)\cdots(t-\lambda_n)$이다. 여기에 정리 5.1.7을 적용한다.

11. $A^4 \neq O$이므로 $A^4\mathbf{x} \neq \mathbf{0}$인 $\mathbf{x} \in \mathbb{R}^n$가 존재한다. 0이 A의 고윳값임을 보이고 λ가 A의 임의의 고윳값이면 정리 5.1.9(1)을 이용해서 $\lambda = 0$을 보인다.

12. ($\Rightarrow$) 정리 5.1.8을 이용한다.

($\Leftarrow$) 두 정리 3.2.13과 2.3.4를 이용한다.

13. 고유다항식의 정의를 정리 3.2.5에 적용한다.

연습문제 5.2

1. (1) A는 대각화가능이고 대각화하는 행렬은 $P=\begin{bmatrix}-2 & 2\\ 1 & 1\end{bmatrix}$

(2) B는 $\mathbb{R}$에서 대각화불가능이지만 $\mathbb{C}$에서는 대각화가능이다. 이때 B를 대각화하는 행렬은

$P=\begin{bmatrix}1 & 1\\ i & -i\end{bmatrix}$

2. (1) A는 대각화불가능이다.

(2) B는 대각화가능이고 대각화하는 행렬은 $P=\begin{bmatrix}2 & -2\\ 1+i & 1-i\end{bmatrix}$

3. $A^{100}=\begin{bmatrix}1 & 0\\ 1-2^{100} & 2^{100}\end{bmatrix}$

4. $|tI_2-A|=0$은 t에 관한 이차방정식이다. 여기에 근의 공식을 적용한다.

5. 차수가 홀수인 실계수방정식은 적어도 하나의 실근을 갖는다는 사실과 복소수 z가 이 방정식의 근이면 켤레복소수 $\bar{z}$도 근임을 이용한다.

6. λ의 기하중복도를 r이라 하여 정리 5.2.5를 이용한다.

7. (1) A는 대각화불가능이다.

(2) B는 대각화가능이고 대각화하는 행렬은 $P=\begin{bmatrix}1 & 0 & 1\\ 0 & 1 & 1\\ -1 & -1 & 1\end{bmatrix}$

8. (1) A는 대각화가능이고 대각화하는 행렬은 $P=\begin{bmatrix}1 & 0 & 0\\ 0 & 1 & 1\\ 1 & 1 & -1\end{bmatrix}$

(2) B는 대각화불가능이다.

9. (1) A는 대각화불가능이다.

(2) B는 $\mathbb{R}$에서 대각화불가능이지만 $\mathbb{C}$에서는 대각화가능이다. 이때 B를 대각화하는 행렬은

$P=\begin{bmatrix}2 & 0 & 0\\ -1 & i & 1\\ 1 & 1 & i\end{bmatrix}$

10. 가정에 의해 $P^{-1}AP(=D)$가 대각행렬이 되는 가역행렬 P가 존재한다.

(1) $D^{\mathrm{T}}=D$를 이용한다.

(2) A가 가역이면 D도 가역이다. 이제 D^{-1}가 대각행렬임을 이용한다.

11. 가정에 의해 $P^{-1}AP(=D)$가 대각행렬이 되는 가역행렬 P가 존재한다. 이때 $D=\mathrm{diag}(\lambda_1,\cdots,\lambda_n)$으로 두면 A의 모든 고윳값은 $\lambda_1,\cdots,\lambda_n$이다.

12. 문제 11의 힌트와 동일하다.

13. 문제 11의 힌트와 동일하다.

연습문제 5.3

1. (1) 0, 40 (2) 4, 85
2. (1) 20 (2) 0
3. (1) $\begin{bmatrix} 2 & 0 \\ 0 & 2 \end{bmatrix}$ (2) $\begin{bmatrix} 3 & 2 \\ -2 & 3 \end{bmatrix}$
4. $\begin{bmatrix} 6 & 8 & 16 \\ 4 & 2 & 8 \\ -4 & -4 & -10 \end{bmatrix}$
5. A는 가역이므로 5.1절의 문제 9에 의해 $e(t) = t^n + c_{n-1}t^{n-1} + \cdots + c_1 t + c_0$에서 $c_0 \neq 0$이다. 이를 케일리-해밀턴정리에 적용한다.
6. ($\Rightarrow$) $A\mathbf{x} = \lambda\mathbf{x}$, $\mathbf{x} \neq \mathbf{0}$로 두고 정리 5.3.1과 최소다항식의 정의를 이용한다.
   ($\Leftarrow$) 정리 5.3.3을 이용한다.
7. $m \geq 1$에 대해 $(P^{-1}AP)^m = P^{-1}A^m P$를 확인하고 이를 이용한다.
8. A, B는 닮음이므로 $B = P^{-1}AP$인 가역행렬 P가 존재한다. A, B의 최소다항식을 각각 $m(t), s(t)$라 하여 문제 7과 정리 5.3.3을 이용해서 $s(t) | m(t)$, $m(t) | s(t)$를 보이고 $m(t), s(t)$는 모두 선두계수가 1인 다항식에서 $m(t) = s(t)$를 유도한다.
9. (1) A의 모든 고윳값은 $\lambda = 2, 0$이고 A는 대각화가능이다.
   (2) B의 모든 고윳값은 $\lambda = 2, -3$이고 B는 대각화불가능이다.
10. $m(t)$의 동반행렬은 $\begin{bmatrix} 0 & -4 \\ 1 & 5 \end{bmatrix}$
11. $m(t)$의 동반행렬은 $\begin{bmatrix} 0 & 0 & 4 \\ 1 & 0 & -8 \\ 0 & 1 & 5 \end{bmatrix}$
12. 정리 5.3.6에 의해 A의 고유다항식과 최소다항식은 모두 $p(t)$이다. 이제 (1)에는 따름정리 5.2.4를 적용하고 (2)에는 정리 5.3.5를 적용한다.

연습문제 6.1

1. (1) $\mathbf{v}_1 = (x, y), \mathbf{v}_2 = (a, b) \in \mathbb{R}^2$, $\alpha \in \mathbb{R}$에 대해 $T(\alpha\mathbf{v}_1 + \mathbf{v}_2)$를 계산한다.
   (2) $A, B \in \mathrm{M}_n(\mathbb{R})$, $\alpha \in \mathbb{R}$에 대해 $T(\alpha A + B)$를 계산한다.
2. (1) $\mathbf{v}_1 = (x, y, z), \mathbf{v}_2 = (a, b, c) \in \mathbb{R}^3$, $\alpha \in \mathbb{R}$에 대해 $T(\alpha\mathbf{v}_1 + \mathbf{v}_2)$를 계산한다.
   (2) $v_1 = a_1x^2 + b_1x + c_1, v_2 = a_2x^2 + b_2x + c_2 \in \mathbb{R}_2[x]$, $\alpha \in \mathbb{R}$에 대해 $T(\alpha v_1 + v_2)$를 계산한다.
3. (1) $T(2(1,1))$를 고려한다.
   (3) $T(-(1,1))$를 고려한다.

4. (2) $x,y \in \text{Im}\,T$, $\alpha \in \mathbb{F}$이면 $T(u)=x$, $T(v)=y$인 $u,v \in V$가 존재한다. 이제 $\alpha x+y \in \text{Im}\,T$를 보이고 정리 4.1.2를 적용한다.

5. $v_1,\cdots,v_n$은 일차종속이므로 $b_1v_1+\cdots+b_nv_n=\mathbf{0}$을 만족하는 적어도 하나가 영이 아닌 $b_i \in \mathbb{F}$가 존재한다. 이제 $T(b_1v_1+\cdots+b_nv_n)$을 계산해보라.

6. $v \in V$가 임의이면 v를 $v_1,\cdots,v_n$의 일차결합으로 나타내어 $T(v)=\mathbf{0}$을 보인다.

7. T가 단사가 아니면 정리 6.1.2에 의해 $T(v)=\mathbf{0}$인 $v(\neq\mathbf{0}) \in V$가 존재한다. 그러면 $v=a_1v_1+\cdots+a_nv_n$으로 둘 때 $a_1,\cdots,a_n$ 중에서 적어도 하나는 0이 아니다. 이는 모순임을 유도한다.

8. $\text{Im}\,T=\langle(1,0,1),(0,1,-1)\rangle$, $\ker T=\langle(-3,1,-1)\rangle$

9. $\text{Im}\,T=\langle 1, 2x\rangle$, $\ker T=\langle 1\rangle$

10. $T(x,y,z)=(x+y-z,\ x-2z,\ 2x-y)$

11. $T(a+bx+cx^2)=(a+b+c,\ b+4c,\ -a-b)$

12. $\mathbb{R}^3$의 표준기저를 정리 6.1.6에 적용하여 $T(x,y,z)=(x+2y,\ 2x+y,\ y,\ 4x)$를 유도한다.

13. (2) $V\cong W$이면 동형사상 $T: V\to W$가 존재한다. 그런데 역사상 $T^{-1}: W\to V$는 정리 6.1.8(1)에 의해 동형사상이다. 따라서 $W\cong V$

14. 예제 6.1.8의 풀이를 모방한다. $T^{-1}(x,y,z)=\left(\frac{x}{2},\ 2x-y,\ 7x-3y-z\right)$

15. 예제 6.1.8의 풀이를 모방한다. $T^{-1}(a+bx+cx^2)=(a,\ a-b,\ 2a-b-c)$

16. (1) $\ker(1_V-T)=\{v\in V \mid T(v)=v\}$

17. $\{v_1,\cdots,v_n\}$을 V의 기저라 하여 정리 6.1.3(1)을 적용한다.

연습문제 6.2

1. 먼저 ϕ_E는 단사임을 보이면 정리 6.1.5에 의해 ϕ_E는 전단사이다. 또한

$$u=a_1v_1+\cdots+a_nv_n,\quad v=b_1v_1+\cdots+b_nv_n,\quad \alpha\in\mathbb{F}$$

에 대해 $\phi_E(\alpha u+v)=\alpha\phi_E(u)+\phi_E(v)$를 유도하여 ϕ_E는 준동형사상임을 보인다.

2. (1) $(7,-11,7)$ (2) $\left(\frac{10}{3},-\frac{11}{3},\frac{10}{3}\right)$

3. $\left(-\frac{1}{5},\frac{3}{5},\frac{2}{5}\right)$

4. (1) $\begin{bmatrix}3&2&-4\\1&-5&3\end{bmatrix}$ (2) $\begin{bmatrix}-13&-20&26\\8&11&-15\end{bmatrix}$ (3) $\begin{bmatrix}3&5&1\\1&-4&-1\end{bmatrix}$

5. (1) $\begin{bmatrix}0&0\\1&0\\0&1\end{bmatrix}$ (2) $\begin{bmatrix}1&1\\1&3\\0&1\end{bmatrix}$ (3) $\begin{bmatrix}0&0\\1&2\\-1&1\end{bmatrix}$

6. 먼저 $[T]_E^F$의 정의로 $T(1,3)$과 $T(2,5)$를 구한다. 다음으로 임의의 $(x,y)\in\mathbb{R}^2$를 $(1,3)$, $(2,5)$

의 일차결합으로 나타낸다. 이제 T가 선형임을 이용해서 $T(x,y)$를 계산하여 $T(x,y) = (-x+y, -9x+4y, x)$를 유도한다.

7. 문제 6의 힌트와 비슷하다. $T(x,y) = (-37x+14y, -92x+35y)$

8. 문제 6의 힌트와 비슷하다. $T(a+bx+cx^2) = (a+c)+bx+(a+2b+c)x^2$

9. $[T]_E^F = \begin{bmatrix} -3 & 2 & 0 \\ 2 & -1 & 0 \end{bmatrix}$, $[S]_F^G = \begin{bmatrix} 2 & 3 \\ 3 & 5 \end{bmatrix}$, $[S \circ T]_E^G = \begin{bmatrix} 0 & 1 & 0 \\ 1 & 1 & 0 \end{bmatrix}$

10. $[S]_E^F = [a_{ij}]$, $[T]_E^F = [b_{ij}]$로 두면 $\alpha[S]_E^F + [T]_E^F$의 (i,j)성분은 $\alpha a_{ij} + b_{ij}$이다. 따라서 $[\alpha S + T]_E^F$의 (i,j)성분이 $\alpha a_{ij} + b_{ij}$를 보이면 된다.

11. (1) $L_A(x,y) = (x-y, x+y, -x+y)$
    (2) $L_A(x,y) = (-8x+3y, -2x+y, 8x-3y)$

12. $L_A(a+bx+cx^2) = (-2a-4b+5c)+(3a+3b-7c)x+(-b+2c)x^2$

13. (1) $\begin{bmatrix} 3 & -2 & -1 \\ -8 & 11 & 6 \\ 5 & -8 & -4 \end{bmatrix}$ (2) $(-9, 70, -50)$

14. (1) $P = \begin{bmatrix} -2 & 0 & 1 \\ 8 & -1 & -2 \\ -5 & 1 & 1 \end{bmatrix}$ (2) $[\mathbf{v}]_F = \begin{bmatrix} 0 \\ 5 \\ -3 \end{bmatrix}$

15. (1) $T(w_1) = w_1 + 3w_2$, $T(w_2) = 2w_1 + 4w_2$
    (2) $T(v_1) = -14v_1 - 11v_2$, $T(v_2) = 24v_1 + 19v_2$

16. B와 $[T]_E^E$는 닮음이므로 $B = P^{-1}[T]_E^E P$인 가역행렬 P가 존재한다. 이제 각각의 $i = 1, \cdots, n$에 대해

$$w_i = p_{1i}v_1 + \cdots + p_{ni}v_n$$

으로 두고 따름정리 6.2.7과 정리 6.2.6을 이용한다.

연습문제 6.3

1. 가정에 의해 $T(v) = \lambda v$이다. 이를 이용해서 $T(\alpha v) = \lambda(\alpha v)$를 유도한다.

2. $u, v \in E(\lambda)$, $\alpha \in \mathrm{F}$이면 $\alpha u + v \in E(\lambda)$를 보이고 정리 4.1.2를 적용한다.

3. 0이 T의 고윳값이면 $\ker T \neq \{\mathbf{0}\}$을 유도하여 T는 단사가 아님을 보인다.

4. 문제 3을 이용하고 정리 5.1.9의 증명을 모방한다.

5. $\ker T = \langle v_3 \rangle$이고 T^3은 영사상이다.

6. $T^4 \neq O$이므로 $T^4(v) \neq \mathbf{0}$인 $v(\neq \mathbf{0}) \in V$가 존재한다. 이를 이용해서 0은 T의 고윳값임을 보인다. 다음으로 $\lambda \in \mathrm{F}$가 T의 임의의 고윳값이면 문제 4를 이용해서 $\lambda = 0$을 보인다.

7. (1) $E(1) = \langle (1,1,0) \rangle$, $E(5) = \langle (1,-1,0), (0,0,1) \rangle$
   (2) $E(2) = \langle (1,0,1) \rangle$

8. $M_2(\mathbb{R})$의 표준기저 $E=\{E_{11},E_{12},E_{21},E_{22}\}$에 대해 $[T]_E^E$를 구한다. T의 모든 고윳값은 $\lambda=-2,-1,1$이고 $E(1)=\left\langle \begin{bmatrix}2&3\\1&0\end{bmatrix}, \begin{bmatrix}0&0\\0&1\end{bmatrix} \right\rangle$

9. T와 $[T]_E^E$에 대해 정리 6.3.1과 따름정리 5.2.6을 이용한다.

10. E를 V의 기저라 하면 정리 6.3.1에 의해 T와 $[T]_E^E$의 고윳값은 같다. 따라서 $\lambda_1,\cdots,\lambda_n$은 $[T]_E^E$의 고윳값이다. 이제 따름정리 5.2.4와 정리 6.3.4를 이용한다.

11. 문제 10에 의해 T는 대각화가능이다. $[T]_F^F$가 대각행렬이 되는 $\mathbb{C}^2$의 기저 F를 찾는 것은 예제 6.3.5(2)의 풀이를 모방한다.

12. 정리 6.3.6을 이용한다.
   (1) T는 대각화가능이고 $F=\{(1,1,0),(0,0,1),(1,-1,0)\}$
   (2) T는 대각화불가능이다.

13. 예제 6.3.4와 문제 10을 이용해서 T는 대각화가능임을 보인다. $[T]_F^F$가 대각행렬이 되는 $\mathbb{R}_2[x]$의 기저는 $F=\{1,\ 1+x,\ 1+2x+x^2\}$

14. $\lambda_1,\cdots,\lambda_k\in\mathbb{F}$가 T의 서로 다른 모든 고윳값이면 정리 6.3.7(3)에 의해

$$V=E(\lambda_1)\oplus\cdots\oplus E(\lambda_k)$$

이다. 그러면 모든 $v\in V$는 $v=b_1v_1+\cdots+b_kv_k$로 쓸 수 있다. 단 $v_i\in E(\lambda_i)$이다. 이제 $T^2(v)=2T(v)$를 유도한다.

15. ($\Rightarrow$) T가 대각화가능이면 $[T]_E^E$가 대각행렬이 되는 기저 $E=\{v_1,\cdots,v_n\}$가 존재한다. 즉 $[T]_E^E=\begin{bmatrix}\lambda_1&&\\&\ddots&\\&&\lambda_k\end{bmatrix}$로 둘 수 있다. 그러면 $[T]_E^E$의 정의에

$$T(v_1)=\lambda_1v_1,\qquad T(v_2)=\lambda_2v_2,\qquad \cdots,\qquad T(v_n)=\lambda_nv_n$$

이다. 따라서 $E=\{v_1,\cdots,v_n\}$는 T의 고유벡터로 이루어진 V의 기저이다.

($\Leftarrow$) 위 증명을 참고하라.

연습문제 7.1

1. 조건 ①, ②, ③은 쉽게 성립함을 보일 수 있다. 따라서 조건 ④를 만족하는 a,b를 결정하면 $a>0,\ b<0$
2. 문제 1의 힌트와 동일하다. $k>4$
3. 문제 1의 힌트와 동일하다. $\lambda_1,\cdots,\lambda_n>0$
4. 조건 ①은 $(A\mathbf{x})^T(A\mathbf{y})=[(A\mathbf{x})^T(A\mathbf{y})]^T$를 이용한다.
5. 조건 ①, ②, ③은 쉽게 보일 수 있으므로 조건 ④를 보인다.
6. $v\in V$가 영벡터가 아니면 $\|v\|\neq0$을 이용한다.

7. (1) $d(u,v)=\|u-v\| \geq 0$은 분명하다. 등식이 $u=v$일 때만 성립하는 것은 $d(u,v)=0 \Leftrightarrow \|u-v\|^2=0$을 이용한다.

(2) $u-v=(-1)(v-u)$를 정리 7.1.1(1)에 적용한다.

(3) $u-v=(u-w)+(w-v)$를 삼각부등식에 적용한다.

8. $\mathbf{0}+\mathbf{0}=\mathbf{0}$을 이용해서 모든 $v \in V$에 대해 $\langle \mathbf{0},v \rangle=0$을 보인다.

9. $v \in V$를 $v_1,\cdots,v_n$의 일차결합으로 나타내어 $\langle v,v \rangle=0$을 보인다.

10. $\langle u-v,u-v \rangle$를 계산하여 0을 보이는데 이때 가정에서 $\langle u,w \rangle=\langle v,w \rangle$을 이용한다. 그런 다음 내적의 조건 ④를 적용한다.

11. (1) V가 실내적공간이면 $\langle u,v \rangle=\langle v,u \rangle$를 이용해서 $u+v$, $u-v$는 수직임을 보인다.

(2) $\mathbb{C}$에서 $\mathbf{u}=1+i$, $\mathbf{v}=1-i$를 고려한다.

12. (3) $\|u+v\|^2-\|u-v\|^2$을 계산한다.

13. 결과가 성립하지 않는 예는 $\mathbb{C}$에서 $\mathbf{u}=1+i$, $\mathbf{v}=1-i$를 고려한다.

14. (1) $\theta=\frac{\pi}{2}$ (2) $d(f,g)=\sqrt{\frac{8}{3}}$

15. 예제 7.1.6을 참고하여 코시-슈왈츠 부등식을 이용한다.

연습문제 7.2

1. $\mathbf{v}_1=(\cos\theta,\sin\theta)$, $\mathbf{v}_2=(-\sin\theta,\cos\theta)$로 두고 네 개의 $\mathbf{v}_i \circ \mathbf{v}_j$를 계산한다.

2. (1) $(2,-1,0) \circ (0,1,1)$을 계산해보라.

(2) 조건 ①, ②, ③은 쉽게 보일 수 있으므로 조건 ④를 보인다.

3. 정리 7.2.2에 의해 $v=\langle v,v_1 \rangle v_1+\cdots+\langle v,v_n \rangle v_n$으로 쓸 수 있다. 이제 모든 i에 대해 $\langle v,v_i \rangle=b_i$로 두고 $\|v\|^2$을 계산해보라.

4. $\mathbf{v}=\mathbf{v}_1+\frac{1}{7}\mathbf{v}_2+\frac{5}{21}\mathbf{v}_3+\frac{1}{3}\mathbf{v}_4$

5. $A=E_1+2E_2+\frac{7}{2}E_3-\frac{1}{2}E_4$

6. $\left\{\frac{1}{\sqrt{3}}(1,1,1),\ \frac{1}{\sqrt{6}}(-2,1,1),\ \frac{1}{\sqrt{2}}(0,-1,1)\right\}$

7. $\left\{1,\ \frac{1}{\sqrt{2}}x+\frac{1}{\sqrt{2}}x^2,\ -\frac{1}{\sqrt{2}}x+\frac{1}{\sqrt{2}}x^2\right\}$

8. 정리 7.2.2에 의해

$$v=\langle v,v_1 \rangle v_1+\cdots+\langle v,v_n \rangle v_n, \quad w=\langle w,v_1 \rangle v_1+\cdots+\langle w,v_n \rangle v_n$$

이다. 이제 모든 i에 대해 $a_i=\langle v,v_i \rangle$, $b_i=\langle w,v_i \rangle$로 두고 $\langle v,w \rangle$를 계산한다.

9. $\left\| v-\sum_{k=1}^{n}\langle v,v_k \rangle v_k \right\|^2=\|v\|^2-\sum_{k=1}^{n}|\langle v,v_k \rangle|^2$을 보이면 (1), (2)는 성립한다.

10. (1) $S^{\perp}=\langle(1,0,-1)\rangle$ (2) $\mathbf{v}^{\perp}=\langle(-2,1,0),(-3,0,1)\rangle$

11. $S^{\perp}=\left\langle\begin{bmatrix}1 & -1\\ -2 & 0\end{bmatrix},\begin{bmatrix}0 & 0\\ 0 & 1\end{bmatrix}\right\rangle$

12. $u,v\in S^{\perp}$, $\alpha\in\mathrm{F}$이면 $\alpha u+v\in S^{\perp}$를 보이고 정리 4.1.2를 적용한다.

13. ($\supseteq$) $v\in U^{\perp}\cap W^{\perp}$이면 $v\in U^{\perp}$, $v\in W^{\perp}$이므로 $u\in U$에 대해 $\langle v,u\rangle=0$이고 $w\in W$에 대해 $\langle v,w\rangle=0$이다. 그러면 $\langle v,u+w\rangle=0$이므로 $v\in(U+W)^{\perp}$

($\subseteq$) 위 증명을 참고하여 유사하게 전개한다.

14. 정사영은 $(-1,2,1)$이고 직교성분은 $(2,0,2)$이다.

15. (1) $\{\mathbf{v}_1,\mathbf{v}_2\}=\{(-1,0,1,2),(1,3,-1,1)\}$은 W의 직교기저이다.

(2) 정사영은 $\frac{1}{2}(-1,3,1,5)$이고 직교성분은 $\frac{1}{2}(3,1,5,-1)$이다.

16. (1) $d(\mathbf{v},W)=2\sqrt{2}$ (2) $d(\mathbf{v},W)=3$

17. (1) 정사영은 $\begin{bmatrix}9 & 0\\ 3 & 6\end{bmatrix}$이고 직교성분은 $\begin{bmatrix}-2 & 7\\ 4 & 1\end{bmatrix}$이다.

(2) $d(A,W)=\sqrt{70}$

18. V가 유한차원이면 $W=(W^{\perp})^{\perp}$는 두 정리 7.2.7과 4.3.7을 이용해서 보인다.

연습문제 7.3

1. (1) $\frac{x-3}{4}=\frac{y-1}{-1}=\frac{z}{2}$ (2) $\frac{x-1}{3}=\frac{y-7}{-7}=\frac{z+2}{5}$

2. $\cos\theta=\frac{1}{\sqrt{6}}$

3. 사루스공식 또는 행렬식의 성질을 이용한다.

4. (1) $x+2y-3z-13=0$ (2) $5x+10y+z-16=0$

5. (1) $\cos\theta=0$ (2) $\cos\theta=-\frac{1}{6}$

6. $\mathrm{proj}_{\langle\mathbf{b}\rangle}\mathbf{a}=\frac{7}{5}(1,0,2)$, $\mathrm{proj}_{\langle\mathbf{a}\rangle}\mathbf{b}=\frac{1}{2}(1,2,3)$

7. $x+y+z-6=0$

8. 구하는 직선의 방향벡터는 두 평면의 법선벡터와 동시에 수직이다. 또한 직선 위의 한 점을 얻기 위해 두 평면의 교점 하나를 찾는다. 이들을 이용해서 직선의 대칭방정식을 구하면 $\frac{x-7}{7}=\frac{y-4}{5}=\frac{z}{1}$

9. 거리는 $D=3$이다. P_0에서 가장 가까운 평면 위의 점 P를 찾기 위해 평면의 법선벡터와 $\overrightarrow{P_0P}$는 평행함을 이용하면 $P(1,3,3)$이다.

연습문제 8.1

1. 먼저 $(V^*,+)$에서 결합법칙 $\phi_1+(\phi_2+\phi_3)=(\phi_1+\phi_2)+\phi_3$은 분명하다. 영사상 $O:V\to F$은 항등원이고 ϕ_1의 음원은 $-\phi_1$이다. 또한 $\phi_1+\phi_2=\phi_2+\phi_1$은 분명하므로 $(V^*,+)$는 덧셈아벨군이다. 이제 벡터공간 정의의 네 조건을 확인하면 된다.

2. $u,v\in V$, $\alpha\in F$에 대해 $u=b_1v_1+\cdots+b_iv_i+\cdots+b_nv_n$, $v=c_1v_1+\cdots+c_iv_i+\cdots+c_nv_n$으로 두고 $\phi_i(\alpha u+v)$를 계산한다.

3. $\phi_1(a,b,c)=\frac{1}{2}(a+b-c)$, $\phi_2(a,b,c)=\frac{1}{2}(-a+b-c)$, $\phi_3(a,b,c)=\frac{1}{2}(a+b+c)$

4. $\mathbf{w}=(2,-1,3)$

5. $\mathbf{w}=(1,-2,4)$

6. $\mathbf{w}=(1+i,2-3i)$

7. $\mathbf{w}=(7,2)$

연습문제 8.2

1. (1) $(a,b,c),(x,y,z)\in\mathbb{R}^3$에 대해 정리 8.2.1을 이용해서 $(a,b,c)\circ T^*(x,y,z)$를 계산한다.

$T^*(x,y,z)=(2x+y-z,\ -x+z,\ -x-y+2z)$

(2) T의 행렬은 $[T]=\begin{bmatrix}2&-1&-1\\1&0&-1\\-1&1&2\end{bmatrix}$

2. (1) $(a,b,c),(x,y,z)\in\mathbb{C}^3$에 대해 정리 8.2.1을 이용해서 $(a,b,c)\circ T^*(x,y,z)$를 계산한다.

$T^*(x,y,z)=((1-i)x+(1+i)y-iz,\ (1-i)x-iy-iz,\ ix+iy+z)$

(2) T의 행렬은 $[T]=\begin{bmatrix}1+i&1+i&-i\\1-i&i&-i\\i&i&1\end{bmatrix}$

3. T의 행렬은 $[T]=\begin{bmatrix}1&-1&1+i\\-i&0&i\\0&i&2-i\end{bmatrix}$

$T^*(x,y,z)=(x+iy,\ -x-iz,\ (1-i)x-iy+(2+i)z)$

4. 정리 8.2.1을 이용해서 $\langle s,T^*(v)\rangle$를 계산하여 $T^*(v)=\langle v,u\rangle w$를 유도한다.

5. 정리 8.2.1을 이용해서 $\langle u,(S+T)^*(v)\rangle$, $\langle u,(S\circ T)^*(v)\rangle$, $\langle u,(\alpha T)^*(v)\rangle$를 계산한다.

6. (1) $A^*=\begin{bmatrix}2&i&0\\-i&1&1-i\\0&1+i&-1\end{bmatrix}$　　(2) $B^*=\begin{bmatrix}1-i&-1-i&0\\1+i&-i&2+i\\3i&2-i&i\end{bmatrix}$

7. 수반행렬의 정의와 정리 2.1.4를 이용한다.

8. $a_0+b_0x+c_0x^2,\ a+bx+cx^2\in\mathbb{R}_2[x]$에 대해 $\langle a_0+b_0x+c_0x^2,\ T^*(a+bx+cx^2)\rangle$를 계산한다.

$$T^*(a+bx+cx^2)=(a+c)+(a+b)x+(b+c)x^2$$

9. $A, X \in \mathrm{M}_n(\mathbb{R})$에 대해 $\langle A, T^*(X) \rangle$를 계산하는데 $\mathrm{tr}X = \mathrm{tr}PXP^{-1}$를 이용한다.

$$T^*(X)=(P^{-1})^{\mathrm{T}}XP^{\mathrm{T}}$$

10. 항등사상 $1_V : V \to V$에 대해 $1_V^* = 1_V$와 정리 8.2.2를 이용한다.

11. $T^*(W^{\perp}) \subseteq W^{\perp}$를 보이면 된다. T-불변의 정의는 6.3절에 있고 $W^{\perp}$의 정의는 7.2절에 있다.

연습문제 8.3

1. T는 유니타리이므로 정리 8.3.1에서 $\langle T(v_i), T(v_j) \rangle = \langle v_i, v_j \rangle$를 이용한다.

2. 정리 8.2.1을 이용해서 모든 $u, v \in V$에 대해 $\langle T(u), T(v) \rangle = \langle u, v \rangle$를 보이고 정리 8.3.1을 적용한다.

3. A, B는 유니타리이므로 $AA^* = BB^* = I_n$을 이용한다.

4. A는 유니타리 $\Leftrightarrow$ $AA^* = I_n$이다. 이제 A의 n개 행들을 $A_1, \cdots, A_n$이라 하여 $\langle A_i, A_j \rangle$를 계산하고 정리 7.2.1을 적용한다.

5. (1) T는 직교사상이다. (2) T는 직교사상이 아니다.

6. (1) T는 유니타리이다. (2) T는 유니타리이다.

7. $E = \{1, x, x^2\}$는 $\mathbb{R}_2[x]$의 정규직교기저인데 이를 정리 8.3.6에 적용한다. 이때 $\mathbb{R}_2[x]$의 내적은 $\langle a_0 + a_1x + a_2x^2, b_0 + b_1x + b_2x^2 \rangle = a_0b_0 + a_1b_1 + a_2b_2$이지만 문제의 풀이에는 사용되지 않는다.

8. $P^*P = I_n$을 보인다. 그런데 P^*P의 (i,j)성분은 $\overline{p_{1i}}p_{1j} + \overline{p_{2i}}p_{2j} + \cdots + \overline{p_{ni}}p_{nj}$이므로 이는 $\langle v_j, v_i \rangle$와 같음을 보이면 된다. 참고로 $[1_V]_E^F = P$의 정의에서 $v_k = 1_V(v_k) = p_{1k}w_1 + p_{2k}w_2 + \cdots + p_{nk}w_n$이다.

9. $A, B \in U(n;\mathbb{C})$이면 A, B는 유니타리이므로 정리 8.3.4에 의해 AB도 유니타리가 되어 $AB \in U(n;\mathbb{C})$이다. 따라서 행렬의 곱은 $U(n;\mathbb{C})$에서 연산이다.

연습문제 8.4

1. A는 자기수반이므로 $A^* = A$이다. 이제 A와 A^*의 (i,i)성분을 비교해보라.

2. 자기수반행렬은 A^{T}, A^*, $A+B$

3. (1) T는 자기수반이 아니고

$$T^*(x,y,z)=(x-iy-2iz, -ix+y+3z, -2ix+3y+z)$$

(2) T는 자기수반이고

$$T^*(x,y,z)=(x+iy+2iz, -ix+y+3z, -2ix+3y+z)$$

4. $M_2(\mathbb{R})$의 정규직교기저

$$E=\{E_{11}, E_{12}, E_{21}, E_{22}\}$$

를 이용해서 E에 관한 T의 행렬을 찾고 이를 이용한다. $T^*(X)=X-X^{\mathrm{T}}$

5. 가정에 의해 $T(v_1)=\lambda_1 v_1$, $T(v_2)=\lambda_2 v_2$이다. 정리 8.4.2를 이용해서

$$\lambda_1\langle v_1, v_2\rangle=\lambda_2\langle v_1, v_2\rangle$$

를 유도하고 $\langle v_1, v_2\rangle=0$을 보인다.

6. (2) $A\approx B$이면 $B=U^*AU$인 유니타리행렬 $U\in M_n(F)$가 존재한다. 그러면 $A=UBU^*=(U^*)^*BU^*$이고 U^*는 유니타리이므로 $B\approx A$이다.

7. A를 직교대각화하는 행렬은 $P=\begin{bmatrix}\frac{1}{\sqrt{3}} & \frac{1}{\sqrt{6}} & \frac{1}{\sqrt{2}}\\ \frac{1}{\sqrt{3}} & \frac{1}{\sqrt{6}} & -\frac{1}{\sqrt{2}}\\ \frac{1}{\sqrt{3}} & -\frac{2}{\sqrt{6}} & 0\end{bmatrix}$이고 $P^{\mathrm{T}}AP=\begin{bmatrix}0&0&0\\0&3&0\\0&0&3\end{bmatrix}$

8. A를 유니타리대각화하는 행렬은 $U=\begin{bmatrix}\frac{1+i}{\sqrt{3}} & \frac{1+i}{\sqrt{6}}\\ \frac{-1}{\sqrt{3}} & \frac{2}{\sqrt{6}}\end{bmatrix}$이고 $U^*AU=\begin{bmatrix}1&0\\0&4\end{bmatrix}$

9. A를 유니타리대각화하는 행렬은 $U=\begin{bmatrix}\frac{1}{\sqrt{2}} & -\frac{1}{2} & \frac{1}{2}\\ 0 & \frac{1}{\sqrt{2}}i & \frac{1}{\sqrt{2}}i\\ \frac{1}{\sqrt{2}} & \frac{1}{2} & -\frac{1}{2}\end{bmatrix}$이고

$$U^*AU=\begin{bmatrix}1&0&0\\0&1+\sqrt{2}&0\\0&0&1-\sqrt{2}\end{bmatrix}$$

10. 슈어정리의 증명과정을 적용하여

$$U=\frac{1}{\sqrt{2}}\begin{bmatrix}\sqrt{2}&0&0\\0&1&1\\0&-1&1\end{bmatrix},\qquad B=\begin{bmatrix}2&\frac{1}{\sqrt{2}}&\frac{1}{\sqrt{2}}\\0&2&-3\\0&0&3\end{bmatrix}$$

를 유도한다.

연습문제 8.5

1. A가 하삼각행렬이면 A^{T}는 상삼각행렬이다. 이제 $A^*A=AA^*$의 양변에 전치 행렬을 취해 보조정리 8.5.1을 이용해서 A^{T}가 대각행렬임을 유도한다.

2. (1) A는 유니타리대각화가능이다.

(2) B는 유니타리대각화불가능이다.

3. 가정에 의해 $T^* \circ T = T \circ T^*$이다. 이를 정리 8.2.1에 적용하여 $\langle T(u), T(v) \rangle$를 계산한다.

4. (1) 정리 8.5.3에 의해 $\|T(v)\| = \|T^*(v)\|$를 유도하고 이를 이용한다.

   (2) T는 정규사상이므로 $T^* \circ T = T \circ T^*$이다. 이를 $(T - \alpha 1_V) \circ (T - \alpha 1_V)^*$의 전개에 이용한다.

5. 정리 8.2.1과 가정 $\langle T(u), T(v) \rangle = \langle T^*(u), T^*(v) \rangle$을 이용해서 다음을 보인다.

$$\langle u, (T^* \circ T)(v) \rangle = \langle u, (T \circ T^*)(v) \rangle$$

6. 정리 8.3.9의 증명을 모방한다.

7. 두 정리 8.5.3과 8.2.1을 이용해서 모든 $u', u \in W^{\perp}$에 대해 $\langle u', (S^* \circ S)(u) \rangle = \langle u', (S \circ S^*)(u) \rangle$를 보인다.

8. 스펙트럼정리(정리 8.4.5)에서 $(\Rightarrow)$의 증명을 모방한다. 단 4절의 정리들을 5절에서 대응되는 정리들로 대처한다.

9. A를 유니타리대각화하는 행렬은 $U = \frac{1}{\sqrt{2}} \begin{bmatrix} 1 & 1 \\ -i & i \end{bmatrix}$이고 $U^* A U = \begin{bmatrix} 1+i & 0 \\ 0 & 1-i \end{bmatrix}$

10. A를 유니타리대각화하는 행렬은 $U = \frac{1}{\sqrt{2}} \begin{bmatrix} 1 & 0 & -1 \\ 0 & \sqrt{2} & 0 \\ 1 & 0 & 1 \end{bmatrix}$이고

$$U^* A U = \begin{bmatrix} 2 & 0 & 0 \\ 0 & 1+i & 0 \\ 0 & 0 & 2-2i \end{bmatrix}$$

연습문제 9.1

1. A는 양치, B는 부정치, C는 양치, D는 양치, E는 부정치이다.

2. 어떤 $\mathbf{x}$에 대해 $\mathbf{x}^{\mathrm{T}} A \mathbf{x} > 0$과 $\mathbf{x} = P\mathbf{y}$인 $\mathbf{y}$에 대해

$$\lambda_1 y_1^2 + \cdots + \lambda_n y_n^2 > 0$$

   은 동치임을 이용한다.

3. (1) $k > 2$ (2) $-1 < k < 1$

4. (1) 따름정리 9.1.3의 증명을 모방한다.

5. n에 관한 귀납법을 이용한다.

6. $A = Q^{\mathrm{T}} Q$가 반양치임을 보이기 위해 임의의 $\mathbf{x} \in \mathbb{R}^n$에 대해 $\mathbf{x}^{\mathrm{T}} A \mathbf{x}$를 계산한다.

7. 정리 9.1.1에 의해 $P^{\mathrm{T}} A P = \mathrm{diag}(\lambda_1, \cdots, \lambda_n)$인 직교행렬 P가 존재한다. 이제 $\lambda_1, \cdots, \lambda_n > 0$인 이유를 말하고

$$Q = \mathrm{diag}(\sqrt{\lambda_1}, \cdots, \sqrt{\lambda_n}) P^{\mathrm{T}}$$

   로 두고 $Q^{\mathrm{T}} Q$를 계산한다.

8. (1) $\phi(\mathbf{x},\mathbf{y})=[x_1 x_2 x_3]\begin{bmatrix}1&0&1\\-1&1&1\\0&-1&-1\end{bmatrix}\begin{bmatrix}y_1\\y_2\\y_3\end{bmatrix}=\mathbf{x}^{\mathrm{T}}A\mathbf{y}$

(2) $\phi(\mathbf{x},\mathbf{y})=[x_1\ x_2\ x_3]\begin{bmatrix}1&-2&3\\-2&4&5\\3&5&0\end{bmatrix}\begin{bmatrix}y_1\\y_2\\y_3\end{bmatrix}=\mathbf{x}^{\mathrm{T}}A\mathbf{y}$

(3) $[\phi]_E=\begin{bmatrix}1&0&1\\-1&1&1\\0&-1&-1\end{bmatrix}$, $[\phi]_F=\begin{bmatrix}1&1&2\\0&1&3\\0&0&1\end{bmatrix}$, $P=\begin{bmatrix}1&1&1\\0&1&1\\0&0&1\end{bmatrix}$

9. $u,v,w\in\mathbb{R}^n$, $\alpha\in\mathbb{R}$에 대해 $\phi(\alpha u+v,w)$와 $\phi(u,\alpha v+w)$를 계산한다.

10. (1) $f,g,h\in\mathbb{R}_2[x]$와 $\alpha\in\mathbb{R}$에 대해 $\phi(\alpha f+g,h)$와 $\phi(f,\alpha g+h)$를 계산한다.

(2) $[\phi]_E$를 구하기 위해 $i\leq j$인 $i,j=1,2,3$에 대해 $\phi(f_i,f_j)$를 계산하면

$$[\phi]_E=\begin{bmatrix}1&\frac{1}{2}&\frac{1}{3}\\\frac{1}{2}&\frac{1}{3}&\frac{1}{4}\\\frac{1}{3}&\frac{1}{4}&\frac{1}{5}\end{bmatrix}$$

11. $q(x_1,x_2)=x_1^2+4x_2^2-4x_1x_2+6x_1x_3+10x_2x_3$

12. $\phi((x_1,x_2),(y_1,y_2))=x_1y_1-2x_1y_2-2x_2y_1+x_2y_2$

13. $\mathrm{tr}A$는 실수임을 이용해서 $\phi(A,B)=\phi(B,A)$를 보인다.

14. 정리 9.1.8에서 $\phi(u,v)=\frac{1}{2}[q(u+v)-q(u)-q(v)]$을 변형한

$$q(u+v)=q(u)+2\phi(u,v)+q(v)$$

를 이용해서 $q(u+v)-q(u-v)=4\phi(u,v)$를 유도한다.

15. $q(x_1,x_2)=x_1'^2+6x_2'^2$

16. $q(x_1,x_2)=2x_1'^2+4x_2'^2$

17. $q(x_1,x_2,x_3)=2x_1'^2+2x_2'^2+8x_3'^2$

18. $q(x_1,x_2,x_3)=-3x_2'^2+3x_3'^2$

연습문제 9.2

1. $y'^2=\frac{1}{2}(x'-1)$이고 포물선이다.

2. $(x'+1)^2-(y'+1)^2=1$이고 쌍곡선이다.

3. $\frac{(x'-1)^2}{(\sqrt{2})^2}+\frac{y'^2}{1^2}=1$이고 타원이다.

4. $x'^2+y'^2-4z'^2+2x'+5z'=0$

5. $2x'^2-y'^2-z'^2-6\sqrt{3}x'+9=0$

용어 찾기

ㅁ

ㅂ

ㅅ

ㅇ

ㅈ

기호 찾기

저자약력

강경태

이학박사(제주대학교)

미국 유타(UTAH)주립대학교 방문교수(한국과학재단 지원)

대한수학회 논문상(2012)

송석준

제주대학교 수학과 교수

이학박사(경북대학교)

미국 유타(UTAH)주립대학교 방문교수(LG연암문화재단 지원)

일본 홋카이도대학, 독일 빌레펠트대학, 인도 통계연구소, 프랑스 루앙대학,

호주 모내시대학, 이스라엘 테크니온대학 방문교수(연구재단 지원)

제주대학교 학술상(1989), 호남수학회 학술상(2005), 대한수학회 논문상(2012),

대한수학회 학술상(2017)

2004년 제주를 빛낸 사람(학술부문) 도지사 표창

선형대수학

2019년 1월 31일 1판 1쇄 펴냄
지은이 강경태 · 송석준 | 펴낸이 류원식 | 펴낸곳 (주)교문사(청문각)

편집부장 김경수 | 책임진행 신가영 | 본문편집 OPS design | 표지디자인 유선영
제작 김선형 | 홍보 김은주 | 영업 함승형 · 박현수 · 이훈섭
주소 (10881) 경기도 파주시 문발로 116(문발동 536-2) | 전화 1644-0965(대표)
팩스 070-8650-0965 | 등록 1968. 10. 28. 제406-2006-000035호
홈페이지 www.cheongmoon.com | E-mail genie@cheongmoon.com
ISBN 978-89-363-1802-4 (93410) | 값 28,500원

* 잘못된 책은 바꿔 드립니다. * 저자와의 협의 하에 인지를 생략합니다.

청문각은 ㈜교문사의 출판 브랜드입니다.